高等院校石油天然气类规划教材

沉积环境与沉积相

(富媒体)

张元福　主编

石油工业出版社

内容提要

本书从沉积环境和沉积相的基本概念和分析方法入手,以"由陆到海"为经贯穿始终,以"将今论古"为纬解析对比,系统介绍了现代—古代各类沉积环境和沉积相的分类、沉积过程、相类型,重点阐述了各类沉积环境和相的识别标志,分别总结了碎屑岩、碳酸盐岩的典型沉积模式。

本书可作为高等院校勘查技术与工程、资源勘查工程、地球物理学、地球化学、地质工程、石油工程等专业本科生"沉积环境和沉积相""沉积岩石学""沉积学基础""沉积学原理"等课程的教材或教学参考书,还可供从事沉积学、岩石学的研究人员,以及油气勘探开发工作者参考。

图书在版编目(CIP)数据

沉积环境与沉积相:富媒体 / 张元福主编. —北京:石油工业出版社,2023.9

高等院校石油天然气类规划教材

ISBN 978-7-5183-6034-5

Ⅰ. ①沉… Ⅱ. ①张… Ⅲ. ①沉积环境-高等学校-教材②沉积相-高等学校-教材 Ⅳ. ①P588.2

中国国家版本馆 CIP 数据核字(2023)第 098625 号

出版发行:石油工业出版社
   (北京市朝阳区安华里2区1号楼 100011)
   网 址:www.petropub.com
   编辑部:(010)64523693
   图书营销中心:(010)64523633 (010)64523731
经 销:全国新华书店
排 版:三河市聚拓图文制作有限公司
印 刷:北京中石油彩色印刷有限责任公司

2023年9月第1版 2023年9月第1次印刷
787毫米×1092毫米 开本:1/16 印张:20
字数:564千字

定价:49.90元
(如出现印装质量问题,我社图书营销中心负责调换)
版权所有,翻印必究

前　言

　　沉积学是一门古老而又充满活力的地质学分支学科。21世纪以来,沉积学在理论、技术层面都取得了进展,在能源、矿产、环境保护,以及碳中和等方面的应用也更加深入和广泛。沉积学包含两个相互独立又紧密联系的部分,分别是沉积岩与沉积相(环境)。国内多数开设沉积学课程的高校,沉积岩、沉积相(环境)通常作为两门独立的课程教授。因此,有必要汇编一本包含经典沉积学原理且融合最新进展的"沉积环境与沉积相"的教材,供相关专业教学使用。

　　本次编写联合了中国地质大学(北京)、中国地质大学(武汉)、中国石油大学(北京)、成都理工大学等多个地矿油高校活跃在沉积学教学领域的年轻教师,在充分吸取一线教学实际经验的基础上,重新梳理了章节顺序和内容安排,力求全书整体主线清晰,章节内部结构规范,并借助现代信息技术,部分章节内容以富媒体形式拓展展示,增强教材的可读性。

　　本书主要分为四部分。第一部分(第一章)主要介绍沉积环境和沉积相的概念、学习方法,以及最新研究进展。第二部分(第二章、第三章)概述了现代和古代沉积环境,介绍了沉积相的分析方法,为后续章节学习打下基础。第三部分(第四章至第十一章)按由陆到海的顺序系统讲述了各种沉积环境和沉积相类型。第四部分(第十二章、第十三章)总结了碎屑岩和碳酸盐岩的沉积模式。

　　本书分工如下:第一、第二、第四、第十一、第十二章由中国地质大学(北京)张元福编写,第三章由中国地质大学(北京)张建国编写,第五章由中国地质大学(北京)李顺利编写,第六章由中国地质大学(北京)孔祥鑫编写,第七章由中国石油大学(北京)王俊辉、中国地质大学(北京)张建国编写,第八章由中国地质大学(武汉)黄传炎、中国地质大学(北京)张元福编写,第九、第十章由中国地质大学(北京)徐杰编写,第十三章由成都理工大学邢凤存、中国地质大学(北京)张建国及张元福编写。中国地质大学(北京)博士及硕士研究生袁晓冬、王志康、张森、葛鹏程、孙世坦、张晓晗、黄云英、赵健龙、文龙也参加了部分编写和校对工作。全书由张元福统稿。

这次编写参考并大量引用了国内外诸多文献,特别是姜在兴教授主编的《沉积学(第二版)》,在此对所有以上文献的作者表示感谢。本书采用了富媒体形式,部分素材引自网络公开来源,如有不妥或涉及侵权,请联系作者修正。

由于编者水平所限,书中的表述和引文可能会有不当或遗漏之处,欢迎批评指正,以便下次出版时更正,电子邮箱:zyf@cugb.edu.cn。

编者

2023 年春节

目 录

引言 走近中国沉积学家 1
    吴崇筠 1
    冯增昭 3
    刘宝珺 6

第一章 概述 9
    第一节 基本概念 9
    第二节 学习方法 10
    第三节 沉积相研究进展 12
    思考题 16

第二章 沉积环境总论 17
    第一节 现代沉积环境 17
    第二节 古代沉积环境 22
    思考题 29

第三章 沉积相分析方法 30
    第一节 沉积控制因素 30
    第二节 相标志 33
    第三节 相分析 81
    思考题 100

第四章 特殊沉积环境和沉积相 101
    第一节 残积 101
    第二节 坡积 102
    第三节 冰川 103
    第四节 沙漠 105
    思考题 110

第五章 冲积扇 111
    第一节 冲积扇的分类 113

第二节　冲积扇的沉积过程……………………………………………………120
　　第三节　冲积扇的沉积相类型…………………………………………………125
　　第四节　古代冲积扇的相标志…………………………………………………126
　　思考题………………………………………………………………………………129
第六章　河流……………………………………………………………………………130
　　第一节　河流的分类……………………………………………………………131
　　第二节　河流的沉积过程………………………………………………………133
　　第三节　河流的沉积相类型……………………………………………………135
　　第四节　河流的构型……………………………………………………………142
　　第五节　古代河流的相标志……………………………………………………146
　　思考题………………………………………………………………………………151
第七章　湖泊……………………………………………………………………………152
　　第一节　湖泊的分类……………………………………………………………152
　　第二节　湖泊的沉积过程………………………………………………………157
　　第三节　湖泊沉积相类型………………………………………………………170
　　第四节　古代湖泊的相标志……………………………………………………178
　　思考题………………………………………………………………………………181
第八章　三角洲…………………………………………………………………………182
　　第一节　三角洲的分类…………………………………………………………182
　　第二节　三角洲的沉积过程……………………………………………………192
　　第三节　三角洲的沉积相类型…………………………………………………201
　　第四节　古代三角洲的相标志…………………………………………………216
　　思考题………………………………………………………………………………218
第九章　海岸……………………………………………………………………………219
　　第一节　海岸的分类……………………………………………………………219
　　第二节　海岸的沉积过程………………………………………………………222
　　第三节　海岸的沉积相类型……………………………………………………226
　　第四节　古代海岸的相标志……………………………………………………234
　　思考题………………………………………………………………………………235
第十章　浅海……………………………………………………………………………236
　　第一节　浅海的沉积环境………………………………………………………237
　　第二节　浅海沉积特征…………………………………………………………241
　　第三节　古代浅海沉积的识别标志……………………………………………248

思考题···249

第十一章　半深海—深海·····························250
　　第一节　半深海—深海沉积环境·····················250
　　第二节　半深海—深海沉积特征·····················251
　　思考题···264

第十二章　碎屑岩沉积模式·····························265
　　第一节　陆相碎屑岩沉积模式·····················268
　　第二节　过渡相碎屑岩沉积模式·····················271
　　第三节　海相碎屑岩沉积模式·····················273
　　第四节　重力流沉积模式·····················274
　　思考题···284

第十三章　碳酸盐岩沉积模式·····························285
　　第一节　海相碳酸盐岩沉积模式·····················286
　　第二节　湖相碳酸盐岩的典型沉积模式·····················304
　　思考题···312

参考文献···312

富媒体资源目录

序号	名称	页码	序号	名称	页码
链接1	我国沉积岩石学的巾帼先驱——吴崇筠	1	彩图3	全球岩性分布	32
链接2	冯增昭：一辈子"号脉"山川	3	视频8	沉积构造与沉积环境	34
视频1	刘宝珺院士关于汶川地震对成都平原影响的采访	8	视频9	非定向沉积构造简介	34
			视频10	浪成波痕水槽实验	34
视频2	沉积相	9	视频11	冰河时期的地理环境	103
链接3	沉积数据库网站	11	视频12	撒哈拉沙漠简介	105
视频3	沉积环境及其要素简介	17	视频13	风成环境简介	108
视频4	现代沉积环境简介	17	视频14	风成沙丘的六种类型	108
视频5	深海沉积环境简介	22	视频15	冲积扇的形成	111
视频6	地球地质历史时期演化	22	视频16	冲积扇实例介绍	112
视频7	白垩纪地理、构造与海洋缺氧事件	26	视频17	冲积扇环境	112
			视频18	冲积扇形成环境	112
彩图1	全球构造分布	30	视频19	河流的形成	130
彩图2	全球气候分布	31	视频20	河流类型及形成环境简介	131

序号	名称	页码	序号	名称	页码
视频 21	曲流河、辫状河水槽实验	132	视频 41	波浪与沿岸流	225
视频 22	曲流河的形成	132	视频 42	现代潮坪沉积环境	230
视频 23	平坦底床沉积物的搬运	133	视频 43	河口湾沉积环境	233
视频 24	曲流河与牛轭湖的形成	134	视频 44	浅海沉积环境	237
视频 25	科罗拉多州河道亚相介绍	135	视频 45	海洋潮汐的解释	240
视频 26	湖泊是怎样形成的	152	视频 46	碳酸盐岩台地沉积环境	247
视频 27	蒸发盐型湖泊沉积物	154	视频 47	浅海碳酸盐岩台地	247
视频 28	过充填、平衡充填和欠充填湖泊控制因素及实例解析	156	视频 48	深海沉积环境	251
			视频 49	深海沉积体系	252
视频 29	水体温度分层实验	160	视频 50	重力流演示	256
视频 30	碎屑型湖泊沉积相	170	视频 51	碎屑流	259
视频 31	世界大河三角洲	183	视频 52	颗粒流	259
视频 32	河控三角洲类型	184	视频 53	浊流水槽演示实验	259
视频 33	三角洲的形成	192	视频 54	碎屑流与滑坡对比演示	263
视频 34	世界主要三角洲	194	视频 55	沉积模式	265
视频 35	三角洲形成实验	194	视频 56	海底峡谷和海底扇沉积模拟	277
视频 36	黄河三角洲湿地	195	视频 57	海底扇形成过程	277
视频 37	密西西比河三角洲的旋回和废弃	199	视频 58	镶边碳酸盐岩台地简介	291
视频 38	海岸演化过程	219	视频 59	环礁形成过程	298
视频 39	海岸沉积环境	219	视频 60	巴哈马群岛碳酸盐岩航拍	298
视频 40	障壁岛的形成	222	视频 61	碳酸盐岩缓坡环境与岩相	298

引言　走近中国沉积学家

　　沉积环境和沉积相是沉积学的重要组成部分。沉积学与人类生存和可持续发展密不可分,是一门涵盖能源、矿产、环境等方面的基础地质学科。近代的沉积学虽然起源于西方,但在中国老一辈沉积学家和当代沉积学者的不断努力下,沉积学研究在我国不断发展。新中国成立后,随着地质勘探工作的大规模开展,沉积学家在石油、天然气、煤、金属矿产等方面系统总结了沉积和成岩理论,为我国的经济和社会发展作出了巨大贡献,涌现出一大批德才兼备的老一辈沉积学家。

吴崇筠

链接1　我国沉积岩石学的巾帼先驱——吴崇筠

　　吴崇筠(1921—1995),四川江津人,我国著名的沉积学家(链接1)。吴崇筠5岁开始读私塾,在新本小学读完初小后转入江津女子小学读高小。适逢"九一八"事变东北沦陷,她思想上受到极大震动,写了700多字关于绝不能当亡国奴的内容。吴崇筠小学毕业后进入当地有名的江津女中学习,这时日本帝国主义的侵略步步深入。"七七"事变后,她从小铭刻于心的爱国主义思想也随之不断加深。1938年,初中尚未毕业的吴崇筠以"同等学力"资格考入著名的南开中学[图1(a)]。在南开中学学习的三年,她牢固地掌握了基础知识,开阔了眼界,决定进一步接受大学教育。在当时实业救国思潮的影响下,吴崇筠希望对国家富强作出直接贡献,同时受因公殉职的著名地质学家丁文江的感召,她不顾家人反对,选择就读地质系。1941年,吴崇筠报考迁往重庆的"国立中央大学"地质系,同年被录取[图1(b)]。1945年,吴崇筠以优异的成绩毕业并留校当助教。

图1　国内求学时期的吴崇筠(据朱小鸽,2012)
(a)南开中学时期;(b)"国立中央大学"时期

　　抗日战争胜利后,吴崇筠梦想用知识建设国家。为此,她在1947年申请攻读美国路易斯安那州立大学硕士学位,主修岩石学,1949年顺利通过硕士答辩,1950年转入美国威斯康星州立大学地质系攻读博士学位(图2)。新中国成立的消息让远在美国求学的吴崇筠感到振奋,科学没有国界,但科学家有祖国,刚刚就读博士的吴崇筠响应新中国号召,毅然决然放弃国外优越的工作生活条件返回祖国。当时美国政府不承认新中国,美国特务机构和移民局公开阻挠、出言恫吓中国留学生。为了阻止中国留学生们回国,美国政府愿意负担他们读博士的费用,承诺给他们在美国找工作,安家落户。中国留学生们明白,留在美国就有学位、工作、房子、汽车。虽然当时的中国百废待兴,经历了西方与日本帝国主义的百年掠夺已经一穷二白,满目疮痍,但中国留学生们坚决要求"回国与家人团聚",为的就是"再穷、再困难,是自己的家!等着我

图2 美国求学时的吴崇筠与丈夫
朱康福(据朱小鸽,2012)

们自己去建设"。他们最大的愿望就是用自己所学报效祖国,实现祖国的繁荣昌盛,再也不受外国人欺凌。

1950年8月底,在冲破了美国当局的重重阻力后,128名中国留学生、教授最终被作为"无国籍难民"而"递送出境",他们乘坐"威尔逊总统号"于1950年9月20日返回祖国。在这条船上的128位中国留学生、教授中,邓稼先、赵忠尧、涂光炽、叶笃正等12人后来成为中国科学院院士或中国工程院院士,更多的人成为各自领域的教授、总工程师或高级科技人员。

1950年10月,吴崇筠和丈夫朱康福进入中央人民政府燃料工业部石油管理总局工作。不久抗美援朝战争爆发,新中国正在为抗美援朝捐款,她和丈夫把手中全部积蓄近2000美元全部捐献出来支持志愿军抗美援朝,家里分文未留。抗美援朝战争使得中国人民认识到石油的重要性,勘探找油便成了新中国建设的第一大事。1952年,在中央人民政府燃料工业部石油管理总局工作的吴崇筠,和几位老师带领一批年轻人前往条件艰苦的西北地区勘探石油。他们坐火车到西安,换乘汽车到兰州,再换乘卡车经武威、张掖到玉门,西出玉门关后便扎进茫茫的沙漠。那时虽然条件艰苦,但一心想着找到石油,改善人民的生活,使中国富强起来的信念是他们心中永不枯竭的动力。1952—1953年,吴崇筠和同事多次前往西北地区,收集了大量的野外资料。

野外工作虽然加强了,但后方实验室条件跟不上的缺点也显现了出来。吴崇筠随后被领导调回玉门,担任实验室主任。她带领同事组建实验室,调试设备,培训专业人才。在吴崇筠的带领下,西安建成国内第一个正规的石油地质实验室,从此,岩矿工作开始被应用于地质勘探中,实验室组建不久即完成了第三系(现称古近系、新近系)岩矿综合剖面。

1959年9月26日,松辽盆地松基三井喷油,揭开了大庆油田开发的序幕。在当年12月份,吴崇筠便去了大庆。1960年3月,吴崇筠丢下家中的3个孩子,带领北京石油学院师生参加大庆石油会战。石油部领导点名让吴崇筠组建地质实验室,1960年7月,吴先生作为岩心队队长与工人"同吃同住同劳动",在各级领导和工人的支持下,出色地完成了取心工作,根据收集的岩心资料和其他数据建成了大庆油田第一座"生产实验区地宫"。1960年秋,大庆北部试采成功,中国人终于凭借自己的力量发现了大油田,在喇(嘛甸)72井出油后,吴崇筠喜极而

泣,她多年的努力终于有了回报。3 年后,胜利油田又进入勘探的关键时期,吴先生不顾身孕,坚持前往济南参加接连几天的会议。她出差前带了一个装有消毒过的剪刀和纱布的铁饭盒,以免中途早产,因为身体状况耽误了工作。吴先生先后 6 次前往大庆工作,被石油部授予"红旗手"称号。1964 年,她当选第 4 届全国政协委员。1985 年"大庆油田长期高产稳产注水开发技术"被评为科技进步特等奖,吴崇筠是主要参与者。图 3 为纪念大庆油田发现 30 周年时石油工作者在松基三井的合影,自右至左分别为方凌云、吴崇筠、梅江、石宝珩、裘怿楠、胡博仲。

图 3　纪念大庆油田发现 30 周年时石油工作者在松基三井的合影(据朱小鸽,2012)

吴先生高度重视教书育人工作。1954 年,吴崇筠担任北京石油学院勘探系矿物岩石教研室主任,她动手收集了大量的国内外资料,编写了《沉积岩石学参考教材》供校内使用,大庆石油会战后,吴先生重新投入教学工作,并结合实践经验编写整理教材。为了使学生打好基础,同一课程她每讲一次都会补充、完善。1962 年,吴先生主编的《沉积岩石学》由中国工业出版社出版,这是国内认定的第一本石油专业的大学教科书。1963 年,吴崇筠又组织专家与石油学院的教师合作,历时 3 年,编写了 54 万字的《沉积岩》,几经修订,该书 1977 年由燃料化学工业出版社出版,是中国第一本公开出版的沉积岩石学教材,1993 年又再次修订,由石油工业出版社出版。即便在病重期间,吴先生仍笔耕不辍,撰写了《中国含油气盆地沉积学》。为此,吴先生被称为我国石油高校沉积岩石学教学和教材建设的开拓者和奠基者。

吴先生对我国石油事业作出了杰出贡献,她的爱国、奉献、重视野外和实验室实践以及勇于开拓与创新的治学精神值得年轻一代认真学习、继承与弘扬。

冯增昭

链接 2　冯增昭:一辈子"号脉"山川

冯增昭(1926—2023),河南登封人,我国著名的沉积学家和古地理学家,被誉为"岩相古地理研究之大师"(链接 2)。1937 年,冯增昭就读于河南武陟初中学校,后又考上河南最好的高中——开封高中。中学时代,他每天翻山越岭去上学,不仅锻炼了他的体格,也使他对大自然产生了深厚的感情。中学时期,他十分敬仰司马迁、范仲淹和徐霞客等历史名人,尤其佩服当代著名的地质学家丁文江、翁文灏、李四光,以及地理学家曾世英等,并立志要像他们那样考察祖国山川,探索自然奥秘,进可以兼济天下,退可以独善其身,著书立说以传后世。为此,冯先生高中时就决定从事地质事业,立志要"为国找矿"。

1945年抗战胜利后,冯增昭考入东北大学地理系。2年后,21岁的他再次角逐名牌大学,考入清华大学,第一志愿填了地质系,终于圆了少年时献身地学之梦,冯先生后来说"我是百分之百的地学崇拜者和献身者"。1952年,冯增昭在清华大学毕业后留校担任助教,他听课、辅导、准备实验、批改作业、带学生地质实习,全身心投入工作之中,而且只要有时间,他便博览群书。在清华大学里,他所受到的教益,不仅奠定了他坚实的专业基础,还培养成热爱祖国、自强不息、治学做人等多方面的优良传统和作风。优秀学者教授的德才学识、敬业乐道精神,宽以待人、严于律己的高贵品质,给青年教师冯增昭留下了难忘的印象。

1953年,北京石油学院筹建之初,冯增昭由清华大学转入北京石油学院钻采系和勘探系。冯先生除了担任有关地质课程外,还与同事筹备地质系建系任务。建校之初,一切均从头做起,他精神饱满、兢兢业业、勤勤恳恳,为教学、科研和实验室建设工作全力以赴,深得大家好评。

20世纪50年代初,冯增昭身负地质部重任前往山西采集标本,短短两个月,他用背包一包包背回来近两吨珍贵的岩石标本(图4)。20世纪六七十年代,他经常带着学生或与同事在冀东、鲁南、扬子等地区搞综合地质考察,与学生和同事们一道睡马棚,住大通铺,啃凉馒头,喝生冷水,风餐露宿,艰辛备尝。长期的野外考察,锻炼了他的体魄,尤其是在爬山越岭时,许多小伙子都累得上气不接下气,追不上他,他因此得了个"冯铁腿"的绰号。

图4 北京石油学院勘探系岩矿教研室在野外考察(据朱小鸽,2012)
自右至左:吴崇筠、侯方浩、冯增昭、不详

1969年,冯增昭随学校一起搬迁到山东东营。他从设备完善的北京石油学院的高楼大厦中搬到矿区被称为"干打垒"的小平房里。当时学校四周一片盐碱荒野,冬天入夜寒风萧萧,夏日雨天小院积水、泥泞遍地。尽管生活教学条件恶劣,但他更忧心国内沉积地质学研究与国外沉积学不断加大的差距。怀着对祖国的强烈责任感,他暗下决心,一定要把国外对碳酸盐岩的研究成果翻译到我国来,以便开拓和推进中国地质界对碳酸盐岩的研究工作。冯先生白天给学生上课、在"五七农场"劳动,晚上点着煤油灯仔细备课、专心译著。几年之内,《沉积岩成因》《白云化作用》《碳酸盐岩沉积环境》《深水碳酸盐环境》等共270余万字的译著相继问世,他为我国沉积学尤其是碳酸盐岩沉积学的快速崛起做了开创性工作。

翻译国外专著的过程中,冯增昭逐渐意识到,要推动中国沉积学的发展,必须创立有中国特色的岩相古地理学。20世纪80年代,为了建立中国岩相古地理学理论并绘制《中国岩相古地理图集》,冯先生一再深入华北、华东、西南、西北等地区野外考察。就在64岁这一年的夏天,冯先生仍不畏艰难,在四川险峻的深山里考察,令同行的美国迈阿密大学两位地质专家为之瞠目,感叹他的好体力,钦羡他的科学求实精神。冯先生先后编制出了华北、鄂尔多斯、新疆、扬子、滇黔桂等地区的定量岩相古地理图,促进了我国古地理学向定量阶段的发展,指导和预测了一批大型油气田的发现。他提出的"单因素分析多因素综合作图法"已经成为岩相古地理研究的重要手段。冯先生先后出版了《华北地台早古生代岩相古地理》《中国寒武纪和奥陶纪岩相古地理》等岩相古地理专著14部,为中国的古地理研究积累了丰富的第一手资料和大量优秀成果。

1999年,冯增昭已是73岁的古稀老人,然而他心心念念的是古地理学的又一个高地。"一门学科,一所大学,没有属于自己的学术阵地是不行的",冯先生决心建立中国的古地理学术阵地。为了创办《古地理学报》,冯先生呕心沥血,他向学校、科研院所、油田等单位四处筹措经费。1999年2月,在中国石油大学的支持下,他奔走策划的学术性期刊《古地理学报》正式问世。冯先生创办的这本期刊以高起点、严要求的态度迅速成长起来,第一次有影响因子时,就引起了期刊界的关注。而今20多年过去,冯先生主编的《古地理学报》不仅是核心期刊、CSCD核心期刊,而且也是国内其他所有数据库的期刊。2012年7月,在冯增昭的坚持下,《古地理学报》英文版第1期出版,中国古地理学就此有了走向国际的阵地与舞台。他还组织并参加多次全国古地理学及沉积学学术会议(图5)。

图5 《古地理学报》主编冯增昭参加第14届全国古地理学及沉积学学术会议
资料来源:http://news.hpu.edu.cn/info/1017/15658.htm

"中国共产党"这几个字在冯先生心目中是神圣的。加入中国共产党,是他多年的愿望。早在1951年,冯先生就向党组织递交了入党申请,但由于种种原因,未能如愿。但冯先生没有灰心,依然坚持对党的伟大事业的追求,并经常给党组织写思想汇报。1993年9月是冯增昭人生崭新的开始,因为此时已经67岁的他终于如愿戴上党徽、举起右手在党旗下庄严宣誓,光荣地加入了中国共产党。从1951年他提交入党申请书开始,已经过去了42年。坚持入党,是他对党和国家的信仰,对为共产主义奋斗终生的渴望。

2003年,中国著名沉积学家叶连俊院士将冯先生执着追求、不畏艰难、百折不挠、不达目的永不放弃的精神称为"冯增昭精神"。冯先生一生都在诠释这种生命不息、奋斗不止的科学家精神与爱国主义情怀。

刘宝珺

刘宝珺(1931—),天津人,中国科学院院士,我国著名的地球科学家,中国沉积地质学的奠基人之一。刘院士出生不久即发生了震惊中外的"九一八"事变,刚上小学不久又经历了"七七"事变。刘宝珺在战火纷飞的天津度过了童年时期,幼时日本侵略者奴役下的中国人艰难、屈辱的生活在他心中留下了深深的烙印,也铭刻了爱国复兴的忠诚。刘院士父亲是特级教师,刘宝珺自小就接受了良好的家庭教育,时至今日,刘院士在书法、文学、京剧、绘画、体育、外文等方面都有涉猎。每当提起父亲,刘宝珺都深感自豪,"父亲是一个有志气的人,当时日本占领了天津,他不愿意给日本人做事,在家中待了八年,这个事情对我影响很大"。父亲教育他从小要做一个对社会有用的人,还主张学一门技术,这也是后来刘院士选择地质专业的一个重要原因。

刘宝珺院士早年在著名的南开中学读书。在南开中学的 6 年,他先后经历了日本人统治、国民党统治及解放初的新中国时期,激烈动荡的社会环境和良好的学校教育培养了刘宝珺具备爱憎分明、政治坚定、思维敏捷、作风顽强的时代特征。整个中学时期,他父亲的工资收入低,要供养弟兄三人上学确实很困难,学、宿、餐费都很难筹措,在校的伙食常年是粗粮加蔬菜,但困境却锻炼了他不畏艰险、吃苦耐劳、承受生活压力磨难的能力。

1950 年,刘宝珺中学毕业,他放弃了保送燕京大学化学系的机会,选择考入清华大学地质系学习,立志献身地质。1952 年,清华大学地质系并入新成立的北京地质学院(中国地质大学前身)。新校名师荟萃,校风优良,治学严谨。同学们朝夕相处,有理想、有追求,"把青春献给祖国"的信念激励着大家勤学苦练、日夜攻读、广采博学、迅速成长。一代大师对地质教育事业呕心沥血、开拓进取的献身精神,以及循循善诱的耐心和爱心,为刘宝珺献身地质科学、奠定人生基石产生了积极影响。1953 年夏,刘宝珺成为北京地质学院首届高才毕业生。

毕业之初,风华正茂、踌躇满志的刘宝珺主动申请去大西北,决心把青春和生命献给祖国的建设事业。1951 年,矿床学家宋叔和在甘肃白银厂厚厚的"铁帽"之下发现了铜矿,勘探工作如火如荼,急需人才。1953 年,刘宝珺服从组织分配,坐火车直接从北京前往甘肃白银厂地质部 641 地质队,在前辈宋叔和先生的指导下从事矿床地质研究(图 6)。虽然 641 地质队生活十分艰苦,但刘宝珺学习热情高涨。他处处以宋叔和先生为榜样,在野外,他跟宋先生学习工作方法,在室内,他向宋先生学习显微镜分析的技能,搞矿床储量计算,勤学好问,业务和修养都有很大进步。不久,刘宝珺被任命为白银厂折腰山矿区区长。他工作非常努力,矿区有处小商店,他从来不去光顾;队里规定每个星期可以去一趟兰州,除非工作特别需要,他也主动地给自己免了。他的表现受到全队上下一致好评,那一年,刘宝珺被队上评为先进工作者。

1954 年,北京地质学院开始招收研究生,工作出色的刘宝珺被推荐回母校攻读研究生。刘宝珺师从冯景兰、池际尚等名师。冯景兰教授学识渊博、思路开阔,在刘宝珺大学一年级时就鼓励他写作,刘宝珺大学二年级时写了两篇科普文章,经冯先生推荐,发表在《科学大众》杂志。刘宝珺还跟随池际尚教授在祁连山科考队工作两年,受到了严格的专业训练。池先生的爱国主义精神、孜孜不倦地追求事业、艰苦朴素的作风、严谨求实的科学态度等都深刻地感染、教育着他。杨遵仪、王嘉荫、王鸿祯、李朴、涂光炽教授等,都是刘宝珺学习的榜样。名师垂范,言传身教,催人奋进,为刘宝珺追求科学真理,献身地质事业,打牢了坚定信念的思想根基。

图6　1953年刘宝珺在甘肃白银进行野外地质考察(据国土资源部中国地质调查局,2016)

1956年刘宝珺研究生毕业,他的毕业论文《甘肃白银厂黄铁矿型铜矿床》被包括中国学者和苏联专家在内的答辩委员会一致评为优秀论文,同年留校。

1958年刘宝珺服从组织安排,转教成都地质学院(成都理工大学前身),专攻沉积岩石学。20世纪60年代初,刘宝珺主编《沉积岩研究方法》,与戴东林等合编《沉积岩石学》及《沉积相与古地理教程》等专著,1980年,又主编出版《沉积岩石学》,在国内高校颇受欢迎。

刘院士认为科研来源于实践,为此他坚持进行野外考察(图7)。20世纪70年代,通过对滇中含铜砂岩铜矿的研究,刘宝珺发现矿石分带不是原生的,而是后生的;沉积岩的淡紫色交互带并不反映古地形,是由油气聚集的还原作用产生的。这些创新性的结论被迅速推广到湖南、贵州、广西等地,推广到铅、锌、铀、金和汞等矿种,取得了明显的社会、经济效益。刘院士还通过在实验室里以水槽实验对床沙形态进行模拟研究,把这种研究置于野外实践中检验,成功地解释了成矿古环境的沉积相,也为纷争不休的"河湖之争"画上了一个句号。此外,通过对铅、锌、汞、铀等矿床进一步深入细致研究,刘宝珺发现沉积物埋藏后的成岩后生作用和变化都远远超过了沉积物的搬运和沉积期的作用,许多重要的大矿多发生在埋藏后的成岩后生阶段。他又将新的理论观点引申、发展,随后创新性地提出了"沉积期后分异作用及成矿作用"的

图7　1983年刘宝珺等在峨眉进行地质考察(据徐莉莎,2021)

理论。

随着研究领域的不断拓展,刘院士开始越来越多地思考学科结合的问题。他认为,必须把任何一种地质现象都看成是许多作用的综合结果,把研究对象置于古地理、古环境中,进行从现象到本质、从局部到全局的综合研究。为此,在20世纪70年代他就提出了地质统一作用场理论。他主持的"中国南方岩相古地理及沉积、层控矿产远景预测"和"中国西部大型盆地分析和地球动力学"研究课题中,都运用了地质统一作用场的理论。刘宝珺院士还为我国岩相古地理的研究作出了杰出贡献,他担任总负责人的"中国南方震旦纪—三叠纪岩相古地理及沉积、层控矿床远景预测",被誉为新中国成立以来我国岩相古地理研究上具有里程碑意义的重大成果和高水平的大型科研报告。

视频1 刘宝珺院士关于汶川地震对成都平原影响的采访

刘院士不仅以教书育人为己任,为国家培养了一批又一批高素质的专业人才,他还是一位有责任感的爱国科学家(视频1)。近些年来,刘院士老骥伏枥,逐渐关注与国计民生有关的重大地球科学问题。在南水北调西线工程、攀枝花稀有稀土矿床开发等一系列涉及国计民生的重要问题上,刘院士仍初心不改,无惧无畏,为国家积极建言献策。刘院士为国为民的爱国主义情怀、穷究事物真理的治学态度,时刻激励年轻的地质工作者将地质事业发扬光大、推向前进。

第一章 概 述

第一节 基本概念

一、沉积环境和相的概念

沉积环境是在物理上、化学上和生物上均有别于相邻地区的一块地表，是发生沉积作用的场所。沉积环境由一系列环境条件（要素）所组成，包括自然地理条件、气候条件、构造条件、沉积介质的物理条件、地球化学条件、含盐度及化学组成等。

沉积相是一个综合地质概念，其概念和内涵经历了长时间的演变。早在1669年，丹麦地质学家Steno最早提出相的概念："地层单位的相似的特征称为相或面貌"。1838年，瑞士地质学家Gressly首先将相的概念用于沉积岩研究，并提出了"相是沉积物变化的总和，它表现为这种或那种岩性的、地质的或古生物的差异"这一观点。自此以后，相的概念逐渐为地质界所接受和使用。

20世纪早期，随着沉积岩石学和古地理学的发展，相的概念开始广为流行，但在当时沉积学的研究中，对相的概念的理解存在争议。一种观点认为相是地层的概念，把相简单地看作"地层的横向变化"，如Moore(1949)关于相的定义："任何地区的地层单位所表现的特征与其他地区地层单位特征是大不相同的。"另一观点则把相理解为环境的同义语，认为相即环境。

经过多年的争论后，1953年苏联地质学家鲁欣最早提出："相的概念是指在一定沉积条件下沉积物岩性特征和古生物特征的规律性综合。"该观点提出后，逐渐被沉积学界接受采纳。1973年美国地质所出版的《地质术语汇编》认为："相是沉积岩呈现的所有原生的岩石学和古生物学特征的总和，从这些特征可以推断它的成因和形成的环境"（视频2）。华东石油学院岩矿教研室(1982)将相定义为"沉积环境及在该环境中形成的沉积岩（物）特征的综合"。里丁(1985)认为"相是一种具有特定特征的岩石体。就沉积岩来说，它是根据颜色、层理、成分、结构、化石和沉积构造加以定义的。相的含义包括岩石产物的外观、成因和形成环境"。此外，北京石油学院矿物岩石教研室(1961)主编的《沉积岩石学》、曾允孚等(1986)主编的《沉积岩石学》及冯增昭等(1994)主编的《沉积岩石学》均认同鲁欣的观点。冯增昭(2020)再次明确："沉积岩不是相，沉积环境也不是相，沉积岩及沉积环境的综合才是沉积相，可简称相。"

视频2 沉积相

综上所述，沉积岩及沉积环境的综合才是沉积相。沉积环境是形成沉积岩特征的决定因素，沉积岩特征则是沉积环境的物质表现。换句话说，前者是形成后者的基本原因，后者乃是前者发展变化的必然结果（表1-1）。这是相的概念中沉积环境和沉积岩特征的辩证关系。

第三节　沉积相研究进展

沉积相研究进展主要受技术导向和目的导向两个因素的影响。技术导向上,沉积相的研究随着科学技术的发展和应用不断更新变革,并常常与新兴学科交叉渗透形成新的研究热点,如沉积学大数据研究、三维地质建模等;目的导向上,沉积学研究的新进展会驱动沉积相开辟新的研究方向,如湖相碳酸盐岩的沉积相带划分、碎屑岩研究中的源汇体系和分支河流体系等。沉积相研究技术的进步会推动沉积学的发展,沉积学研究新方向也会推动沉积相研究技术的更新迭代。

沉积相分析有向纵横两方面并行发展的趋势。纵向上,精细地质研究成为重点,随着油田开发程度提高,已开始砂层沉积微相的识别;横向上由单一分析向综合研究发展。以前沉积相分析以测井曲线为主要资料,地震资料用来圈出大的相带,现在则要求充分利用和融合所有来源的各种信息,通过全方位、多方面的特征分析,进行综合判别,即纵向上的深入由横向上的综合来实现。如何充分利用计算机和数学知识使其更好地为沉积学服务,是使沉积学有更大发展的关键所在,同时也应该成为国内广大沉积学工作者努力的方向。

我国的沉积学研究起步较晚,但经过近50多年的学习创新,已取得了一系列丰富的成果,在碳酸盐岩沉积、湖泊沉积和河流沉积等方面达到了国际先进水平甚至是国际领先水平,产生了诸多具有中国特色的沉积相研究成果,为我国油气资源和各类矿产的开发提供了理论指导。

一、碳酸盐岩沉积相研究进展

碳酸盐岩作为重要的油气储层,油气储量约占全球油气总储量的50%。在碳酸盐岩研究中,根据成因的不同可将其分为海相碳酸盐岩和陆相碳酸盐岩。碳酸盐岩沉积相不但控制了成岩作用的物质基础,也控制了成岩作用的演化路线,沉积相研究是深化碳酸盐岩储层非均质性认识的基础。

海相碳酸盐岩沉积相的研究,最早起源于陆表海沉积环境下对碳酸盐岩的分类,国外学者根据地貌、沉积水动力条件和沉积特征划分出了一系列的碳酸盐岩沉积模式。20世纪60年代以来,Shaw(1964)最早论述了陆表海的水体能量特征,建立了陆表海能量分布模式和沉积物差异模式,奠定了碳酸盐岩沉积相带划分的基础;Irwin(1965)在Shaw的基础上,根据潮汐和波浪能量差异,将陆表海划分为低能X带、高能Y带和低能Z带;Laport将潮汐作用与Irwin划分的能量带结合,划分出潮上带(对应Z带)、潮间带(对应Y带),并根据陆源碎屑是否发育将潮下带(X带)进行了二分;Armstrong(1974)通过对石炭系碳酸盐岩研究,根据水体能量和沉积物差异特征,自陆地向海划分为9个相带,将碳酸盐岩沉积相分类提高到精细化和综合化的新高度;Wilson(1975)根据沉积物的岩石学特征,通过总结地质历史中常见的沉积类型,构建了综合碳酸盐沉积模式,该模式中将碳酸盐岩划分为三大沉积区、9个标准相带和24个标准微相;Read(1985)根据构造背景和台地结构差异,基于Wilson综合沉积模式,建立了不同边缘结构的镶边台地沉积相带,丰富和完善了镶边台地沉积相研究;Tucker等(1991)在Wilson模式的基础上提出了一种比较适合陆表海的相模式;Schlager(1997)指出Wilson综合模式并非只适用于镶边台地,其建立的标准微相可以通过组合建立新的沉积模式,同样适用于缓坡沉积相带;Flügel(2006)对Wilson综合沉积模式进行了修订,将原来的9个标准相带修订为10

个标准相带,增加了受大气淡水影响的碳酸盐岩带,将原来的24个标准微相修订为26个标准微相,并建立了缓坡台地沉积模式和30个缓坡微相。

国内学者如关士聪(1980)、曾允孚等(1986)、刘宝珺等(1992)多沿用Wilson提出的综合沉积相模式,并结合实际地质条件对碳酸盐岩沉积相进行细化和补充。顾家裕等(2009)综合了台地边缘性质、古地貌及水体循环条件等因素,将碳酸盐岩台地沉积模式细分为10类。陈洪德等(2014)建立了中国西部三大盆地5类海相碳酸盐岩沉积模式,细化并发展了碳酸盐岩沉积相研究。金振奎等(2013)在前人研究的基础上,对碳酸盐岩沉积相的定义、类型、识别标志和沉积模式等进行了系统厘定和总结,提出了一套海相碳酸盐岩沉积相分类方案。

随着海相碳酸盐岩研究的深入,冷水碳酸盐岩成为海相碳酸盐岩研究的热点之一。长期以来,人们一直认为海相碳酸盐岩主要形成于热带暖水环境。但随着大洋调查和深海钻探,目前已在全球多个高纬度冷水海域如新西兰、冰岛、爱尔兰等海域内发现了现代碳酸盐岩沉积物。冷水碳酸盐岩的地理分布、沉积动力学条件、沉积物特征、形成机理及控制因素等均与常规条件下的海相碳酸盐岩存在不同。Braga(2006)以西班牙东南部新近系贝蒂克山间盆地的冷水碳酸盐岩沉积为例进行研究,认为该区主要发育三种相模式,即低能均匀倾斜缓坡沉积模式、中等能量均匀倾斜缓坡沉积模式和远端变陡缓坡沉积模式,相带分布由陆向海依次为海岸带、浅滩、开阔台地、斜坡脚及盆地相。Miranda(2008)对澳大利亚南部冷水碳酸盐早期成岩作用进行了研究,明确了冷水碳酸盐岩孔隙的发育机理和保存条件。Pugliano(2016)探索了冷水碳酸盐岩的建模方法,丰富了冷水碳酸盐岩表征的技术手段;James(2016)对冷水碳酸盐岩的形成条件、时空分布及生物类型等进行了系统分析。贾承造等(2017)结合冷水碳酸盐岩研究最新成果,系统总结了冷水碳酸盐岩沉积物的岩石学特征、形成环境及油气地质意义。

湖相碳酸盐岩的成岩环境复杂多变,受古气候、古水动力、古水介质等多种因素的控制,并且以我国学者研究为代表。在湖相碳酸盐岩沉积相研究方面,管守锐(1985)等以山东平邑盆地为例,根据湖盆的形成不同阶段建立了内/外源混合沉积型、藻滩型、浅水蒸发台地型综合沉积模式。周自立等(1986)建立了湖相碳酸盐岩沉积相划分方案:自盆地边缘到湖盆中心,分为滨湖、浅湖和深湖。杜韫华(1990)总结了中国渤海地区湖相碳酸盐岩沉积特征,提出了湖相碳酸盐岩综合沉积模式。Platt和Wright(1991)参考水动力和湖盆构造,建立了低能阶地相、高能阶地相、低能缓坡相和高能缓坡相四种沉积模式。唐鑫萍等(2012)明确了山东平邑盆地湖相微生物碳酸盐岩形成机理,深化了湖相碳酸盐岩发育的环境基础和控制因素认识。张德民等(2018)建立了湖相微生物盐酸盐岩沉积相模式,厘清了湖相碳酸盐岩微相类型及岩性叠置关系。

二、碎屑岩沉积相研究进展

碎屑岩沉积相的研究呈现多极化的特点。20世纪60年代开始,碎屑岩沉积相研究快速发展,人们划分出了浊流、河流、冲积扇、三角洲等沉积相模式。20世纪的后20年,风暴沉积模式被国内外学者先后建立;基于河流研究的沉积相构型分析法也被提出。进入21世纪,随着碎屑岩沉积学研究的全面深入以及信息技术、地理信息系统技术、地球物理技术的飞速发展,沉积相研究的深度和广度都有所增加。一些新热点如"河流扇"也开始出现,融合了大数据技术的新研究手段和方法得到应用。

冲积扇是发育在盆地边缘的沉积体系类型,相较于三角洲沉积体系,其研究程度仍相对较低。目前国际上针对冲积扇沉积模式的研究仍处于探索和发展阶段,不同地质背景和沉积机制下形成的冲积扇沉积特征存在很大差异,因此所建立的沉积模式也较为多样。根据沉积机制的差异,冲积扇可分为泥石流冲积扇沉积相模式、片流冲积扇沉积相模式、河流冲积扇沉积相模式、综合沉积相模式四种。目前,冲积扇的研究问题主要集中在两方面。一方面,各学者正逐步弱化冲积扇统一或普适性沉积模式的建立,而是根据不同沉积机制及其相关联的地质背景针对性地建立冲积扇的沉积模式。如刘大卫等(2020)就以准噶尔盆地西北缘现代白杨河冲积扇为例,建立了辫状河型冲积扇的沉积模式。另一方面,冲积扇的沉积机制、沉积过程与沉积相之间的复杂关系,缺乏定量化研究且难以统一。吴胜和等(2016)研究了冲积扇构型和储层之间的关系。印森林等(2017)通过水槽实验,以定量化的方式明确了辫状河冲积扇沉积相模式,推动了冲积扇研究向定量化发展。

河流扇的概念是在冲积扇的研究中逐渐演化和分离出来的,是一种以河流沉积作用为主的扇形沉积体。关于河流扇的沉积环境与沉积相研究,North 等(2007)提出了河流扇的沉积模型,并对河流扇进行了限定,指出河流扇是在没有水平约束的情况下河道频繁改道形成的复合沉积体,在地质时间尺度上会形成区域性的发散状几何形态,河流扇上的单一水道同河流沉积相似。Weissmann 等(2010)研究了全球 415 个大型分支河流体系(含河流扇)的分布,指出分支河流体系分布不局限于特定的纬度带,但主要分布在挤压构造带和干旱气候。Trendell 等(2013)通过地层学、古土壤学和岩石学标准分析了上三叠统 Chinle 组的巨型河流扇沉积地层,识别出了决口扇、溢岸沉积、席状砂、风成沉积等沉积相。Bashforth(2014)建立了巨型河流扇模型,识别出了冲积河道沉积、决口扇沉积等河流扇内部沉积。Aliyuda(2019)分析了位于 Benue 南部的分布河流体系,识别出了槽状交错层理砂岩相、板状交错层理砂岩相、平行层理砂岩相、粉砂岩相、泥页岩相等河流扇内部的岩相类型。

河流扇在研究过程中主要存在两个热点问题。一是河流扇与冲积扇、河流、三角洲等陆相沉积体在概念、沉积环境、控制因素等方面存在较大争议。针对这类争议,2018 年以后,部分学者开始强调以河流扇(fluvial fan)作为独立概念术语,进行相关研究分析(Wang,Plink-Björklund,2020)。国内的张元福等(2020)将河流扇同冲积扇、三角洲等沉积体比较,梳理了河流扇的概念、特征及意义。李相博等(2021)从沉积特征、鉴别标志与控砂机理等角度对鄂尔多斯内发育的河流扇进行了分析。另一个问题是针对河流扇沉积相分析的研究不完善,前人的研究多为个例研究,尚未在足够样本分析的基础上形成河流扇的典型沉积相识别标志,研究手段缺乏定量分析。Plink-Björklund(2020)通过遥感技术研究全球范围内发育的河流扇,总结了巨型河流扇的沉积环境、沉积特征。张元福等(2022)通过建立数据库,研究了河流扇的典型沉积相特征、识别标志、水环境等。

Rust(1977)根据河道分叉参数和弯曲度将河流分为顺直河、辫状河、曲流河和网状河,该河道分类方案取得了普遍认可并流行至今。顺直河由于弯曲度低且沉积作用不明显,往往只能短距离存在,沉积学研究中往往忽略。河流沉积模式有辫状河、网状河、曲流河三类沉积相模式,并派生出了如 Scott 型、Donjek 型、Platte 型等多种沉积相模型。河流相的研究主要依靠测井、岩心、露头数据和地震数据等,研究方式通常是二维的垂向剖面分析法。为了弥补垂向剖面分析法的缺陷,Miall(1985)提出建筑结构要素分析法,对河流相进行三维空间分析。构型的提出为沉积相的定量研究提供了新的思路,并被广泛应用。有关的沉积学研究宣传和推广了建筑结构要素分析法,其研究目标已经拓展到冲积扇、三角洲及扇三角洲等研究方面,并且取得了良好的研究效果。依靠水槽实验、数值模拟、三维建模等技术,河流沉积环境的研究,如恢复河流古环境、古地貌、推测河流演化等研究,取得了较大的进展。渠芳等(2008)分析了孤岛油田馆上段河流相储层构型与油水分布之间的控制关系。胡光义等(2018)将河流相储层复合砂体构型概念体系及表征方法应用在了渤海油田的剩余油开发中。

沉积物重力流的研究随着深海、深湖环境油气资源的勘探成为现阶段沉积学领域研究的重点课题之一。沉积重力流,依据其流态特征、流变学特征、流体浓度与支撑机理,可分为浊流与碎屑流两类。关于浊流沉积,Kuenen等(1950)最先提出海底峡谷的形成应与高密度流的侵蚀有关,并提出浊流沉积和浊流沉积理论;Bouma(1962)发现了浊流沉积环境下形成的浊积岩所特有的层序,建立了鲍马序列,得到了沉积学者的普遍认可。关于碎屑流沉积,Shanmugam(2000)提出了砂质碎屑流沉积模式,认为深水扇主要为砂质碎屑流,浊流很少发育。砂质碎屑流沉积模式适合于盆地和斜坡沉积环境,可划分为水道沉积相和非水道沉积相两种类型。国内大批学者,如邹才能等(2008)、邹才能(2009)、李相博等(2021)提出在湖盆中央深水区发育大规模砂质碎屑流砂体,并成功指导了鄂尔多斯、松辽、渤海湾等盆地中央深水区的油气勘探开发。目前对于沉积物重力流的主要研究方式是依靠露头数据、水下钻井测井、岩心、地震反射剖面、现代海底成像和取样、实验室水槽实验和数值模拟分析进行综合性研究。

三、沉积相研究方法进展

近年来,随着计算机技术的应用和普及,数据库的构建与应用在地学领域尤其是沉积相的识别和分析方面取得了较大的发展。通过建立区域或全球性的地质数据库,对海量地质数据进行综合分析,将极大地推动沉积环境与沉积相研究的突破。在沉积相研究过程中,通常会涉及井位数据、岩心数据、地震数据、地球化学数据等多类数据,其数据呈现出数量大、种类多和结构复杂的特征。建立沉积相数据库,可以对数据进行归类存储,依托算法关联地质数据之间的模糊关系,实现沉积相的精细化研究,挖掘地质数据的潜在价值。此外,还可以依托算法对数据进行定量化分析,详细的沉积相分析与地质统计学结合所形成的随机建模技术,使得沉积相的分析更直观更具准确性且更科学,进而对预测有利储层乃至地层岩性油气藏的形成与分布具有重要作用。

1976年,美国斯坦福大学的Duda等人首先建立了地质学领域的数据库,并在数据库中初步引入了数据挖掘技术的概念,随后引发了相关研究的热潮。英国、美国、澳大利亚等各国相继组成研究小组,建立地质知识库,为地质模型的研究提供数据基础。以英国利兹大学建立的Ava Clastics数据库为例,该数据库包含河流沉积(FAKTS)、浅海沉积(SMAKS)、古代露头数据(DMAKS)三类数据库。通过将地层、岩相信息进行数字化处理,建立区域性沉积相预测模型,为能源行业的勘探开发提供大量基础数据服务。国内学者张广权等(2018)利用现代沉积、露头等资料建立了辫状河数据库,为井位部署提供了地质理论依据。

目前,沉积学理论日益丰富和完善,研究技术和手段日益先进,层次上由宏观向微观发展,对沉积相(体系)研究做到精细的层次至少要研究到亚相甚至微相,层内规模更细、更微观一级的非均质性研究在未来一段时间内依旧是难点;方法上由定性向定量发展,包括定量地质知识库的建立及地质统计得出的经验公式的研究与应用,例如美国的IHS数据库、中国的地质云数据库,依靠神经网络进行定量地震相分析识别、水槽实验结合数字模拟进行的河流相沉积模拟等;目的上由理论向应用发展,如储层沉积学、环境沉积学、大地构造沉积学及事件沉积学的蓬勃兴起;形式上由静态向动态发展,沉积学的研究已经从以前二维平面发展为三维立体,并且从演化的角度来分析沉积在四维时空中的分布、演变等;学科上由单学科向多学科发展,沉积学的研究已不再是单纯的研究岩石学和沉积相,而是从多学科(地质、地球物理测井和地震、数理统计等)的角度来开展沉积体各向异性和其内非均质性的综合研究,随着计算技术的不断进步,加上地质统计学的迅速发展,各种模拟方法和软件(如 ArcGis、surfer、mView、Earth Volumetric Studio 等地质软件)的不断涌现使地学的研究进一步计算机化;研究领域从地区向全球发展,沉积学的研究不再局限于某一狭小的地区,而是从全球范围的气候与海平面变化及板块构造运动的相互影响来分析和考虑盆地的形成、地层的发育及沉积体系的演变,如国际地质科学联盟(International Union of Geological Sciences, IUGS)所开展的全球沉积地质项目(GSGR)、欧洲地学大断面计划 European Geotraverse(EGT) Project、我国的大陆科学钻探工程等。

思考题

1. 简述"环境"与"相"的概念及关系。
2. 沉积相研究的现实主义原则是什么?
3. 学术资源与学术搜索引擎如何使用?

第二章 沉积环境总论

沉积环境由一系列环境条件要素所组成:(1)自然地理条件,包括海、陆、河、湖、沼泽、冰川、沙漠等的分布及地势的高低;(2)气候条件,包括气候的冷、热、干旱、潮湿;(3)构造条件,包括大地构造背景及沉积盆地的隆起与坳陷;(4)沉积介质的物理条件,包括介质的性质(如水、风、冰川、清水、浑水、浊流)、运动方式和能量大小以及水介质的温度和深度;(5)介质的地球化学条件,包括介质的氧化还原电位(Eh)、酸碱度(pH)以及介质的含盐度及化学组成等。上述条件的综合即为沉积环境(视频3)。

视频3 沉积环境及其要素简介

古环境是地质历史时期出现的地理单元和环境条件。地球地质历史中的古环境与现今环境存在很大差异,早期海洋的性质也与今天的海洋有所不同。沉积环境研究中的古环境与现代环境既有可对比性,又具有差异性。

在研究沉积环境时用到的基本原则是"将今论古"原则,此原则被 Charles Lyell 在 1889 年发表的《地质学原理》中详细论述。古代的地质事件可以用今天所观察到的现象和规律加以解释。例如,现代海岸沙滩受海浪作用表面形成波痕,如果在岩层中发现波痕构造,可以推测该地层形成环境为海岸,受到波浪作用。需要指出的是,在应用将今论古原则时应该考虑到地质历史是发展的,各种时期的地质事件既有连续性也有变化性。例如,元古宙的碳酸盐潮坪环境中曾有广泛的叠层石发育,到了显生宙,同样是碳酸盐潮坪环境,由于食藻类生物出现,叠层石的范围和数量大为减少。所以在应用将今论古原则时候,绝不能简单地把现代现象与古代完全等同看待,必须结合多方面事实进行历史分析才能得到合乎逻辑的科学解释。

"将今论古"原则不仅是研究和恢复古代沉积环境的指导理论,而且为进一步发展沉积学和古地理学指出了一条正确途径:必须加强对现代沉积环境、沉积作用及其产物的研究,从某种意义上说,针对现代沉积的研究越详细、越深入,就能更好地解释过去。近年来沉积学取得的重大进步(浊流理论的提出,碳酸盐岩学新理论的提出,潮坪、风暴岩、三角洲等多种沉积相模式的建立)都是最好的证明。

第一节 现代沉积环境

现代沉积环境(视频4)是指由一系列环境条件组成,正在进行沉积作用的自然地理单元。地球表面因为自然地理的不同被划分不同的区域,一般可分为大陆环境、海陆过渡环境和海洋环境三大类,以及若干小环境,如沙漠、三角洲、海底扇、陆棚、深海平原等,都是沉积环境的单位。大陆环境包括残积环境、坡积环境、冰川环境、风成(沙漠)环境、冲积扇环境、河流环境、湖泊环境。海陆过渡环境又称海陆混合环境,包括三角洲和海岸环境。海洋环境分浅海、半深海和深海环境。也有分为5个环境组的:冲积环境组(包括冲积扇、辫状河、曲流河、三角洲等环境)、岸带环境组(包括海滩、潮坪、堡岛、堡礁、潟湖、河口湾等环境)、海洋环境组(包

视频4 现代沉积环境简介

— 17 —

括浅海环境和深海浊流盆地环境,后者又分为海底扇、扇谷、天然堤等亚环境)、内陆盆地环境组(包括淡水湖、盐湖、干盐湖、盐坪、沙丘等环境)以及冰川环境组(包括大陆冰川环境和冰海环境)。陆源碎屑岩主要沉积环境(相)如图 2-1 所示。

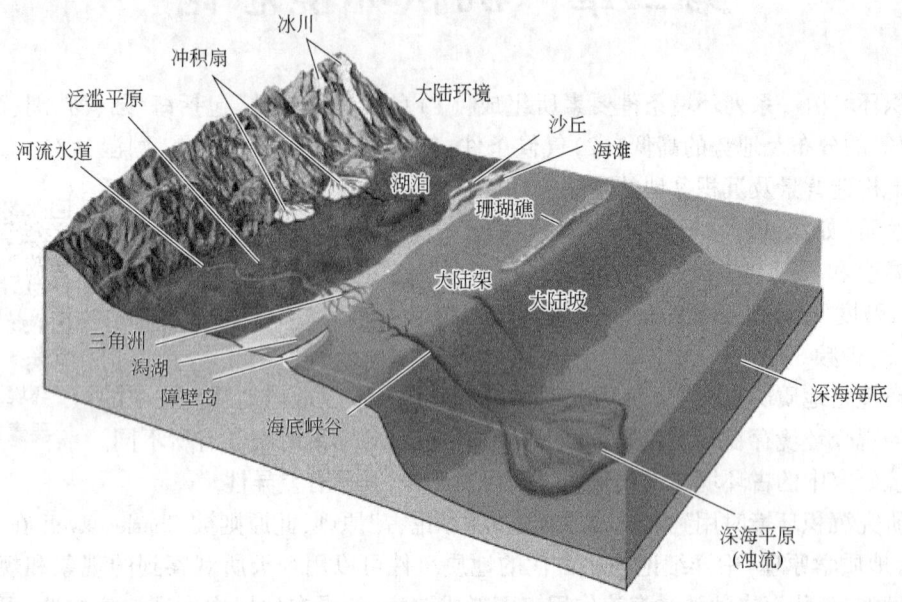

图 2-1　陆源碎屑岩主要沉积环境(相)示意图(据姜在兴等,2022)

一、残积、坡积环境

(一) 残积环境

残积环境是陆相沉积类型之一,是基岩经物理风化和化学风化作用后,残留在原地的风化产物。沿剖面向下,它逐渐过渡为基岩,主要由基岩碎屑及铁质、红土质(铁铝质)、黏土质沉积物组成,无分选性,层理也不清楚。由于残积相经常被冲刷,一般分布面积不大,古代的残积相不多见。

(二) 坡积环境

坡积环境是陆相沉积类型之一,是高地基岩的风化产物,由于雨雪等的作用,借助重力沿斜坡滚动,堆积在山坡上形成的沉积物,主要由砂砾岩、粉砂岩等组成,碎屑物分选差,呈棱角状,常具与斜坡平行的层理。

二、冰川、风成环境

(一) 冰川环境

冰川环境分为大陆冰川环境和冰海环境。大陆冰川环境分山谷冰川、山麓冰川、冰盖或冰帽等亚环境。山谷冰川由较高处的冰斗和冰原补给。山麓冰川是由一些山谷冰川流至山麓处汇集成的宽广冰体,可发展成冰盖。但大的冰盖发育在高原区,尤其高纬度大陆区,如格陵兰和南极洲的大冰盖厚达数千米。高纬度区的冰盖边缘伸入海中可形成冰棚,冰棚崩解或部分大陆冰川带入海中可形成许多在海中漂浮的冰块和大的冰山,能漂浮1000km以上,这个海域称冰海环境。冰川负载物是冰川流动时侵蚀基岩的破碎物质、冰川谷壁的岩石破碎物,以及地表的松软物质等。冰川流动过程中,冰川末端都有融解,常形成大小混杂、碎屑呈棱角状、粗大碎屑上还常有磨光平面和冰川擦痕的冰碛物。冰碛物按在冰川中的位置分底碛、侧碛、中碛和终碛等。冰川前进时,终碛多被破坏。冰川后退时形成一连串冰碛岭,冰川末端和冰盖边缘常发育成群的鼓丘,有很多蛇形丘或冰砾阜,前者长0.5~250多千米,后者呈不规则圆锥状,高数米至百米以上。冰碛物中常含有冰川漂砾。冰川后退时融冰水还形成冰水河流、冰水扇、冰水扇平原和辫状冰水河冲积平原等亚环境,向冲积环境过渡。在冰海环境中,冰棚后退,冰山、冰块等融化,携带各种大小的、富棱角的负载物,分散沉积到冰海海底软泥中,可形成相当广泛的冰海沉积。

(二) 风成环境

空气是仅次于水的一种很重要的搬运营力和沉积介质。由于风速受地形、地物影响大而有突然变化,加以密度小,因此能搬运的粒径范围较窄。风速一旦减小,则相应地有粒径比较一致的碎屑沉积下来,所以风成沉积物的分选性一般比流水好。风成砂可进一步分为沙丘、沙丘间、沙席、间歇河床(或旱谷)和干盐湖或萨布哈五种沉积类型。

三、冲积扇环境

冲积扇是发育在山麓地区的半圆锥状或扇状富粗碎屑沉积体的地貌单元,属洪水沉积物,主要为辫状水道和漫流沉积的沉积物。在干旱、半干旱区,冲积扇较典型,常发育泥石流。冲积扇一般形体较小,多呈锥形,扇面积2~100km²,坡降可达100m/km。潮湿区冲积扇面积常较大,比干旱扇可大数百倍,甚至达10000~15000km²以上。但潮湿区冲积扇,以辫状河沉积占优势,因向河流沉积过渡而冲积扇沉积物不甚典型,泥石流常被稀释成冲积物,或泥石流沉积多砂质而不典型。一般较典型的冲积扇,近基扇部分常含巨砾,富砾石,有时还有由基岩破裂物形成的粗碎屑沉积体,富孔隙,有滤掉细物质的筛滤作用,富粗碎屑的冲积层常和富泥质基质的泥石流层成厚层互层。远基扇则主要为河成冲积砂层,粗碎屑粒径减小,含量降低,基本上没有泥石流沉积,但面积大,坡度变小,逐渐过渡为冲积平原。

四、河流环境

河流为有狭窄和限定路线、常含有泥砂的地表水流。有较大汇水面积的河流常形成永久河或常流河,汇水面积小或干旱区的河流则多成间歇河。河流类型主要有曲流河或蛇曲河和辫状河,还有少见的交织河和顺直河。河道内弯侧常发育点沙坝(又称内弯坝或边滩),河岸常发育天然堤,洪水期可形成决口扇和漫岸沉积。辫状河一般发育在河流中、上游较陡处,水流浅急,流量变化大,输砂量大。辫状河道不断分叉而又汇合,河床不断迁移,属游荡性河。辫状河道汊道间还夹有许多沙岛,又称心滩,组成辫状沙坝。顺直河是由弯曲度近于1.0的单一河道河流。交织河是由两个或多个弯度多变的河道组成的河系,伴有大而稳定有植被的岛或黏结性的滩。河流中、下游常发育冲积平原环境,主要由曲流河沉积及其泛滥沉积物所组成,其中还发育与河道连通的湖、废弃曲流河道形成的牛轭湖以及一些沼泽。河流下游流入湖、海

— 19 —

处都可形成三角洲。河流进入三角洲环境时首先形成多条分流河道,发育成三角洲平原亚环境。分流河道也发育天然堤,也有决口扇和漫岸沉积,河道废弃期广泛发育沼泽和泥炭沼泽,是地质时期成煤的重要环境。在海或湖的岸坡带还发育由分流河口沙坝、侧翼席状砂、远沙坝等组成的三角洲前缘亚沉积环境。在三角洲坡脚处,形成富泥质、有水平纹层,有时有滑塌块和滑塌褶曲的前三角洲亚沉积环境。但在较强的潮汐或波浪发育的海岸带,河成三角洲还不同程度地被改造成潮控或浪控具潮汐海岸或波浪海岸沉积特点的破坏型三角洲。如发育在海、湖沿岸的冲积扇,有高坡降和发育辫状水道时,则可发育成扇三角洲环境。扇三角洲平原亚环境常为多发洪水沉积环境,也发育辫状分流河道及漫流沉积,也有泥石流沉积,其废弃阶段如为潮湿气候可大面积发育沼泽和泥炭沼泽。水下斜坡部分则常形成富砂砾质的扇三角洲前缘亚沉积环境,以及在坡脚处形成富泥质的前三角洲亚沉积环境。

五、湖泊环境

现代湖泊的面积约占大陆表面的 1%。湖是陆地上凹地蓄水形成的水体,是隔离的、无潮汐的水盆地,也是一个小的生态区。小的湖可小于 1km², 而有些大湖甚至被叫作海,如里海、咸海、死海等。然而,海是有潮汐作用的连续水体,以有较一致的含盐度(35‰)和具一定特征的窄盐度生物而区别于湖。湖的含盐度不固定,但大部分属淡水湖,也有微咸湖和盐湖,因而有不同的生物种属。世界上有的滨海湖与海连通,但湖水的化学性质及其中的生物群也不同于海。有些湖泊只是分布在陆地平缓或低洼处的暂时水体,而大湖则常常是较古老的构造湖盆,是长久性水体。一般,湖泊沉积物常发育清楚的、薄的年纹理。这是以季节变化为主导因素形成的。在 1cm 厚的湖泥沉积中常可有数条乃至上百条薄纹理。沉积物因湖泊所处地理位置和大小等可以很不相同,在有些地形较复杂、基岩出露较多的地区,湖滨带可形成沙堤和窄的砂砾滩等,湖中心为泥质沉积,过渡的浅湖、半深湖多砂泥混合沉积。在温暖潮湿气候条件下,如地势平缓、碎屑物供给少,湖滨还可发育介壳滩和鲕滩,湖中心可发育灰泥沉积。有些湖泊近滨发育藻和软体动物,而湖中心沉积腐泥,这类沉积在以后的地质时代可形成油页岩。干旱区的盐湖沉积虽然也有多种多样的碎屑和生物沉积,但主要为蒸发成因的化学沉积,如各种碳酸盐、硫酸盐、氯化物等沉积,也常显有年理,具湖沉积的特点。

湖泊三角洲沉积是在河流与湖泊共同作用下形成的,其基本特点与河流入海形成的三角洲十分相似,但由于湖水作用的强度和规模一般要比海洋小得多,且没有潮汐作用的影响,因此湖泊三角洲主要为河控三角洲,平面上多呈鸟足状或舌状。但也不排除一些规模较小的三角洲或间歇性河流形成的三角洲,受到湖泊波浪的改造,具有浪控三角洲的特征。湖泊三角洲同样划为 3 个相带,即三角洲平原、三角洲前缘和前三角洲,每个相带又可进一步划分出不同的沉积类型。

此外,湖泊环境中还常发育湖相碳酸盐岩,这是分布最为广泛的一类陆相碳酸盐岩,形成于内陆淡水湖盆、半咸水—咸水湖盆和盐湖等。湖相碳酸盐岩与海相碳酸盐岩沉积模式有着天然的不同:与海洋相比,湖泊缺少海洋中常见的潮汐作用;湖泊是一个相对封闭的系统,沉积水体和沉积物规模都要远小于海洋;湖泊对环境的改变反应更加敏感,局部环境和气候变化可导致水化学性质迅速改变;湖泊溢出点水位高低往往反映湖盆自身的沉降、形态、局部构造运动,可控制湖盆的可容空间。

湖相碳酸盐岩是陆相地质学的重要研究内容,在此基础上发展起来的湖相地质学在盆地模拟、陆盆沉积模式研究以及油气勘探开发中均有着重要的指导作用。以湖相碳酸盐岩储层为主的油田,国外主要分布在美国绿河盆地、巴西坎波斯盆地以及中亚地区的滨里海盆地等;国内主要分布在松辽盆地、四川盆地、柴达木盆地和渤海湾盆地等。

六、三角洲环境

三角洲是由河流补给的泥沙沉积体系,是动力—沉积—地貌等因素相互作用的产物,分布于河流注入海洋或湖泊的地区。世界上每年约有 $160\times10^8 m^3$ 的泥沙被河流搬入海中。这些混在河水里的泥沙从上游流到下游时,由于河床逐渐扩大,在河流注入大海时,水流分散,流速骤然减少,再加上潮水不时涌入有阻滞河水的作用,特别是海水中溶有许多电离性强的氯化钠(盐),它产生出的大量离子,能使那些悬浮在水中的泥沙也沉淀下来。于是,泥沙就在这里越积越多,最后露出水面。这时,河流只得绕过沙堆从两边流过去。由于沙堆的迎水面直接受到河流的冲击,不断受到流水的侵蚀,往往形成尖端状,而背水面却比较宽大,使沙堆成为一个三角形,人们就给它们命名为"三角洲"。其平面形态多呈三角形,顶端指向上游,由陆上和水下两部分形成。在世界各大河流的如海/湖处都有三角洲发育,如埃及尼罗河入海处的尼罗河三角洲面积达 $24000 km^2$;美国密西西比河入海处的三角洲呈鸟足状,面积达 $26000 km^2$;中国的长江、黄河及珠江入海处,也都有较大面积的三角洲发育。三角洲一般可划分为三角洲平原、三角洲前缘和前三角洲三个亚相。三角洲分类方面,诸多学者也给出了不同的方案,如 Fisher 等(1969)根据三角洲建设性和破坏性的二分法,Galloway(1975)以河控、浪控及潮控为端元的三角图解,Reading(1994)的河控、河流—波浪、浪控、河流—波浪—潮汐相互作用及潮控五大类。

七、海岸环境

海岸环境是海洋和陆地相互作用的地带,即由海洋向陆地的过渡地带,其位于高潮线到正常浪基面之间,深度一般在 20m 以内,宽度可从几十米至几十千米,可分为陆上岸带、潮间带和水下岸坡带三部分。海岸相水动力条件、水化学状况及海底地形地貌都十分复杂,如果以河流为主,形成三角洲;如果以潮汐和波浪作用为主,则形成沙坝、海滩沙及障壁坝。

八、海洋环境

现代海洋约占地球表面积的 71%,地史时期占比更大。海洋是沉积的重要场所,其中的沉积岩层规模大、分布稳定,许多重要的沉积矿产和油气田都产于海相地层中。海洋环境一般分为浅海、半深海和深海环境。

浅海沉积是水深大致为 20~200m 范围内的海底沉积,主要分布在大陆架区,也称陆架沉积。浅海沉积物主要来自大陆,但在一些低纬度海区和外陆架,也可见到自生的碳酸盐沉积和生物沉积。浅海指正常浪基面(附近)以下至水深 200m 的较平坦的广阔浅水海域(陆棚范围),平均坡度一般只有几分,不超过 $4°$ 。浅海的水动力包括波浪、洋流(离岸流)、潮汐流及密度流(风暴碎屑流)等。

现代海洋环境碳酸盐岩,90%以上源于生物,即这些碳酸盐岩沉积主要由生物成因(如由微生物形成的泥晶灰岩)或受生物控制(如自养和异养型骨架生物决定着碳酸盐岩组成、产出位置和时间);有些"非生物成因"碳酸盐岩沉积(如海相灰泥)同样源于生物作用或生物体本于海平面上升和大量碎屑沉积物的注入,碳酸盐台地消亡,盆地主体转变为碎屑陆棚环境。

三、志留纪和泥盆纪

志留纪(笔石的时代,陆生植物和有颌类出现)是早古生代的最后一个纪,也是古生代第三个纪。志留纪始于距今4.44亿年前,延续了约2500万年。由于志留系在波罗的海哥德兰岛上发育较好,因此曾一度被称为哥德兰系。志留纪可分早、中、晚三个世。泥盆纪时期是指古生代中叶的这段时间,可细分为三个时期:早泥盆世时期、中泥盆世时期以及晚泥盆世时期。

志留纪是各大板块陆表海和陆棚浅海广布的时期,台地碳酸盐发育最为广泛,其中以北美洲最为典型。它的中部广泛分布台地型的浅水碳酸盐相,包括美国中部、西部和加拿大西部的白云岩套。以及加拿大东部及白云岩套周缘的石灰岩套。在北美洲的西缘出现明显的岩相分异,即由白云岩套向西变成石灰岩、泥岩过渡相带,再向西变成碎屑岩相带。北美洲的东缘也有类似的岩相分异,即向东由台地碳酸盐岩变为碎屑岩相带。欧洲大陆特别是波罗的海沿岸、中欧、东欧主要是台地型间夹盆地的笔石页岩沉积,至西欧出现台地碳酸盐岩至台缘斜坡笔石页岩的明显岩相、生物相分带。西伯利亚地台上沉积碳酸盐岩和笔石泥岩的志留纪地层,厚度甚小,而其周缘的活动带则转为巨厚的碳酸盐岩及火山复理石建造。华南板块乃至西藏中间地块及它们的周缘活动带,都是以火山—碎屑岩为主间夹碳酸盐岩的沉积。华南板块志留纪岩相、生物相的分异也十分典型,即西部碳酸盐岩和碎屑岩的台地型沉积,含壳相及笔石动物群;东部为碎屑岩及复理石的盆地沉积,含笔石动物群。志留纪的冈瓦纳大陆,包括了非洲、大洋洲和南美洲的广大地域。非洲北部至南美洲的东、北部沉积了类似的台地型泥岩和细碎屑岩,含有相同的Malvinokaffric动物群。澳大利亚东部及塔斯马尼亚、新西兰则为大套的复理石建造,为大陆斜坡的深水沉积。

泥盆纪的沉积物分布于世界各地,其沉积总量比古生代其他各系都大。沉积地层一般划分为老红砂岩相、莱茵相和海西相,分别代表大陆环境、近岸和远岸的海相环境。不同盆地沉积模式各异。以德国—比利时盆地为代表的岩相,早泥盆世多为近滨、前滨碎屑岩相,中、晚泥盆世发育陆棚碎屑岩相、台地碳酸盐岩相、盆地泥质岩相和水下隆起碳酸盐岩相。华南与西欧类似,差异在于泥盆纪中、晚期台地内部广布以浮游相硅质—泥质、碳酸盐岩沉积,形成台、盆交错的古地理格局。北美东部则相反,早、中泥盆世为较浅水碳酸盐岩分布,而晚泥盆世全为较深水的黑页岩与三角洲相卡斯基尔穿插沉积。准噶尔—兴安褶皱带和澳大利亚—新西兰地槽区以岛弧型火山碎屑沉积为主。

四、石炭纪和二叠纪

石炭纪是古生代的第5个纪,开始于距今约3.59亿年前,终止于距今2.99亿年前,延续了6000万年。石炭纪时陆地面积不断增加,陆生生物空前发展。当时气候温暖、湿润,沼泽遍布,大陆上出现了大规模的森林,给煤的形成创造了有利条件。二叠纪是古生代的最后一个纪,也是重要的成煤期。二叠纪开始于距今约2.99亿年,延至2.52亿年前,共经历了4700万年。二叠纪的地壳运动比较活跃,古板块间的相对运动加剧,世界范围内的许多地槽封闭并陆续形成褶皱山系,古板块间逐渐拼接形成联合古大陆(泛大陆)。陆地面积的进一步扩大,海洋范围的缩小,自然地理环境的变化,促进了生物界的重要演化,预示着生物发展史上一个新时期的到来。

石炭纪时期，全球主要沉积作用发生在各大陆周缘及陆内浅海分布区。碳酸盐岩主要分布在古特提斯洋南侧被动大陆边缘、乌拉尔洋西侧的波罗的板块、南美，以及北美等区域（Golonka，Ford，2000）。河湖相沉积主要分布在劳伦大陆北部，在北美、格陵兰区域有面积广泛的湖盆沉积，在古特提斯洋南缘被动大陆边缘部位则与碳酸盐岩沉积成交互层。石炭纪澳大利亚大陆基本上高出海面，东部形成特有的巨厚陆相碎屑岩夹冰碛层及泥炭沼泽环境沉积。石炭纪中期开始全球进入冰期，泛大陆南部普遍有冰碛物分布（Mullins，Servais，2008）。此外，在热带与南、北半球干旱带的过渡区域均有风成沙漠沉积保留，表明该区域石炭纪曾存在沙漠环境。

二叠纪的海水大致以欧亚东西向地槽带、环太平洋地槽带以及富兰克林—乌拉尔地槽带为活动中心，向邻近的大陆地区淹覆。以此为基础的沉积作用发生明显分异，存在多种沉积岩类型。这些沉积在时间上明显反映出在此背景下的早、晚期分异。早期正常海沉积广泛发育；晚期除多数及其外围部分继续保持海相沉积外，地槽的回返部分及大陆棚区分别转化为局限的咸化、沼泽化或陆相沉积：(1)以陆表海相碳酸盐岩为主的比较发育的沉积主要分布于冒地槽的浅水部分和北半球的浅水地台，包括西西里、小亚细亚、中东、外高加索、盐岭、中亚、克什米尔、帝汶、日本、新西兰和北美太平洋侧等地，以及属于地台范围的北美、西伯利亚等地；(2)以大量碎屑岩和广泛的火山岩为特征的地层发育于优地槽，最具代表性的地点为美国得克萨斯州西部、内华达州、犹他州，澳大利亚东、西部盆地，西南非，南美阿根廷等地；(3)陆相及煤系沉积多见于东西向地槽系北、南两侧的亚洲、中欧、印度半岛和南半球的多数陆地；(4)冰碛岩类发育于新西兰以外的南半球各大陆和印度半岛。这些以陆相地层为主的岩系包括冰碛岩在内，称为冈瓦纳相。

在中国地区，早石炭世的地层分布、岩相类型和晚泥盆世相似，海域主要分布于滇、黔、桂、湘地区，华夏古陆西缘的浙西—江西大部—粤东一带主要为陆源沉积物。与晚泥盆世不同的是下扬子地区开始出现海相沉积。晚石炭世海侵范围明显扩大，滨浅海成因的白云岩、石灰岩广泛分布于除华夏古陆和上扬子古陆以外的广大地区，岩性岩相较为单一；华北板块自奥陶纪晚期开始，一直处于隆起状态，遭受缓慢剥蚀。早石炭世除大别山北麓出现较厚的近海和海陆交互含煤碎屑堆积以及辽东地区可能接受沉积之外，主体部分仍然是一个近乎准平原的低地，到晚石炭世开始缓慢沉陷，普遍接受海陆交互相沉积。因此上石炭统直接覆于下、中奥陶统侵蚀面之上。华南板块二叠纪时遭受了晚古生代中最大的海侵，与华北—柴达木板块的大陆面貌形成鲜明对比。华南海相二叠系发育特征以黔中地区为代表。华南石炭纪末，很多地区地壳上升，普遍海退，至二叠纪初又逐步下降接受沉积，致使二叠系和石炭系间多为假整合接触。中二叠统（瓜德鲁普统）以浅海相石灰岩为主，分布极广，代表一次海侵的产物；上二叠统（乐平统）普遍发育有海陆交互相及陆相含煤地层，上部又以海相地层为主。浙、闽、粤沿海一带及海南岛地区二叠纪时已属稳定地区，构成华南板块的一部分；华北板块主体自二叠纪起已基本脱离海洋环境，仅局部地区遭受短期海侵影响，因此二叠系以陆相沉积为主。

五、三叠纪至白垩纪

三叠纪是 2.52 亿年至 2 亿年前的一个地质时代，它位于二叠纪和侏罗纪之间，是中生代的第一个纪。三叠纪的开始和结束各以一次灭绝事件为标志。三叠纪的名称是 1834 年弗里德里希·冯·阿尔伯提出的，他将在中欧普遍存在的位于白色的石灰岩和黑色的页岩之间的红色的三层岩石层统称为三叠纪。侏罗纪(距今约 2.01 亿年前至 1.45 亿年前,爬行动物和裸子植物的时代)属于中生代中期。侏罗纪之名称源于瑞士、法国交界的侏罗山(今译汝拉山),是法国古生物学家 A. 布朗尼亚尔于 1829 年提出的。由于欧洲侏罗系岩性具有明显的三分性,1837 年,L. von. 布赫将德国南部侏罗系分为下、中、上三部分。1843 年,F. A. 昆斯泰德则将下部黑色泥灰岩称黑侏罗,中部棕色含铁灰岩称棕侏罗,上部白色泥灰岩称白侏罗。侏罗纪分早、中、晚三个世。

三叠纪时期,全球变暖效应使得泛大陆大部分地区处于干旱和热带,而其余地区处于温带。三叠纪中期海平面下降,而在晚三叠世则恢复较高的海平面。因此,泛大陆周边地区,劳亚大陆内部波罗的板块西缘、格陵兰板块东缘、波罗的板块东缘乌拉尔山前,以及基默里陆块群、华北、华南等都处于陆表海环境。同时,在冈瓦纳大陆、北美和波罗的板块西缘、中亚及华北和华南部分地区发育河湖相沉积;早三叠世晚期在东南亚、华北,以及中三叠世在利比亚、柬埔寨、哈萨克斯坦等地区形成了大量的煤沉积。

侏罗纪时期,欧亚地区喀拉海北部地台、西西伯利亚盆地西部、锡尔河盆地、西伯利亚地台东北部是以砂岩和泥岩混积冲积区。哈萨克斯坦地盾东部为砂岩和泥岩为主的湖泊相,北乌斯丘尔特盆地北部、西西伯利亚盆地北部、新地岛前渊西部是以砂岩和泥岩为主的三角洲。西伯利亚地台东北部、滨里海盆地、波罗的地盾南部、伦敦—布拉班特地台南部是砂岩、泥岩、碳酸盐岩为主的浅海相。东北德国—波兰盆地是变质碎屑岩为主的浅海相,黑海地区发育半深海—深海相。北美—格陵兰地区主要为隆起剥蚀区。北美北缘、威利斯顿盆地、丹佛盆地是以砂岩、泥岩为主的浅海相,东南部发育以碳酸盐岩为主的浅海相。北美区和南美区之间发育以砂岩、蒸发岩为主的滨浅海和盐沼相。南美区西缘和北缘发育砂岩、泥岩混积的浅海相,索利莫伊斯盆地和巴纳伊巴盆地发育以砂岩、泥岩为主的湖泊相,东南缘、查科—巴拉那盆地、圣弗朗西斯科盆地和巴拉那盆地发育以砂岩、泥岩为主的冲积相;非洲区主体上为隆起剥蚀区和以砂岩、泥岩为主的冲积相,南部和北部以冲积相为主,中部和东部以隆起剥蚀区为主。大洋洲主体上为隆起剥蚀区和以砂岩、泥岩为主的冲积相。南极洲主体为隆起剥蚀区,东部发育小范围火山碎屑岩浅海相。

白垩纪是中生代的最后一个纪,开始于 1.45 亿年前,结束于 6600 万年前,历经 7900 万年,是显生宙最长的一个阶段。白垩纪时期,大陆被海洋分开,地球变得温暖、干旱(视频 7)。

视频 7 白垩纪地理、构造与海洋缺氧事件

早白垩世时期,欧亚大陆隆起剥蚀区分隔性发育,其间以碎屑岩湖泊相和冲积相为主。欧洲—中北亚大陆周缘发育:(1)以砂岩、泥岩为主的三角洲相(东巴伦支海盆地);(2)以砂岩和泥岩为主的滨海相(如巴伦支海、滨里海盆地等);(3)以砂岩、泥岩、碳酸盐岩为主的浅海相(如羌塘盆地等);(4)以碳酸盐岩为主的浅海相(扎格罗斯盆地);(5)以火山岩与碎屑岩为主的浅海相(如北鄂霍次克海盆地);(6)以变质岩为主的浅海相(北鄂霍次克海西侧)。半深海—深海相主要发育于阿拉伯板块的北侧。北美洲中部、格陵兰区中部、多米尼加带—赛尔温褶皱带主要为隆起剥蚀区。墨西哥湾盆地、北美东北缘、格陵兰地盾西南缘是以砾岩、砂岩、泥岩为主的冲积相。尤卡坦台地是以蒸发岩和碳酸盐岩为主的滨浅海+盐沼相。北美—格陵兰周缘广泛发育以砂岩和泥岩为主的浅海相。南美洲大陆主体为隆起剥蚀区和冲积区、湖泊区相间。冲积区有两种岩相类型:(1)以砾岩、砂岩、泥岩为主(如瓜波雷地盾南部);(2)以砂岩、泥岩为主(如索利莫伊斯盆地)。南美北、西、南缘发育以砂岩、泥岩和碳酸盐岩为主的混积浅海相,以及以

砂岩、泥岩为主的浅海相。

晚白垩世时期,欧亚区西西伯利亚盆地东南部是以砂岩与泥岩为主的冲积区,西部是以砂岩、泥岩为主的浅海相。西伯利亚地台东部为砾岩+砂岩+泥岩混积冲积区,东北部发育以砂岩、泥岩为主的三角洲,地台南部是以砂岩与泥岩为主的浅海相。黑海盆地、楚科奇北部盆地、马德拉深海平原是以泥岩为主的半深海—深海区。北美—格陵兰区主要是以隆起剥蚀区和以砂岩、泥岩为主的浅海相。南美区主体是隆起剥蚀区和以砂岩、泥岩为主的冲积相,西部、东北部和东部发育砂岩、泥岩和碳酸盐岩混积浅海相,北部、东南部和西南发育以砂岩、泥岩为主的浅海相。非洲区北部为砂岩、泥岩和碳酸盐岩的浅海相,局部见隆起剥蚀区和以砂岩、泥岩为主的冲积相、湖泊相。大洋洲主体是隆起剥蚀区和以砂岩、泥岩为主的冲积相,西缘和南缘发育碳酸盐岩浅海相和火山碎屑岩浅海相。

在中国,华北地区在早、中三叠世时期东部相对抬升,发育湖相以及三角洲沉积为主,如鄂尔多斯盆地内部发育湖泊和三角洲,沉积了含煤的泥质碎屑岩层;晚三叠世则演化为大型坳陷型湖泊盆地沉积。中国侏罗系有陆相、火山岩相和海相三种类型:以陆相分布最广,多为盆地湖泊沉积;火山岩相主要分布于我国东部地区;海相仅限于我国西南部(西藏、青海南部、滇西),而广东、东北挠力河等边缘地区则具有海相和海陆交互相沉积。白垩纪我国大部分地区仍为大陆,海侵范围更加缩小,海水仅到达西藏、西昆仑,新疆西南缘和台湾等地区,因此我国的白垩系有陆相、火山岩相和海相三种类型。而陆相和火山岩相广泛发育,是我国白垩系最显著的特点,如松辽盆地的白垩纪主要由淡水湖泊相暗色或夹杂色的有机岩和碎屑岩组成。当时气候潮湿,生物极为繁盛,湖水时浅时深,但多为氧化带之下的沉积环境。盆地中心为以暗色泥页岩为主的深湖相,向边缘逐渐变为半深湖暗色粉砂岩、泥岩相及浅湖(或滨浅湖)砂泥岩相。

六、古近纪至第四纪

古近纪距今6600万年前至2303万年前,是新生代中最早的一个历史阶段,原意是指近代生物的发生和启蒙时期。新近纪是指新生代的第二个纪(曾经被叫作后新第三纪、上第三纪)。新近纪生物界的总面貌与现代更为接近,开始于距今2303万年前,一直延续了204.5万年。第四纪是新生代的第三个纪。它包括更新世和全新世两个世,下限距今258万年前,第四纪期间生物界已进化到现代面貌。

古近纪时期,欧亚大陆北部主要为隆起剥蚀区,中东部以砂岩与泥岩为主的湖泊区与隆起剥蚀区并存,北缘是以砂岩与泥岩为主的滨浅海区。欧亚大陆西南部隆起剥蚀区与滨浅海相共存。欧亚大陆东南部以滨浅海相为主,其次为隆起剥蚀区、冲积区、火山岛弧。欧亚大陆西侧、东南侧半深海—深海区较为发育。北美、格陵兰区主体为隆起剥蚀区,内部及周缘发育:(1)以砾岩、砂岩、泥岩为主的冲积相(艾伯塔盆地、尤卡坦台地等);(2)以砾岩、砂岩、泥岩为主的湖泊相(威利斯顿盆地、森林城市盆地等);(3)以砂岩、泥岩为主的浅海相(哈德孙地台、北坡盆地等)。北美西南缘局部发育火山碎屑岩浅海相。尤卡坦台地发育砂岩、泥岩和碳酸盐岩混积浅海相。环绕北美、格陵兰大陆为大洋沉积。南美洲主体为隆起剥蚀区和陆相沉积区相间发育,陆相沉积区以冲积相为主,湖泊相为辅。南美西缘、东缘和东北角发育砂岩、泥岩和碳酸盐岩混积浅海相,东南缘发育以砂岩、泥岩为主的浅海相。非洲内陆隆起剥蚀区和冲积相、湖泊相并存,冲积相以砾岩、砂岩、泥岩为主(如纳马—卡拉巴里盆地与阿尔伯特盆地),湖泊相以砂岩、泥岩和碳酸盐岩为主(努巴地块)。非洲周缘主要为砂岩、泥岩和碳酸盐岩混积浅海相。非洲区西南缘发育以砂岩、泥岩为主的浅海相,局部为碳酸盐岩、蒸发岩滨浅海+盐沼相;东南端为砂岩、泥岩和火山岩浅海相。大洋洲主体为隆起剥蚀区,隆起区西北部、东北部发育以砂岩、泥岩为主的冲积相。大洋洲东南部发育以砂岩、泥岩、蒸发岩为主的滨浅海+盐沼相。大洋洲西北缘、南缘和东南角发育砂岩、泥岩和碳酸盐岩为主的混积浅海相,东北缘巴布亚盆地发育碳酸盐岩浅海相。南极洲主体为隆起剥蚀区,濒临印度洋边缘发育碎屑岩滨浅海相,濒临太平洋边缘发育大范围火山碎屑岩浅海相。东南极地盾内部零星发育碎屑岩、火山岩冲积相。

新近纪时期只在大陆边缘地区发生了小规模的海侵,且最后一次的海退导致了第四纪的开始。在地壳运动方面,到了上新世,许多古近纪时形成的新山系继续隆起,山势基本与现代相近,如欧洲的阿尔卑斯山、亚洲的喜马拉雅山、南美的安第斯山等。

第四纪是地质历史上最新的一个纪,它是地质历史上发生过大规模冰川活动的少数几个纪之一,又是哺乳动物和被子植物快速发展的时代,人类的出现是这个时代最突出的事件,因此也有人称第四纪为人类纪或灵生纪。第四纪跨越的时间极为短促,最近的国际年代地层表将第四纪划分年代定为 2.58Ma 前。第四纪这个名词是法国学者 J. Desnoyers 在 1829 年创立的。第四纪沉积物分布极广,除岩石裸露的陡峻山坡外,全球几乎到处被第四纪沉积物覆盖。第四纪沉积物形成较晚,大多未胶结,保存比较完整。第四系沉积主要有冰川沉积、河流沉积、湖相沉积、风成沉积和海相沉积等,其次为冰水沉积、残积、坡积、洪积、生物沉积和火山沉积等。

古近纪中古新世—始新世时期,我国喜马拉雅汇聚挤压构造区具有明显的沉积相带分异,从北向南,海水由浅海到深海再到浅海。北带的海陆过渡—浅海分布带很窄,也较局限,见于仲巴和巴噶地区,称错江顶群,包括下部的曲下组和上部的加孜拉组。南带的浅海分布带宽,分布区域较大,见于岗巴—定日一带,地层层序自下而上为基堵拉组、宗浦组、恩巴组和扎果组。从东向西,半深海—深海沉积沿江孜—萨嘎—郭雅拉—桑麦一线分布。中带东部的江孜发育以甲查拉组为代表的半深海斜坡扇沉积建造,中带西部是以桑单林组、者雅组、蹬岗组、郭雅拉组和盐多组为代表的半深海—深海含放射虫硅质岩和混杂岩建造。

新近纪是中国构造、地貌和气候发展演变历程中的一个重要的时期:青藏高原整体在新近纪时期表现为强烈隆升并向外扩展,高原现今的构造和地貌格局在该时期基本定型;青藏高原系列大型断裂构造的强烈变形调整和大型水系系统格局的建立主要在中新世完成;青藏高原新近纪显著隆升造就东亚地区大尺度上的地貌反转,中国现今西高东低的宏观地貌地形格局在新近纪最终奠定;青藏高原的形成所制约的东亚季风系统在新近纪以来开始形成并逐渐增强;东亚气候由古近纪时期行星风系主控的带状气候模式向季风主控的气候模式转换。

中国东部第四纪地层区有东部大平原地层区,主要分布于中国东部东经 110°~130° 之间,包括最大的华北冲积平原、东北松辽平原、淮河平原、长江中下游的江汉平原等。巨厚的第四系以冲积物为主,有时夹湖相及风积物,厚达数百米。东部沿海还包括一些三角洲地层区,主要位于大河入海处,如长江三角洲和珠江三角洲,为国家建设开发的重点地区。

海域地层区占中国海域 $460×10^4 km^2$,包括渤海、黄海、东海、南海。不同的海底地貌部位有不同的沉积相,包括大陆架的浅海沉积(例如南黄海,平均水深 49m)、半深海沉积(例如冲绳海槽,平均水深大于 1000m)、大陆坡沉积(例如南海北部,水深 1300~2800m)、深海平原沉积(例如南海中部,水深 3600m)。

思考题

1. 如何理解现代和古代沉积环境的差异?
2. 试比较寒武纪"之前"和"之后"沉积环境。
3. 试述中生代(三叠纪至白垩纪)全球环境演变特征及沉积记录。
4. 试述古近纪至第四纪沉积环境的重大转变与意义。

第三章 沉积相分析方法

通过室内和野外研究,分析岩相和沉积相,是沉积学研究的重要内容。根据沉积岩的岩性特征、古生物特征和地球化学特征分析和划分沉积相的全过程,称为沉积相分析。相分析和相识别是油区岩相古地理研究中一项最基础的工作。

相是一种具有特定特征的岩石体。就沉积岩来说,它是根据颜色、层理、成分、结构、化石和沉积构造加以定义的。"岩相"就是指这样一种客观描述的岩石单位。然而,使用"相"这个术语时,其含义可以很不相同:(1)仅仅指岩石产物的外观,例如"砂岩相";(2)指岩石产物的成因,即指形成该岩石的作用过程,例如作为浊流产物的"浊积岩";(3)指形成一种岩石或一套混合岩石的环境,如"河流相""浅海相";(4)作为"构造相",如"造山期后相"或"磨拉石相"。

为了突出沉积环境中的古地理条件和沉积物特征中的岩性特征,通常把"岩相"和"古地理"这两个术语联系在一起,以表示沉积相中最本质的内容,叫"岩相古地理"。岩相古地理研究是在沉积背景及系列相标志分析和图件编制的基础上,进行古地理、古环境和沉积相恢复,预测和评价有利的生储盖相带,它涉及构造地质学、地层学、地球化学、地球物理学、古生物学、水动力学及地貌学等方面的内容。

第一节 沉积控制因素

地质历史阶段的沉积作用受多种因素的控制。一般来说,沉积作用最主要的控制因素是构造、气候和物源。

一、构造

大地构造作用是沉积作用重要的控制因素。构造运动是形成地球表面地貌的直接作用力,剥蚀区和沉积区本质上是由大地构造作用决定的。如果没有上升和下降的构造运动,就不会形成剥蚀区,沉积岩的原始物质来源就不会形成,也不会形成沉积区,沉积作用就不会发生。

大地构造作用决定了现今地表沉积盆地的发展和演化(彩图1、图3-1)。在全球范围内,岩石圈板块的分布和运动控制了物源区规模和性质、沉积物搬运途径、沉积中心的洋/陆分布样式的变化。不同规模的构造运动及盆地沉降历史控制了盆地沉积作用和沉积物的分布;同一构造单元不同演化阶段或同一演化阶段的不同构造单元,其沉积作用类型和沉积物分布也是不同的。在一些大地构造作用较稳定的沉积区,通常会形成克拉通盆地;在大地构造活跃地带,地层会受到不同程度的拉张、挤压和剪切作用,形成不同类型的沉积盆地。拉张背景下极易形成裂谷盆地、被动大陆边缘盆地等裂隙式盆地,这种盆地背景下通常会出现冲积扇、扇三角洲和湖泊等沉积体系。挤压背景下,则可能形成前陆盆地、弧前盆地等,主

彩图1 全球构造分布

要发育冲积扇的沉积体系。此外,在走滑构造带附近会形成线性的小型走滑盆地。大地构造作用与沉积盆地之间的紧密关系,反映了盆地形成时期岩石圈、大气圈、水圈、生物圈之间相互作用的关系。

图 3-1 全球不同类型盆地的分布(据李江海等,2014)

弧后盆地　前陆盆地　弧前盆地　走滑盆地　被动陆缘盆地　克拉通盆地　裂谷盆地

二、气候

气候是另一个控制沉积作用的主要因素,一般表现在温度和湿度两个方面。气候反映了一个地区大气的多年平均状况。受洋流、大气环流和局部地形地貌的影响,不同地区的年平均温度、年平均降雨量及突发性气候事件的特征是不同的,这种气候的变化影响了沉积物的分布。苏联地理学家贝尔格(1925)从地理地形的角度出发,以自然景观和月平均气温为指标,划分出 11 种气候带(图 3-2)。热带沙漠气候下,年平均温度高,降雨量少且蒸发量大;热带雨林气候下,年平均温度高,降雨量大。不同的气候带,会塑造出不同的沉积环境,风化剥蚀作用、生物和化学沉积作用的相对强度是不相同的,生物的种类和生长繁殖的状况也极不相同,这就使得不同气候带具有不同的沉积特征,出现不同类型的沉积岩组合。

此外,德国气象学家柯本(1884)参考不同地区的气温、降水和植被状况,将气候划分为热带、干旱带、温暖带、内陆带和极地带五个气候组,每个气候组包含多个子类,目前已在全球范围内建立了 30 个不同的气候类型(彩图 2)。柯本气候分类法优点是系统分明,各气候类型有明确的温度或雨量的界限,便于应用。在沉积学研究定量化趋势下,柯本气候分类法逐渐被广泛用于绘制长期气候分布图和相关生态系统条件的地理分布图。

气候是风化作用及剥蚀作用的主导因素,对母岩风化产物的形成起着决定性作用。气候对化学、生物化学和生物沉积作用的影响甚为明显,如珊瑚礁石灰岩以及其他类型的石灰岩都是在热带气候条件下形成的,各种蒸发岩都离不开干热的气候条件,磷酸盐岩生成于较温暖的海水中,煤生成于湿热气候下的沼泽环境中,红土及红土型铝土矿是湿热气候下的最终风化产物。此外,

彩图 2 全球气候分布

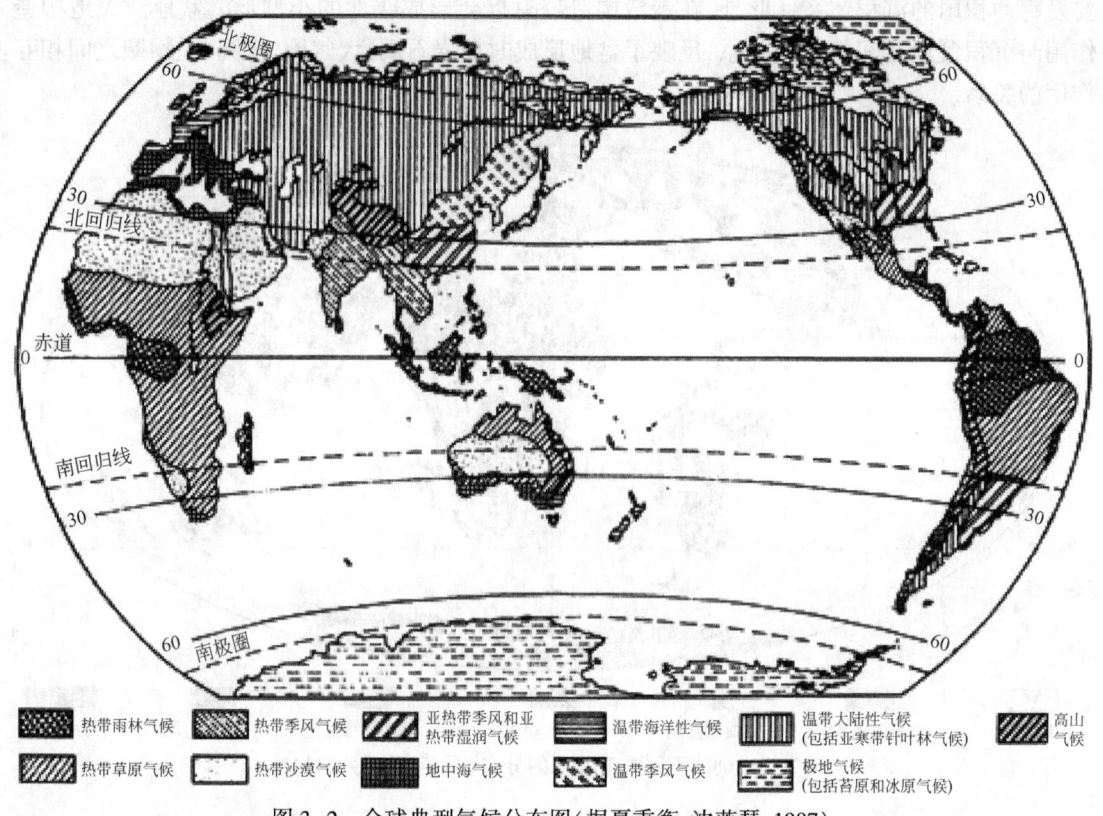

图 3-2　全球典型气候分布图(据夏秉衡,沈莲琴,1987)

气候的周期性变化也会对沉积作用有重要的影响。在一些湖泊中,季节性的变化会产生周期性的盐度、温度分层,形成年纹泥沉积。地质历史时期的冰期与间冰期周期变化,也会产生明显的地质现象。

三、物源

物源即沉积的物质来源,也就是沉积物质供给。它是控制沉积物分布的重要影响因素。物源可分为外源和内源。外源是指盆地之外的陆源碎屑,内源是指盆地内部的生物化学物质。物源供给与可容空间的相互作用,可以造成不同的盆地充填模式以及沉积样式。当可容空间增加速度超过物源供给速度时,沉积物补给相对不足,形成欠充填样式;当可容空间增加速度小于物源供给速度时,形成过充填样式。

物源供给可与其他因素相结合控制沉积体系内的沉积物(岩)的分布(彩图3、图3-3),如物源供给与湖泊水深联合作用,可以控制断陷盆地的沉积相类型,随着水深和物源供给能力的变化,可以发育河流相、冲积扇、碳酸盐岩、三角洲、扇三角洲、浊积扇、湖底扇和近岸水下扇等多种沉积类型。不同沉积体系具有不同的沉积物供源地点和供源方式。如河流沉积物直接受控于物源供给。

彩图3　全球岩性分布

当前,物源经常与汇水区联合构成源汇系统,也称沉积物路径系统。源汇系统研究已成为世界范围内地球科学领域广为关注的热门领域。作为当前沉积学的前沿热点领域,源汇系统

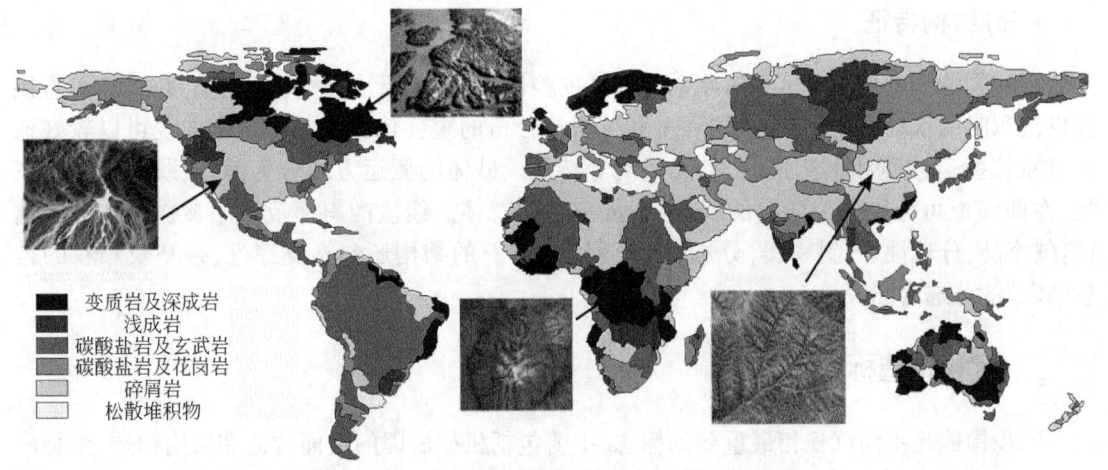

图 3-3　全球岩性分布（据 Syvitski,Miliman,2007）

兴起于洋陆边缘盆地,主要由剥蚀物源区、搬运区以及最终沉积区构成(Allen,2008)。陆相盆地作为源汇系统研究的重要方面,尚处于起步阶段。陆相盆地源汇系统研究主要集中于驱动机制、古气候、古物源区演化与古水系重建等方面。源汇系统分析将物源区的构造作用、剥蚀作用,沉积物质的搬运作用,以及沉积区的沉积样式作为一个完整系统进行整体分析,提供了一个崭新的沉积学研究思路和方法。

第二节　相 标 志

相标志是最能反映沉积环境的一些标志,它是沉积相分析以及古环境恢复的重要基础,将其归纳为岩石学、古生物学、地球化学和地球物理 4 大类,以及岩性、沉积构造、古生物、沉积层序、分布形态、地球化学和地球物理 7 小类标志。

一、岩性标志

岩性标志可以通过露头、岩心和测录井获取,包括沉积岩的颜色、碎屑成分与岩石类型、结构特征等方面。

(一)颜色

颜色是岩石的一个重要特征。对沉积岩颜色的研究有助于推断沉积岩形成的沉积环境和物质来源。根据沉积岩颜色的不同成因,可将其分为继承色、原生色和次生色三种。在对沉积岩的颜色进行观察时,应该寻找岩石的新鲜面,观察岩石的原生色。

(二)碎屑成分与岩石类型

根据碎屑成分和矿物特征来研究沉积物来源方向及物源区岩石类型。如原生的自生矿物可指示沉积环境,碎屑岩的岩屑可直接看出陆源区的母岩性质,重矿物组合和某些轻矿物特征也可指示母岩性质。岩石类型在一定程度上可指示沉积环境,还可反映陆源区或沉积盆地的大地构造状况和古气候条件等。

(三) 结构特征

沉积物的粒度分布受沉积时水动力条件的控制,是反映原始沉积状况的直接标志,可直接提供沉积时的水动力条件,是沉积环境和沉积相分析的重要依据。概率累积曲线可以较好地区分水流搬运性质和水流强弱、有无回流等特点。砂体的搬运方式分为滚动、跳跃和悬浮三类,在曲线上可分别连成各自的线段,组成三个次总体。线段的斜率反映了该次总体的分选性;斜率陡,分选性好;斜率缓,分选性差。此外,岩石的结构还包括支撑性、杂基及颗粒的含量、颗粒的分选磨圆等。

二、沉积构造标志

沉积构造是不同沉积相最重要的标志,主要包括机械成因的层面构造和层内构造、生物成因构造和化学成因构造等(视频8、视频9)。其中,层面构造包含顶面构造、底面构造等;层内构造包含层理构造和同生变形构造;生物成因构造包括生物遗迹化石、生物扰动构造、植物根痕迹等;化学成因构造包括结核、缝合线等。

视频8 沉积构造与沉积环境

视频9 非定向沉积构造简介

(一) 层面构造

当岩层沿着层面分开时,在层面上可出现各种构造和铸模,有的保存在岩层顶面上,如波痕、原生流水线理、干裂、雨痕等;有的在岩层的底面上,特别是下伏层为泥岩的砂岩底面上成铸模保存下来,如冲刷面、槽模等,总称为层面构造。

1. 顶面构造

1) 波痕

视频10 浪成波痕水槽实验

波痕是非黏性的砂质沉积物层面上特有的波状起伏的层面构造(视频10)。砾岩和泥岩中见不到波痕。波痕是保留在层面上的床沙形体痕迹,在层内的痕迹就是层理。习惯上,用垂直波脊的剖面来描述波痕(图3-4)。波长(L)是垂直两个相邻波峰之间的水平距离,波高(H)是谷底至脊顶的垂直距离;脊顶(波峰)是波痕垂直剖面上最高的点,波脊是大于1/2波高向上凸出部分,波谷(或槽)是小于1/2波高向下凹的部分;波痕缓倾斜的部分称迎水坡(或迎风坡),又称缓坡;陡倾斜的部分称背水坡(或背风坡),又称陡坡;水流的流动分离点称波缘点。波痕指数(RI)=波长(L)/波高(H),表示波痕相对高度和起伏情况;波痕不对称指数(RSI)=迎水坡水平长度(L_1)/背水坡水平长度(L_2),表示波痕的不对称程度。

波脊可以呈直线形、波曲形、舌形(脊向背水方向弯曲)、新月形(脊向迎水方向弯曲);波脊之间可以平行、分叉或分叉合并、菱形等。

按形成波痕的介质条件不同,可将波痕分为流水波痕、浪成波痕、风成波痕、冰成波痕。按照不对称指数可将波痕分为对称波痕(RSI≈1)、不对称波痕(RSI>1)。流水波痕和风成波痕属于不对称波痕,浪成波痕中对称波痕和不对称波痕均可出现。

2) 原生流水线理

常见的原生流水线理包括剥离线理和冲洗线理。

剥离线理这种构造常出现在具有平行层理的薄层砂岩中,沿层面剥开,出现大致平行的非

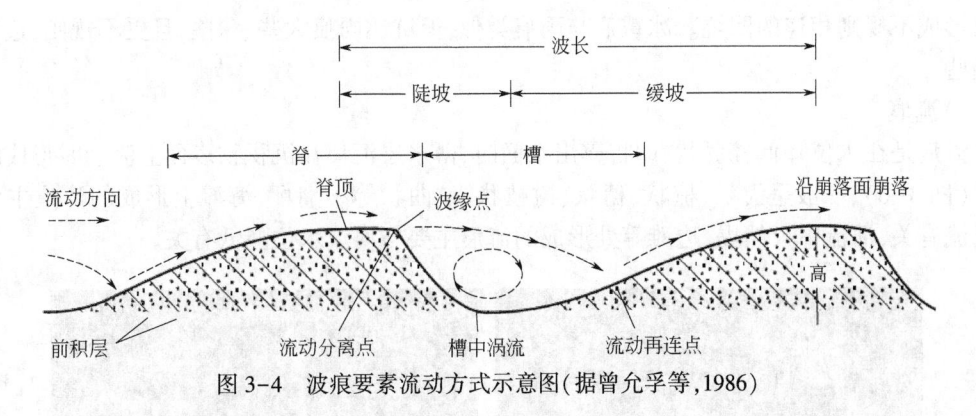

图 3-4　波痕要素流动方式示意图(据曾允孚等,1986)

常微弱的线状沟和脊,代表水流方向,所以 Stokes(1947)定为原生流水线理;因它在剥开面上比较清楚,所以又称剥离线理。它是由砂粒在平坦床沙上连续滚动留下的痕迹,所以经常与平行层理共生。

冲洗线理是在冲洗回流作用过程中所形成的,常出现于前滨环境中,和冲洗层理相伴生,实际上是冲洗层理在层面上的响应。

3)干裂

干裂又称龟裂纹、泥裂,是指泥质沉积物或灰泥沉积物暴露干涸、收缩而产生的裂隙(图 3-5),在层面上形成多角形或网状龟裂纹,裂隙多呈 V 形断面,也可呈 U 形。裂隙被上覆层的砂质、粉砂质充填。

图 3-5　干裂(新疆哈密)(据王永强等,2017)

干裂规模大小不一,多角形的宽度从几厘米到 30cm 以上,裂隙的宽度从 1mm 到 35cm,深度为 1~2cm 甚至几十厘米。

被水饱和的泥质沉积物间歇性暴露于地表,有利于形成干裂(图 3-5)。收缩裂隙也可以在水下生成,如胶状物质自行脱水产生的裂隙、泥质层中迅速的絮凝作用;在埋藏成岩作用早期的压实作用和脱水作用也可以形成收缩裂隙;泥质层中含盐度增高同样可以产生收缩裂隙;它们与干涸失水性收缩裂隙的不同之处是,裂隙发育不完全,在断面上不呈 V 形。

4)雨痕及冰雹痕

雨痕、冰雹痕是雨滴或冰雹降落在泥质沉积物表面撞击成的小坑。雨滴垂直降落时,小坑呈圆形,否则呈椭圆形,坑的边缘略微高起。只有偶尔阵雨形成的雨痕才能保存下来;连续的阵雨形成不规则相连的凹坑。冰雹痕与雨痕类似,但坑比雨痕大些、深些,且更不规则,边缘更粗糙些。

5) 流痕

流痕是在水位降低,沉积物即将露出水面时,薄水层汇集在沉积物表面上流动时形成的侵蚀痕(图3-6),一般呈齿状、梳状、穗状、树枝状、蛇曲状等。潮坪、海滩上形成的流痕主要与退潮流有关,河流中天然堤、边滩等处形成的流痕主要与河流水位降低有关。

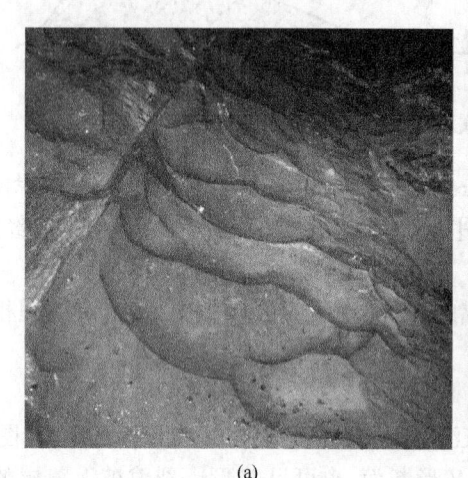

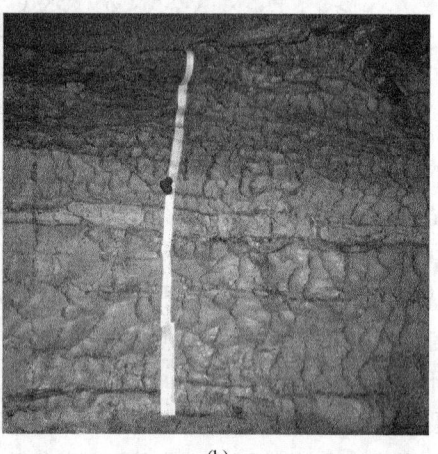

图3-6　流痕(贵州大方)(据罗书文等,2018)
(a)洞底波状流痕;(b)洞壁波状流痕

6) 泡沫痕

泡沫痕是沉积物近于出露水面时,水泡沫在沉积物表面短暂停留所留下的半球形小坑(图3-7),坑壁光滑,边缘无凸起,很像小的痘疤,常成群出现,大小悬殊。泡沫痕在前滨上部的较细粒沉积物中较为常见。

7) 晶体印痕

晶体印痕是在松软沉积物表面出现的盐类、冰晶等晶体结晶的痕迹。晶体分布于沉积层表面,或在一定程度上嵌入有限深度的沉积物表层。由于晶体溶解度、溶化、交代等因素的影响,晶体印痕常不稳定,因而自然界的沉积岩中多数晶体印痕都以假晶的形式出现。

图3-7　泡沫痕(现代沉积,青岛金沙滩)

常见的盐类印痕有石盐、石膏等,在暴露、深水环境都可以发育。前者是干燥炎热气候环境下,蒸发浓缩作用的结果;后者是水深较大、水体分层条件下,水体高度浓缩、高盐度下的产物。

冰成痕包括冰晶印痕和冰融痕(丘)。冰晶印痕形成于寒冷气候环境中地势较为低洼的地带,呈线状、放射状、树枝状的冰晶(假晶)集合体形态出现,单晶体大小相似、形态规则;冰融痕是冰部分融化在沉积层表面所留下的痕迹,其形态多呈不规则圆状,是季节的标志。

2. 底面构造

1) 冲刷面

由于流速的突然增加,流体对下伏沉积物冲刷、侵蚀而形成的起伏不平的面叫冲刷面,冲刷面上的沉积物比下伏沉积物粗(图3-8),一般是河道或水道沉积的标志。水道之中常被冲刷下来的碎屑物质所充填,两者常统称为冲刷—充填构造。

2) 槽模

槽模是在砂泥接触地层中,砂质沉积物底面上所发育的一些规则而不连续的舌状凸起(图3-9),凸起稍高的一端呈浑圆状,向另一端变宽、变平逐渐并入底面中。槽模的大小和形状是变化的,可以成舌状、锥状、三角形等,形态上可对称或不对称;最突出的部分是原侵蚀最深的部分,高从几毫米到2~3cm,长数厘米至数十厘米;槽模可以孤立或成群出现,但多数是成群出现的,顺着水流方向排列,而浑圆突起端迎着水流方向。

图3-8 冲刷面(冲刷—充填构造,内蒙古岱海)

槽模是由于流水的冲刷,先在下伏泥质沉积物层面上形成的一系列凹坑,凹坑被砂质沉积物充填和覆盖,而在上覆砂岩的底层面上形成向下凸出的舌状凸起。因此,从成因上说,槽模

图3-9 槽模(鄂尔多斯盆地)(据李向东等,2020)
(a)块状细砂岩底部含细砾部分形成的槽模,其上为准平行层理和小型交错层理;
(b)块状细砂岩底面槽模,其上为正粒序;(c)厚层细砂岩底面槽模,岩层
显示不完整的鲍马序列;(d)细砂岩底面单一槽模,形态规则

— 37 —

图 3-14　块状层理(滦页 1 井)

2) 韵律层理

韵律层理由层与层间平行或近于平行、从数毫米至数十厘米等厚或不等厚的两种或两种以上的岩性层按一定的变化趋势互层状重复出现所组成,常见砂质层和泥质的韵律互层,称为砂泥互层韵律层理。韵律层理的成因很多,可以由潮汐环境中潮汐流的周期变化形成潮汐韵律层理,也可以由气候的季节性变化形成浅色层与深色层的成对互层,即季节性韵律层理,还可由浊流沉积形成复理石韵律层理(图 3-15)等。

图 3-15　韵律层理(a)和年纹层(b)及其特征(据施振生等,2020)

根据韵律层的纵向变化特征,韵律层理可以分为正韵律层理与反韵律层理。以砂泥互层韵律层为例,正韵律层理从下往上砂岩厚度逐渐减小,含量逐渐变低,相应的泥质含量则逐渐变高,其厚度也逐渐变大;反之为反韵律层理。这种韵律性的变化,在一定程度上反映了物源、水深等的振荡性变化趋势。

3) 递变层理

递变层理又称粒序层理,是层内粒度逐渐变化而形成的层理构造。从层的底部至顶部,粒度由粗逐渐变细者称正递变(或正粒序)层理,若由细逐渐变粗则称为反递变(或逆粒序)层理(图 3-16)。递变层理底部常有一冲刷面,内部除了粒度渐变外,不具任何纹层。

递变层理有多种成因,可在不同的环境中形成。递变层理主要由悬移搬运的沉积物在搬运和沉积过程中,因流动强度减小、流水携带能力减弱,沉积物按粒度大小依次先后沉降而形成。递变层理是浊积岩一种特征性的层理,厚度从数毫米至数十厘米,也可以厚达数米。一般

图 3-16 递变层理
(a)正递变层理(鄂尔多斯盆地)(据王昌勇,2009);
(b)反递变层理(四川绵竹)(据张天俊,2018)

来说,物质越粗,层的厚度越大,粒序层的厚度越稳定,侧向延伸越远。递变层理除了浊流成因以外,还有其他成因,如携带有大量悬浮物的河流、海流、潮汐流沉积,以及冰川季节性融化的冰湖沉积,甚至生物的扰动作用也可形成递变层理。这些递变层理厚度从数毫米至数厘米,很少超过数十厘米,横向分布不稳定,常被砂泥层中断。

4)水平层理与平行层理

水平层理主要产于细碎屑岩(泥质岩、粉砂岩)和泥晶灰岩中,纹层平直并与层面平行,纹层可连续或断续产出[图3-17(a)]。水平层理是在比较弱的水动力条件下悬浮物沉积而成的,因此出现在低能的环境中,如湖泊深水区、潟湖及深海环境等。

水平层理的纹层厚度小于1cm者称为页理,其集合形态类似书页[图3-17(b)]。具页理的岩石称为页岩,其岩石成分可以为泥质、钙质,也可以为粉砂质。

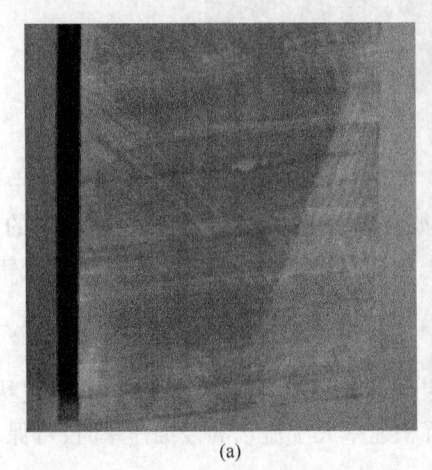

图 3-17 水平层理与页理
(a)水平层理泥岩(滦页1井);(b)页岩(滦平盆地)

平行层理主要产于粒度相对较粗的砂岩中,总体表现为纹层之间相互平行,并平行于层面,在外貌上与水平层理极相似。平行层理是在较强的水动力条件下,高流态中由平坦的床沙迁移,床面上连续滚动的砂粒产生粗细分离而显出的平行状纹层[图3-18(a)]。在含砾砂岩及其更粗的岩石中,纹层表现得可能不清楚[图3-18(b)],但是纹层的大致位置及方向还是能识别出来。

图3-18 平行层理
(a)平行层理(现代沉积剖面,内蒙古岱海);(b)平行层理(粗糙平行层理,内蒙古测老庙)

平行层理中纹层的侧向延伸较差,有时可沿层理面剥开,在剥开面上可见到剥离线理构造(图3-19)。

图3-19 剥离线理(江西永丰—崇仁盆地)(据蒋兴波,2013)

平行层理一般出现在急流及能量高的环境中,如河道、潮汐水道、重力流等环境中。平行层理常与大型交错层理共生,往往构成好的储层,如我国塔里木盆地柯克亚凝析气田的主力产层即为河流相红色平行层理砂岩,与之共生的沉积构造有大型槽状交错层理、板状交错层理、生物潜穴和剥离线理等。

5)波状层理

层内的纹层呈连续的波状,这种层理称波状层理。如纹层不连续,称为断续的波状层理。形成波状层理一般要有大量的悬浮物质供应,当沉积速率大于流水的侵蚀速率时,可保存连续的波状纹层(图3-20)。

6)交错层理

交错层理是最常见的一种层理,在层系内部由一组倾斜的纹层(前积层)与层面或层系界面相交,所以又称斜层理。

交错层理根据层系的形状不同,通常分为板状交错层理、槽状交错层理、楔状交错层理、波状交错层理等;按层系厚度不同,可分为小型(厚度小于3cm)、中型(厚度3~10cm)、大型(厚度10~200cm)、特大型(厚度大于200cm)交错层理。按层系界面形态及其相互关系,交错层理可以划分为三种基本类型(图3-21)。

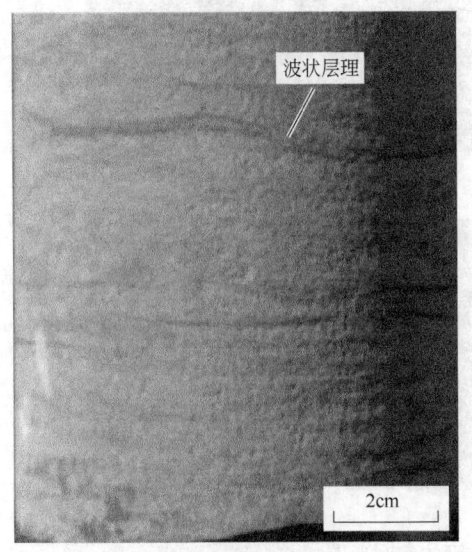

图3-20　波状层理(据谢锐杰等,2013) 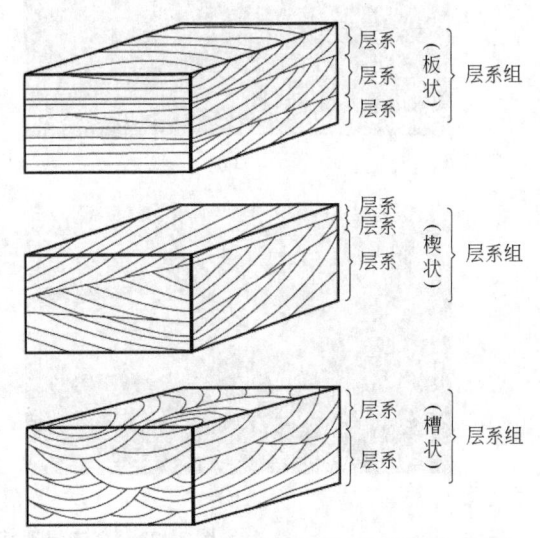　　图3-21　交错层理的基本类型(据赵澄林,2001)

(1)板状交错层理:在与流水平行的断面上,纹层单向倾斜,层系呈板状[图3-22(a)];而在与流水垂直断面上,纹层可以水平,也可以倾斜。

(2)楔状交错层理:层系界面平直,相邻层系界面间相交成楔状[图3-22(d)],无论是在平行于水流方向的剖面上,还是在垂直于水流方向的剖面上,纹层和层系界面之间可以呈现斜交,也可以近于平行。

(3)槽状交错层理:在与流水垂直的断面上,层系成槽状[图3-22(b)(c)];在与流水平行的断面上,层系可以呈单向倾斜的板状或舟状。

从成因角度看,交错层理可以出现以下几种常见类型。

(1)流水成因的交错层理。

① 流水沙纹层理(小型交错层理)及爬升沙纹层理。在非黏性的细粒沉积物中,沉积物供给相对少而呈床沙搬运的条件下,由流水沙纹迁移形成流水沙纹层理,其层系的厚度小于3cm,呈板状、槽状,多数呈舟状,多层系;层系组内的前积层均为一个方向倾斜的小型斜层理。有大量的沉积物特别是以悬浮物供给时,沙纹不仅向前迁移,而且同时向上能建造成爬叠沙纹系列,后一个层系爬叠在前一个层系之上,称为爬升沙纹层理(图3-23)。

在露头上有时可见从保存有前积层和后积层的波状层理过渡到只保存前积层的爬升沙纹层理。这种层理类型的变化反映了悬浮物质/推移物质的比率关系。如果沉积物中悬移物质的沉积大于推移物质,后积层不被侵蚀,主要被从悬浮体中沉积下来的沉积物所覆盖,沙纹的脊稍有迁移并能完整地被埋藏和保存下来,形成波状层理;如果悬移物质/推移物质比率减小到近于1,后积层逐渐被侵蚀,只保存前积层,形成爬升沙纹层理;如果推移物质大于悬移物质,沙纹只有向前迁移而没有同时向上增长,仅保存前积层形成沙纹层理。因此,沉积物周期性快速堆积的环境有利于爬升沙纹层理的形成。

图 3-22 交错层理基本类型的宏观形态
(a)板状交错层理(河南云台山);(b)小型交错层理(山东灵山岛);(c)大型槽状交错层理(阿联酋阿布扎比);(d)楔状交错层理(草124井岩心,1225.3m)

图 3-23 爬升沙纹层理(博兴洼陷)(据陈雁雁,2019)

流水沙纹层理、爬升沙纹层理可以出现在河流的上部边滩及堤岸沉积、洪泛平原、三角洲及浊流沉积环境中。

② 中型至大型板状交错层理及槽状交错层理。中型至大型板状交错层理主要是由沙浪迁移形成的,层系呈板状,层系厚度大于3cm,可达1m或更厚。槽状交错层理主要是由沙丘迁移形成的,层系呈槽状或小舟状,槽的宽度和深度都可从几厘米到数米,槽的宽深比常趋于固定值。

在弗劳德数 $Fr>1$、同相位、水浅流急的高流态条件下,逆沙丘迁移形成逆沙丘交错层理。这种层理的特点是:层系似透镜状,长1~6m,高1~45cm,纹层模糊,并以低角度(通常小于10°)倾斜,与上下交错层理的纹层倾向相反,并与平行层理共生。在河流边滩及海滩等沉积环境均可见到这种层理。

(2)浪成沙纹层理。

由浪成沙纹迁移形成的交错层理即浪成沙纹层理。由对称波浪产生的浪成沙纹层理由倾向相反、相互超覆的前积纹层组成[图3-24(a)(b)],在平行于波浪振动方向的剖面上,其内部具有特征的人字形构造。由不对称的波浪产生的浪成沙纹层理则为不规则的波

— 44 —

状起伏的层系界面,前积纹层成组排列成束状层系,可通过波谷到达相邻沙纹的翼上,表现出人字形构造,即相邻层系前积纹层倾向相反[图3-24(c)]。由于波浪向岸和离岸运动的速度不同以及流水的叠加,浪成沙纹层理的前积纹层也可向一个方向倾斜,层系界面变为缓的波状起伏。

浪成沙纹层理主要出现在海岸、陆棚、潟湖、湖泊等沉积环境中。

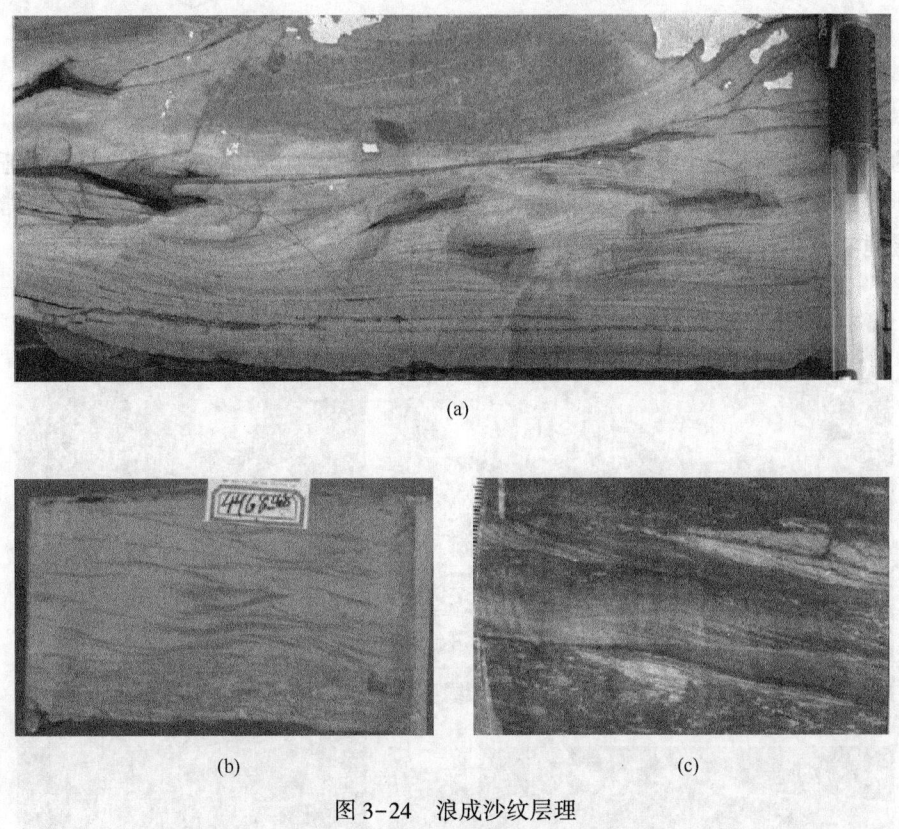

图3-24 浪成沙纹层理
(a)相互超覆的前积纹层(山东灵山岛);(b)纹层方向相反
(征3井,4968.45m);(c)同一层系内显单向纹层(吉174井)

(3)丘状交错层理和洼状交错层理。

在正常的浪基面以下、风暴浪基面之上的陆棚地区,由风暴浪形成一种重要的原生沉积构造,最早称为"截切浪成纹层"(Campbell,1966),后来重新命名为"丘状交错层理"(Tucker,2001)。

丘状交错层理由一些大的宽缓波状层系组成,外形上像隆起的圆丘状(图3-25),向四周缓倾斜,丘高为20~50cm,宽为1~5m;底部与下伏泥质层呈侵蚀接触(图3-26),顶面有时可见到小型的浪成对称波痕;层系的底界面曾被侵蚀,纹层平行于层系底界面,它们的倾向呈辐射状,倾角一般小于15°;在一个层系内,横向上有规则地变厚,因此,在垂直断面上它们像"扇形",倾角有规则地减小;层系之间以低角度的截切浪成纹层分开[图3-25(a)]。丘状交错层理主要出现于粉砂岩和细砂岩中,常有大量云母和炭屑。

洼状交错层理是彼此以低角度交切的浅洼坑[图3-25(b)],浅洼坑的宽度一般为1~5m,其内充填的纹层与浅洼坑底界面平行,而向上变成很缓的波状并近于平行的层理。对洼状交

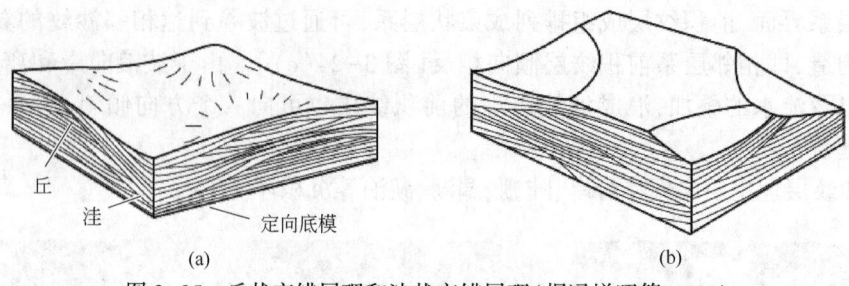

图 3-25　丘状交错层理和洼状交错层理(据冯增昭等,1993)
(a)丘状交错层理;(b)洼状交错层理

错层理的研究程度不及丘状交错层理,概念还不十分明确,有人认为洼状交错层理是丘状交错层理的伴生部分,即向上凸起的丘之间的向下凹的部分,但在层序上,洼状交错层理常位于丘状交错层理之上。

图 3-26　丘状交错层理
(a)丘状交错层理(加拿大安蒂科斯蒂岛);(b)丘状交错层理(加拿大安蒂科斯蒂岛);(c)丘状交错层理(河 44 井,胜利油田)

关于丘状交错层理和洼状交错层理的形成过程,由于尚未能从自然界直接观察到,室内水槽实验也未成功。目前根据其沉积特征、分布层位和与其他沉积相的共生关系来推测,认为风暴掀起的巨浪触及海底,巨浪的峰和谷在沉积物的表面经过时,铸造成缓波状起伏的表面,由于巨浪无固定方向,使沉积物的表面形成丘状凸起及洼坑,在此起伏的表面上,碎屑物加积而形成丘状交错层理及洼状交错层理。

(4)冲洗交错层理。

当波浪破碎后继续向海岸传播,在海滩的滩面上,产生向岸和离岸往复的冲洗作用,形成冲洗交错层理(图3-27),简称冲洗层理。这种层理的特征是:层系界面呈低角度相交,一般为2°~10°[图3-27(a)];相邻层系中的纹层面倾向可相同或相反,倾角不同;组成纹层的碎屑物粒度分选好,并有粒序变化,含重矿物多;纹层侧向延伸较远,层系厚度变化小,在形态上多呈楔状,以向海倾斜的层系为主。冲洗交错层理常出现在后滨至前滨带及沿岸沙坝等沉积环境中,也称海滩加积层理。

图 3-27 冲洗交错层理
(a)石英砂岩中冲洗层理(山东长山岛);(b)冲洗层理(庄5井,4295.18m);(c)冲洗层理(含砾砂岩,青岛西海岸沙);(d)冲洗线理(现代沉积,青岛西海岸海滩沙)

(5)潮汐成因的交错层理及其他构造。

除了形成与流水、波浪成因相同的交错层理以外,由于潮汐流是一种往复流动的水流,潮汐流也常形成一些特殊的层理和其他构造,如羽状(或人字形)交错层理、潮汐层理、再作用面构造等。

2. 同生变形构造

1)火焰状构造

由于下伏饱含水的塑性软泥承受上覆砂质层的不均匀负荷压力,上覆的砂质物陷入下伏的泥质层中,而导致砂质沉积物所发生的变形,同时泥质以舌形或火焰形向上穿插到上覆的砂层中,泥质物质或纹层发生缓慢变形并形成火焰状形态,称为火焰状构造。

2)球枕构造

球枕构造主要出现在砂泥互层并靠近砂岩底部的泥岩中,是被泥质包围了的紧密堆积的砂质椭球体或枕状体[图3-28(a)],大小从十几厘米到几米,孤立或成群雁行排列,或呈复杂的似肠状[图3-28(b)]。球枕构造一般不具内部构造,如果原来的砂层内具有纹层,则在椭球体或枕状体内的纹层形变成为复杂小褶皱,很像"复向斜",并凹向岩层顶面,所以,可利用砂球来确定地层的顶底。

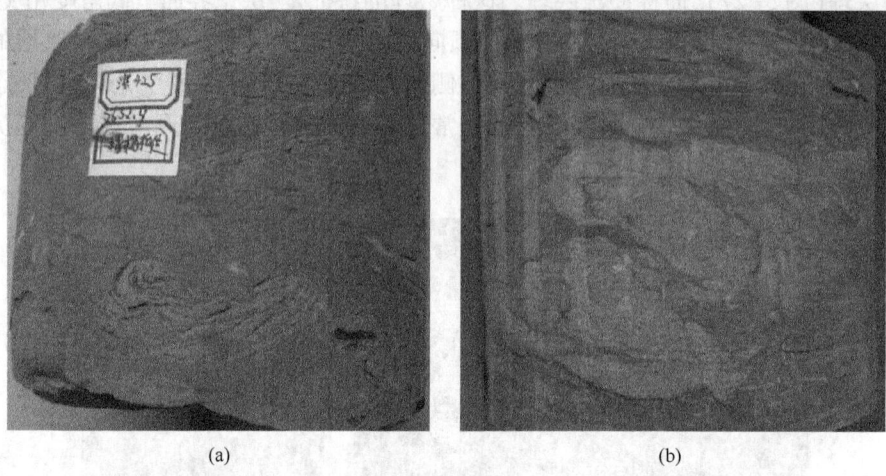

(a) (b)

图 3-28 球枕构造
(a)球枕构造(滨 425 井,2632.9m);(b)球枕构造(大 83 井)

3)包卷层理

包卷层理是在一个层内的层理揉皱现象[图 3-29(a)],表现为连续的开阔"向斜"和紧密"背斜"所组成(图 3-29)。它与滑塌构造不同,虽然纹层扭曲很复杂,但层是连续的[图 3-29(b)],没有错断和角砾化现象,而且一般只限于一个层内的层理形变,而不涉及上下层;一般纹层向岩层的底部逐渐变正常,向顶部扭曲纹层被上覆层截切,表明层内扭曲发生在上覆层沉积之前。

(a) (b)

图 3-29 包卷层理
(a)大型包卷层理(河北滦平盆地);(b)小型包卷层理(滦页 1 井)

包卷层理有多种成因,主要是由泥质组分占优势的沉积物在重力作用下沿坡缓慢蠕动变形的结果,也可以是沉积层内的液化,在液化层内的横向流动产生了纹层的扭曲的结果。

4)滑塌构造

滑塌构造是指已沉积的沉积层在重力作用下发生滑动所形成的同生变形构造(图 3-30)。在沉积作用过程中,受沉积或构造等因素的影响,沉积物原来的平衡状态被打破,未固结的沉积物在重力作用下沿斜坡向下滑动,并在坡度变缓处停止下来,在滑动及停止过程中,沉积物发生皱曲状变形、断裂、角砾化以及岩性的混杂等。滑塌构造往往局限于一定的层位中,与上、下层位的岩层呈突变接触,其分布范围可以是局部的,也可延伸数百米甚至几千米以上。滑塌构造是识别水下滑坡的良好标志,一般伴随着快速的沉积而产生,多半出现在三角洲前缘、礁前、大陆斜坡、海底峡谷前缘及湖底扇沉积中。

图 3-30　滑塌构造(滦平盆地曹营剖面)

5) 碟状构造和柱状构造

碟状构造和柱状构造都属于泄水构造,是迅速堆积的松散沉积物内由于液化和高压孔隙水泄出所形成的同生变形构造(图3-31)。在孔隙水向上泄出的过程中,破坏了原始沉积物的颗粒支撑关系,而引起颗粒移位和重新排列,使泄水管两侧的沉积物纹层发生碟状变形,或以砂质/砂砾质充填于泄水管中而分别形成碟状构造和柱状构造。

(a)　　　　　　　　　　　　　　　　(b)
图 3-31　碟状构造与柱状构造
(a)碟状构造(滨425井,2635.2m);(b)柱状构造(液化砂岩脉,丰11井)

碟状构造常是砂岩和粉砂岩中的模糊纹层向上弯曲如碟形(图3-31),直径常为1~50cm,互相重叠,中间为泄水通道的砂柱分开;有的碟状构造向上强烈卷曲变为包卷构造。泄水构造主要出现在迅速堆积的沉积物中,如浊流沉积、三角洲前缘沉积及河流的边滩沉积中。

柱状构造表现为泄水时携带的砂质物质随液化物上升,在流动过程中充填于泄水通道中,从而形成柱状、脉状、薄板状等形态,剖面上看则具脉状特征[图3-31(b)],因而也被称为液化砂岩脉。

(三) 生物成因构造

生物成因构造即生物遗迹化石或痕迹化石,是指地质历史时期生物的各种生命活动在沉积物层面或层内营造并遗留下来的痕迹,包括足迹、移迹、潜穴、钻孔和其他印痕和排泄物等。

1. 生物遗迹化石类型

1) 爬迹

爬迹(图3-32中的1),也叫爬行痕迹,是生物在沉积层层面或层中留下运动痕迹的总称,包括所有由动物跑动、走动、慢步或快步爬行和蠕动爬行以及横穿沉积物犁沟式拖行等活动所建造的各种痕迹,其路线呈直线形、弯曲路线和无目的的紊乱划痕等(图3-33)。

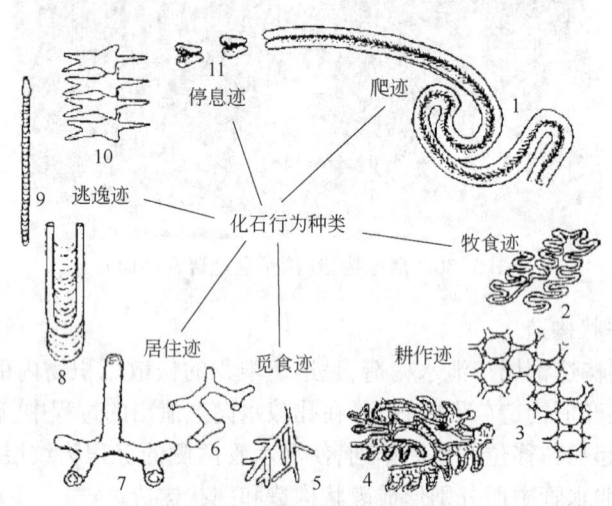

图3-32 遗迹化石的行为习性分类(转引自胡斌等,1997)

爬迹的典型实例有恐龙足迹、蜗牛拖迹以及能指示运动方向的三叶虫足迹。其他常见爬行痕迹化石还有二叶石迹和环带迹等。爬迹在陆上、浅水到深水环境都有分布。

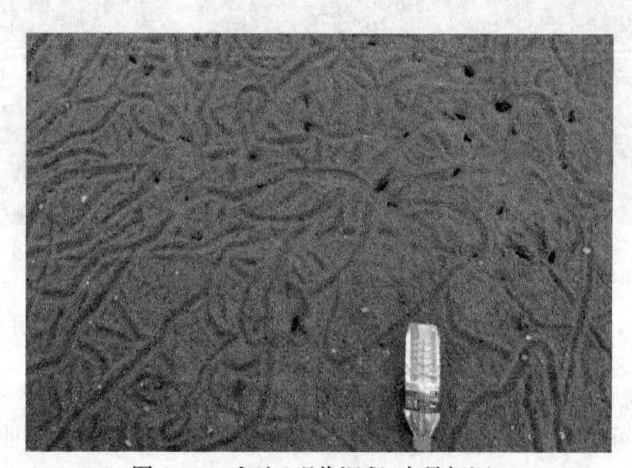

图3-33 爬迹(现代沉积,南昌抚河)

2) 牧食迹

牧食迹,也称为觅食拖迹,是食沉积物(泥)生物在沉积物表面或表层边运动边觅食留下的痕迹(图3-32中的2、图3-34)。

牧食迹是生物沿沉积物表层觅食其中的有机物而形成的,一般位于沉积物表面、表层,在滨岸相现代沉积的觅食迹中,还可以看到造迹生物(环节动物、软体动物、节肢动物等)所遗留

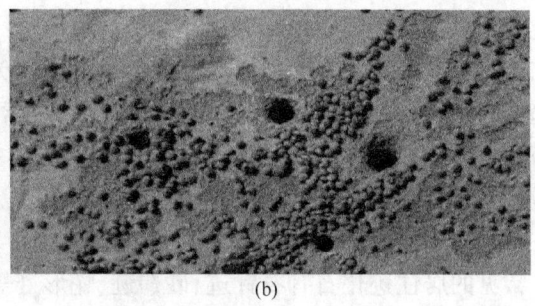

图 3-34 牧食迹(阿联酋阿布扎比)
(a)螃蟹的星云状牧食迹;(b)牧食迹表面的刮痕及两种类型的球粒(觅食球粒与粪球粒)

刮痕[图 3-34(b)]。在该类痕迹的形成过程中,造迹生物总是趋向于最大限度、最高效的方式从沉积物中获得食物,其形态常呈现螺旋形、蛇曲形,或呈现形态多样的新云状[图 3-34(a)]等。

3)耕作迹

耕作迹常称为图案型潜穴(图 3-32 中的 3、4)。在这种图案型潜穴系统中,动物营造永久性居住空间并以此进行进食活动,其活动方式为耕作或圈闭式,或二者兼有之。故这种潜穴系统为形态规则的水平巷道式潜穴。

耕作迹常见化石的形态有:复杂的蛇曲形(如丽线迹)、双螺旋形(如旋螺迹)、古网形(如古网迹)等多边网格形。

这类高等构造的潜穴和复杂的地道式潜穴是微小生物反复通过各种巷穴来回旅行以获得食物,如细菌和海底微生物。在具黏液衬壁的巷道壁中,这些作为食物的生物被圈捕或开垦。

耕作迹化石大多数出现在深海或较深水细粒沉积物中,尚未发现砂质潮间沉积环境中的化石代表。

4)觅食迹

觅食迹(图 3-32 中的 5、6)又称进食迹或进食构造,是食沉积物的内栖动物,如蠕虫类、节肢动物、软体动物等,活动时留下的层内潜穴。这种痕迹兼具半永久性居住以及挖掘沉积物来吸取食物两个功能。

觅食迹一般形成于沉积物内部,其形态往往显示直—微弯曲的管状潜穴、单向分枝、星射状分枝状潜穴(图 3-32 中 5、6),也可以形成复杂分枝的潜穴系统。觅食迹与沉积物表面有开口的潜穴相沟通。觅食层趋向于平行层面分布,潜穴内可出现由残留物等所组成的缓慢主动充填构造所形成的较为规则的回填构造(如月牙形横蹼)(图 3-35)等特点。

觅食迹多见于较深静水环境的细粒沉积物中,常见如树枝状的丛藻迹、螺旋形的动藻迹等。

5)居住迹

居住迹(图 3-32 中的 7、8)又称居住构造或居住潜穴,是

图 3-35 觅食构造中的月牙形横蹼(转引自张昌民,2010)

由潜底动物群或内栖动物群建造的。造迹生物包括食悬浮物和食沉积物的生物,甚至还有食肉动物。

居住潜穴有永久性和临时性之分,前者具有坚固、光滑的衬壁构造,如黏结的蠕虫管和具球粒衬壁的虾潜穴;后者往往是一些挖潜的两栖动物营造的无衬壁井形穴和巷形穴。显然,无衬壁的潜穴之所以能够保留,说明底层是比较固结的。已知现代营建居住迹的生物有多毛虫类、巢沙蚕、磷沙蚕、蜗牛等。

居住迹的形态各异,有垂直或斜向的管状潜穴,有U形或分枝的潜穴,甚至还有复杂的潜穴系统。常见的居住迹化石有石针迹、砂蜀迹、蛇形迹等。

居住迹多分布于近岸浅水环境。

6) 逃逸迹

逃逸迹又称逃逸构造,是半固着生物或轻微活动动物在底层内快速向上移动或向下逃跑掘穴时遗留下来的痕迹(图3-32中的9)。逃逸迹的形成与某种事件性过程有关,如沉积物的快速加积和被冲刷侵蚀而导致的上覆沉积物快速减薄等因素密切相关。前者造成造迹生物快速向上逃逸(图3-36),后者则使得造迹动物就地向下更深处掘穴(图3-37)。由于该过程具有突发性特点,潜穴一般直立产出,潜穴中回填构造不发育、形态不规则,在某些情况下也可出现V字形回填构造。

这样的潜穴构造在海滩层序、风暴沉积层和浊流砂层中比较常见。

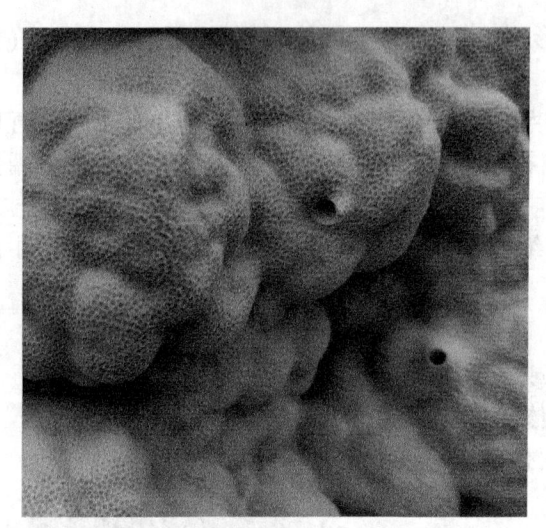

图3-36 珊瑚礁礁体中的逃逸迹(三沙市西沙赵述岛)　　图3-37 逃逸迹(埕87井)

7) 停息迹

停息迹又称休息痕迹或栖息迹,包括动物的静止、栖息、隐蔽或伺机捕食等行为在沉积物底层上停止一段时间所留下的各种痕迹(图3-32中的10、11)。这类痕迹的形态常常呈星射状、卵状或碗槽状的浅凹坑,能反映动物的侧面或腹面的特征,多为孤立的,有时呈群集保存于岩层层面上。

较为常见的停息迹化石为皱饰迹,是三叶虫或其他类似节肢动物挖的小坑穴;其次为似海星迹,是海星动物做前进运动时留下的压印痕。另外,由双壳动物留下的斧足迹也是比较多见的类型。

停息迹主要分布于浅水环境。

2. 生物扰动构造

广义的生物扰动构造即遗迹化石。

生物扰动是生物破坏原生物理构造,特别是成层构造的过程。生物扰动构造可以被看作是一种破坏机制,由于破坏程度不同(图3-38),它不仅使不同的沉积物发生混合,而且也将地球化学和古地磁信息变得模糊。

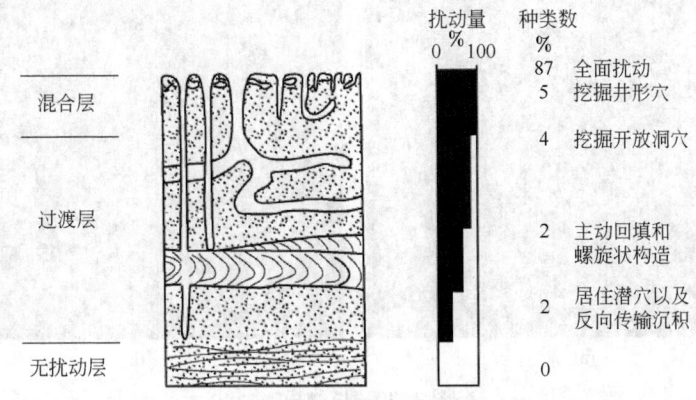

图 3-38　生物扰动的一般模式(据胡斌等,1997)

早期关于生物扰动程度的研究主要采用定性描述的方法,文献中常见这样一些术语,如强扰动、中等扰动、弱扰动等,但运用这种方法很难在不同的沉积物中建立一个生物扰动等级的对比标准。这也是多年来生物扰动构造并没有像单个遗迹化石那样引起人们广泛注意的原因。

生物扰动强度应是对整个沉积物受生物扰动程度的半定量化估计。根据受搅动或生物挖掘的那部分沉积物在整个沉积物中所占的百分数,可将生物扰动划分为 7 个(0~6)等级(表3-1),每一个扰动等级均从生物潜穴的分异度、叠加程度和原始沉积构造的清晰度等几个方面存在差异。

该方案的优点是术语简单,易于识别,考虑了群落结构的影响,认识到高生物扰动强度往往是不同组合的遗迹相互叠加的结果。

表 3-1　根据相对原始组构改造量而划分的生物扰动等级(转引自胡斌等,1997)

扰动等级	扰动量,%	描述
0	0	无生物扰动
1	1~5	零星生物扰动,极少量清晰的遗迹化石和逃逸构造
2	6~30	生物扰动程度较低,层理界面清晰,遗迹化石密度小,逃逸构造常见
3	31~60	生物扰动程度中等,层理界面清晰,遗迹化石轮廓清楚,叠复现象不常见
4	61~90	生物扰动程度高,层理界面不清,遗迹化石密度大,有叠复现象
5	91~99	生物扰动程度强,层理彻底破坏,但沉积物再改造程度较低,后形成的遗迹形态清晰
6	100	沉积物彻底受到扰动,并因反复扰动而普遍改造

3. 植物根痕迹

植物根痕迹简称植物根迹,是植物根呈炭化残余或枝杈状矿化痕迹出现在陆相地层中所形成的一种遗迹化石(图3-39)。它们在煤系中特别常见,是陆相的可靠标志。地层中植物根常被铁和钙的碳酸盐所交代,形成各种形状的结核——植物根假象(图3-39),有时可以成为一定层位的典型标志。在红层中,通常植物根完全烂尽,但有时可以根据模糊的绿色(或灰蓝色)枝杈状痕迹加以区别,这是氧化铁受到植物机体的局部还原作用造成的。

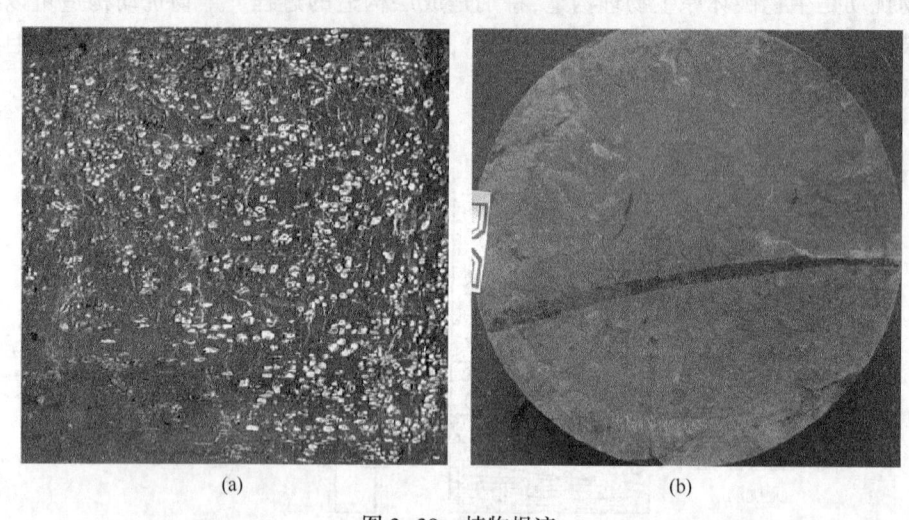

图 3-39 植物根迹
(a)草本植物根迹(新疆吉木萨尔凹陷);(b)木本植物根迹(丰斜12井)

根系的发育具有植物就地生长的特点,这和可能由流水冲刷、破碎、聚集而形成的植物碎屑,如茎、叶和枝杈等,在形态、产状上具有显著的不同。

另外,植物根在不同环境中产状是不同的,因此植物根痕迹可用来判断沉积环境(图3-40)。

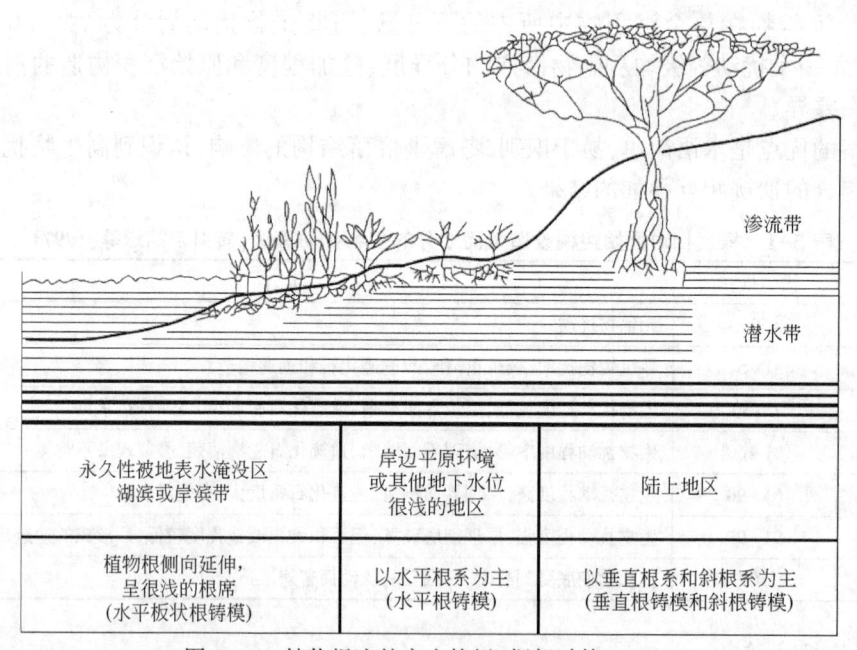

永久性被地表水淹没区湖滨或岸滨带	岸边平原环境或其他地下水位很浅的地区	陆上地区
植物根侧向延伸,呈很浅的根席(水平板状根铸模)	以水平根系为主(水平根铸模)	以垂直根系和斜根系为主(垂直根铸模和斜根铸模)

图 3-40 植物根迹的产出特征(据胡斌等,1997)

(四) 化学成因构造

此类构造(如结核、缝合线、叠锥等)与化学溶解、沉淀作用有关。

1. 结核

结核是岩石中自生矿物的集合体。这种集合体在成分、结构、颜色等方面与围岩有显著不同,常呈球状、椭球状及不规则的团块状,从几毫米到几十厘米,分布较广,主要出现在泥质岩、粉砂岩、碳酸盐岩及煤系地层中。结核可以孤立或呈串珠状出现。

结核按形成阶段可分为同生结核、成岩结核及后生结核(它们的区别特征见图3-41)。龟背石是一种特殊的成岩结核,表面存在多边形的同心环及放射状的细脉,因类似龟背的花纹而得名。它是在富水凝胶沉积物中析出的结核物质经脱水收缩而成裂隙,再被其他矿物充填而成。煤系地层中常见菱铁矿质的龟背石。

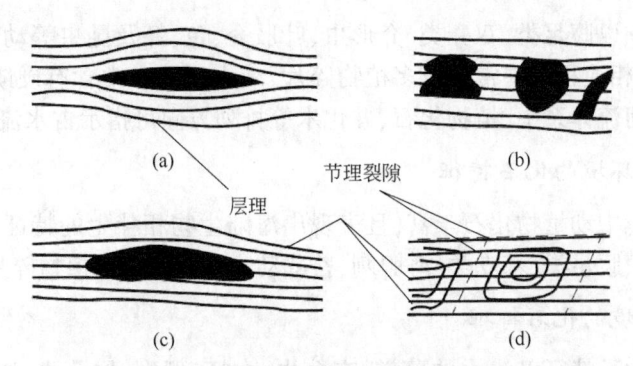

图3-41 结核的类型(据冯增昭,1993)
(a)同生结核;(b)成岩结核;(c)后生结核;(d)假结核(风化环)

结核按成分可分为钙质结核、硅质结核、黄铁矿结核、磷质结核、锰质结核等。在碎屑岩中常见碳酸盐结核,结核的形状和大小与岩石的渗透性有关。由于砂岩中各向渗透性近似相等,结核常似球状;而泥岩的横向渗透性较好,结核即常呈扁平状。煤系地层中常出现黄铁或菱铁矿结核,形成于中性还原介质环境。碳酸盐岩中常出现顺层分布的燧石结核,多形成于酸性弱氧化介质环境中。

结核内部结构也很不相同,可以有均一的或同心状、放射状、网格状、花卷状,有的结核内还保存了围岩残余结构和构造。结核的形成一般是其形成物由内向外生长的结果。

2. 缝合线

缝合线最常见于碳酸盐岩中,但也出现在石英砂岩、硅质岩及蒸发岩中。缝合线在垂直于层面的切面中呈锯齿状微裂缝,颇似头盖骨接缝,从立体上看则为参差不齐的垂直小柱(缝合柱)。缝合线的形态是多种多样的,如锯齿状及波状(图3-42)。缝合线的起伏幅度不一,从一毫米至几厘米甚至几十厘米。缝合线与层面可以平行、斜交或垂直,也可以几组相交呈网状。

关于缝合线的成因,假说很多,多数人接受压

图3-42 缝合线构造(山东新汶)

溶说,即在上覆岩层的静压力或构造应力的作用下,岩石发生不均匀的溶解而成。

三、古生物标志

古生物标志可以通过露头和岩心获取。古生物化石不仅可以鉴定地层的地质年代,而且是进行沉积环境分析的重要标志。根据对现代沉积环境中生物的观察,生物群的分布及其生态特点受环境控制,在一定的沉积环境内均有与之相适应的特殊生物组合。因此,不同的生物群落或化石组合面貌大致可以表明其所属的生活环境或沉积相。化石是区分海相和非海相沉积环境的重要标志。

(一)化石标志

1. 陆相沉积环境的化石特征

陆相沉积环境中以腹足类、双壳类、介形虫、叶肢介、鱼、虾及昆虫等动物化石和植物碎片为主。其中,在深水相浊积岩中常见较多植物碎片,咸水环境中常含有硬鳞鱼类的鳞甲、龟类等化石。而在陆相河流体系中,植物化石、硅化木等排列方向可指示古水流方向。

2. 过渡相沉积环境的化石特征

过渡相沉积环境中动植物化石丰富,且表现出海陆生物相伴生的特征,常见陆相介形虫、海相介形虫、双壳类、腹足类、棘皮类、海胆刺、苔藓动物及有孔虫和植物碎片等。

3. 海相沉积环境的化石特征

海相沉积环境化石特征以浅水的藻类、有孔虫、古杯、珊瑚、层孔虫、腕足、棘皮、双壳、腹足、介形虫及三叶虫为主,常构成各样的生物碎屑灰岩或礁灰岩;在深水环境中化石较少,由游泳或浮游型生物组成,主要包括颗石藻、硅藻、放射虫、抱球虫、硅质海绵骨针、海百合茎、薄壳型菊石、薄壳型竹节石、牙形刺及浮游型有孔虫等。底栖动物不常见,可有少量薄壳型双壳、薄壳型腕足、苔藓、海胆及某些小型单体珊瑚等。

(二)遗迹标志

遗迹标志又称遗迹相。遗迹相(痕迹相)指的是特定沉积环境中遗迹化石的组合。遗迹化石也称痕迹化石,是地史时期生物生活活动的遗迹和遗物的总称,也可以说是生物成因的各种构造,反映生物的存在,包括生物生存期间的居住、运动、捕食、代谢、生殖等行为所遗留下来的痕迹。从某种意义上讲,遗迹化石是生物适应环境的物质记录,并在一定程度上反映当时生物的生活环境。对现代海洋生物(蠕形动物、软体动物等)的活动痕迹研究表明,不同门类的生物在相同的生活环境里,由于有相似的习性和行为,可以产生相似的活动痕迹类型;而同一类的生物在不同的生活环境,可以产生不同的活动痕迹类型。同样,在各地史时期,不同门类的生物在相同的生活环境中可以产生大致相似的遗迹化石类型。

迄今为止,国际上已建立的遗迹相模式有10种,其中陆相1种,即 *Scoyenia*(斯科阳迹)遗迹相(*Sc*);过渡相3种,包括 *Teredolites*(蛀木虫迹)遗迹相(*Te*)、*Psilonichnus*(螃蟹迹)遗迹相(*P*)和 *Curvolithus*(曲带迹)遗迹相(*C*);海相6种,包括 *Trypanites*(钻孔迹)遗迹相(*Tr*)、*Glossifungites*(舌菌迹)遗迹相(*G*)、*Skolithos*(石针迹)遗迹相(*Sk*)、*Cruziana*(二叶石)遗迹相(*Cr*)、*Zoophycus*(动藻迹)遗迹相(*Z*)和 *Nereites*(类砂蚕迹)遗迹相(*N*)。上述原始型遗迹相模式的分布及与沉积环境间的关系见图3-43,是再造古环境条件时很有价值的指示标志。这种生物成因构造与物理沉积构造相在相分析上不仅具有同等重要的地位,而且有时会更具优势。

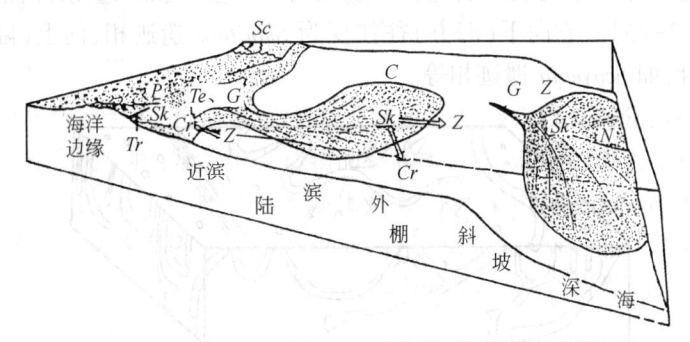

图3-43 原始型遗迹相分布示意图(据胡斌等,1997)

1. *Scoyenia* 遗迹相

遗迹化石的组成,以 *Scoyenia gracilis*(细小斯科阳迹)和 *Ancorichnus coronus*(弯曲锚形迹)或其他生态相相同的遗迹为主,其次为 *Cruziana*(二叶石迹)或 *Isopodichnus*(等足迹)和 *Skolithos*(石针迹)等,并往往伴生有泥裂、水平和波状纹理以及工具痕等物理沉积构造。

遗迹化石的特征,主要是小型、水平、具衬壁和新月形回填构造的进食潜穴,其次是弯曲的爬行遗迹和垂直柱状到不规则形态的居住构造或井形穴,还可出现许多足迹和拖迹等。造迹生物大多是食沉积物和食肉的无脊椎动物,包括节肢动物和软体动物、昆虫、腹足类、双壳类及蠕虫动物等,一般分异度较低,此外,还有些食肉和食植物的爬行动物。

该遗迹相的典型沉积环境是低能的极浅水湖泊和缓流河的滨岸带,通常处于淡水水上和水下之间,并有周期性的暴露和洪水侵漫。生物活动的底层是潮湿到湿、塑性的泥质到砂质沉积底层。

2. *Teredolites* 遗迹相

Teredoliies 遗迹相是一种受海洋环境影响并以木质底层为特征的钻孔迹遗迹组合。该遗迹相几乎全由群聚钻孔组成,典型遗迹化石为 *Teredolites clavatus*(棒形蛀木虫迹),它是一种特殊的且主要以进食为目的的生物钻孔遗迹,丰度高但分异度很低(图3-44)。造迹生物被认为是蛀木虫(或蛀木虫类双壳类)和壳斗海笋壳类。

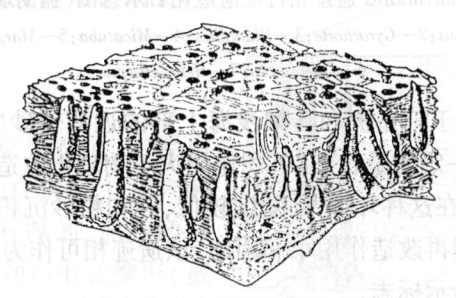

图3-44 *Teredolites* 遗迹相的遗迹化石特征示意图(据Bromley等,1984)

这一遗迹组合常见于河口湾、三角洲和其他障壁后(潮坪、潟湖)沉积环境,往往与泥炭沼泽环境相关,属于过渡相中的一种遗迹相模式。

Skolithos 遗迹相形成的环境条件为中等到相对较高的能量水平,底层由干净的(可含极少泥质)、分选良好的砂组成。砂的稳定性差,时常被较强的水流或波浪扰动和移动,甚至受到快速侵蚀和加积,因此,物理再改造作用强烈,从而引起底层沉积和侵蚀速率的快速变化。这种条件的典型环境为潮间带下部到潮下浅水,如海滩的前滨带和临滨带,类似的环境还有潮坪、潮汐三角洲和河口湾点沙坝等较高能的地区。深水沉积中如海底峡谷和深海沙扇的近缘端或内扇带也存在 *Skolithos* 遗迹相,其环境可根据伴生的典型深水型遗迹来识别。

8. *Cruziana* 遗迹相

Cruziana 遗迹相是海洋遗迹中分布较为广泛的遗迹群落。它的丰度和分异度都比较高,几乎包括了海底底栖生物遗迹所有的生态类型,如爬行迹、停息迹、觅食迹、进食迹以及少量的居住迹和逃逸迹等,一般以表面遗迹(爬迹、拖迹和停息迹)以及水平进食潜穴为主。特征的遗迹化石有 *Cruziana*(二叶石迹)、*Dimorphichnus*(双形迹)、*Teichichnus*(墙形迹)、*Diplichifes*(双趾迹)、*Asteriacites*(似海星迹)、*Phycodes*(节藻迹)和 *Rosselia*(柱塞迹)等。其他常见遗迹还有 *Rhizocorallium*(根珊瑚迹)、*Scolicia*(蠕形迹)、*Asterosona*(星叶迹)、*Thalassinoides*(似海生迹)、*Ophiomorpha*(蛇形迹)、*Aulichnites*(犁沟迹)、*Chondrites*(丛藻迹)、*Planolitws*(漫游迹)和 *Arenicolites*(砂蜀迹)等(图3-50)。环境主要有陆架、河口湾、潟湖等。

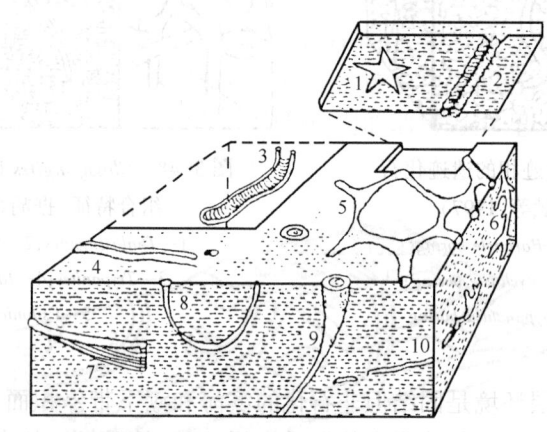

图3-50 *Cruziana* 遗迹相的遗迹化石组合特征(据胡斌等,1997)
1—*Asteriacites*;2—*Cruziana*;3—*Rhizocorallium*;4—*Aulichnites*;5—*Thalassinoides*;
6—*Chondrites*;7—*Teichichnus*;8—*Arenicolites*;9—*Rosselia*;10—*Planolites*

9. *Zoophycus* 遗迹相

组成该遗迹相的遗迹类型主要是复杂的进食迹 *Zoophycos*(动藻迹),它具有由平面到缓倾斜的蹼状构造,呈精美的席状、带状或倒伏的螺旋状分布。在泥质沉积物中,它有时被 *Phycosiphon*(藻管迹)所取代,有的环境还发育 *Spirophyton*(旋轮迹)(图3-51)。造迹生物几乎全是食沉积物生物。整个组合分异度较低,但丰度有时可以很高。

Zoophycus 遗迹相主要出现在富含有机物质的泥、灰泥或泥质砂底层,以及静水、氧含量低或缺乏充足氧气的、水循环性差的环境中,如隔离海盆或半封闭海局限的潟湖和海湾风暴浪基面以下的滨外至半深海到深海环境。

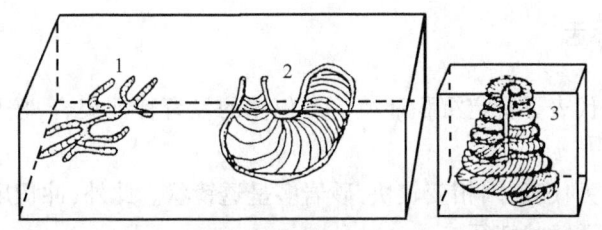

图 3-51 *Zoophycus* 遗迹相的特征遗迹化石(据胡斌等,1997)
1—*Phycosiphon*;2—*Zoophycus*;3—*Spirophyton*

10. *Nereites* 遗迹相

Nereites 遗迹相为深水或深海型代表。它在深海浊流沉积层序中得到大量而完善的保存(图 3-52)。

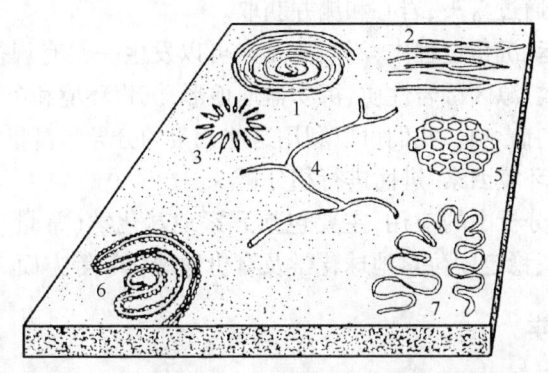

图 3-52 *Nereites* 遗迹相的遗迹化石组合特征(据胡斌等,1997)
1—*Spirorhaphe*;2—*Urohelminthoida*;3—*Lorenzinia*;4—*Megagrapton*;5—*Palaeodictyon*;6—*Nereites*;7—*Cosmorhaphe*

该遗迹组合以水平、复杂的觅食迹和图案型耕作迹(*Agrichnia*)为特征。大多数遗迹呈半浮痕(*semirelief*),少数呈全浮痕保存。它们的造迹生物主要是食沉积物的底内动物。在组成上,这是一个分异度和丰度均比较高的遗迹化石群落,典型的组成分子有 *Nereites*(类砂蚕迹)、*Helminthoida*(蠕形迹)、*Palaeodictyon*(古网迹)、*Cosmorhaphe*(丽线迹)、*Protopalaeodictyon*(原始古网迹)、*Spirorhaphe*(环线迹)、*Lophocterium*(菊瓣迹)、*Taphrhelminthopsis*(沟蠕形迹)、*Glockeria*(葛洛克迹)、*Spirophycos*(旋藻迹)、*Lorenzinia*(洛伦茨迹)、*Megagrapton*(巨画迹)以及 *Urohelminthoida*(尾蠕形迹)等(图 3-52)。

四、沉积层序标志

相序或相层序指的是沉积相的垂向构成,包括成分、结构、构造、亚(微)相,因此一个相序相当于传统的一个韵律或旋回,在层序地层学上叫一个准层序。按照其粒度结构特征,相序可分为向上变粗、向上变细和复合三种类型。常见的向上变粗的相序有三角洲、扇三角洲、水下扇、无障壁海岸、滩坝等,向上变细的相序有河流、冲积扇、潮坪、沟道重力流沉积等,复合相序有三角洲、辫状河三角洲、扇三角洲、水下扇等,一般来说一个相序自下而上水深总是变浅的。

五、分布形态标志

沉积相分布形态代表了特定沉积环境下沉积体的发育特征集合,按照形态可划分为透镜状、扇形和环带状。

透镜状以河流相为代表,因相变较快,砂岩多呈透镜状。此外,冲积扇的横纵切剖面、海岸相垂向剖面均表现出透镜状特征。

扇形以冲积扇、朵页状三角洲为代表,平面上呈扇形分布。

环带状以湖泊相、海相碳酸盐岩、湖相碳酸盐岩为代表。

此外,还有以三角洲相为代表的鸟足状或舌状及以海岸相为代表的线状等分布特征。

六、地球化学标志

地球化学标志可以通过露头、岩心和测井获取。

沉积物在风化、搬运、沉积过程中,不同的元素可以发生一些有规律的迁移、聚集,沉积区的大地构造背景、古气候、源区母岩性质、沉积盆地地形、沉积环境和沉积介质的物理化学性质对元素的分异和聚集均有影响。我们可以利用这些元素的分异与富集规律来研究和推断控制元素运动和变化的各种环境因素,进而进行相分析。

地球化学在古环境分析中的应用,主要包括元素地球化学(常量、微量、稀有元素地球化学)、稀土元素地球化学、稳定同位素地球化学及有机地球化学等方面。

(一)元素地球化学

沉积岩中的元素含量取决于陆源区性质(母岩成分)、古气候、沉积环境(包括水体等介质性质)、沉积岩的成分、生物作用、成岩及后生因素等,因此对它的研究可以为再造古地理环境提供信息。目前,元素地球化学在划分海陆相地层、分析物源区岩石成分、恢复沉积古气候条件、确定沉积水介质地球化学环境、划分地球化学相(氧化与还原、水盆深度、盐度、离岸距离等)等方面都能取得较满意的结果。已广泛使用 Fe、Mn、Sr、Ba、B、Ga、Rb、Co、Ni、V 及 Sr/Ba、Fe/Mn、V/Ni、Fe^{3+}/Fe^{2+} 等元素含量和比值来判别海相与陆相、氧化与还原、水体深度、盐度等沉积特征。

1. 古盐度的测定

用地球化学的方法推断古盐度是最常用的,也是效果较为理想的一种方法,包括硼含量法、微量元素比值法、沉积磷酸盐法、自生铁矿物法等等。

1) 硼含量法

Walker(1984)证明了黏土中的硼主要富集于伊利石中,并把硼、伊利石含量和古盐度联系起来。一般认为,正常海水中硼(B)含量大于 300~400μg/g,淡水环境硼含量中小于 100μg/g;半咸水环境硼含量范围 100~200μg/g,而硼含量超过 400μg/g 的则为超咸水环境。

硼含量法是计算古盐度最常用的方法,其原理是溶液中硼的浓度是盐度的线性函数。当黏土矿物处于含硼水溶液中时,以硼酸或其离解产物形式存在的硼会吸附在黏土矿物颗粒边缘并固定下来,并且可能是因为新物质围绕硼生长和硼本身的扩散而进入黏土矿物晶格。如果矿物晶格不破坏便不能重新逸出,也不因溶液中硼的浓度的降低而解析。这样,就可以根据黏土沉积物中的硼含量来定量推断古沉积水体的盐度。

2）微量元素比值法

（1）B/Ga。硼（B）是不稳定元素，在水中可以发生长距离迁移，在沉积水体中其含量随盐度的增加而增加。而 Ga 的迁移能力则相对要弱得多，这主要由于 Ga 的活泼性较差，Ga 的氢氧化物在 pH=5 的弱酸性介质中很容易沉淀。B 主要吸附于黏土矿物中，活动性较强，在水中可长距离迁移，而 Ga 在风化作用形成的黏土矿中表现出明显富集，Ga 在淡水成因的岩石中较海洋条件下形成的岩石高。故该比值所反映的盐度可用来区分海陆相地层，一些学者认为：B/Ga<1.5 为淡水相，介于 1.5~4 之间为半咸水，介于 5~6 之间为近岸相，>7 为海相。

（2）Sr/Ba。Sr 和 Ba 是碱金属中化学性质较为相似的 2 个元素，它们在不同沉积环境中由于其地球化学行为的差异而发生分离，因此可用二者比值作为古盐度的指标。研究认为，Sr 比 Ba 迁移能力强，淡水与海水相混时，淡水中的 Ba^{2+} 与海水中的 SO_4^{2-} 结合生成 $BaSO_4$ 沉淀，而 $SrSO_4$ 溶解度较大，可以继续迁移至远海，通过生物途径沉积下来。因此，Sr 质量分数与 Ba 质量分数的比值 $[m(Sr)/m(Ba)]$ 是随着远离海岸而逐渐增大的，该比值大小可以定性地反映古盐度，从而进行沉积环境古盐度恢复。一般来讲，淡水沉积物中 $m(Sr)/m(Ba)$ 值小于 1，而海相沉积物中 $m(Sr)/m(Ba)$ 值大于 1，$m(Sr)/m(Ba)$ 值为 1.0~0.5 为半咸水。

（3）Sr/Ca。湖水和河水以 Sr/Ca 值低为特征，而海水中 Sr/Ca 值较前者为大，Sr 与 Ca 相比，Sr 在海水中和大洋水中都有绝对的和相对的富集。Sr/Ca 值对古盐度的指示不如 B/Ga、Sr/Ba 好，但在碳酸盐沉积中可能另当别论。

（4）Mn/Fe。在搬运过程中，铁极易受氧化而成 Fe^{3+}，形成 $Fe(OH)_3$ 沉淀，所以铁的化合物易于在滨海地区聚集。而锰却能在离子溶液中比较稳定地存在，聚集在离海岸较远的地方，甚至分布在洋底。因而海相页岩中 Mn/Fe 值比淡水页岩要高得多。Fe/Mn 是水体盐度划分的常用依据，研究认为，Fe/Mn=1 为正常盐度，Fe/Mn<1 为咸水，Fe/Mn>5 为淡水陆相水体。

（5）C/S。沉积物中有机碳与黄铁矿中硫的比值也可以作为盐度的指示剂。这主要是基于在同样富含有机质的还原环境中，海水中 SO_4^{2-} 比淡水中含量要高得多，被还原成的 S^{2-} 含量也要高很多。这些 S^{2-} 主要与 Fe^{2+} 结合形成黄铁矿。

此外，Th/U、Na/Ca、Rb/K、V/Ni 与盐度均有一定的关系。

3）沉积磷酸盐法

Nelson（1967）根据美国现代河流和河口湾的资料发现：在沉积磷酸盐中，钙盐与铁盐含量的相对比值与盐度有密切关系，计算公式为

$$Fca-p（磷酸钙组分）= 0.09+0.26×盐度（‰）$$

$$Fca-p = 磷酸钙/（磷酸铁+磷酸钙）$$

根据上述两公式即可求出盐度。

实际上，沉积磷酸钙组分 Ca/(Ca+Fe) 的值与盐度的正比关系也主要是由元素 Ca 和 Fe 在水中的迁移习性不同所造成的。

2. 氧化还原条件的标志

判断沉积环境的氧化还原条件主要是根据同生矿物组合。

铁在海盆中沉积具有明显的规律性，随着 pH 值增大，Eh 值降低，铁矿物呈不同的相态依次分布，铁的化合价态也相应变化（表 3-2），因而可用来反映环境的地球化学条件。

表 3-2　铁的沉积地球化学相（据冯增昭，1993）

沉积相	铁离子	主要铁矿物	沉积岩	有机质	Eh	pH
氧化相	Fe^{3+}	赤铁矿、褐铁矿（磁铁矿）	砂质粉—砂质碎屑岩，有少量硅质和钙质结核	无	>0.02	7.2~8.5
过渡相	$Fe^{3+}>Fe^{2+}$ 到 $Fe^{2+}>Fe^{3+}$	海绿石、鳞绿泥石（磁铁矿）	粉砂质—砂质碎屑岩、硅藻土和磷灰岩	少	0.2~0.1	
弱还原相	Fe^{2+}	菱铁矿、鲕绿泥石	泥质沉积	多	0~0.3	7.0~7.8
强还原相		铁白云石	白云岩和石灰岩	很多	-0.3~0.5	>7.8
		黄铁矿、白铁矿	有机质黏土黑色页岩、有机岩			7.2~9.0

Fe^{2+}/Fe^{3+}常用来划分氧化还原相。一般认为，$Fe^{2+}/Fe^{3+}>1$为还原环境，$Fe^{2+}/Fe^{3+}=1$为中性环境，$Fe^{2+}/Fe^{3+}<1$为氧化环境。但在实际应用中，这一指示并不理想，因影响Fe^{2+}与Fe^{3+}可逆反应的因素比较多，如介质的pH值。当pH升高时，Fe^{2+}更易被氧化成Fe^{3+}。也可通过K_{Fe}系数即用岩石中铁向菱铁矿和黄铁矿的转化程度来反映环境的氧化还原程度：

$$K_{Fe}=\frac{Fe^{2+}_{HCl}+Fe^{2+}_{FeS_2}}{FeO}$$

其值越大，表明还原程度越强。

3. 离岸距离（古水深）标志

近些年对现代沉积物元素地球化学的研究发现，元素的聚集和分散与水盆地深度也有一定的关系。这一性质主要是元素在沉积作用中所发生的机械分异作用、化学分异作用、生物分异作用、生物化学分异作用的结果。

据 H. M. 斯拉霍夫（1974）对太平洋沉积物的研究，按其含量由滨岸向远洋增加的程度，可以划出四个带：（1）Fe族元素（Fe、Cr、V、Ge）带；（2）水解性元素（Al、Ti、Zr、Ga、Nb、Ta）带；（3）亲硫性元素（Pb、Zn、Cu、As）带；（4）Mn族元素（Mn、Co、Ni、Mo）带。

由滨岸向深海，Fe、Mn、P、Co、Ni、Ca、Zn、Y、Pb、Ba元素含量增加，其中Mn、Ni、Co、Cu元素含量升高趋势特别显著。海洋沉积物中Mn的分布主要受pH值和Eh值的控制。一般随pH值增大，Eh值降低，Mn矿物也逐渐从海水中沉淀出来。此外，沉积速率也影响着Mn的分布，沉积速率低，从海水中沉淀出来的Mn被陆源和生物成因的沉积物稀释程度降低，故沉积物中Mn含量增高。Co被一些学者用来作为定量估算古水深的标志元素。

（二）稀土元素地球化学

20世纪70年代以来，由于测试方法和测试精度的不断进步，稀土元素（rare earth element, REE）在沉积岩和现代沉积物研究中作为物源和环境指示标志的作用越来越受到重视。

稀土元素在元素周期表中占据一格位置，它们的外层电子构型极为相似，因此用一般的化学方法不能定量地分析出单一稀土元素的含量，只能给出其总含量，即稀土总量（ΣREE）。对地球化学研究来说，有意义的是每种稀土元素的含量。因此世界上许多学者在单一稀土元素定量分析上做了大量研究，取得了显著成效。目前常用的分析方法有：（1）化学浓缩—X射线荧光光谱法，其误差为±（10%~15%）；（2）离子交换—X射线荧光光谱法，其误差为±（10%~20%）；（3）中子活化法，其误差为±（4%~8%）；（4）火花源质谱法；（5）同位素稀释质谱法等。

其中精度最高的为中子活化法。

1. 稀土元素的富集规律及物源分析

郭世勤等(1995)指出：(1)稀土元素和稀土总量与 Fe 有极密切的关联。在较强氧化条件下，Fe^{2+} 变成 $Fe(OH)_3$ 絮团，与稀土元素特别是 Ce 共同沉淀可能形成稀土元素相对富集的沉积，导致与其共生的沉积物接受了大量的稀土元素。相反，含 $Fe(OH)_3$ 絮团少的地区对稀土元素的吸附作用减弱，沉积物稀土元素含量减少。(2)水深和地形对稀土元素含量的变化影响不大。在不同沉积物类型中，稀土元素含量的高低受生物硅稀释的影响，含生物 SiO_2 较多的泥质层中稀土元素含量最低，SiO_2 含量与稀土元素呈负相关关系，而与 Fe^{3+}、Mn^{4+}、Ba^{2+}、S^{2-} 呈正相关关系。

2. 水介质的酸碱度分析

实验证明，稀土元素以简单离子形式搬运是不大可能的，因为它们易形成难溶的稀土氟化物、稀土氢氧化物和碳酸盐。一些学者认为，稀土元素与 O—Si 结构的联系较弱，它们易与氟、碳等挥发组分形成络合物。在碱性溶液中，稀土元素易形成 $[REE(CO_3)_3]^{3-}$ 和 $[REE(CO_3)_4]^{5-}$ 等络阴离子，如果 F 离子浓度较高，也可有 $[REE(CO_3)_3F]^{4-}$ 和 $[REE(CO_3)F_2]^-$ 等形式。用轻重两种稀土元素所做的络合物迁移能力实验表明，两者溶解度有较大差异。在碱性—碳酸介质中，重稀土元素溶解度大，尤其在低于 300℃ 时重稀土络合物还是稳定的，即说明在酸性介质中(pH 为 4.7~5.6)先沉淀沉积的是轻稀土元素，最后才是重稀土元素。

轻稀土元素(LREE)指按原子序数排列的 La、Ce、Pr、Nd、Sm 和 Eu，而重稀土元素(HREE)指从 Gd 到 Lu 的稀土元素(有时加上 Y 元素，HREY)。

3. 沉积水介质氧化还原性的判别

在稀土元素中 Ce 的性质与众不同，它具有最不稳定的 4f 亚层充填，Ce^{3+} 给出一个 4f 电子而成为 Ce^{4+}，并转为惰性气体 Xe 的结构。因此在适当条件下，Ce^{3+} 常被氧化成 CeO_2 与其他三价稀土元素分离。与 Ce 赋存相关的是易被黏土矿物吸附及来自陆源碎屑与火山碎屑的一些元素，如 Th、Nb、Hf、Rb、Cs 等。陆源碎屑提供的 Ce，在总量中所占比例(30%~45%)远高于其他稀土元素；而在化学相中，Ce 主要赋存于氧化相，所以沉积物中 Ce 主要赋存于陆源碎屑、氧化相及吸附相中。即环境的氧化程度越强，Ce 为正异常；而 Ce 亏损程度越大，说明沉积还原程度越大。海盆中央的沉积物中相对贫 Ce。

(三)稳定同位素地球化学

随着测试手段、测试仪器的发展，同位素地球化学在全球地层对比、灾变事件的确定、海平面升降分析、大陆迁移以及全球性气候和生物产率的变化等方面的研究中，已成为不可缺少的重要方法。在沉积岩古地理环境和成岩环境的重建中，同位素标志的应用也日渐广泛。

1. 概述

1) δ 值

自然界中多数元素具有两个或两个以上的稳定同位素，如 O、H、S、C、B 等。在稳定同位素的测量过程中，某元素的稳定同位素的多少是用 δ 值来表示的。

$$\delta=[(R_{样品}-R_{标准})/R_{标准}]\times 1000‰$$

式中　R——某两种同位素的比值,如$^{13}C/^{12}C$、$^{18}O/^{16}O$;

δ——样品的同位素比值相对于标准样品的丰度大小。

碳同位素的国际通用标准为 PDB(美国卡罗来纳州白垩系 Pee Dee 组地层中的美洲拟箭石 Belemnite),也可作为沉积碳酸盐氧同位素的标准;氧同位素的国际通用标准为 SMOW(standard mean ocean water),即标准平均海洋水。

2)同位素的分馏作用

构成不同物质的元素的同位素丰度常常不同,而丰度的变化则是在自然界各种物理、化学和生物化学反应过程中元素所表现出的物理化学性质的微小差异所造成的,也就是同位素分馏。

同位素分馏机理较多,如扩散作用、化学置换作用以及因同位素反应速度不同而引起的动力学分馏效应等。特别是在自然界中由生物的生命活动引起的动力学分馏,如动植物的新陈代谢、光合作用、呼吸作用、微生物细菌对硫酸盐的还原作用等。分析沉积环境特征,必须了解地质作用中同位素的分馏机理。

2. 古盐度分析

海水中氧、碳同位素含量均高于淡水,主要由于水分蒸发时^{16}O容易逸出,因而海水中$^{18}O/^{16}O$值高,而陆地淡水$^{18}O/^{16}O$值低。淡水中的CO_2大部分来自土壤和腐殖质,这两种来源的CO_2的$^{13}C/^{12}C$随盐度的增加而增加。Keith 和 Weber(1964)根据 504 个石灰岩和化石样品的分析,一般认为海相石灰岩的$\delta^{13}C$平均值为-5‰~5‰,$\delta^{18}O$平均值为-10‰~-2‰。二人提出了区分侏罗纪以来的海相灰岩和淡水灰岩的公式:

$$Z=2.048(\delta^{13}C+50)+0.498(\delta^{18}O+50)\text{(PDB 标准)}$$

当 $Z>120$ 时为海相灰岩,$Z<120$ 时为淡水灰岩。

3. 古温度测定

长期以来,人们一直不断地研究碳酸盐和海水之间氧同位素的分馏作用,利用海水沉积碳酸盐和海水之间氧同位素的分馏作用解释古温度。

碳酸盐岩的$\delta^{18}O$随水温增高而降低。Craig(1965)提出了计算古水体温度的经验公式:

$$t(℃)=16.9-4.38(\delta C-\delta W)+0.10(\delta C+\delta W)^2$$

式中　δC——25℃条件下真空中碳酸盐与纯磷酸反应时产生的CO_2的$\delta^{18}O$值;

δW——25℃条件下所测试的$CaCO_3$样品形成时与海水平衡的CO_2的$\delta^{18}O$值(PDB 标准)。

对古代海水的$\delta^{18}O$值可假定与现代海洋相似,或参考前人的研究成果。如更新世的冰湖$\delta^{18}O$为-1.2‰,冰期$\delta^{18}O$为+1.2‰(C. Prosada,1982);侏罗纪$\delta^{18}O$为-1.2‰,二叠纪$\delta^{18}O$为+2‰等。

在进行研究时,一般利用含钙质壳的生物化石进行分析,如腕足、双壳、腹足、有孔虫等,但不用珊瑚、棘皮类等在沉淀碳酸盐时并未与海水达到同位素平衡的化石。

4. 氧化还原条件分析

沉积碳酸盐的碳同位素组成对环境的封闭性和还原程度反映较为灵敏。一般说来,在开放环境中,与大气CO_2平衡的碳酸盐的$\delta^{13}C$值较封闭体系中形成的碳酸盐的$\delta^{13}C$值要高,这主要是在封闭体系中,生物成因的富含轻同位素^{12}C的化合物进入介质并参与形成碳酸盐的结果,因而贫^{13}C的碳酸盐除表明该时期生物产率较低外,还可以指示环境的闭塞程度或还原程度。

处于热带和亚热带的湖泊,由于湖水的分层作用,底层水与表层水化学性质不同。开放的表层水富含^{13}C,封闭的处于还原状态的底层水由于死亡的有机质的沉降作用及以后的降解作用,相对富含^{12}C的碳的化合物进入水介质中,造成$\delta^{12}C$的高值。

除上述碳、氧同位素分析广泛应用于古环境恢复以外,近年来,硫同位素、硼同位素、锶同位素等在古环境方面的应用也在不断探讨和发展之中。

(四)有机地球化学

一些有机质和有机化合物在热演化过程中有一定的稳定性,能继承和保存原始有机质的结构特征,不同程度地反映原始有机质的类型,因而也就能直接或间接地反映有机质来源和沉积环境的物理化学条件。

1. 正烷烃

烃源岩中正烷烃的分布受热成熟作用影响较为明显,但对于处于低—中成熟阶段的有机质来说,可以保持一定的稳定性。

一般认为正烷烃主要来源于动植物体内的类脂化合物。其中来源于浮游生物和藻类的脂肪酸形成低碳数正烷烃,碳数分布范围低于C_{20};来源于高等植物的蜡质则形成高碳数正烷烃,碳数分布范围$C_{24} \sim C_{26}$。

正烷烃分布曲线(以正烷烃碳数为横坐标,以其百分含量为纵坐标绘制的曲线)、主峰碳数(百分含量最高的正烷碳数)、碳数分布范围、碳优势 CPI 值或奇偶优势 OEP 值等均可用来确定有机质的生源组合特征。如后峰型奇碳优势正烷烃代表内陆湖泊三角洲平原沼泽相、湖沼相,前峰型奇偶优势正烷烃代表海相和较深水湖相沉积,偶碳优势正烷烃代表咸水湖泊或盐湖相沉积。

2. 生物标志化合物

生物标志化合物指在有机质演化中仍能在一定程度上保存了原始生物化学组分的基本格架的有机化合物。

比如萜烷中的奥利烷和羽扇烷是原始有机质中高等植物输入的标志;伽马蜡烷高含量表征着原始有机质以动物型输入为主,同时也可以作为高盐度的标志;松香烷可作为陆生植物影响的标志。甾烷是另一类生物标志化合物,是生物体中的甾醇经过复杂的成岩改造转化而成,开阔海相动物和水生浮游生物富含C_{27}甾醇,C_{29}甾醇次之;陆生植物富含C_{29}甾醇,一般常用烃源岩中甾烷C_{27}/C_{29}值来推断有机质原始母质类型。C_{27}/C_{29}值高,表明水生生物来源的有机质含量高,反之则预示着陆源植物组分比例大。

3. 姥鲛烷与植烷

姥鲛烷、植烷及其比值(Pr/Ph)常用来判断原始沉积环境氧化条件及介质酸碱度。一般认为,植烷、姥鲛烷来源于植物中的叶绿素和藻菌中的藻菌素等在微生物作用下形成的植醇。植醇在弱氧化酸性介质条件下易形成姥鲛烷,还原偏碱性介质条件下经不同地球化学作用形成植烷。因此高的 Pr/Ph 值指示有机质形成于氧化环境,低的 Pr/Ph 值则指示还原环境

(表3-3)。另外,低的 Ph/Pr 值也可以比较可靠地指示一个高盐度的环境(李任伟等,1986,1988)。

表 3-3　不同沉积环境的 Pr/Ph 变化(据梅博文等,1980)

沉积相	生油岩系	水介质	Pr/Ph	CPI	原油类型
咸水深湖	膏盐、石灰岩、泥灰岩、泥岩	强还原	0.2~0.8	<1	植烷优势
淡水-微咸水深湖	富有机质的黑色泥岩、油页岩	还原	0.8~2.8	≥1	植烷优势
淡水湖泊	煤、油页岩、黑色页岩	弱氧化—弱还原	2.8~40	>1	姥鲛烷优势

4. 干酪根类型

陆上、沼泽及近岸地区干酪根一般以Ⅲ型为主,远岸及稳定水体沉积中则以Ⅱ型和Ⅰ型干酪根为主。

七、地球物理标志

地球物理标志常用的有沉积序列和沉积相所有的测井响应、地震响应,根据测井曲线和地震反射资料解释出其中的基本相标志,进而鉴别沉积相类型。地球物理标志可以通过地震和测井资料获取。

(一)地震相标志

1. 地震地层标志

地震反射界面与时间地层界面和岩性界面的关系可以形成连续反射的地质界面的有层面、不整合面及流体界面,常见的是前两种。地震反射界面具有两方面含义:首先它是一个波阻抗界面,另外它是一个具有年代地层学意义的界面,这是地震地层学的重要基础。在此基础上,可根据地震反射面建立时间地层格架,并进一步确定各成层单元中的沉积体系和沉积环境。值得注意的是,并不是所有的地震反射同相轴都平行于等时面。

划分地震层序的关键是确定代表层序边界的不整合面和与之对应的整合面。而在地震剖面上主要依据反射终端特征来确定不整合面的位置,并进一步追踪与之对应的整合面。

1)地震反射终端类型

地震反射终端(或地层不协调接触)有上超、下超、顶超和削蚀(图3-11)四种接触关系。

(1)上超是一套水平(或微倾斜)地层逆着原始倾斜沉积界面向上超覆尖灭。它代表水域不断扩大时逐步超覆的沉积现象。

(2)下超则是一套地层沿原始沉积界面向下超覆,又称远端下超。它代表定向水流的前积作用,意味着较年轻地层依次超覆在较老的沉积界面上,常出现在三角洲沉积中。

(3)顶超是一个沉积层序中上界面处的超覆尖灭现象,它和削蚀可共存,且两者无截然界限,地震剖面上往往不易区分。它是局部基准面太低情况下沉积物过渡作用的结果,表明无沉积作用或水流冲刷作用的沉积间断,常出现在三角洲平原中。

(4)削蚀(或削截)是侵蚀作用造成的地层侧向中断,代表构造运动(区域抬升或褶皱运动)造成的剥蚀性间断,是不整合的标志。

在实际划分层序过程中,可利用合成地震及垂直地震等资料,对地震反射层所对应的地质层位进行标定,建立起地震反射与地质分层之间的对应关系(图3-53)。

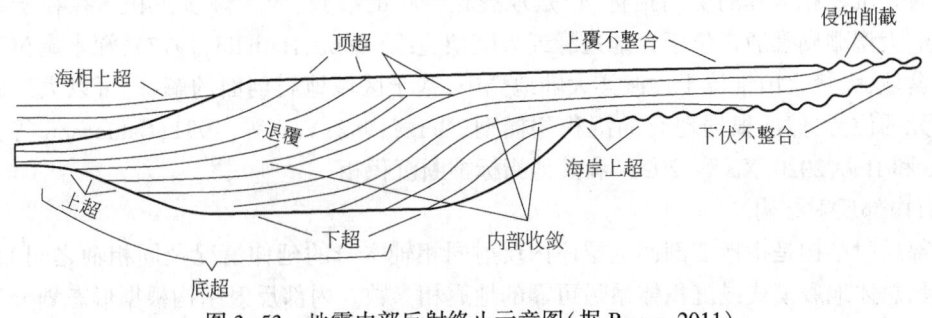

图 3-53 地震内部反射终止示意图(据 Brown,2011)

2)地震相分析

地震相分析就是利用地震剖面进行沉积环境分析和沉积相解释。地震相参数是识别地震相的标志。

地震相单元可以定义为沉积单元,其地震特征与相邻单元的地震特征不同(Mitchum 等,1977a,1977b)。在地震相分析中,应考虑的参数有位置(区域设置)、内部反射结构、外部几何形态、反射连续性、振幅、频率、层速度、地震相单元的区域组合、反射丰度、线方向(倾角或走向截面)、反射终止、大小、地层厚度、地震相的深度、地震相和地震相的分布、地震相与地震相的关系、坡折、反射平滑度、特殊波形模式、外观、反射极性、声阻抗、亮点、振幅随偏移量的变化(AVO)和 AVO 衍生属性、弧长和环面积(振幅衍生属性)、曲率、地震切片的平面几何结构,等等(Mitchum 等,1977a,1977b;Sangree, Widmier, 1977;Roksandic, 1978;Anstey, 1980;Sheriff, Margaret,1980;Brown 等,1982;Badley,1985;Liu,1997;Chopra, Marfurt, 2007;Brown, 2011;Miall,2016;Xie 等,2017;Verma 等,2018;Kumar 等,2019;Xu 等,2021)。地震相识别有几十个地震特征和数百个衍生属性(Brown,2011),然而,只有九个主要独立地震参数和一个地质参数可用于地震岩相分析。

位置、内部反射结构、外部几何形态、振幅、频率和反射连续性是自地震相分析出现以来最常用的六个独立参数。除此之外,层速度在早期被广泛用于解释岩性。然而,由于其精度低(Badley,1985;Liu,1997),该方法在20世纪90年代失去了优势,并被声阻抗反演和波形分析所取代(Brown,2011)。反射平滑度、波形(特殊模式)和地震剖面外观是地震岩相分析中新增的三个常见元素(Xu 等,2021)。波形包含两个参数,即反射极性和声阻抗。根据其地质和地球物理意义,地震相单元的外部形式和内部结构以及反射连续性被归类为更广泛的几何属性,而反射平滑度和地震剖面外观被视为更小尺度的几何属性。振幅、频率和波形是动态属性,而位置和与其他单元的关系具有空间和地质含义。物源是一个非常重要的地质参数,主要用于确定深水扇砂体是砂岩还是粉砂岩。由于地震数据无法区分硅质碎屑岩的粒度,通过增强地震岩相分析获得的砂岩地震岩相包括砾岩、砂岩和粉砂岩。深水扇砂岩的粒度与其母岩的粒度相同,因此可以从其母岩中确定粒度。因此,该参数只能在沉积体系重建后使用(Xu 等,2021)。

上述十个参数(即传统地震相分析中最常用的六个参数和增强地震岩相分析中新增的四个参数)构成了地震相分析的完整指标体系。所有主要沉积环境、详细的地震岩相和一些特殊的沉积微相都可以直接从地震剖面中区分出来,而无须使用钻井数据进行校准。

(1)位置。

位置是沉积相解释的空间指标,也是地震相分析的参数,因为许多沉积体存在于特定位置,例如,大型珊瑚礁通常位于台地边缘或大陆架边缘(Bubb,Hatlelid,1977),深水扇位于斜坡和深海盆地,大量火山锥位于过渡洋大陆地壳中,基于区域地震剖面的解释,可以大致确定地震相单元的位置,然后根据现有的沉积相模型(Berg,1982;Vail 等,1991;Catuneanu 等,2009;Matenco 和 Haq,2020;Xu 等,2021)和其他指标推断沉积相。

(2)内部反射结构。

内部反射结构是指地震剖面上层序内反射同相轴本身的延伸情况及同相轴之间的关系。它是揭示总体地震模式或沉积体系最可靠的地震相参数。内部反射结构根据形态划分为平行与亚平行结构、发散结构、前积结构、乱岗状结构、杂乱状结构和无反射结构几类。

① 平行与亚平行结构是最简单最常见的结构,反射层为平直或波状,往往出现在席状、披盖及充填型单元中,并可根据反射连续性和振幅进一步划分,反映均匀沉降的陆架、湖泊或盆地中的均速沉积作用。

② 发散结构往往出现在楔形单元中,反射层在楔形体收敛方向上常出现非系统性终止现象(内部收敛),向发散方向反射层增多并加厚。它反映了沉积速度的变化造成的不均衡沉积或沉积界面逐渐倾斜,分布在盆地边缘。

③ 前积结构是由沉积物定向进积作用产生的,表现为一套倾斜的反射层,每个反射层代表某地质时期的等时界面并指示前积单元的古地形和古水流方向。在前积反射的上部和下部常有水平或微倾斜的顶积层和底积层,常见近端顶超和远端下超。它往往代表三角洲沉积。

根据前积结构内部形态的差别,可进一步分为以下几种类型,它们反映了不同的水动力和物源供给(图 3-54)。

S 形前积,其特点是总体为中间厚两头薄的梭状,前积反射层呈 S 形,近端整一或顶超,远端下超,一般具完整的顶积层、前积层和底积层,振幅中到高,连续性中到好。它意味着较低的沉积物供给速度及较快的盆地沉降,或快速的水面上升,是一种代表较低水流能量的前积结构,如代表较低能的富泥河控三角洲或三角洲朵状体间沉积。

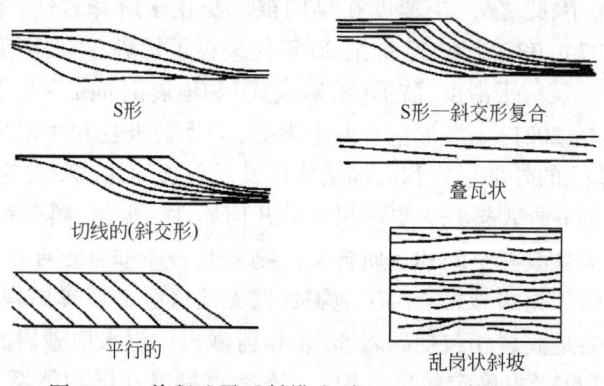

图 3-54 前积地震反射模式(据 Mitchum 等,1977)

S 形—斜交复合前积,以 S 形与斜交形前积反射交互出现为特征,顶积层常不发育,底积层发育,振幅中到高,连续性好。它是由物源供给充足的高能沉积作用与物源供给减少的低能沉积作用或水流过路冲刷作用周期交替造成的。顶积层不发育,可能与水流过度冲刷作用有关。

斜交前积,包括切线斜交和平行斜交两种。切线斜交无顶积层,只保留底积层,具低角度切线状下超;平行斜交既无顶积层,也没有底积层,具高角度下超。两种斜交形前积反射的视倾角为5°~20°,振幅中到高,连续性中到好。它们都代表沉积物供给速度快的强水流环境。沉积物供给快,造成盆地沉降相对缓慢,沉积物接近或超过基准面,在水流过度冲刷作用下,顶积层得不到保存。斜交前积往往代表强水流河控三角洲或浪控三角洲。平行斜交比切线斜交堆积速度更快,代表的水流能量更强。

在同一三角洲沉积中,不同部位可表现为不同类型的前积。如受主分流河道控制的建设性三角洲朵状体可能表现为斜交前积,而较低能的朵状体侧缘或朵状之间可能呈现S形前积。

叠瓦状前积,表现为在上下平行反射之间的一系列叠瓦状倾斜反射,这些反射层延伸不远,相互之间有部分重叠。它代表斜坡区浅水环境中的强水流进积作用,是河流、缓坡三角洲或浪控三角洲的特征。

④ 乱岗状结构是由不规则、连续性差的反射段组成,常有非系统性反射终止和同相轴分叉现象,常出现在丘形或透镜状反射单元中。为三角洲或三角洲间湾沉积的反射特征,代表分散性弱水流沉积。冲积扇及扇三角洲沉积中也会出现这种反射结构。

⑤ 杂乱状结构是一种不规则、不连续反射。它可以是高能不稳定环境的沉积作用,如浊流沉积,也可以是同生变形或构造变形造成的。滑塌、浊流、泥石流、河道及峡谷充填、大断裂及褶皱等均可造成这种反射结构。另外,许多火成岩体、盐丘、泥丘、礁等地质体,也可由于内部成层性差或不均质性造成杂乱反射。

⑥ 无反射结构或空白。无反射结构是由于缺乏反射界面造成的,这表明地层或地质体是均质体。快速堆积的厚层砂岩或泥岩、厚层碳酸盐岩、盐丘、泥丘、礁、火成岩体等均可造成无反射。这些岩层或岩体的顶底界常有强反射。

(3)外部几何形态。

外部几何形态简称外形,可以提供有关沉积体的几何特征、水动力、物源及古地理背景等,可进一步分为席状、席状披盖、楔状、滩状、透镜状、丘状、充填型等(图3-55)。

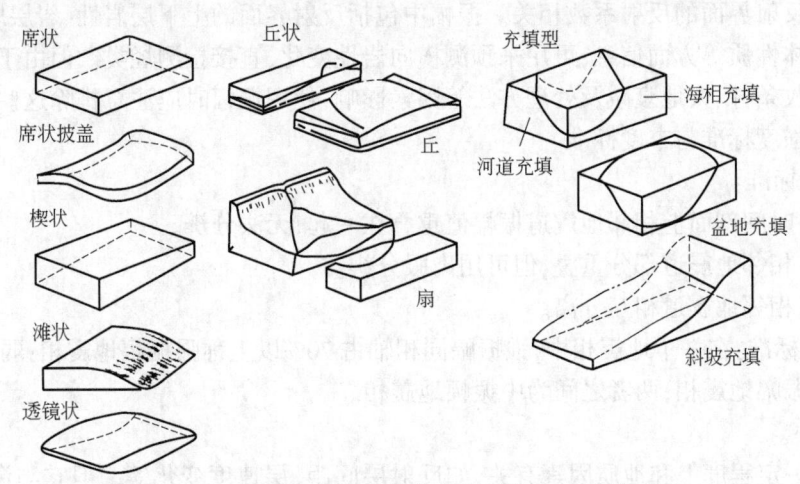

图3-55 某些地震相的外部几何形态(据Mtichum等,1977a)

① 席状是最常见的外形之一,常具平行结构,也可以是发散结构。席状的特点是反射单元的上下界面平行或近平行,厚度相对稳定。一般出现在均匀稳定较深水区,如陆架、陆坡及深海盆地。

② 席状披盖的特点是反射单元的上下界面是平行的,但整体呈弯曲状披盖在下伏不整合沉积表面上,内部结构也常由平行反射组成。它反映了静水环境中的均一垂向加积,一般沉积厚度不大。礁体、水下古隆起等地貌单元之上常出现席状披盖。

③ 楔状常具发散结构,主要特点是在倾向上其厚度向一个方向逐渐增厚,向相反方向减薄,在走向上则是席状的。楔状往往出现在滨浅湖、陆架、陆坡及海底扇等环境中。

④ 滩状是楔状的变种,一般出现在斜坡区或水下隆起边缘。

⑤ 透镜状也称为"眼球状"或"梭状"。它的主要特点是呈中部厚两侧薄的双凸形,常具有S形前积或乱岗结构。河道充填、沿岸沙坝、小型礁等可形成透镜状反射。

⑥ 丘状与透镜状的区别是具有平底,它的顶部突起,周围反射常从两侧向上超覆。丘状反射常出现在海(湖)底扇、扇三角洲、礁、火山锥、盐丘、泥丘等沉积环境或岩体中。

⑦ 充填型又称为凹地充填,指低洼凹地中充填沉积物形成的各种反射,按沉积环境可分为河道或峡谷充填、杂乱充填、复合充填等。

(4) 反射连续性。

反射连续性与地层本身的连续性有关,它主要反映了不同沉积条件下地层的连续程度及沉积条件变化。一般反射连续性好,表明岩层连续性好,反映沉积条件稳定的较低能环境;反之,连续性差,代表较高能的不稳定沉积环境。衡量连续性的标准包括长度标准和丰度标准。

① 长度标准:

连续性好:同相轴连续长度大于600m。

连续中等:同相轴连续长度接近300m。

连续性差:同相轴连续长度小于200m。

② 丰度标准:

连续性好:连续性好的同相轴在一个地震相中占70%以上。

连续性差:连续性差的同相轴在一个地震相中占70%以上。

(5) 振幅。

振幅与反射界面的反射系数相关。振幅中包括反射界面的上下层岩性、岩层厚度、孔隙度以及所含流体性质等方面信息,可用来预测横向岩性变化,直接检测烃类。但由于振幅还受地震激发与接收条件、大地衰减及处理方法等因素影响,使用振幅时应注意排除这些干扰。振幅的标准包括强度标准与丰度标准。

① 强度标准:

强振幅:时间剖面上相邻地震道振幅值重叠在一起,无法分辨。

中振幅:相邻地震道部分重叠,但可用肉眼分辨。

弱振幅:相邻地震道相互分离。

② 丰度标准:在一个地震相中,强振幅同相轴占70%以上称强振幅地震相;弱振幅占70%以上时称弱振幅地震相;两者之间为中振幅地震相。

(6) 频率。

频率在一定程度上和地质因素有关,如反射层间距、层速度变化等。但它与激发条件、埋藏深度、处理条件也有密切关系,因此在地震相分析中仅可作为辅助参数。频率可按波形和排列疏密程度分为高、中、低三级。频率横向变化快,说明岩性变化大,属高能环境;频率稳定,属低能或稳定沉积环境。

在上述地震相参数中,反射结构和外形最为可靠,其次为连续性和振幅,频率可靠性最差。

因此,在地震相命名时应以结构和外形为主,辅以连续性、振幅、频率等。为了突出主要特征,能较直接反映出地震相的地质含义,可采用以下原则:①分布较局限,具特殊反射结构或外形的地震相,可单独用结构或外形命名,如充填相、丘状相、前积相等,也可以将连续性、振幅等作为修饰词放在前面,如高振幅中连续前积相;②分布面积较广,外形为席状、反射结构为平行或亚平行时,可主要用连续性和振幅命名,如高振幅高连续地震相。

(7)反射连续性和反射平滑度。

地震事件的反射连续性反映了水平方向上地层分布的稳定性(例如,Mitchum 等,1977a,1977b;Roksandic,1978)。反射平滑度表示阻抗对比界面的平坦度(Sheriff 和 Margaret,1980)和介质的水平均匀性。通常,河流相地层界面产生的事件是不光滑和不连续的。被波浪压平的席状砂和其他界面所产生的事件表现为相对平滑和连续。海相石灰岩夹层产生的事件通常具有最佳的平滑度和连续性。在许多情况下,火山熔岩层和石灰石层的地震反射特征相似,但平滑度不同。因此,平滑度参数可用于区分石灰岩层和火山熔岩层(Xu 等,2021)。

(8)波形(特殊模式)。

基本波形模式有三种,包括对称、斜对称和低频波形。典型的对称波(零相位小波)最常出现在海底界面、厚石灰岩的顶部和底部界面、基底等处。在许多情况下,对称波的下旁瓣可以被来自其他下伏界面(例如石灰石层的底面,当仅保留上旁瓣和中心瓣时)的上覆脉冲变形。地震数据的显示极性(欧洲或美国极性)可以通过来自海底和具有大阻抗对比度的其他地质边界的完全或不完全对称波来诊断。由包裹在页岩或碳酸盐中的低阻抗夹层产生右下斜对称波(RD 波)。左下斜对称波(LD 波)由包裹在硅质碎屑地层中的高阻抗夹层(如石灰石或玄武岩)引起。通过传统地震参数确定沉积体后,RD 波可用于直接识别具有大孔隙度的砂岩,例如三角洲和深水扇沉积系统中的主河道砂岩、河口坝、席状砂岩、河道砂岩(深水砂岩)和叠加扇砂岩,可以直接从常规地震数据识别白云岩礁盖储层;LD 波可用于识别火山熔岩层、石灰岩层等(Xu 等,2021)。低频非对称波由阻抗逐渐变化的过渡层引起。过渡层的厚度通常小于波长的 1/4,因为如果它远大于该厚度,低频事件被分成两个事件。这可用于诊断沉积趋势和垂直粒度变化,以及风化壳储层。

(9)地震剖面外观。

地震剖面的外观描述了具有类似声阻抗(厚层)的厚岩性层段内地层结构横向小尺度变化引起的特征。它类似于平面视图的粗糙度概念(Posamentier 等,2007)和相邻轨迹的波形不相似性概念(Majid,Mohammad,2017)。

不规则、不整洁、均匀和紧凑、整洁、清洁等术语用于描述地震剖面的外观。模糊的外观源自地震事件的波形和振幅的快速和微小变化,而不是由地震事件的随机排列和组合引起的,这是它与混沌反射的区别。从地质学上讲,不整洁的外观是由小规模地层结构(如水道中的槽状交错层理)或厚层中的材料成分(如混合火山碎屑岩)的横向突变造成的。如果厚层中小规模地层结构和材料成分的横向变化在水平方向上非常稳定(如在静水环境中沉积的页岩),则地震事件的地震振幅和波形是稳定的,显示出整洁的外观。

小规模地层结构的高度小于波长的 1/4,宽度小于菲涅耳(Fresnel)带半径。大尺度地层结构产生各种地震反射配置,包括混沌结构;小尺度结构界面仅轻微改变反射波的形状和幅度,但不产生反射事件(Xu 等,2021)。外观参数主要用于识别大组单岩性地震岩相,如大组砂岩、泥岩和页岩、火山碎屑沉积岩,以及海滩相粒状灰岩和开阔台地相泥晶岩之间的区别。大套单岩性内部均表现出弱振幅反射,但由于小规模地层结构不同,表现出不同的外观。当砂岩和粒状灰岩沉积在浅水高能环境中时,小尺度阻抗结构会经常横向变化,呈现不整洁的外观和粒状反射。泥岩和泥晶灰岩的地层结构横向稳定,外观整洁。由于火山碎屑的不均匀分布,火山碎屑沉积岩的地震反射具有不整洁的外观(Xu 等,2021),许多小碎片随机散布。

(10)其他参数,如亮点、尺寸、厚度和曲率。

亮点反射是一个包含多个独立子元素的综合参数。在以前的研究中,强振幅、偶极相位和水平点反射主要用于识别亮点(Anstey,1980;Badley,1985)。Xu 等(2021)提出,亮点应由四个要素确定:强振幅、频率降低(波谷加宽和环路面积增加)、右淹没倾斜对称波(等效于偶极相位)和时间延迟(由含气地层速度降低引起)。就石油和天然气测试而言,所有四个特征必须同时存在,但事实上,第四个特征往往被忽略。亮点可用于识别许多重要的地震岩相和沉积微相。例如,主河道、河口坝和海岸坝砂岩由于其高孔隙度和低波阻抗,特别是当砂岩含有碳氢化合物时,容易出现亮点反射。此外,还有相对低速的夹层,也可以产生亮点反射,实例包括沼泽环境中的泥炭和煤层、碳酸盐岩中的石膏夹层以及沉积在凹陷中心的欠压实泥岩层。第四个要素很重要,因为它可用于识别隆起顶部(如火山锥)石灰岩和页岩夹层产生的假亮点。尺寸和厚度是两个不太常用的几何参数(Badley,1985;Brown,2011)。曲率是从沉积地貌得出的几何参数(De 等,2014)。这三个参数在某些特殊沉积体的识别中起着重要作用。例如,火山锥和塔礁的地震反射特征非常相似,但大小差别很大。火山锥通常可以达到数千米的高度,而塔礁通常只有几百米高。

3)地震相图的编制

编制地震相图是为了弄清各地震层序中地震相的平面展布规律。

编制地震相图的方法有三种。第一种方法是分别作出各地震层序的多种地震相参数图,如振幅分布图、连续性分布图、频率变化图、层速度变化图、内部结构类型分区图、顶底界接触类型分区图等,最后对这些图进行综合分析。这样做细致,但较烦琐且不便于分析问题。第二种方法是选择最能代表地震相、最能反映沉积特征的主要参数编图。同一张图上的不同部位可采用不同参数,如把斜交前积相、丘形相、高连续强反射相、低连续中振幅相等用不同参数命名的地震相放在同一张图中。第三种方法是采用巴博(Bubb)等人的编码系统划分相区。巴博的编码系统是把要分析的地震单元的内部反射结构和它们与上、下边界的关系以分式形式表达,编码后,就可勾绘出该地震层序的地震相图。若其他参数更重要,如外形、连续性等,也可加入分式中用于绘图。

在绘出地震相后,下一步便是如何将地震相图转为沉积相图,这是地震相分析的关键。地震相转换为沉积相应遵循以下原则:(1)充分利用已有的钻井、测井、古生物资料,尤其是岩心分析资料,同地质相分析和测井相分析相互配合和验证;(2)解释具特殊反射结构和外形的地震相,它们往往代表盆地中的骨架沉积相,如前积地震相、丘状地震相等;(3)对有井区或过井剖面进行分析,确定地震相所代表的沉积相;(4)考虑各地震相的古地理位置(可结合地层等厚图)及各地震相的组合关系,以沉积相共生组合和沉积体系理论为指导,恢复盆地内沉积体系类型及展布,这一点对无井区的转相尤为重要。

2. 地震沉积学标志

地震沉积学是应用地震信息研究沉积岩及其形成过程与环境的学科,它将地球物理技术与沉积学研究相结合,是继地震地层学、层序地层学之后又一门正在不断发展的交叉学科。其理论基础在于对地震同相轴穿时性的重新认识,其应用基础是基于高密度三维地震资料、现代沉积环境、露头和钻井岩心资料建立的沉积环境模式的联合反馈。地层切片综合属性分析、90°相位转换、分频解释与时频分析技术是目前地震沉积学中的几种常用的技术。

1) 地层切片综合属性分析

自 20 世纪 90 年代起,大量的研究证实,地震地貌学是沉积成像研究的有力工具。地震地貌成像是沿等时沉积界面(地质时间界面)提取各类综合属性,如最大振幅、均方根振幅、正极性振幅、平均能量等等,并通过属性优化可客观地反映地震工区内沉积体系的展布范围。这样的地震切片就是地层切片,它是通过在 2 个等时界面间进行合理内插切片来实现,这与 1996 年 Posamentier 提出的等比例切片比较类似。其他常用的切片类型包括时间切片和沿层切片。时间切片是沿某一固定地震旅行时对地震数据体进行切片显示,切片方向是沿垂直于时间轴的方向,它切过的不是一个具有地质意义的层面;沿层切片是沿着或平行于地震层位进行切片,更倾向于具有地球物理意义。所以,赋予地质含义的地层切片综合属性分析技术,不但可最大限度地识别并刻画沉积砂体的时空分布,且可证实砂体的物源方向(图 3-56)。

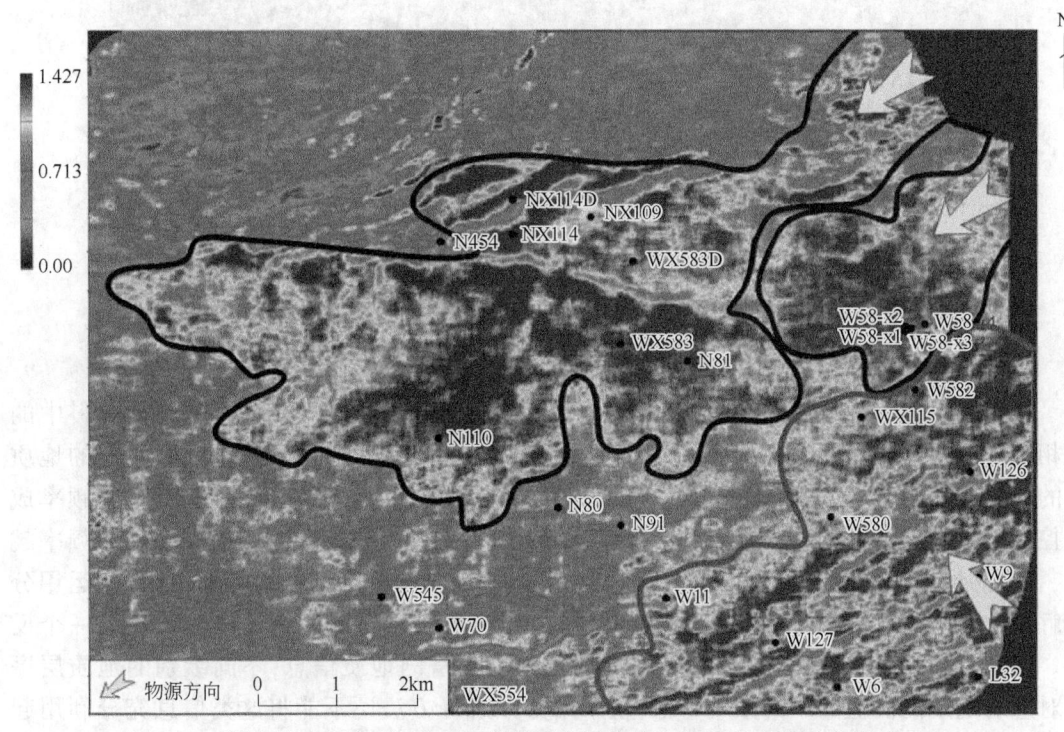

图 3-56 渤海湾盆地东营凹陷砂四段储层多属性最佳优化结果(据陆永潮等,2008)
图中标尺数据为多属性叠加的相干系数,数值越大表示该区域储层越优质

2) 90°相位转换

波形和测量振幅是地震相位谱的函数。标准的地震处理通常把零相位的地震数据体作为提供给解释者的最终结果。零相位数据体在地震解释中具有很多优点,包括子波的对称性、最大振幅与反射界面一致以及较高的分辨率等。但是只有海底、主要不整合面、厚层块状砂岩顶面等单一反射界面得到的地震反射零相位数据才具有这些优点。而且,零相位地震数据中,波峰、波谷对应地层界面,岩性地层与地震相位间不存在必然的关系,要建立地震数据和岩性测

井曲线间的联系很困难,尤其是在许多薄地层互层的情况下。90°相位转换的方法通过将地震相位旋转90°将反射波主瓣提到薄层中心,以此来克服了零相位波的缺点。地震反射相对于砂岩层对称而不是相对于地层顶底界面对称,这使得地震反射的同相轴与地质上的岩层对应,地震相位也就具有了岩性地层意义。这样地震相位在一个波长的厚度范围内与岩性唯一对应。从秘鲁 Dorissa 油田的实例(图3-57)可以看到,经过相位转换后地层界面由正相位内变到了零相位上,在层位追踪时减小了视觉误差造成的追踪位置的不准确,而且地震相位与岩性测井曲线更加吻合,使地震相位具有了岩性地层意义。在秘鲁 Dorissa 油田的解释中,通过标定发现,高频层序界面 Vivian_sand_top 对应的地震相位为-60°,这种情况下显然要将相位旋转-60°才能达到赋予地震同相轴以地层意义的目的(图3-57)。可见90°相位转换技术应该进一步发展为灵活的地震相位转换技术,相位角的转换度数要根据目的层位高频层序界面对应的地震相位角来决定。

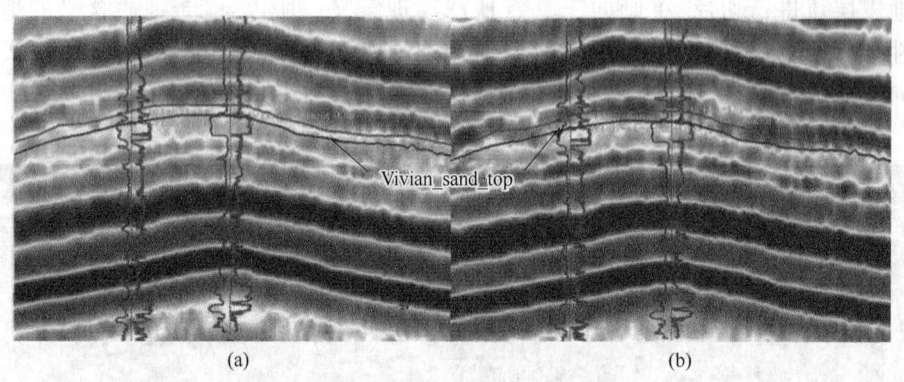

图3-57 针对目的层 Vivian_sand_top 将地震数据相位转换-60°
前(a)、后(b)的对比(据董春梅等,2006)

3)分频解释与时频分析技术

研究表明,低频地震资料中的反射同相轴更多地反映岩性界面信息,而高频资料中的同相轴更多地反映时间界面信息。基于这一认识,采用分频解释的方法,针对不同的地质目的,使用不同频段的地震数据。地震沉积学中使用的分频解释是基于地震资料的频率成分控制了地震反射同相轴的倾角和内部反射结构这一原理。一般而言,地震子波的频率越高,相应的地震资料与测井信息就吻合得越好,这就是分频解释的基本依据。因此,运用分频解释技术是地震沉积学对地震频率控制同相轴倾角和内部反射结构这一认识的一个反映。但是,地震资料中连续的频率变化本身蕴含了丰富的地质信息,不同级别的地质层序体对应着地震剖面上的不同频率特征,仅采用分频解释方法还不能将这类信息充分利用起来,而时频分析方法恰好弥补了这一缺陷。时频分析即频率时间扫描,它通过快速傅里叶变换将时间域的地震记录转化到频率域,利用时频分析技术按不同频率进行扫描分析可以识别出由大到小的各级层序体,从而得到一些地震剖面上没有的信息。由于纵向上频率变化的方向性代表了岩性粗细的变化,所以时频分析不但可以用于地层层序解释,还可以用于划分沉积旋回和推断水体变化规律及沉积环境变化。因此,在地震沉积学的研究中,分频解释与时频分析技术应结合起来使用。

从哈萨克斯坦某区块的曲流河沉积例子可以看到(图3-58),在泛滥平原广泛发育的情况下,曲流河河道砂体厚度变化大,河道迁移速度快,多期河道相互叠置,在常规地震属性上很难准确识别,而通过分频解释得到的振幅谱可以识别地层的时间厚度变化,检测地质体横向上的非连续性。通过分频解释,在特定频率的振幅图上,可以较好地刻画出河道砂体的展布情况。

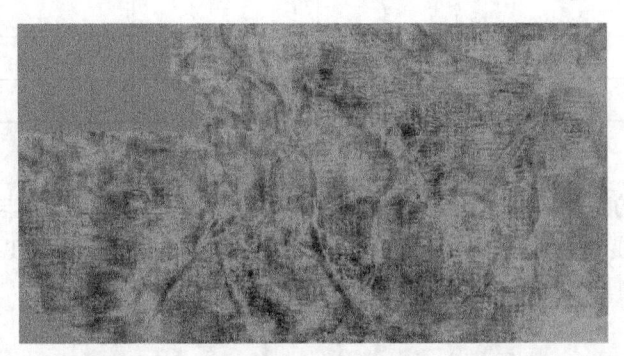

图3-58 曲流河道在哈萨克斯坦某区块22Hz分频振幅图上的反映

(二)测井相标志

测井相分析就是利用测井响应的定性方面的曲线特征以及定量方面的测井参数值来描述地层的沉积相,实际确定沉积相中还有赖于地层倾角测井、自然伽马能谱等多方面的资料。测井系统越完善,测井质量越好,测井相图反映实际地层沉积相的程度也就越好。

1. 测井相的概念

测井相是由法国地质学家 O. Serra 于 1979 年提出来的,目的在于利用测井资料(即数据集)来评价或解释沉积相。他认为测井相是"表征地层特征,并且可以使该地层与其他地层区别开来的一组测井响应特征集"。事实上,这是一个 n 维数据向量空间,每一个向量代表一个深度采样点上几种测井方法的测量值,如自然伽马、自然电位、井径、声波时差、密度、补偿中子、微球形聚焦电阻率、中感应电阻率、深感应电阻率这样一个 9 维向量就是一个常用的测井测量向量。目前已建立矿物成分、结构、构造和流体含量四个主要方面与测井响应之间的关系,测井反映的相对重要性见表3-4(重要程度随级别增加而减小)。

表3-4 用四种主要地质参数识别相的测井响应重要性比较(据王贵文等,2000)

测井方法	代号	反映四种地质参数重要性比较(分1~4级)			
		矿物成分	结构	构造	流体含量
电阻率	RT	4	3	3	1
自然电位	SP	2	2	2	1
自然伽马	GR	2	2	2	4
自然伽马能谱	NGS	1	4	4	3
补偿中子	CNL	4	2	4	1
体积密度	DEN	1	2	4	2
光电俘获截面	LDT	1	4	4	4
声波传播时间	BHC	2	2	4	2
声波衰减	WF	4	2	2	1

续表

测井方法	代号	反映四种地质参数重要性比较(分1~4级)			
		矿物成分	结构	构造	流体含量
井径	CAL	3	3	4	4
温度计	HRT	3	4	4	2
高分辨率地层倾角	HDT	2	2	1	4

1)矿物成分

大多数沉积物的矿物成分仅限于少数几种矿物,应用一组反映岩性与孔隙度的测井曲线就可以确定其矿物成分和孔隙的相对体积。典型的测井方法包括 LDT、DEN、CNL、BHC 和 GR,还可通过自然伽马能谱方法的应用,可以提高确定黏土类型的能力。

2)结构

岩石的结构包括粒度、分选、粒度分布、骨架、胶结物等内容,它直接控制如孔隙度、渗透率和曲折度这样一些性质。各种测井响应和地层的同一物理特征之间存在着密切关系,例如,粒度的变化在曲线上显示斜坡,它常在每个旋回的开始和末尾突然变化。

3)构造

沉积单元构造(沉积构造)是通过该单元的几何形状、厚度、成层的程度等来表征的,许多沉积构造是通过高分辨率地层倾角测井来认识,GEODIT 和 STRATADIP 程序处理的 1/40 或更小比例尺的图上可提供分层厚度、层理发育程度、古水流沉积方向等很准确的信息。

4)从测井相到地质相

如果层段的划分合适,而且每个层段都有其特征,那么,测井相就可以和建立在岩心剖面基础上的地质相联系起来。其他的测井相就可以通过已知的测井相进行归类判别。必须提到的是测井相具有多解性,它只有排除各种非地质影响因素,并在特定的地质条件下,才能合理地识别归类。

2. 测井曲线形态学特征参数分析

1975 年,艾伦(D. R. Allen)首先将自然电位(SP)测井曲线与短电位电阻率测井曲线组合在一起,提出了五种测井曲线组合形态的基本类型:(1)顶部或底部渐变型;(2)顶部和底部突变型;(3)振荡型;(4)块状组合型;(5)互层组合型。实践证明,不同沉积环境常常具有不同的测井曲线形态特征,如果预先掌握了测井曲线的形态与砂岩体沉积层序特征之间的关系,就可以利用该关系来对新获得的测井曲线作出正确的地质解释。

通常,上述五种基本的曲线形态是由以下三种主要环境因素决定的:(1)顶部或底部渐变型;(2)搬运能量的变化;(3)沉积物源供应的变化。可能导致这些物理因素变化的条件是盆地或大陆架的上升或下沉、海平面的变化、气候条件、河流水道遇阻而迁移等等。

测井曲线形态学特征参数分析的基本内容介绍如下。

1)幅度

测井曲线的幅度受地层岩性、厚度、流体性质等控制,可以反映出沉积物的粒度、分选性及泥质含量等沉积特征的变化。一般颗粒粗、渗透性好的地层是高能环境中的产物。对油层条件,具有高的电阻率、高的自然电位异常和低的自然伽马等曲线特征,反映强水流;反之,为低幅度弱水流特征。

2)形态

测井曲线的形态可以分单层形态和复合形态。

单层形态指单个砂层的测井曲线外形,可以进一步分出如图 3-59 所示的几种类型:(1)柱形(筒形),反映的是沉积过程中物源供应丰富和水动力条件稳定快速堆积的结果,如风成沙丘、三角洲分流河道等沉积环境;(2)钟形,测井曲线幅度下部最大,往上越来越小,是水流能量逐渐减弱和物源供应越来越少的表现,垂向上是正粒序最直接的反映,如点沙坝沉积;(3)漏斗形,与钟形相反,垂向上是反粒序水退层系,水流量逐渐增强和物源供应越来越丰富的环境,如分流河口沉积。

复合形态为单层形态的复合,表示从一种环境到另一种环境的演变,如图 3-56 中的卵形显然就是由下部漏斗形和上部钟形组合而成。各种形态又可分光滑和锯齿两类,也可以根据曲线延伸的凹凸微起伏进一步细分。

3)接触关系

顶底接触关系反映砂体沉积末期、初期水动力能量及物源供应的变化速度,有渐变和突变两类(图 3-59)。渐变分加速、直线、减速(延迟)三种,反映在曲线形态上呈凹形、直线和凸形。突变往往表示冲刷(底部突变)或物源中断(顶部突变)。

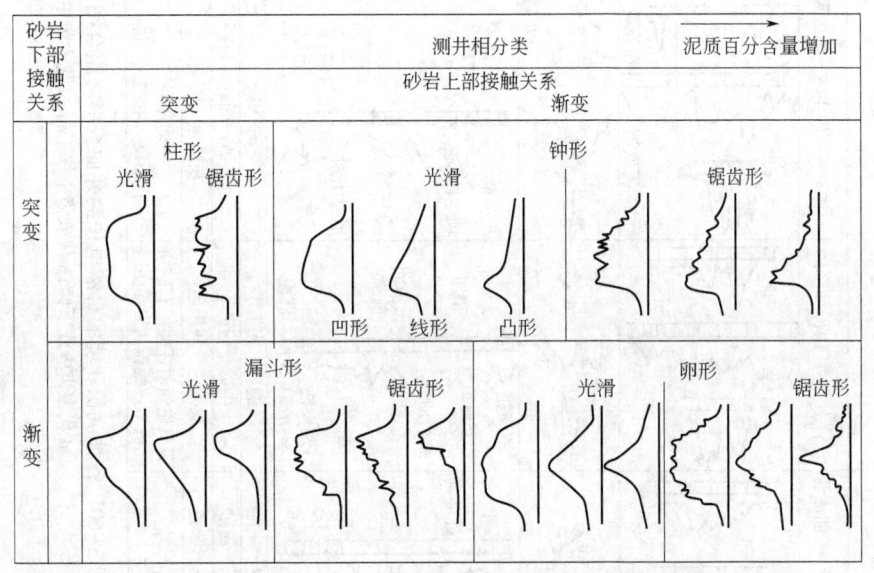

图 3-59 根据自然电位(或自然伽马)测井曲线形态所做的测井相分类

4)曲线光滑程度

曲线光滑程度属于曲线形态的次一级变化,可分为光滑、微齿、齿化三级。光滑代表物源丰富,水动力作用强;齿化则代表间歇性沉积的叠积,如冲积扇和辫状河道沉积。

5)次一级齿的中线

当齿的形态一致时,齿的中线平行反映能量变化的周期性,分为水平平行、上倾和下倾平行三类。当齿形不一致时,齿中线相交,分为内、外两种收敛,各反映不同的沉积特征。

结合艾伦在 1975 年提出的曲线基本类型和形态要素,针对沉积学研究中整个沉积层序呈旋回分布的颗粒大小、岩矿成分在测井曲线上的不同反映,各类沉积环境的曲线组合特征及主要相标志归结于图 3-60。

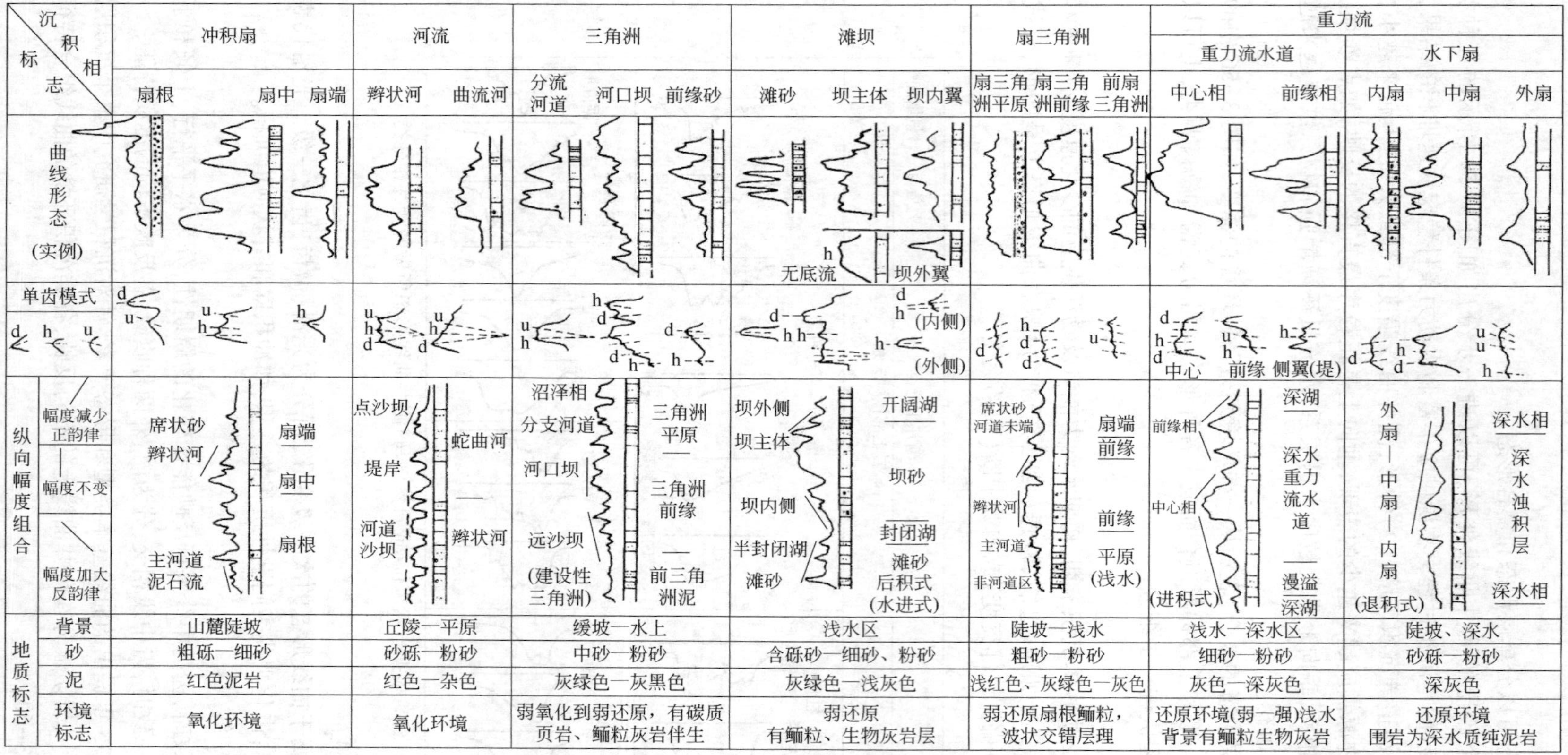

图 3-60 各种沉积环境的自然电位测井曲线形态组合图（据张元福等，2020）

d 代表齿中线下倾；h 代表齿中线平行；u 代表齿中线上倾

第三节 相 分 析

沉积相在时间上和空间上发展变化的有序性称为"相序递变"。沃尔索(Walther)1894年曾经指出:"只有那些没有间断的、现在能看到的相互邻接的相和相区,才能重叠在一起。"换句话说,只有在横向上成因相近且紧密相邻而发育着的相,才能在垂向上依次叠覆出现而没有间断。这就是通常所说的相序连续性原理或相序递变规律,有人也称沃尔索相律,是相分析的基础。然而,相在垂向上的连续性受构造升降、海平面变化和沉积物供给等因素的控制,因而在多数情况下是不连续的、间断的。

一、相标志分析

相标志分析是相分析及岩相古地理研究的基础。在相标志识别的基础上,对冲积扇、河流、碎屑型湖泊、碳酸盐型湖泊、湖相三角洲、海相三角洲、海岸、浅海、半深海—深海9种沉积相(环境)典型相标志进行总结。各沉积相典型识别标志详见表3-5。

二、岩相古地理条件分析

(一) 沉积物来源分析

沉积物来源(简称物源)分析的主要任务是确定来源方向、侵蚀区或母岩区位置、搬运距离及母岩的性质,主要研究对象是陆源碎屑组分及其结构和构造特征,基本原理是机械分异作用。物源分析也有助于查明盆地发育过程中侵蚀区与沉积区、隆起与拗陷、凸起与凹陷等方面的关系,最终确定砂层和砂体的分布规律。

1. 母岩性质

直接依据是砾石成分、砂岩中的岩屑、重矿物组合、轻重矿物的标型特征以及石英颗粒的阴极发光特征等。间接资料是重力、磁力和电法等物探资料。

2. 物源方向及母岩区位置

直接依据是砾石排列、流水型斜层理、不对称波痕、槽模、沟模等构造标志。统计分析资料是砂、砾岩的发育程度及其分布,重矿物组合及其分布,轻、重矿物组合的含量变化等。地震上的前积反射结构及倾角测井已广泛应用于古流向的恢复中。

3. 物源类型

根据资料完善程度将物源分为三种类型:
主要物源:几种资料符合程度好,影响范围大,持续时间久。
次要物源:几种资料基本符合,少数不甚一致,影响范围小,持续时间较短。
推测物源:几种资料符合差,或资料不足,根据不足。
物源综合图是物源分析的总结性图件,是选择样品多、分布广、能说明问题、有代表性的几种主要资料叠加后编制的。在图3-61中,母岩区各种岩性表示得比较细致,其中结合了物探资料。除物源方向外,图中还表示了砂体及砂岩富集区,为分析储集条件奠定了基础。

续表

	岩性标志	沉积构造标志	古生物标志	沉积层序标志	分布形态标志	地球化学标志	地球物理标志
海相三角洲	砂岩、粉砂岩和泥岩为主，夹有暗色有机质细粒沉积，泥炭层或煤层，少量砾岩	砂岩、粉砂岩中常发育流水波痕、浪成波痕、板状和槽状交错层理，泥岩中发育水平层理，此外还发育不同程度的波状层理、透镜状层理、包卷层理、冲刷—充填构造，生物扰动构造等	海洋三角洲的地层剖面具有海陆生物混生现象，自下至上垂向上海洋生物化石减少，淡水生物和植物化石增多，最后出现碳质页岩或煤层	典型的海洋三角洲自下而上为由细逐渐变粗的反旋回进积型沉积层序；层序的上部可出现部分分流河道正韵律的分流河道沉积	河控三角洲平面形态上呈朵状或指状，砂体垂直于岸线方向；浪控三角洲表现为平面形态平行于沉积走向，砂体主要平行于沉积走向，潮控三角洲的平面形态表现则不规则状，以港湾砂脊为识别标志，通常垂直岸线分布	海洋环境中自生铀含量<5.0mg/kg代表富氧环境，5.0mg/kg<自生铀含量<12.0mg/kg代表次富氧环境，自生铀含量>12.0mg/kg代表贫氧和缺氧环境。所以该比值所反映沉积盐度可用来区分海陆相地层。一些学者认为B/Ga<1.5为淡水相，1.5～4之间为半咸水相，4～6之间为近岸相，B/Ga>7为深海相。由滨岸向深海，Fe、Mn、P、Co、Ni、Ca、Zn、Y、Pb、Ba增加，其中Mn、Ni、Co、Cu元素含量升高趋势特别显著	三角洲在地震反射上表现为中强振幅，连续性较好的S形前积结构；SP测井曲线自下而上为逐渐变粗的反韵律进积型结构，表现为反钟形或漏斗形
海岸	以砂质沉积为主，粒度分布均一，分选和磨圆度较好	下部一般为复合层理和水平层理，中部生物潜穴及生物扰动构造发育；上部为槽状和板状交错层理，滩脊顶部尚发育含有时夹植物根化石的块状层理，其中以冲洗交错层理最为典型	各门类的海相生物及碎片，滨线一带可见薄片状介形完整	以进积型沉积层序最发育，呈现出下细上粗的反旋回特征。障壁海岸与无障壁海岸沉积序列的主要区别在于前者在障壁砂坝沉积之上发育有潟湖和潮坪沉积	线状分布，剖面上呈下平上凸的透镜状或席状		在地震剖面上，滨岸碎屑沉积响应主要为中等振幅，中等连续性或高振幅，连续性好的平行反射结构；碳酸盐潮坪中潮上带结构的自然伽马值一般较高，电阻率较低；潮间带的常规测井表现为低自然伽马、中—高密度及中—低电阻率的响应，潮下表现为低中子测井曲线值，高电阻率及低密度的特征

— 84 —

续表

岩性标志	沉积构造标志	古生物标志	沉积层序标志	分布形态标志	地球化学标志	地球物理标志
浅海	以暗色粉砂质泥岩和泥质粉砂岩为主，中夹因潮汐流、风暴流和密度流所形成的砂岩和粗粉砂岩	砂岩中具对称或不对称波痕，交错纹理也较为常见，而且其纹层倾向变化较大，但也有双向的，其中发育典型的交错层理，丘状交错层理反映了风暴流沉积特征	含有正常海洋生物化石组合，如有孔虫、放射虫、棘皮动物、珊瑚等及其有关生物碎屑	多个向上变浅的层序相互叠置且多次重复	其砂体为长形、线形和弯曲状砂脊，或呈不连续的透镜状和广阔的席状砂分布	海洋环境中自生铀含量<5.0mg/kg代表富氧环境，5.0mg/kg<自生铀含量<12.0mg/kg代表次富氧环境，自生铀含量>12.0mg/kg代表贫氧和缺氧环境。该条件下的Ca含量高于海水条件，所以该区可用来区分反映相的盐度比值所反映的盐度环境认为陆相地层，一些学者认为B/Ga<1.5为淡水相，1.5~4之间为半咸水相，介于5~6之间为近海相，B/Ga>7为深海。由浅海向深海，Fe、Mn、P、Co、Ni、Ca、Zn、Y、Pb、Ba增加，其中Mn、Ni、Co、Cu元素含量升高趋势特别显著	浅海砂质碎屑流测井主要为齿化严重的漏斗型；地震相为中振幅平行席状反射
半深海—深海	等深流主要为泥质等深岩相、泥质粉砂等深岩相、砂质等深岩相；等深岩层序单调，均一；砂、等深岩一般分选良好，颗粒成分主要为生物成因和陆源的混合物质组合。重力流沉积物支撑的砂砾质沉积和砂质沉积	等深流沉积常见有小型交错层理、透镜状层理、波状层理；重力流沉积都是以变细的正递变层理成叠覆递变层理为其主要的鉴别标志	深海沉积除了有指示深水环境的实体化石，如有孔虫、放射虫、钙质超微化石外，还有深水型的遗迹化石，如觅食迹、耕作迹等	等深流具有一个向上变粗的反变序列和一个向上变细的正递变序列。重力流沉积的鲍马序列最为典型	等深流呈线型，拉长状的几何形态，沿陆坡等深线分布。重力流沉积平面上形态主要为朵状、席状和舌状；另外，水道充填模式中水道平面形态主要为拉长状或带状体	等深流在地震上呈爬升的、正弦式到规则的、丘状起伏的反射模式。海底碎屑和滑塌沉积物在测井上标志为结构成分混杂，上下部界线突变、厚度大

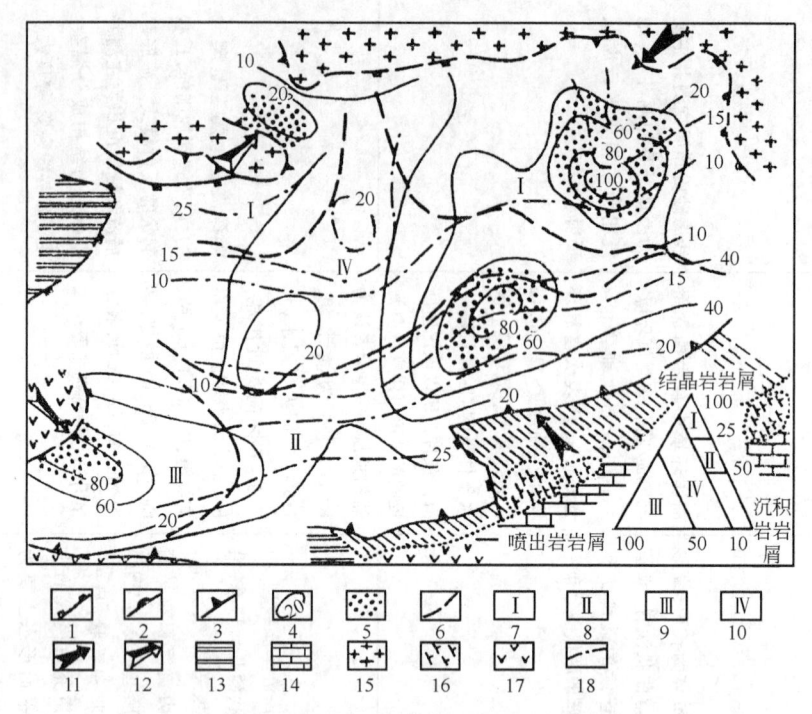

图 3-61　东营凹陷××段物源综合图(据冯增昭,1993)
1—断层;2—地层超覆线;3—地层剥蚀线;4—砂岩等厚线;5—砂砾岩富集区;6—岩屑分区界线;
7—结晶岩岩屑分布区;8—沉积岩岩屑分布区;9—喷出岩岩屑分布区;10—各种岩屑混合区;
11—主要物源方向;12—次要物源方向;13—中生代红层;14—古生代石灰岩;15—前震
旦纪花岗片麻岩;16—喷出岩;17—时代不明喷出岩;18—岩屑百分含量等值线

(二)古水动力条件分析

古水动力条件指沉积时期的波浪和水流的运动状况,此项研究是重建水流体系的重要内容和有效手段之一。

1. 根据定向构造

不同类型的斜层理可以用来测量古水流方向。只有一个优选方向是单向水流所致,有两个优选方向是周期性变化所致。波痕的情况较为复杂。震荡波痕的走向大致与岸线一致,不对称波痕与水流方向垂直,其陡坡倾斜方向与水流一致。

一般认为浊流成因的底面印模构造(沟模、槽模等)在区域上是稳定的。槽模不仅能可靠指示古水流方向,更能说明它是浊流冲刷侵蚀作用形成的。沟槽与槽模伴生时,能更加可靠地指示古水流方向。

长形的生物化石,例如箭石类的鞘、原始头足类、竹节石、树干等,也可作为测量古水流方向的研究对象。

2. 根据结构及成分的变化

一般规律是:碎屑颗粒粒度随搬运距离加大而变小,圆度随搬运距离增加而增大。成分成熟度和结构成熟度随搬运距离增加而增大。

3. 根据孢粉资料

孢粉含量变化可作为搬运距离的标志。同种孢粉等值线与沉积走向一致,其含量递减方向即为古斜坡方向。这种方法对于缺乏水流标志的泥质沉积物经常更有意义。孢粉带入水盆的主要营力是流水和风,河口处孢粉浓度大,无河口的沿岸地区则很低。

4. 根据厚度变化

一般情况下,地层厚度变化是沉降幅度的指标,与古水流方向关系不甚密切。但是碎屑岩单层厚度的变化往往与粒度的变化相一致,因而有指示古水流意义,在冰碛层、火山灰流和浊流沉积中应用效果较好。我国一些中、新生代沉积盆地砂层等厚线变化一般都能反映古河流体系的范围和主要扩散方向。各油田不同比例尺、不同范围的地层或砂层厚度图应得到充分应用,如再辅之以倾角测井资料,在恢复单砂层组的古水流方向时,会有较好效果。

5. 编制水流体系图

图3-62是根据直接测量结果编制的,它为我们提供了一个现代湖盆水流体系的模式,研究古代内陆湖盆也值得借鉴。

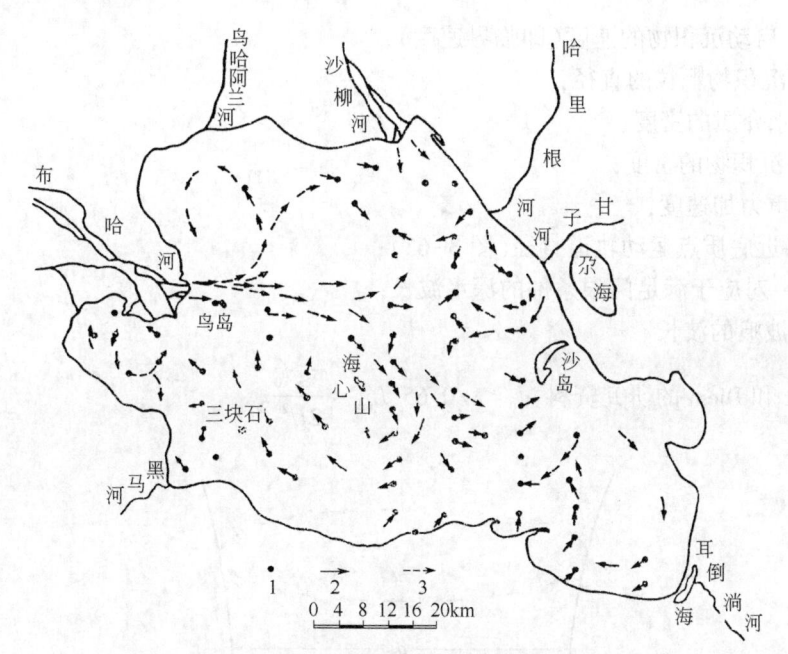

图3-62 青海湖湖流图(据冯增昭,1993)
1—点位;2—实测湖流方向;3—根据观察推断的湖流方向

(三) 水体深度分析

1. 根据沉积物的分布规律

湖泊在正常沉积情况下,粗碎屑为浅水沉积,由浅水至深水,砂砾沉积减少,黏土质沉积递增,较深和深水区主要是黏土质沉积。

海盆的化学及生物化学沉积发育,利用碳酸盐岩和硅岩的分布特点,可以恢复古海盆的相对深度,以及古地形的切割情况。

2. 根据岩石的构造特征

一般地,概括起来,盆地的深水、较深水区主要形成微细水平层理,连续韵律发育;深海(湖)浊积岩具复理石构造,槽模、沟模是它的沉积标志;浅水地区层理类型多样,间断韵律发育,波痕、搅混构造以及侵蚀冲刷现象均较发育;干裂、雨痕、细流痕等层面构造主要是滨海(湖)相的标志。根据浪成波痕可定量计算古水深。

据 Diem(1985)的研究资料,波长 L 和古水深 h 的极限值为

$$L_{max,min} = L_{t\infty}\sqrt{\frac{1\pm\sqrt{1-80\cdot 4U_t^4/(g^2d_0^2)}}{2}}$$

$$h < h_{max} = \frac{L_{max}}{2\pi}\mathrm{arcosh}\left(\frac{0.142L_{max}}{d_0}\right)$$

其中
$$U_t^2 = \begin{cases} 0.21(d_0/D)^{0.5}\dfrac{(\rho-\rho_s)gD}{\rho}, & D<0.5\mathrm{mm} \\ 0.46\pi(d_0/D)^{0.5}\dfrac{(\rho-\rho_s)gD}{\rho}, & D\geqslant 0.5\mathrm{mm} \end{cases}$$

式中 U_t——启动沉积物的速度(即临界速度);
D——沉积物颗粒的直径;
ρ——水介质的密度;
ρ_s——沉积物的密度;
g——重力加速度;
d_0——近底质点运动轨道直径(图3-63);
$L_{t\infty}$——对应于满足门限条件的深水波长;
λ——波痕的波长。

据 Komar 和 Diem 的研究资料: $d_0 = \lambda/0.65$, $L_{t\infty} = \dfrac{\pi g d_0^2}{2U_t^2}$。

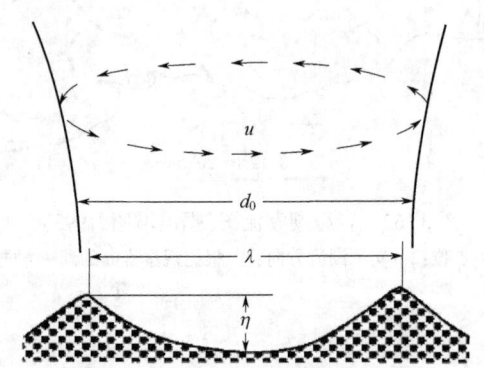

图 3-63 描述波痕术语与水介质运动关系示意图

u—水质点运动轨道速度;η—波痕高度;λ—波痕的波长;d_0—近底水质点轨道直径

3. 根据古生物和遗迹化石

利用海洋生物判定水体深度时以造礁生物最可靠,如珊瑚、藻类、苔藓虫及有孔虫等,它们生活和生长明显地受日照深度控制。深度在 100m 内的陆架上部生物特别繁茂,在 200m 以下

生物数量减少、种属单调。从生态上看,浅水生物壳大而厚,纹饰发育;深水生物壳小而薄。遗迹化石对古湖泊水深有良好反映(赵澄林等,2001)。

应用化石群分异度和优势度判断古湖泊水深也有一定效果。

在古湖盆分析中,往往发现深水处化石少,浅水处化石丰富,即介形类有随水深减少趋势。费尔干盆地侏罗纪湖相介形虫类,在水体稳定的浅湖区分异度高,三角洲前缘部分和远岸深湖环境分异度低,而沼泽化湖泊环境不利于介形类的生存,其分异度更低。优势度一词是沃尔顿(Walton)1964年提出来的,是指每个样品中个数最多的一个种或属在全群个体总数中所占的百分比。优势度是分异度的反向指标。优势度(d_m)和水体深度(d)有一定关系(郭秋麟等,1990),见表3-6。

表3-6 东濮凹陷沙三上优势度和水体深度关系

生物相带	d_m,%	d,m
冲积—滨岸三角洲平原生物相	>45	<9.5
浅湖上部—三角洲前缘生物相	33~45	20.5~9.5
浅湖下部—前三角洲生物相	25~35	35~18
湖湾生物相	35~45	18~13

(四)古地貌恢复

古地貌恢复研究目前大都停留在定性阶段,沉积记录资料越多,则恢复精度越高。古地貌恢复主要技术介绍如下。

1. 压实恢复技术

分层系、分岩性建立压实方程,利用拟三维盆地模拟,进行压实、差异压实恢复,软件有Basin Mod 1D、2D、3D。

2. 平衡剖面恢复技术

利用Geosec软件,加载沉积微相、等时面、古水深等,进行差异压实恢复和古构造恢复。

3. 沉积学分析法古地貌恢复

沉积学分析法进行古地貌恢复的技术路线见图3-64。

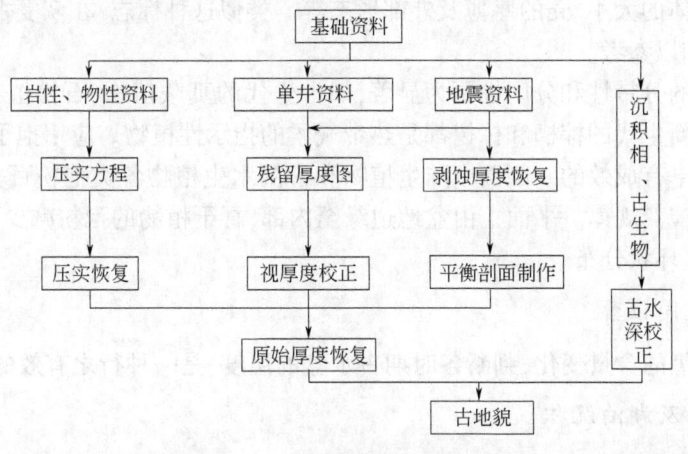

图3-64 古地貌恢复研究流程图

利用上述方法对东营凹陷古近系沙四上沉积时期的古地貌和地层倾角进行计算,并得到了三维分布图,非常醒目直观(图3-65)。

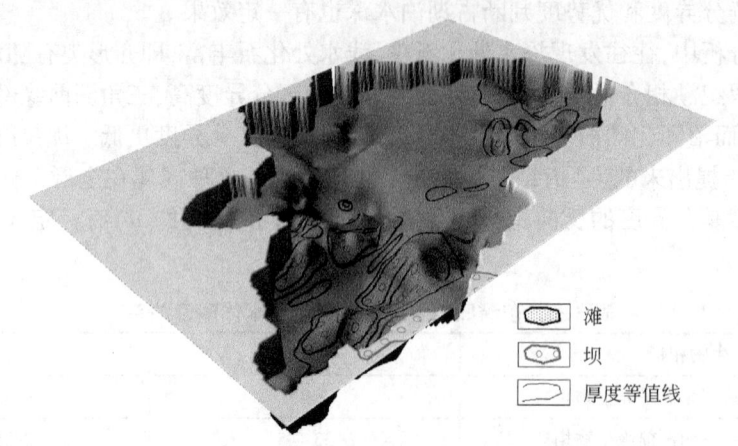

图 3-65　东营凹陷古近系沙四段古地貌图

(五) 古气候条件分析

沉积区的古气候条件直接影响各种地质作用,尤其是水体温度,而水体温度又直接控制着水介质的物理化学条件和生物的繁殖与发育。目前恢复沉积区古气候条件大致有下述一些途径。

1. 根据岩性特征

特殊岩石类型可以指示古气候条件。如冰碛岩、冰川纹泥是寒冷气候标志,蒸发岩是干旱气候产物,煤系地层是温暖潮湿气候标志等。

2. 根据古生物及古生态

气候对生物的影响表现在两方面:生物的分带性和群种成分的多样性,这种影响由古至今表现都很明显。例如,热带海洋中大量繁殖造礁生物和厚壳的无脊椎动物,向两极寒带这些生物的数量、种类大量减少,代之以箭石和特殊的瓣鳃类,存在明显的分带性。又如,印度尼西亚与马来西亚群岛现代海洋中动物约有四万种,地中海约七千种,至北极海仅有一千二百种。气候还影响生物个体的大小、壳的厚薄及外部形态等。类似这种标志,在恢复古代沉积的古气候条件时,应注意加以参考。

陆生植物群的分带性和分区性更为显著,如古生代的真蕨植物、石松植物,中生代的真蕨植物、苏铁植物,新生代的棕榈和樟树都是热带气候的指示性植物。应用孢子花粉再造古地理和恢复古气候是卓有成效的。剖面中陆生植物和喜湿水生植物各类孢粉百分含量变化,可较好地反映古气候演变规律。平面上由盆地边缘至内部,喜干植物的孢粉减少,水生喜湿的孢粉增加,围绕盆地呈环状分布。

3. 根据稳定同位素

利用海水中氧的含量变化,判断各时期古水盆的温度,是一种行之有效的方法。

4. 根据黄土及湖泊沉积

欧美第四纪冰川研究成果表明,用古地磁确定时间,用孢粉恢复气候变化,尤以用湖泊纹层状淤泥沉积物所获效果最好。据对中欧黄土剖面的研究,其中许多风化层为间冰期产物,黄土层为冰期产物。由于用古地磁定时的准确性,已证实欧洲在70万年内有18~19个气象周期。

5. 古地磁法

古地磁法是根据某些含磁性矿物(磁铁矿、赤铁矿、钛磁铁矿)的火山岩及沉积岩的剩余磁化强度(这种磁化强度是受岩石形成时期存在的地球磁场的影响而产生的)计算出古纬度位置的一种方法,因为确定古气候因素最重要的要算古纬度了,但也应注意地史时期中板块运动及磁极本身的迁移而导致的频繁反磁现象(地磁反向)。

(六)水介质物理化学条件分析

水盆中介质的物理化学条件,包括氧化还原电位(Eh 值)、氢离子浓度(pH 值)和含盐度等。这些指标不同程度地影响有机质的保存和油气生成,也直接控制了水体溶解物质的化学沉积分异作用及沉积矿产的形成。

1. 确定还原程度的标志

确定还原程度常用的标志是含铁自生矿物,由氧化环境至还原环境依次为:褐铁矿—赤铁矿—海绿石鲕绿泥石—鲕绿泥石—菱铁矿—白铁矿和黄铁矿。含铁矿物分散在岩石中,主要显现在颜色上,尤以黏土岩的颜色判断还原程度更为直接。

判定含油岩系还原程度常用的指标:还原硫(S^{2-})、三种铁离子(Fe^{3+}_{HCl}、Fe^{2+}_{HCl}、$Fe^{2+}_{FeS_2}$),以及Fe^{2+}/Fe^{3+}比值和铁的还原系数(K)。根据K值和三种铁离子的百分含量,将我国陆相沉积地球化学相(或矿物地球化学相)划为三个相、六个亚相(表3-7)。

表3-7 我国陆相地球化学相分类(据冯增昭,1993)

K 值	铁含量	Fe^{3+}_{HCl},%	Fe^{2+}_{HCl},%	$Fe^{2+}_{FeS_2}$,%	矿物地球化学相
氧化相 0~0.2	强氧化亚相 0~0.05	>75	<25	0	赤铁矿相
	氧化亚相 0.05~0.12	50~75	25~50	0	菱铁矿—赤铁矿相
	弱氧化亚相 0.12~0.20	25~50	50~75	微量	赤铁矿—菱铁矿相
还原相 0.2~0.8	弱还原亚相 0.20~0.30	<12.5	>75	<12.5	菱铁矿相
	还原亚相 0.3~0.55	微量	50~75	25~75	黄铁矿—菱铁矿相
	强还原亚相 0.55~0.80	0	25~50	50~75	菱铁矿—黄铁矿相
硫化氢相>0.80		0	<25	>75	黄铁矿相

2. 确定酸碱度的标志

酸碱度的划分主要根据水介质中的氢离子浓度:pH<7 为酸性介质,pH=7 为中性介质,pH>7

为碱性介质。直接标志是常见的指示矿物,如碳酸盐矿物、含铁矿物和黏土矿物等(表3-8)。

表3-8 判断水介质酸碱度的主要矿物标志(据冯增昭,1993)

酸碱度 矿物	酸性	弱酸性	中性	弱碱性	碱性	强碱性
碳酸盐矿物			菱铁矿	白云石、铁白云石、菱锰矿	方解石	
含铁矿物	←白铁矿→			←黄铁矿→		
黏土矿物	高岭石	多水高岭石	多水高岭石、拜来石	钙蒙脱石、拜来石	钙镁蒙脱石	镁蒙脱石

关于黏土矿物的指相意义尚有争议。一种观点认为黏土矿物与环境关系密切:由湖盆边缘至盆地内部,依次为高岭石—拜来石—蒙脱石。生油层黏土矿物为蒙脱石类,其次为水云母和拜来石类,高岭石类极少或不存在。由陆相至海相(pH值由低变高),依次出现高岭石—水云母—拜来石—蒙脱石,故黏土矿物是良好的pH指示矿物。另一种观点认为,大多数黏土矿物是风化过程中形成的,虽然在沉积过程中,具有通过离子交换与介质建立物理化学平衡的能力,但这种平衡不是经常可以达到的,因而主要是物源区的标志,而物源区的气候条件又是它的主要影响因素。

黏土矿物在古代沉积中不仅受物源区气候、介质物理化学条件的影响,也受成岩后变化的改造,故黏土矿物指相性应因时因地而异,不能一概而论。

3. 确定古盐度

古盐度的确定应以古生物法为主,特别是寻找含有孔虫层位,对软体动物、介形虫、有孔虫、藻类(包括硅藻、甲藻)等化石组合进行古生态分析,并充分重视未定门类的化石鉴定工作,同时配合以地球化学分析,尤其是伊利石中硼含量的测定和沉积磷酸盐法的应用。另外,要密切注意海绿石、胶磷矿等自生矿物的分布规律,有目的地进行稳定同位素分析。但应注意,海陆相的区别不仅在于盐度数值,更重要的是盐类组分。

三、剖面和平面相分析

剖面相分析就是通过对沉积剖面(露头或钻井剖面)相标志的研究,确定相类型及其垂向上变化。它是油区岩相古地理研究的基础,其步骤介绍如下。

(一)确定时间单元

首先要确定等时单元,目前最先进的方法是利用层序地层学方法建立等时格架,进而在此格架内进行相分析。

(二)垂向相分析

1. 划相精度

随着油气勘探与开发工作的发展,相的划分精度要求越来越高。当前研究的重点是三级相,并进一步研究砂岩体内因沉积条件的不同而引起的非均质性变化。例如,在三角洲相中,并不是整个体系都是生油和储油的有利地区,只有与相对较静的水体环境有关联的部位(如前三角洲泥质沉积区)才可能成为生油的有利地区;同样,只有与生油区相距不远的砂质沉积发育部分(如三角洲分流河道和三角洲前缘砂)才是最有利的储油部位。又如,在一个二级相(如河流相)内,河流各部位形态的不同、水流速度的季节性变化、沉积物供给的差异性等原因,往往造成不同部位形成不同形态和不同结构特征的三级相砂岩体(边滩或心滩等),这些砂体的分布和变化都与油气开发关系很密切。

2. 相类型的确定

首先要综合各种相标志对相类型进行综合判断,防止利用个别相标志得出片面的结论,同时要充分利用相模式。

3. 相类型的垂向转变

要利用沃尔索相律和层序地层学的原理对垂向上相的组合和变化作出判断。另外,为了克服相分析中的主观随意性,一些沉积学家(如 Reading,Walker,1965,1984;Selly,1969 等)倡导了数学统计相分析法。

(三) 剖面对比相分析

剖面对比相分析的目的就是要搞清单剖面(井)之间相或储层横向变化。地震横向预测和数学地质方法已用于井间预测中。

剖面对比相分析的关键是等时对比界面和单元的确定,层序地层学同样是必不可少的方法,现以胜利油田惠民凹陷盘河砂体为例说明如下(张元福等,2020)(图3-66)。

盘河砂体位于沙三段下部,沿中央隆起带长轴分布,向东越过宿安鞍部在商二区西部尖灭。以商55井区为界,西部为一套大型河流—三角洲砂体,东部为三角洲前缘砂滑塌形成的深水浊积扇沉积。它跨越两个层序三个体系域即层序Ⅱ HST(高位体系域)、层序Ⅲ LST(低

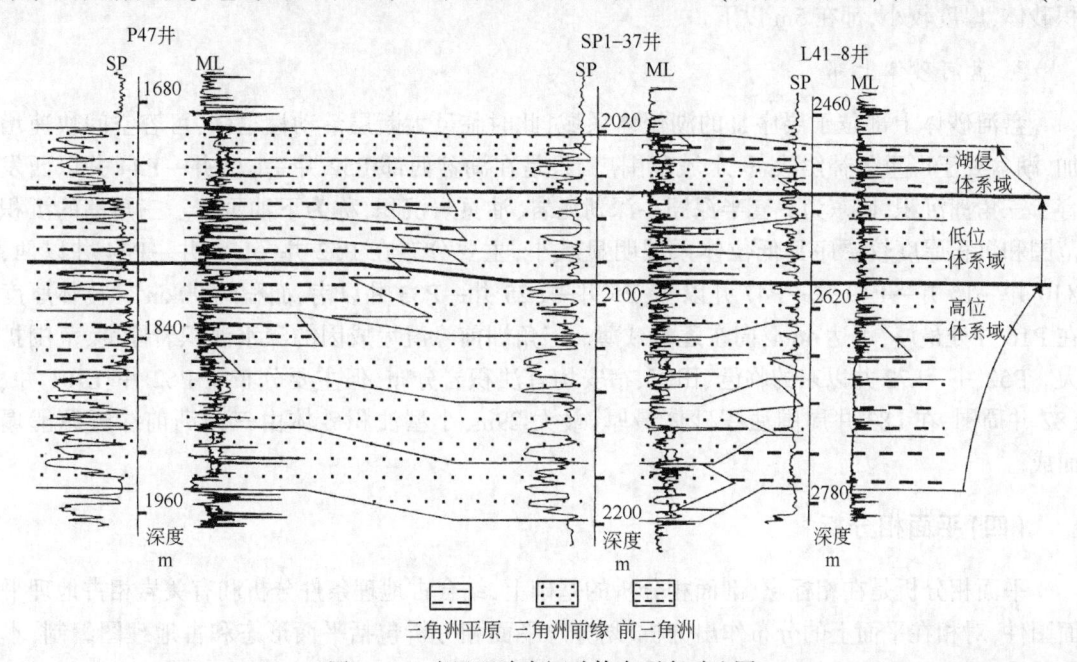

图3-66 惠民凹陷盘河砂体东西向对比图

位体系域)、层序Ⅲ TST(湖侵体系域),主体位于层序Ⅱ HST。盘4井—盘47井井区砂体最厚,可达180m,向南、向北、向东逐渐减薄。它东西长约35km,南北宽约12.5km,面积为390km^2。平面上呈鸟足状,剖面上呈楔状插入页岩中。

因盘河砂体跨越三个体系域,自下而上可以把盘河砂体分为三部分。

1. 盘河砂体下部(主体)

盘河砂体主体位于层序Ⅱ高位体系域或下降体系域。该时期湖盆水体较深,沉积物来自湖盆西部,在唐庄、盘河地区发育了大型河流—三角洲沉积体系。

河流—三角洲砂体分布在L105井以西的肖庄、唐庄、盘河地区。根据P47井1817.0~1823.5m取心井段分析,P47井以西为三角洲平原砂体。砂体在P4井—P47井井区厚度最大,砂体厚度可达140m,而P4井—P47井南北两侧,砂体厚度突然减小,可以看出沿P4井—P47井有一条巨厚的河道充填沉积。根据取心井(P213井2232~2241m为取心井段,为河口坝沉积)岩性、电性及砂岩百分含量图资料可以看出,P47井以东、商105井以西为三角洲前缘砂体,电测曲线多呈指形、漏斗状,岩性多以砂泥互层。L105井以东水体较深,沉积了大套的泥岩夹油页岩,也就是通常所说的厚长页岩。在厚长页岩之间夹一些小型浊积砂体,浊积砂体是由三角洲前缘砂体滑塌而成,主要分布在S741井、S51井、S64井、S70井及S3井附近,每个浊积砂体面积很小,约5~8km^2,厚度2~15m。

2. 盘河砂体中部

盘河砂体中部位于层序Ⅲ低位体系域,此时水体稍变浅,三角洲向湖盆中推进到S64井—S541井一带,三角洲的沉积范围较层序Ⅱ高位体系域增大,P4井、P47井一带最厚,可达40m。S64井—S541井以东为较深湖—深湖的泥岩夹油页岩沉积。在泥岩、油页岩中零星夹一些小型浊积砂体,浊积砂体分布在S51井、S74井、S104井附近,浊积砂体的分布范围较层序Ⅰ高位体系域有所减小。S51井周围浊积岩为近源滑塌浊积岩,砂体厚度较大,约20m;周围其他浊积砂体,厚度较小,都在5m以下。

3. 盘河砂体上部

盘河砂体上部位于层序Ⅲ的湖侵体系域,此时临邑大断层活动性增强,可容空间快速增加,湖盆处于严重欠补偿状态,水域范围广,只是在湖盆西部P52井—L72井—P44井以西发育了三角洲沉积,以东为一套半深湖—深湖泥岩、油页岩沉积,称为下油页岩。三角洲的沉积范围和沉积厚度较层序Ⅲ低位体系域明显减小,主要分布在P52井—L72井—P44井以西,X10井—T5井—P49井—P47井以北,P5井—P25井—P33井以南,面积约90km^2。砂体厚度在P16井处最厚,可达46m,向东逐渐减薄。三角洲前缘滑塌成因的深水浊积岩厚度、范围扩大。P52井—L72井以东的临邑、田家、宿安均有浊积岩分布,但主要分布在P62井、L101井、L82井周围,在L83井周围浊积砂体最厚,最大29m,小型浊积砂体由三角洲前缘近源滑塌而成。

(四)平面相分析

平面相分析是在相标志、剖面相分析的基础上,结合古地理条件分析和有关岩相古地理平面图件,对相在平面上的分布作出分析、划分。平面相分析包括平面形态和古地理图编制,本部分重点为平面形态,并以碎屑岩砂体形态、类型,成因和分布为例进行说明。

1. 砂体形态

砂体形态包括平面形态和剖面形态。

1) 平面形态

平面形态主要是通过编制同一地层单位的纯砂岩等厚图来确定,包括如下类型:

(1) 席状砂体,有人曾称为层状砂体。其平面分布面积一般较大,长与宽之比近于1:1,厚度薄而稳定,如陆架砂体或海滩砂体。

(2) 扇状或朵状砂体,分布面积中—大,其长与宽之比近于1或小于3,砂体向盆地方向增厚并呈扇形散开,或呈朵叶状,如冲积扇、海底扇或三角洲砂体。

(3) 长形砂体,平面面积中—大,其长度明显超过宽度,厚度不稳定;根据其形状又可进一步分为条带状砂体(长宽比值大于3,有时可高达20:1或更大)、树枝状砂体(一般比较弯曲,并有分支,既可以是支流的,也可以是分支流的)、带状砂体(由于侧向移动条带状砂体与树枝状砂体结合起来而成)、长形砂体(多出现在沿岸沙坝、障壁坝,也可以出现在河流、三角洲平原及海沟沉积中)。

(4) 透镜状砂体,或称豆荚状砂体,分布面积特别小,其长宽比一般小于3。

2) 剖面形态

剖面形态主要是通过编制砂体横剖面图来了解。常见的砂体横剖面形态如下:

(1) 上平下凸状,如河流成因的砂体常属此种类型,其底部常伴有冲刷面,致使砂体与下伏不同层位的地层相接触。

(2) 下平上凸状,如沿岸沙坝、障壁坝常是此种类型。

(3) 楔状,如冲积扇或海底扇砂体的横剖面形态常为楔状,其厚度向盆地方向逐渐变薄。

(4) 透镜体状,如三角洲的指状沙坝常呈双凸形的透镜状砂体,但河道砂体有时因差异压实作用的影响也可呈双凸状。

2. 砂体的类型、成因和分布

在油气勘探开发中,确定砂体的类型、成因和分布是非常重要的。

我国中、新生代陆相碎屑沉积盆地极为发育,构成我国主要的含油气盆地,其砂体类型和分布见表3-9。

表3-9 中、新生代陆相碎屑沉积盆地砂体类型的展布、特征及储集性(据赵澄林等,1997,有修改)

特征 类型	地理位置	平面形态	延伸方向 岸线方向	延伸方向 物源方向	微相及沉积特征	物性特征
冲积扇	山前、斜坡带	半圆锥、扇形		平行	砂砾岩为主,成熟度低,筛状沉积和河道充填沉积是良好储集体	中—差
辫状河	中—上游	辫状		平行	砂岩、砂砾岩为主,成熟度中—低,河道沙坝沉积是良好储集体	中—好
曲流河	中—下游	蛇曲状		平行	砂岩为主,成熟度中等,边滩沉积是良好储集体	中—好
扇三角洲	冲积扇入湖	扇形		垂直	砂砾岩为主,成熟度中—差,具重力流和牵引流双重沉积特征;水下分流河道砂体是良好储集体	中—好

续表

类型＼特征	地理位置	平面形态	延伸方向 岸线方向	延伸方向 物源方向	微相及沉积特征	物性特征
辫状（河）三角洲	辫状河入湖	辫状、扇形	垂直		砂砾岩为主，成熟度中—差，辫状河道储集性最好	中
三角洲	曲流或网状河入湖，缓岸	扇形	垂直		砂岩、粉砂岩为主，成熟度中—好，以牵引流沉积为主；水下分流河道、河口沙坝是良好储集体	中—好
滩坝沉积	滨—浅湖	带状、透镜状	平行		砂岩、粉砂岩为主，成熟度高，以牵引流沉积为特征，水下沙坝是良好储集体	好
风暴沉积	浅湖下部	带状、透镜状	无一定关系		砂岩—粉砂岩为主，成熟度中—差，重力流和牵引流双重沉积特征，近积风暴砂、沟道砂沉积是良好储集体	中—差
浅湖沉积	浅湖、缓坡	席状、带状	无一定关系		砂岩—粉砂岩为主，成熟度中—差，以牵引流沉积为主；席状砂是良好储集体	中—差
湖底扇	半深—深湖	扇形	水下斜坡—坡脚		砂砾岩为主，成熟度中—差，以重力流沉积为主，沟道中点坝沉积为良好储集层	中—差
重力流水道	半深—深湖	带状、透镜状	沿盆地的纵向、横向、拐弯状延伸		砂砾岩为主，成熟度中—差，以重力流沉积为主，沟道中点坝沉积为最好储集层	中—差
深水层状浊流	深湖	席状、透镜状	无一定关系		砂—粉砂岩为主，成熟度中—差，重力流（浊流）沉积为主，薄层浊积砂是较好储集层	差

四、古环境岩相古地理图编制

（一）碎屑沉积盆地岩相古地理图的编制

根据统计分析法进行岩相古地理研究，最终是通过编制岩相古地理图（又叫沉积相图、沉积体系图）来完成的，或者说，岩相古地理图的编制是相分析及古地理研究的总结。当然，以油气勘探为目的的岩相古地理图，主要应突出那些与油气生成和储集有关的岩性、岩相特征及古地理条件，故有时也称这类岩相古地理图为沉积条件图或沉积体系图。20世纪60年代以来，计算机在地质学中的广泛应用大大促进了统计分析法在岩相古地理研究中的应用。

如何编制岩相古地理图，要收集和整理哪些资料，先作哪些基础图件，如何进行分析，不同地区、不同层段，以及不同的沉积相也不尽相同。这里仍以碎屑沉积盆地岩相古地理图的编制为重点进行说明。

1. 基础资料的收集和整理

在地层划分和对比的基础上，对露头剖面、岩心录井（包括取心及井壁取心）、岩屑录井、古生物及古生态鉴定、分析化验（包括薄片、重矿物、粒度分析、地球化学指标、油气水分析等)、测井及物探等方面资料进行系统收集和整理,并认真审查与核对,注意准确性与代表性,以保证编图基础资料扎实可靠。

整理原始资料,一般先建立相分析剖面和岩相古地理卡片,再逐剖面(或井)进行分项统计,如砂岩类型、重矿物、粒度参数、层理特征、古生物、泥岩颜色和地球化学指标等。

2. 制图单位的划分和比例尺的选择

制图单位的划分和比例尺的选择目前尚无统一规定,主要根据研究课题的需要、资料的丰富程度和地质条件的复杂情况而决定。大、中、小三种比例尺的一般划分是:

(1)小比例尺岩相古地理图:比例尺一般小于1:300万,甚至在1:1000万以下。这种图件是全国或大区域性的,是在大地构造单元划分的基础上进行编制的。制图单位的时间间隔为代或纪(Ⅰ级层序),此类图件可以作为大区域油气普查预测的基础图件。

(2)中比例尺岩相古地理图:比例尺一般为1:300万到1:50万之间。此类图件包括范围较小,一般为一个沉积盆地,制图单位间隔为世或期(Ⅱ级层序),这类图件可以指明进一步勘探方向,提供岩性、岩相方面的依据。

(3)大比例尺岩相古地理图:比例尺一般为1:50万以上,通常是为盆地内某一凹陷地区的深入一步勘探而编制的,制图单位为段、亚段或砂层组(Ⅲ至Ⅳ级层序)。油气勘探开发的中后期,编图比例尺为1:10万、1:5万、1:2.5万,甚至1:1万、1:5000、1:2500。

总之,沉积剖面或钻孔越多,资料越丰富,制图比例尺可以越大。制图单位分得越详细,图件的精度也越高。

3. 主要基础图件的编制

在资料收集和整理、确定制图单位并选好比例尺的基础上,先要编制各种类型基础图件,以反映盆地的各种沉积特征,并进行沉积条件分析。

编制何类及多少基础图件,视研究课题及资料丰富程度而定。以油气勘探为目的时,经常要编制以下一些基础图件:(1)层序地层和沉积相综合柱状剖面图;(2)单井相分析图;(3)相对比剖面图(井—震标定);(4)地层厚度图;(5)砂岩厚度图;(6)砂岩百分(砂地)比图;(7)泥岩颜色图;(8)重矿物图;(9)岩石类型图;(10)有机碳、还原硫、三价铁和二价铁等值线图;(11)锶钡比值图;(12)化石分布图;(13)测井相和地震相图;(14)砂体几何形态图;(15)沉积相图。

4. 岩相古地理图的编制和使用

岩相古地理图及其基础图件主要以平面图形式表示,在备好的底图上,一般有等值线图、分区图和点图三种表现形式,每种形式可单独使用,也可视资料的相互关系和完善程度叠合起来使用。如在分区图的背景上,可以有等值线和点图的形式。数据齐全准确的单因素资料最适合勾等值线图,其精度也最高。底图准备与编图质量关系甚为密切,原则上剖面点和井位要均匀分布。这与勘探程度有关,要根据不同勘探阶段的进展情况,制定编图计划。

(1)岩相古地理图是一种综合成果图,包括沉积边界、母岩性质、物源方向、沉积相带、沉积中心、沉降中心、砂体和砂岩富集区,以及生、储油有利区等。从分析沉积盆地的沉积条件、岩性和岩相变化特征,进而在岩相古地理图及其基础图件上,指明有利的生、储油地区以及形成有利时期,为油气勘探部署提供岩性、岩相方面的依据。

(2)砂体几何形态及砂体预测评价图,用于划分砂体成因类型,指明油气聚集有利地区。

(3)勘探远景预测图,是勘探地层圈闭油气藏和古地貌圈闭类型油气藏的依据。

(二)碳酸盐岩岩相古地理研究与编图

碳酸盐岩沉积相研究方法中,主要注重地质分析法、测井及地震方法,而实验分析法、生物相方法、地球化学法应用较少。碳酸盐岩成岩作用对原始沉积物的元素成分、矿物类型、溶蚀和胶结程度破坏较为严重,需要借助实验分析和地球化学方法明确成岩演化,恢复原始沉积环境。碳酸盐岩中生物类型较多,不同生物指示了不同的沉积环境,生物相方法对沉积环境判定具有重要的作用。因此,碳酸盐岩沉积相的研究需要在常规方法的基础上重视多方法的综合应用。随着计算机技术的发展,碳酸盐岩沉积相研究方法向微观精细研究和宏观地质建模两个方向不断扩展。微观上,将微相分析法与计算机算法结合,降低人为主观因素干扰,实现沉积微相的定量化分析;宏观上,将沉积相与地质建模相结合,建立沉积模型,实现三维方向上的储层非均质性研究,进而预测有利储层乃至地层岩性油气藏的形成分布。

碳酸盐岩岩相古地理研究的内容与碎屑岩基本一致。岩相古地理图的编制思路是以层序地层单元为编图单位,点—线—面结合、单因素分析综合作图。

单因素(冯增昭,1993)是指能独立地反映沉积环境的某些特征的因素。它恰似数学函数中的变数,如X、Y、Z等。它的有无或多少均可独立地和定量地反映沉积环境这一函数的某些侧面的特征。特定的岩性特征、古生物特征以及其他特征,如厚度、颗粒、特定的岩石、特定的矿物、特定的化石和颜色等,均可作为单因素。

单因素分析综合作图法可分三个步骤。首先,是对各单剖面(尤其是基干剖面)进行认真的岩石学和岩相学研究,取得齐全可靠的各种第一手定量及定性资料,尤其是各种定量资料,弄清各剖面各层段的沉积环境特征。其次,在这些定量资料中,选择出那些能独立地反映沉积环境某些特征的因素,即单因素,并按要求的作图单位层段,把全区各单剖面各作图单位层段各种单因素的百分含量统计出来,作出相应的各种单因素基础图件,主要是等值线图,也可以是分区图或点图。这些单因素基础图件可以从不同侧面定量地反映该地区该层段的沉积环境特征,这就是单因素分析。最后,再把各单因素基础图件综合起来,并结合其他定量和定性资料以及其他区域地质资料,全面分析,综合判断,即可编制出该地区该作图单位层段的岩相古地理图,这就是"综合作图"。

采用的单因素有厚度、陆源物质、颗粒、准同生白云岩、石膏、重力流沉积、深水沉积厚度与浅水沉积厚度比值、颜色等。

1. 厚度

厚度主要受该地区沉降幅度的控制,也与其沉积物供给有关,水体深度对厚度影响不大。因此,一个沉积地区某沉积层段的等厚图主要反映该地区该层段沉积时期的古大地构造格局,主要是相对隆起和相对凹陷的格局。在陆源物质尤其是粗粒陆源物质沉积发育的地区,沉积厚度也反映陆源物质的供给条件。沉积厚度与水体深度并无必然的关系,厚度大的地方水体不一定深,厚度小的地方水体也不一定浅;水体深浅的确定需要其他单因素标志。当然,厚度为零的地方也不一定就是陆地或岛屿,这首先要看这个"零"是"沉积零"还是"剥蚀零",还要看是否有陆地边缘相带存在。因此,对厚度等值线图这一重要的单因素基础图件的解释应慎重。

2. 陆源物质

陆源物质又可分为粗陆源物质和细陆源物质。粗陆源物质包括陆源砾和陆源砂,可反映陆源区的方位,也可作为古陆边缘相的标志,但也不是绝对的。细陆源物质包括陆源粉砂和陆源泥,因其粒度小,搬运距离可以很远,一般是在安静的环境中沉积下来,只能大致地反映陆源区的方向。

暂且把陆源泥含量大于50%,陆源砂及准同生白云岩含量均小于10%,且以浅水潮坪沉积为主的地区,称作泥坪;把陆源泥含量大于50%,陆源砂含量为50%～10%,且以浅水潮坪沉积为主的地区,称作沙泥坪;把陆源砂含量大于50%,陆源泥含量为50%～10%,且以浅水潮坪沉积为主的地区,称作泥沙坪或沙坪。陆源砂含量更高,不具有潮坪沉积特征的地区,就是沙滩或沙坝了。

3. 颗粒

此处所指的颗粒是砂级以上的、经过磨蚀的、以亮晶胶结为主的盆内颗粒,如砾屑、砂屑、鲕粒、生屑等。颗粒含量高,说明沉积环境的水动力强;颗粒含量低,说明沉积环境的水动力弱。暂且把颗粒含量大于30%的地区定为滩;颗粒含量为30%～20%的地区定为准滩;颗粒含量为20%～10%的地区定为雏滩。滩为水下隆起或高地,位于浪基面之上,平均低潮面之下,水体能量高。准滩,也是水下隆起,一般位于浪基面之上,其水体能量稍次于滩。雏滩,即滩的雏形,是滩形成的初始状态,其水体能量比准滩更低。

若颗粒以内碎屑为主,则内碎屑可作为一个单因素,可作出内碎屑含量(%)等值线图;若颗粒以鲕粒为主,则鲕粒也可作为一个单因素,可作出鲕粒含量(%)等值线图。因此,以内碎屑为主的滩可称内碎屑滩,以竹叶状砾屑为主的滩可称竹叶滩,以砂屑为主的滩可称为砂屑滩,以鲕粒为主的滩可称鲕粒滩,以生物碎屑为主的滩可称生物碎屑滩。显然,这些性质更加具体的滩比笼统的颗粒滩更能反映古沉积环境的特征。

4. 准同生白云岩

准同生白云岩主要是指刚沉积不久尚未固结成岩的碳酸盐沉积物,在其尚未脱离沉积环境时,通过某种白云石化作用,如毛细管浓缩白云石化作用、混合白云石化作用等,所形成的白云岩。这种白云岩主要形成于潮上及潮间环境或潟湖环境中。暂且把准同生白云岩含量大于50%的地区,称作云坪;把准同生白云岩含量为50%～30%,石灰岩含量大于50%,具潮坪特征的地区,称作云灰坪;把准同生白云岩含量为50%～30%,细碎屑岩(粉砂岩和黏土岩)含量大于50%,具潮坪特征的地区,称作云泥坪。

5. 石膏

石膏是蒸发环境的产物,主要形成于潮上云坪环境及咸化潟湖环境中。因此,膏岩层的分布尤其是它的等厚图对于沉积环境的解释十分有用。暂且把膏岩含量大于50%的地区定为膏潟湖,把膏岩含量为50%～20%的地区定为含膏潟湖。膏岩层是十分良好的油气盖层,因此膏岩层的分布对油气生储盖组合十分重要。石膏还是重要的非金属矿产。因此,石膏这一单因素基础图件还有重要的生产实际意义。

6. 重力流沉积

重力流沉积主要是斜坡的产物。因此重力流沉积的出现反映了斜坡环境的存在。在深水沉积区,我们暂且把具有重力流沉积的地区当作斜坡环境,把不具重力流沉积的地区当作盆地环境。当然,这样划分并不完全反映客观情况,因为重力流沉积不仅分布于斜坡环境,也分布于盆地环境。

7. 深水沉积厚度与浅水沉积厚度比值

这一单因素的应用是为了区分浅水沉积区和深水沉积区。所谓浅水,是指正常浪基面以上或其附近的台地水体;深水则指正常浪基面以下的斜坡和盆地水体。两者的差别是综合岩性、沉积构造、古生态等标志而作出的。浅水沉积标志在岩性方面主要有浅水颗粒石灰岩、叠层石石灰岩、准同生白云岩、石膏、硬石膏(膏溶角砾岩)等;沉积构造标志主要有交错层理、鸟眼构造、暴露标志等;古生态标志主要有藻类化石、垂直虫孔等。深水沉积标志在岩性方面主要有重力流沉积、具放射虫的硅岩等,且岩性单调,沉积岩层一般为薄层和纹层;古生物方面主要有浮游的薄壳菊石和瓣鳃类;无浅水标志也是深水沉积的有力旁证。

在实际应用中,主要勾绘深水沉积与浅水沉积比值为1的等值线,并以此进行分析。比值大于1,表明深水沉积厚度大于浅水沉积厚度,说明这些地区以深水沉积物为主,基本上属深水沉积区;反之,比值小于1的区域基本上属浅水沉积区。

8. 颜色

岩石的颜色主要取决于岩石本身的成分,如色素、矿物成分等,成岩后生作用也对颜色有一定的影响,但归根结底,岩石的颜色仍取决于沉积环境,即岩石的颜色在一定程度上反映沉积环境的氧化还原程度。

颜色色值是按下面的方法进行统计的。首先按氧化还原强弱顺序给每种颜色一个特定的数值。在还原色中,黑色为-100%,深灰色为-75%,灰色为-50%,浅灰色为-25%,白色为0%;在氧化色中,红色为$+100\%$,褐色为$+75\%$,棕色为$+50\%$,黄色为$+25\%$,白色为0%。其他颜色可根据其具体情况插入上述相近的颜色色值。最后,把该作图单位层段的所有岩层的颜色色值,按氧化色和还原色分别累计起来,除以该层段的地层厚度,即可获得该层段的氧化色(色值)含量(%)和还原色(色值)含量(%)。颜色的正值越大,说明水体氧化程度越强;反之,负值越大,说明水体还原程度越强。

根据各地区各地层单位层段的具体特征,以及掌握的各种定量资料,还可以选择出其他的一些单因素。

在进行区域岩相古地理研究及编图时,除了采用各种定量单因素数据外,还应考虑其他的定量及定性资料,如特定的岩性特征、沉积构造、古生物组合、遗迹化石、地球化学特征、各种测井和物探资料以及大地构造特征等(冯增昭,1993)。

思考题

1. "构造""气候""物源"之外,还有哪些沉积控制因素?
2. "直接"相标志和"间接"相标志分别是哪些?
3. 岩相古地理条件有哪些?

第四章 特殊沉积环境和沉积相

在地球表面发生的沉积过程中,水是最重要的地质营力和搬运、沉积介质。因此,以水作为搬运和沉积介质的沉积环境是最常见的,其他的介质还有冰川和风,在这些介质中也发生了沉积物的搬运和沉积。受限于冰川和风的搬运能力及分布的局限性,冰川和典型的风成沉积的分布十分局限,风成沉积通常在其他沉积环境中以风成改造沉积出现。本章将简单介绍几种局部存在的、特殊的沉积环境。

第一节 残 积

残积相是陆相沉积类型之一,是基岩经物理风化和化学风化作用后,残留在原地的风化产物。沿剖面向下,它逐渐过渡为基岩。残积相主要由基岩碎屑及铁质、红土质(铁铝质)、黏土质沉积物组成,无分选性,层理也不清楚。残积相经常被冲刷,一般分布面积不大,古代的残积相不多见。

中扬子地区古生代地层有风化残积相分布,往往与较长时期的地层缺失相伴生。风化残积相可划分为残积物亚相和风化壳亚相。通常残积物亚相发育程度较差,因此重点为风化壳亚相。风化壳形成于岩石圈、水圈、生物圈和大气圈相互作用的风化带。发育良好的风化壳通常具有明显的垂直分带性,这主要是由于随着风化壳的不同深度具有不同的水文地质和物理化学条件。完整的垂直分带是(自上而下):(1)氧化作用带,主要形成 Fe、Al、Mn、Ti 的氢氧化物,岩石构造疏松,呈褐色、红色或淡白色;(2)水解作用带,大量聚集的是 Fe、Al 的含水硅酸盐(黏土矿物),呈绿色、黄绿色,具斑点状构造;(3)淋滤作用带,开始形成黏土矿物,岩石具有黏土—云母状(鳞片状)的外貌;(4)深部水合作用带,岩石开始发生崩解,硅酸盐矿物在水合作用下形成水云母和绿泥石矿物,其下便逐渐过渡为未经风化的母岩。

本节以湖北五峰志留系小溪组顶部的风化壳为例,该风化壳发育程度相对较差,只发育氧化作用带,岩性特征为浅黄绿色铝土质泥岩,厚度在 10cm 左右。垂向序列下部为志留系小溪组紫红色粉砂质泥岩[图 4-1(a)],中部为风化壳成岩的铝土质泥岩,上部为泥盆系云台观组

(a)　　　　　　　　　　　　　(b)

图 4-1　湖北五峰志留系小溪组风化残积相(据张鹏飞,2009)
(a)五峰志留系顶部风化残积相铝土质泥岩;(b)泥盆系底部黄铁矿胶结石英砾岩

底砾岩[图4-1(b)]。

第二节 坡 积

坡积是陆相沉积类型之一,是由高地基岩的风化产物被雨水或融雪水作用,借助于重力沿斜坡滚动在山坡上堆积而形成的。在坡积沉积中,碎屑物质分选很差,有巨大的岩块,也可有很细的粉砂、黏土物质,呈棱角状,常具与斜坡平行的层理。

本节以沾化凹陷埕东凸起为例进行说明。该地区西南坡沙三段砂砾岩体发育坡积相沉积(图4-2)。通过区域构造演化分析表明,在沾化凹陷的北部陡坡带,埕东凸起受区域构造应力作用的影响"相对抬升",而使其断层的上升盘遭到剥蚀,在埕南断层的下降盘形成了坡积相沉积。在气候相对干旱、构造相对活动期,物源相对充足,沿山麓分布的颗粒粗,砾石含量高,分选和磨圆差,相带展布相对较宽,部分大颗粒滚动较远;而在气候相对湿润、构造活动相对缓和期,物源相对少,颗粒细,砾石含量低。与冲积扇"扇根"不同的是,坡积物紧靠山前基岩发育,并且无主沟道等微相,与扇中不相邻。并且坡积物均表现为正粒序叠加的特点,无类似"扇根"主沟道内常见的颗粒支撑的高密度颗粒流、反粒序沉积。但在两期坡积物砂砾岩体叠置部位,由于层面不明显,若缺乏正确的沉积模式指导,沉积旋回识别、对比错误,易错误地划分出"反粒序",这也是坡积相砂砾岩与其他类型砂砾岩的根本区别。

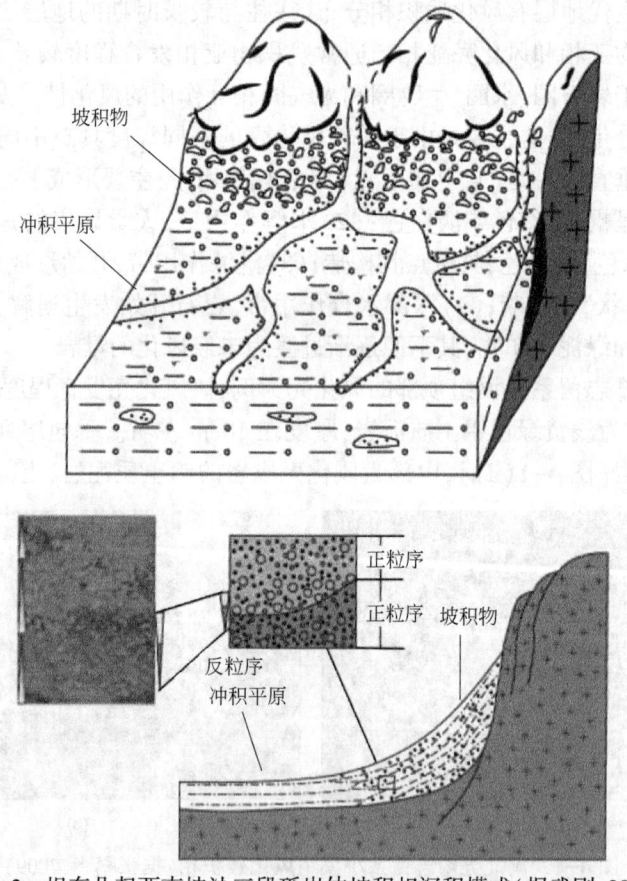

图4-2 埕东凸起西南坡沙三段砾岩体坡积相沉积模式(据武刚,2012)

第三节 冰 川

冰川是陆地上的降雪经过堆积和变质而成的一种流动的冰体体系。冰川是固体物质,它的移动机理包括两个方面:一是塑性流动,由于冰川自身重力作用,冰川下部处于塑性状态,称可塑带,上部则为脆性带,可塑带托着脆性带在重力作用下向前运动,由于底部有摩擦阻力的缘故,运动速度有向下变缓的趋势;二是滑动,由于冰融水的活动或冰川底部常处于压力融解(冰的融点每增加一个大气压力就要降低 0.0075℃)状况下,所以冰川底部与基岩并没有冻结在一起,冰体可沿冰床滑动,此外,还可沿着冰川内部一系列的破裂而滑动,这是由于下游冰川消融变薄而速度降低,上游运动较快的冰川向前推挤,形成一系列滑动面。冰川移动速度每年可由数十米到数百米。冰河时期的地理环境见视频11。

视频11 冰河时期的地理环境

一、冰川搬运和沉积作用

冰川主要搬运碎屑物质,它们可浮于冰上或包于冰内。碎屑物质可来自冰川对底部和两壁基岩的侵蚀,或由两侧山坡崩塌而来。由于冰川是固体搬运,因而搬运能力很大,可搬运直径数十米、质量达数千吨的岩块。由于碎屑不能在冰体中自由移动,彼此间极少撞击和摩擦,因此碎屑缺乏磨圆与分选,大小混杂堆积在一起。碎屑与底壁基岩间的磨蚀和刻划,以及塑性流动所产生的部分岩块间的摩擦,都可产生特殊的冰川擦痕(钉子头抓痕)。

冰川流动到雪线以下就要逐渐消融,所载运的碎屑就沉积下来。沉积作用主要发生在冰川后退或暂时停顿期,随着冰川的消融就有冰水产生,冰碛物遭到流水的改造即成为冰水沉积物。

当冰川入海裂为冰山后可到处漂浮流动。浮冰融化后,冰体所含碎屑下沉,形成冰川—海洋沉积。现代南极四周、阿拉斯加北部陆架上部均广泛分布有这种沉积。

冰川分为山谷冰川、山麓冰川和冰帽三种类型(图4-3),也有人将其分为山谷冰川和大陆冰川两种类型。

图4-3 冰川环境及相关地貌示意图(据 Edwards,1978)

二、冰川沉积类型

直接由冰川堆积的沉积物称为冰碛物。它是一种未经分选的由泥质质点、砂粒、砾石以至巨大的岩块混合而成的块状堆积物。其中细粒的碎屑主要是由冰研磨而成,没有明显的风化痕迹。较粗的颗粒表面常具钉子形擦痕和光面。冰碛物的石化产物称为冰碛岩。冰碛岩常常

— 103 —

与碎屑流沉积混淆,但是,如果这类沉积分布在具沟槽、擦痕和磨光面的基底之上,那么就无疑是冰川成因的了。

Edwards(1978)将冰川沉积物归纳为五种岩相(表4-1):(1)块状冰碛岩;(2)层状砾岩和砂岩;(3)纹层岩,其中含或者不含坠落石;(4)块状冰海冰碛岩;(5)带状冰碛岩。其中(1)(2)(3)三种相最为常见。

表4-1 主要的冰川岩相、沉积作用和形成环境

岩相	沉积作用	环境
块状冰碛岩、带状冰碛岩	在活动冰下面沉积的底碛	冰下环境
层状砾岩和砂岩	流动水中沉积的乱杂沉积物块体流(冰碛流)和流动的水体	冰上、冰内、冰前(包括水下)
块状冰海冰碛岩		冰上、冰界、冰前(包括水下)
纹层岩	纹泥、季节性沉积、由扰动水中的悬浮体及冰浮物质沉积的水成冰碛岩、静水中的悬浮体及冰浮物质沉积	冰湖、冰海

(一) 块状冰碛岩

块状冰碛岩是冰川作用最典型的一种沉积相,其特征可以归纳为:(1)结构杂乱,无分选或分选差,粒度分布呈双众数或多众数,研究时常常以2mm界定基质与碎屑;(2)内部不具层理,但是其中可以夹有具层理的孤立层状沉积物透镜体,通常为砂岩或砾岩,它可以是冰下或冰内河在原地沉积的;(3)碎屑物类型极其复杂,表面具有光面及擦痕,其中可以有盆地外的各种岩石、盆地内的沉积岩及层内的再搬运形成的冰川沉积物;(4)可以在较大范围内追索,至少可以追索数千米;(5)厚度可达数米至数十米,呈层状、楔状或舌状产出;(6)下伏基岩具有磨光面、擦痕和沟槽。

(二) 带状冰碛岩

带状冰碛岩具条带状构造。这种条带是由颜色、成分、粒度的变化引起的。单个条带厚几十毫米至几十厘米。带状冰碛岩是两种不同的沉积体混合成的,一种是外来的,另一种是当地的,二者在冰川之下因冰川的塑性活动局部混合,并被剪切成带状。带状冰碛岩分布不广,它可能是冰川内早期混合作用的产物。当其进一步混合时,最后形成均一的基底冰碛岩。

(三) 层状砾岩和砂岩

同冰碛岩和泥岩互层的层状砾岩和砂岩是一种冰融水沉积,它们可以是冰上、冰下以至冰前的冰河环境的产物,如蛇丘、冰水平原等。其主要特征可归纳为:(1)由泥、砂和砾石几种组分构成;(2)层理类型和数量变化大;(3)分布范围可达几千米至数百千米;(4)厚度变化大,通常达几十米。

(四) 纹层岩

纹层岩由砂、粉砂和黏土纹层交替而成。纹层的清晰程度取决于纹层的成分、结构和厚度。韵律状的纹层属于季节性纹层泥,多见冰川湖沉积;没有韵律构造的纹层状沉积形成于海洋。纹层岩除具有纹层外,还具有以下特征:(1)具有坠落石,冰碛岩砾石团块和散布在纹层岩中的大量坠落石是浮冰筏运的有力证据,但缺乏坠落石并不能作为反对冰川成因的证据;(2)具有砂岩或混积岩夹层。

坠落石并非总是很容易鉴定,一般来说,被纹层包围的坠落石的直径总是大于纹层的厚度,坠落石上有擦痕、刻蚀面等特征,同时与之共生的还可能有冰碛物团块或砾石组合等,都可作为附加的证据。

(五)块状冰海冰碛岩

块状冰海冰碛岩是一种缺乏内部层理、分选差的块状岩石,含有各种原地生活的生物,但生物扰动构造罕见,其在横向上同成层清楚、分选良好的正常海相沉积呈指状交错。

块状冰海冰碛岩与块状的基底冰碛岩相比,具有以下特点:(1)含有未破碎的原地化石;(2)与正常的层状沉积物的界限是渐变的;(3)具有浊积岩或其他横向上连续的沉积层;(4)缺乏层状沉积物组成的孤立包裹体;(5)碎屑排列无一定方位;(6)粒度比共生的基底冰碛岩更细。

第四节 沙 漠

一、空气搬运和沉积作用

空气是仅次于水的一种很重要的搬运营力和沉积介质。空气与流水在搬运和沉积机理上有相同之处,也有一些重要的差别。首先,空气只能搬运碎屑物质,而通常不能搬运溶解物质。其次,空气与水的密度不同,从而导致空气搬运和沉积具有某些独有特点。再次,空气的作用空间大,不受固体边界限制,也不像流水那样明显受重力控制,所以也可将沉积物由地势低处移向高处。由于风速受地形、地物影响大而有突然变化,加以空气密度小,因此能搬运的粒径范围较窄。风速一旦减小,则相应地有粒径比较一致的碎屑沉积下来,所以风成沉积物的分选性一般比流水好。碎屑在空气中的搬运方式主要是跳跃,其次是悬浮和滚动(在风搬运中常称为蠕动)。随着风速的变化,三种搬运方式可相互转化,但据观察,在一般情况下,现代沙漠沉积搬运方式与粒度之间的关系相当恒定。跳跃颗粒粒径一般小于 0.5mm,尤其细砂(0.1~0.3mm)跳动得最为活跃,蠕动颗粒都在 0.5~3mm 之间,更大的颗粒一般就留在原地不动。粒径小于 0.2mm 的颗粒可呈悬浮搬运。粒径小于 0.05mm 的粉砂与黏土可以像尘埃一样弥散在空气里作长距离搬运,当发生风暴时,这种搬运作用就更为强烈。当尘埃物质只被短距离搬运沉积在沙漠中时,可被下次风暴搬运;如被带到沙漠以外的地区沉积下来,就有可能保存,我国北方广布的黄土大部属于这种成因。尘埃物质可被搬运到海中与远洋物质混合沉积在深海盆地中。

二、沙漠环境的风成沉积

在沙漠地区,风及温度的日变化和季节变化很大,年平均降雨量极低,蒸发量常是降雨量的数倍,故极少或几乎没有植物生长(视频12)。由于缺少植

视频12 撒哈拉沙漠简介

被及土壤的覆盖,可形成暂时性地表湍急径流,并在沙漠中形成间歇性水道(间歇河),称为"旱谷"。水流流向沙漠低洼处发育成沙漠湖,这种湖泊在一年的绝大部分时间是干涸的。如果某些地区先是有水积聚,后又干涸,形成盐结壳,则称为内陆盐碱滩或内陆萨布哈(图4-4)。

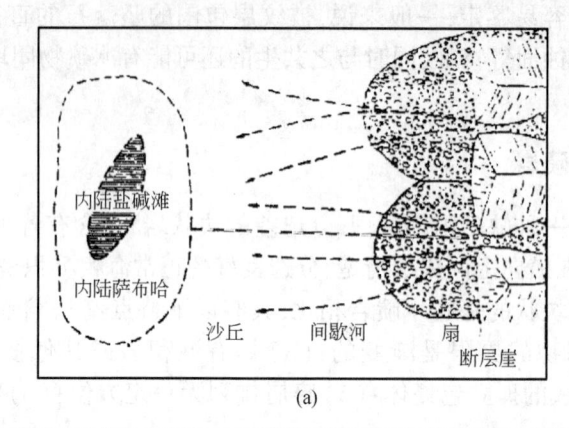

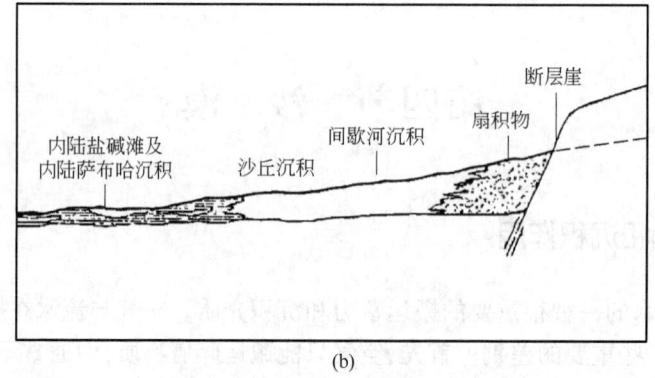

图 4-4 与山脉相邻的沙漠盆地沉积环境格局图(据 Friedman,1987)
(a)平面图;(b)剖面图

沙漠按其沉积性质的不同,可分为岩漠、石漠(戈壁)、风成沙、旱谷、沙漠湖和内陆盐碱滩等沉积类型,下面简述它们的特征。

(一)岩漠

岩漠是以剥蚀作用为主的平坦的岩石裸露地区,风的吹扬作用带走了细粒物质,仅在大石块背后的风影区偶尔残留有少量棱角状砾石堆积或石块。岩漠沉积位于沙漠沉积层序的最底部,但在地层剖面中很难见到其保存。

(二)石漠

石漠又称为"戈壁",是在地势平缓地区风蚀残留地面上的残余堆积,即风力以悬浮和跳跃方式所不能搬运走的残留粗粒沉积,主要组分为砾石和粗砂,分选差至中等,频率曲线为双峰式。砾石以稳定组分为主,其表面有撞击痕和破裂现象,风的磨蚀作用可形成风棱石。细砾石在强风作用下可形成砾石丘,常具有大型交错层理。沉积厚度较薄,一般仅数厘米,但分布和延伸较远。石漠沉积也可以与沙丘砂成互层产出,或呈沙丘砂层间的薄砾石夹层。现代石漠在中亚和非洲均有分布,我国西北地区的戈壁亦属石漠沉积。

(三) 风成沙

风成沙沉积，实际上是狭义的沙漠沉积，主要沉积物为风成沙，成熟度高，稳定矿物组分多，黏土含量低，分选极好，频率曲线为单峰，若为双峰，就说明有两种分选好的沙粒存在。风成沙的粒度中值为 0.15~0.25mm，颗粒磨圆度高。风的磨蚀作用使沙粒(主要是石英)表面呈毛玻璃状。颗粒表面还可见因搬运过程中彼此撞击遗留下来的不规则显微凹坑，以及因铁质浸染形成的氧化铁薄膜。

(四) 旱谷

旱谷又称干河洼地，是沙漠中长期干旱的河流，只有降雨才会有水流过。旱谷沉积是一种间歇性辫状河流沉积作用的产物，因具有暴洪特点，河道不固定，沉积速度快，顺坡堆积呈扇状，故称旱谷冲积扇。一场雨后，扇状沉积又被辫状水流切开，在旱谷中又形成类似辫状河的沉积，沉积物粒度粗，砾石可具叠瓦状排列。如果旱谷没有砾石沉积，则可由分选好、具各种层理的砂质沉积组成，在一个沉积旋回中有向上变细的趋势，其顶部为黏土或泥质沉积物，具泥裂、雨痕等构造。旱谷干涸无水时，可被风成沉积掩埋，下次洪水到来时，若风成沉积未被全部蚀去，则会被掩埋在新的水流沉积之下。故在剖面上，旱谷的水流沉积常与风成沉积交替呈互层出现(图4-5)。

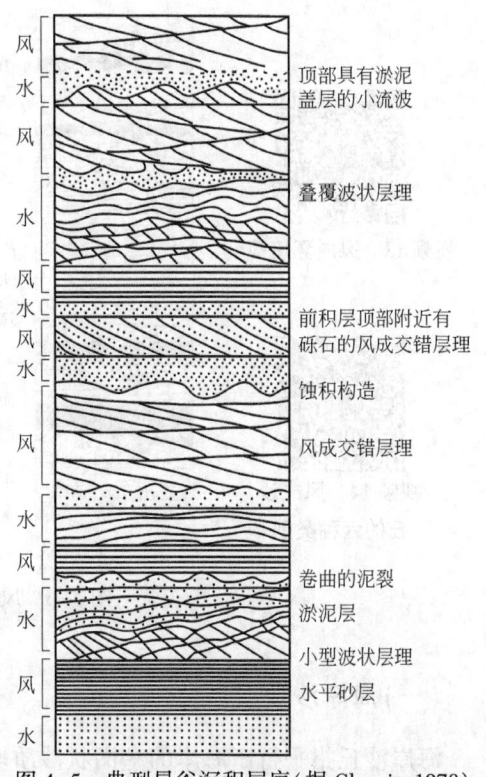

图 4-5 典型旱谷沉积层序(据 Glennic,1970)

(五) 沙漠湖和内陆盐碱滩

在许多沙漠的低洼地区，潜水面已接近地表，其中有一些地方成为很浅的暂时性湖泊，称为沙漠湖。湖水主要来自间歇性洪水或渗入地下的地下水。这些湖泊在一年中大部分时间是干涸的，但也有半永久性的。沉积物由流水或风搬运而来，主要为粉砂或黏土沉积，各薄层常见递变层理。湖水干涸后，顶部黏土层发生干裂和卷曲碎片，因风沙覆盖而保存，常有石膏和石盐与其相伴生。

三、其他环境的风成沉积

对于沉积物而言，其他环境中的风成沉积通常为风成改造的风成沙。风成沙常用的识别标志主要有:(1)具有规模巨大的高角度交错层理;(2)可以见到为数不多的风成波痕、泥裂和雨痕等层面构造;(3)砂岩分选良好，粒间充填物主要为化学沉淀物;(4)缺乏云母类碎屑;(5)石英砂粒表面呈毛玻璃状;(6)缺乏海相化石和煤;(7)缺乏分布广泛的标志层;(8)与河流沉积、湖岸、海岸及蒸发岩共生等(图4-6、视频13)。

风成沙可进一步分为沙丘、沙丘间、沙席等。沙丘是风成沙的最主要堆积类型,其内部具有风成交错层理,前积细层倾角为25°~34°,细层厚一般为2~5cm,层系厚可达1~2m,最厚达数米;此外还可见厚为数毫米的极薄的水平纹层,纹理清晰,有时为重矿物与轻矿物分别富集的纹层显现而成(视频14)。

视频13 风成环境简介

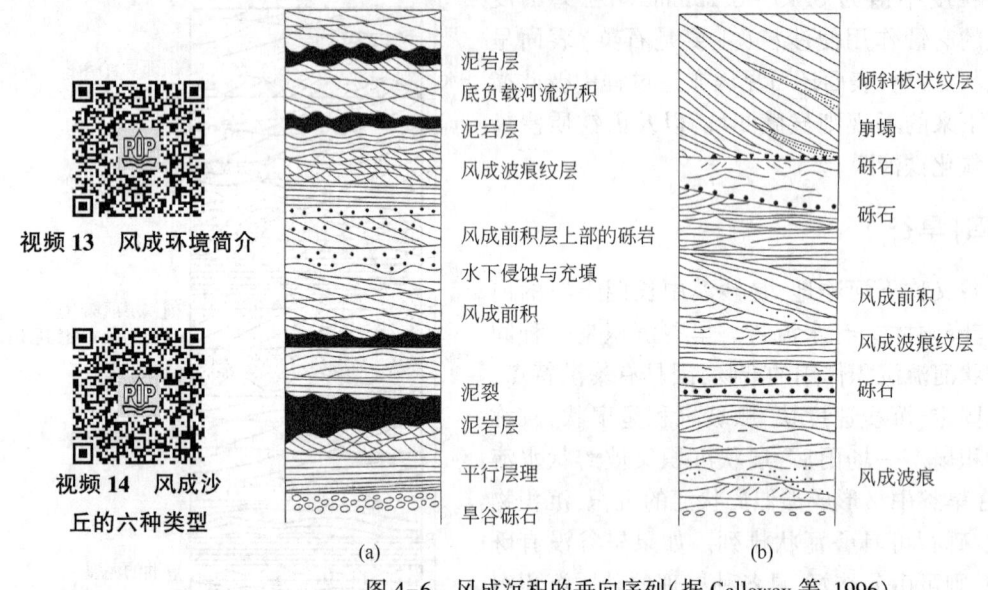

视频14 风成沙丘的六种类型

图4-6 风成沉积的垂向序列(据Galloway等,1996)

(一)海岸沙丘

海岸沙丘指平行于海岸的垄岗状沙质堆积地形,是在开阔、且有大量松散沉积物源的海岸地带上,向岸的强劲海风将未固定的沙粒吹到离岸不远处堆积,同时又不断拦截从海滩刮来的物质,不断加宽、加长和加高,从而形成沙丘。海岸沙丘广泛分布于具有充足沙源供给、强劲向岸风和低平滨海平原的沙质海岸带,其形成和演化与区域海平面、气候条件变化等因素密切相关,是古海岸线位置和全球气候变化的重要信息载体。构成海岸沙丘的风成沙是海岸环境演变的常见沉积类型之一,风成沙的粒度特征是直接反应海岸带风力性质的代用指标。海岸风沙沉积在揭示海岸带的风力作用变化史、海岸沙丘的形成与演化方面具有重要的意义。海岸地区滨岸沙丘可进一步分类,按照形态—成因原则,可分为海岸前丘、横向沙丘、新月形沙丘(沙丘链)、抛物线沙丘、纵向沙垄、沙席和爬坡沙丘以及草灌丛沙丘等类型。国内学者对海岸地带滨岸沙丘的研究多集中在昌黎海岸的风成沙丘和海南岛北部局部地区,包括沙丘的形态、沉积构造、粒度特征、成因等。

河北省昌黎县东部的黄金海岸是中国第一个国家级海洋自然保护区,属于渤海西部典型的沙质海岸带,地势低平,沿岸海滩宽阔,海滩沙主要源自南侧多沙性河流——滦河。在丰富的沙源供给与强劲向岸风的共同作用下,发育了规模较大、形态多样的海岸沙丘,这些海岸沙丘整体平行于岸线分布。昌黎海岸沙丘类型以横向沙脊与新月形沙丘及新月形沙丘链为主体,由海向陆依次发育岸前沙丘、横向沙脊、新月形沙丘链、平坦沙席等风沙地貌类型。其中,岸前沙丘是以出露海平面以上的滨海沙坝为基础发育的。岸前沙丘形成初期,经历了高潮线以上草灌丛植物截流海岸风沙发育草灌丛沙堆的过程。海岸风沙以岸前沙丘为基础向陆输移,在持续向岸风沙流作用下不断加积增高,形成高大的海岸横向沙脊。横向沙脊内部沉积构造相对简单,以向陆高角度倾斜的层理为主,即海岸沙丘在盛行的向岸风沙作用下持续向陆加积,层理间大多平行且层理横向延伸范围大。各个层组之间倾角倾向的变化,则反映了向岸盛行风力强度的周期性变化。

(二) 湖岸沙丘

目前国内对湖泊滨岸带风成堆积的研究相对较少,宋春晖等(1999)分析了青海湖现代滨岸沉积微相的沉积特征和西岸风成沙丘沉积特征及成因;师永民等(1996)对青海湖东岸风沙堆积的分布范围作了初步探讨与研究;韩志勇等(2010)对鄱阳湖北岸滨岸地带的沙山垄状地形作了详细分析研究,认为垄状地形不是风积地貌而是风蚀地貌;李徐生等(2006)和贾玉芳(2012)分析了末次鄱阳湖风尘堆积的成因及其环境意义;陈骥(2016)对青海湖现代沉积体系及风场对青海湖沉积的作用进行了研究(图4-7)。

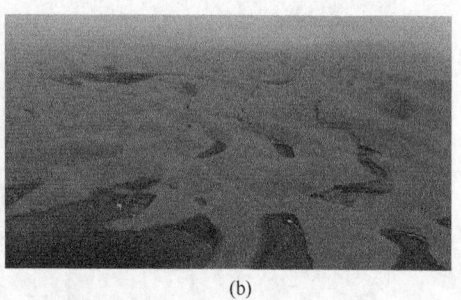

图4-7 湖泊典型风成沉积
(a)鄱阳湖风成沉积,发育大型斜层理;(b)青海湖风成沙丘

下面以青海湖为例进行说明[图4-7(b)]。在我国青海湖地区,风对青海湖东岸的山麓地带和湖滨地带的长期吹蚀、搬运和堆积作用,形成了大面积的风成沙堆积区。在盛行西北风、山谷风和湖陆风的共同作用下,在多风向的风力交汇区形成高大的金字塔沙丘。西北风产生的波浪和沿岸流作用于沙岛和海晏湾的滨岸带,导致滨浅湖的沙堆积形成沿岸沙坝。随着湖平面的下降,沿岸沙坝出露水面,并逐渐闭合形成障壁岛—潟湖沉积。此外,由于长期的风力作用于团保山和达坂山的山麓地带以及山前平原地带,加上该区域的降水量较少,长期接受日照,蒸发量相对较高,地表易于被风化和吹蚀,从而形成大面积的风沙堆积。鸟岛北侧的西岸风成沙丘是由于布哈河改道以后,原本三角洲平原被废弃,三角洲平原被风吹蚀、搬运和堆积而形成。长期的风力作用和暖干化气候,导致倒淌河河谷东南缘发育以新月形沙丘为主的浪玛舍岗沙区。

(三) 风的间接沉积作用

风不但具有侵蚀、搬运和沉积的能力,还可以向水体传输能量和动量,营造波浪和风生水流,成为水盆地滨岸带沉积物搬运的动力,控制滨岸、浅水地带以及半深水地带沉积作用的发生。在湖泊体系中,几乎只有受到风的作用才会出现波浪,波浪会对湖岸和湖底的沉积物进行侵蚀、搬运和再沉积,形成各种侵蚀和沉积地貌单元,例如浪蚀湖岸、滩坝沉积等。除了波浪的作用,风对湖面的摩擦力和风对波浪迎风面的压力作用会使表层湖水向前运动,形成风生流。风生流是大型湖泊中常见的一种湖流,能引起全湖广泛的、大规模的水流流动。风场还会对海陆过渡体系产生一定的影响,主要体现在三个方面,作用之一就体现在波浪对三角洲体系的改造上,由河流输入的泥沙会在波浪作用下再分配,会在河口两侧形成一系列平行于海岸分布的海滩脊砂;作用之二就是形成无障壁滨岸沉积体系;作用之三体现在对河口湾体系的影响上,使河口湾变得更加封闭。

思考题

1. 简述残积与坡积环境的内涵和区别。
2. 典型冰川沉积物有哪些?
3. 沙漠中的"沙"与海滩边的"沙"有何区别?

第五章 冲积扇

冲积扇是陆相近源粗碎屑沉积体系，具有快速堆积、扇形展布、非均质性强等特点。冲积扇一词可追溯到19世纪，Drew(1873)将冲积扇定义为发育在山谷出口处，由暂时性洪水水流冲刷形成的范围局限、形状近似于圆锥状的山麓粗碎屑堆积物(图5-1、图5-2)。季节性洪水自山谷进入盆地或汇积区，坡降变缓，导致水体流速急剧降低，洪水携带大量碎屑物质在山口处呈放射状分散开，顺坡向下堆积，平面呈锥形或扇状。

图5-1 印度拉达克努布拉河谷的德斯柯特冲积扇(据Drew,1873)

冲积扇通常发育在地势起伏较大且沉积物补给丰富的地区，往往靠近盆地边界断层，断层的持续活动造成地形高差增大。随着冲积扇规模(平面范围)不断扩大，许多山前扇体彼此相连和叠置，形成沿山麓分布的带状或裙边状的冲积扇群。冲积扇的形成见视频15。

图5-2 印度拉达克努布拉河谷的泰噶尔冲积扇(据Drew,1873)　　视频15 冲积扇的形成

冲积扇在平面上多呈扇形和锥状，而剖面上不同方向各异。视频16展示了一些冲积扇实例。纵剖面上，冲积扇呈下凹的透镜状或楔形；横剖面上，呈上凸透镜状(图5-3)，其表面坡度在近山口的扇根处可达10°~25°，远离山口变缓(2°~8°)。冲积扇的面积变化较大，其半径

可从小于100m到大于150km，但通常平均小于10km。沉积物的厚度变化范围可以从几米到几千米(于兴河,2008)。冲积扇可以单个出现，但大多数情况下是由多个冲积扇沿着山系的前缘在横向上彼此联结，形成沿山麓分布的带状或裙边状的冲积扇群，延伸可达数百千米。古代岩石地层记录中冲积扇粗粒沉积物丰富，通常具有较好的油气资源潜力，如我国的克拉玛依油田三叠系就发育这类沉积体系。冲积扇环境见视频17，冲积扇形成环境见视频18。

视频16　冲积扇实例介绍　　　视频17　冲积扇环境　　　视频18　冲积扇形成环境

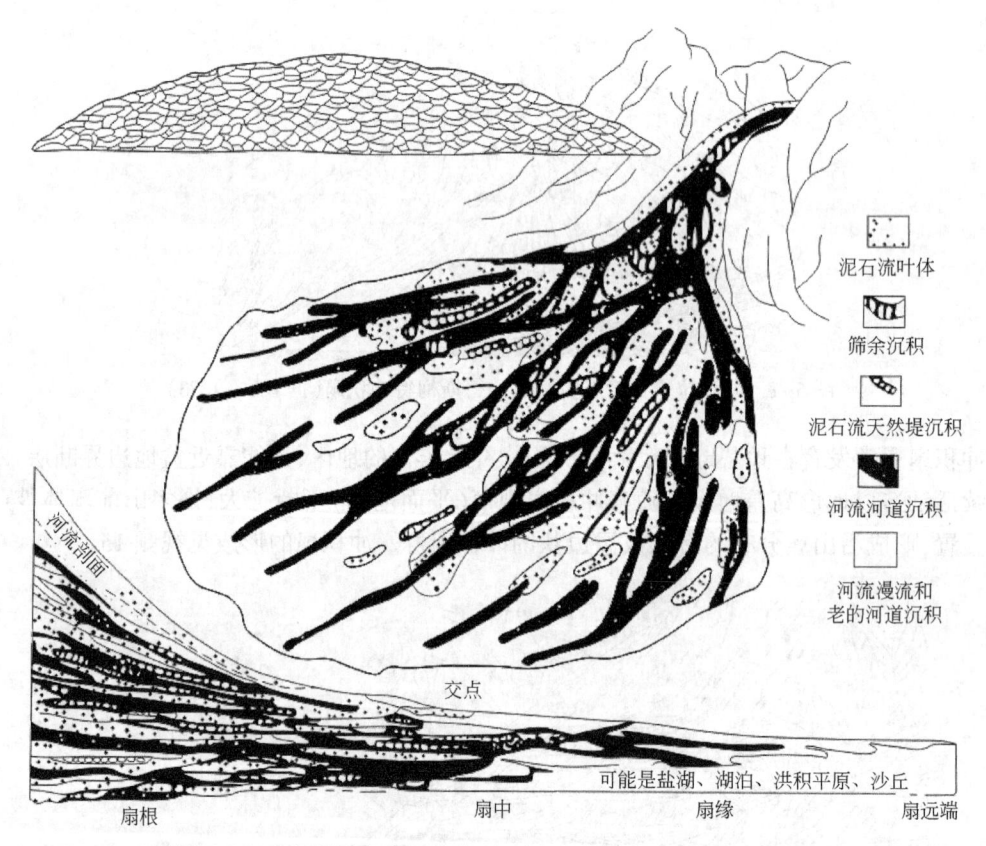

图 5-3　理想的冲积扇沉积类型及剖面形态(据 Spearing,1974)
一个理想的冲积扇沉积体系在横剖面上通常呈凸透镜状，其纵剖面呈楔状，根据其主要沉积特征可划分为扇根、扇中及扇端(又可进一步划分为扇缘和扇远端)三个亚相

我国地貌学和第四纪地质学界又将冲积扇称为洪积扇，它有别于堆积在一些冲沟口的冲积锥，也称坡积扇(物)，主要是由降落在山坡上的雨水或冰雪融水所形成的片状水流，将山坡上冲刷下来的坡积物快速堆积在冲沟口而形成的一种小型粗粒碎屑沉积体。冲积锥也可呈扇状(或锥状)，但规模小，分布零散，多与抬升的剥蚀区相联系，属于暂时性沉积或堆积；在地质时期，随着地壳上升和剥蚀区扩大，冲积锥保存下来的很少。然而，冲积扇是一种水道化的羽

— 112 —

状流沉积体,但从其发育的特定地理位置、典型的扇状外形和内部结构来看,与典型的河流相或冲积平原存在着明显的差异(图5-4)。

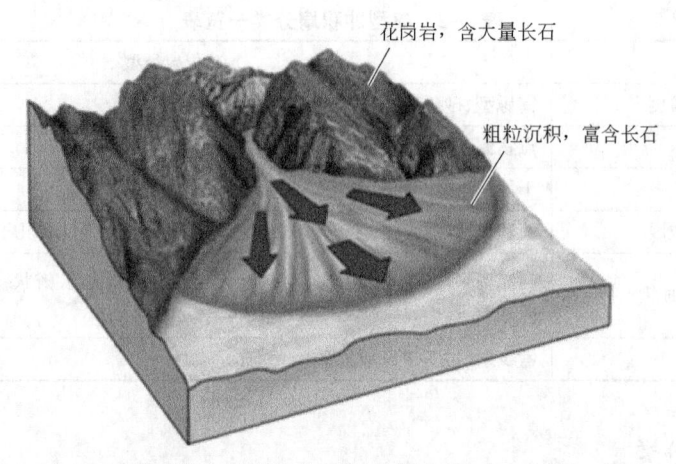

图 5-4 典型的山前活动冲积扇示意图(据 Carlson 等,2010)
通常由一个主要的供给水道提供物源,并沿山前陡坡呈扇形或帚状快速展开,扇面上发育一条或多条主水道,通常分叉形成更多的支流水道,在水道末端发育活跃朵体,在水道两侧的扇面发育非活动朵体

此外,冲积扇也不同于扇三角洲,前者完全发育在地表,是一种纯陆上沉积体,而后者是由于冲积扇直接沉积到一个相对稳定、独立的水体(湖或海)后,经过湖泊或海洋的波浪改造而成的一种陆上与水下过渡类型的沉积体系。

通过与其他沉积相的对比以及对控制因素的分析,冲积扇具有一系列典型的沉积特征(表5-1)。

表 5-1 冲积扇典型沉积特征

控制因素	沉积特征
发育位置	靠近物源,多发育于盆地边缘
沉积颗粒	以粗粒沉积为主,多级颗粒支撑,双峰—多峰态
沉积构造	常见砾石叠瓦、洪水成因砾级纹层,高角度下截型板状交错层理
剖面样式	纵向剖面以下截为主,前缘可出现下切
地震响应	呈杂乱反射、丘状体
测井响应	呈高幅锯齿箱形
平面形态	多呈扇形与帚状
主要流态	沉积物输送以惯性营力为主,主要发育碎屑流、洪流(漫流沉积)

第一节 冲积扇的分类

不同的气候环境、物源类型以及古地形特征都会直接影响冲积扇沉积体系的发育特征与类型,尤其是其碎屑物质的粒度与组分差异。于兴河等(2022)从粒度角度对沉积物进行分类,分为富砾型、砂砾型、富砂型、砂泥型以及富泥型五类,而冲积扇主要以富砾型、砂砾型、富砂型为主,砂泥型与富泥型较为少见。现今冲积扇的分类原则主要有扇体大小、气候环境、物源方式、发育背景、搬运方式等(表 5-2),以下将简单从气候与物源、主控因素三个方面进行阐述。

表 5-2 典型冲积扇分类一览表

分类依据	冲积扇类型
沉积物主要粒度	富砾型、砂砾型、富砂型、泥流扇
物源类型	点物源、线物源、面物源
气候环境	干旱(旱扇)、潮湿(湿扇)
陡坡重力流成因	坡积扇、碎屑流扇、洪流扇、扇三角洲、滑塌扇、泥流扇、浊积扇
缓坡非重力流成因	河流扇/分支河流体系 DFS(辫状分支型、单一辫状型、辫状—曲流河型、单一大型曲流河型、单一曲流分叉型、多曲流型)
发育位置	盆缘扇(冲积扇)、坡积扇、斜坡扇

一、按气候分类

根据冲积扇所处气候带的不同,可以区分出两类冲积扇。发育于干旱、半干旱气候区的冲积扇称作旱地扇,简称旱扇;在潮湿、亚潮湿气候区的冲积扇可称作湿地扇,简称湿扇(表 5-3、图 5-5)。

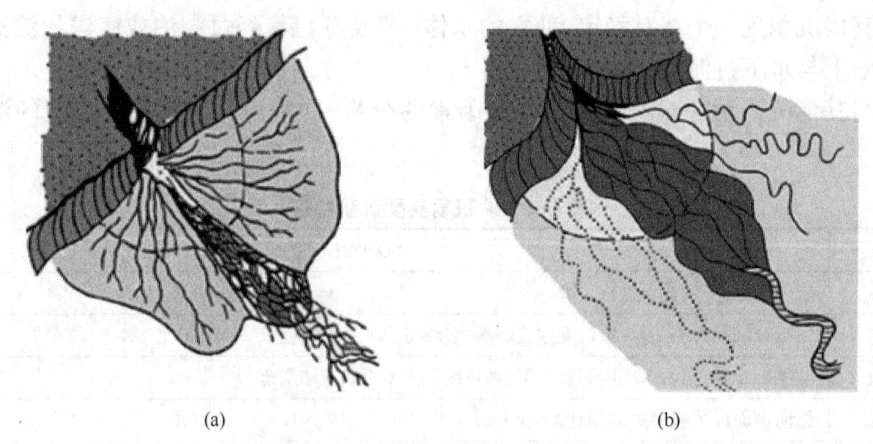

(a)　　　　　　　　　　　　(b)

图 5-5 旱扇和湿扇的平面特征(据 Galloway 等,1983)
(a)旱扇;(b)湿扇

(一) 旱扇

旱扇单个扇体小,碎屑流(泥石流)作用明显;而湿扇单个扇体大,河流作用明显。旱扇与湿扇的共同特点是其平面形态均呈扇形,从山口向内陆盆地或冲积平原呈辐射状散开。从出山口向边缘,扇面的坡度逐渐变缓,沉积逐渐变薄,粒度逐渐变细。其主要特征是通常发育一个主体水道,扇形的边界十分清楚。粗粒碎屑沉积物向扇的末端快速变细,厚度也急剧减薄,粒级变化可以从砾石到泥质。在扇的根部,多为混杂砾岩及叠瓦状砾石层沉积,以水流冲积及泥石流的沉积作用为特征;扇的中部发育砂质及砾石质河流沉积,而扇的末端部位则主要为粉砂质及泥质沉积物,以漫流(或称片泛)作用为主。旱扇常见棕红色粗粒碎屑剖面组成的反旋回沉积层序,厚度可达数百至数千米。

表 5-3 干旱型与湿润型冲积扇特征对比（据于兴河，2008，有修改）

特征 \ 类型	干旱型冲积扇	湿润型冲积扇
气候条件	干旱	潮湿
河流性质	间歇性水流或洪水	常年流水
沉积物	以副砾岩为主，分选差，混杂堆积；纵向粒度变化快，常见红层和膏盐类沉积；无煤层	正砾岩发育，无副砾岩，分选好，纵向粒度渐变，无红层或膏盐类沉积；可见煤层
垂直层序	整个冲积扇层序自下而上逐渐变粗，但单个沉积旋回主要为向上变粗的河流层序	整个冲积扇及单个旋回均为向上变细的层序
沉积构造	类型少，不太发育	类型齐全且构造发育
坡度	较陡，一般 5°～15°	平缓，小于 1.5°
形态	扇形清楚	扇形杂乱，边界不清

（二）湿扇

湿扇常发育在常年有流水的潮湿地区，沉积物扇形体不清晰，多由砾石质辫状河组成辫状平原，地形平缓，以相互叠加的砾石质辫状河形式最为多见，其特点是河道多切割浅、不固定。沉积体向盆地延伸较长，以缺少泥石流（碎屑流）沉积区别于旱扇，在中部及端部组成由下向上变细的层序组合，即由砾岩—砂岩—泥岩组成沉积剖面，并夹有原地植被形成的碳质层或煤层。正如 Steel(1976) 所指出的那样，汇水盆地的大小和地形强烈地影响着径流的分布。所以，由大流域补给的冲积扇体系呈现出湿扇的特点，即使在相对低降水量地区也是如此。同样，在降水丰沛但流域较小的地区，冲积扇可能显示出旱扇所特有的特征。

二、按物源分类

不同于 Galloway 按照沉积气候差异的划分，本书在 Reading(1994) 的基础上，提出按冲积扇物源体系特征分类方案：点物源、线物源及面物源冲积扇（表 5-4）。三个冲积扇表现出来的共同特征为：扇根砾石粒径最粗，主要发育有碎屑流、主水道、侧缘水道以及片洪滩沉积等基本沉积微相单元；扇中亚相沉积物粒度次之，成熟度较高，分选磨圆好，且泥质含量较少，沉积微相单元主要有分支辫流水道、辫流坝及漫洪滩；扇端亚相沉积物粒度最细，所反映的流体能量最低，主要的沉积微相单元为分支辫流水道和漫流滩。但不同物源体系下的冲积扇也存在不同的沉积特征，主要从扇体规模、古地形坡度、平面形态、剖面形态、物源区（规模、坡度、距离）、供给流态、输送营力、水道体系、砂砾比几个方面对其对比分析研究（表 5-4）。

表 5-4 不同物源冲积扇沉积特征对比

沉积特征		点物源	线物源	面物源
扇体规模		约 15～20km^2	约 55～60km^2	约 85～90km^2
古地形坡度		2.7°～3.6°	1.8°～3.1°	0.5°～1.8°
平面形态		放射状或朵叶状	条带状	席状
剖面形态	横	窄厚上凸型	宽薄上凸型	宽厚上凸型
	纵	地形呈陡变缓	地形呈单斜	地形呈缓变陡

续表

	沉积特征	点物源	线物源	面物源
物源区	规模	中等—大	中等	中等—小
	坡度	大	中等	小
	距离	中等	远	近
	供给流态	碎屑流—洪流—牵引流	碎屑流—洪流—牵引流	洪流—牵引流
	输送营力	惯性	惯性—摩擦	摩擦
	水道体系	规模较大,稳定水道;稳定堤坝	多期沟槽或间歇性水道	多期小规模间歇性水道
	砂砾比	10%~30%	20%~50%	50%~80%

点物源冲积扇平面展布形态呈明显的扇形或锥形,发育一条主水道沉积,尤其是其上游,且向扇端延伸,剖面砂砾岩体分布特征在扇根处以物源充足型前积为主;扇中为物源中等型前积,控制各个亚相差异的主要原因是地形坡度变化所造成的水动力条件逐渐减弱和物源供给的逐渐减小,其古地形存在由陡变缓的下凹形斜坡的特点。

线物源冲积扇平面展布形态呈现条带状。剖面上,砂砾岩体在扇根处仍然以物源充足型前积为主,类似于点物源冲积扇扇根的特征;通常由于构造断裂作用,在下降盘发育多条不汇聚的河道沉积,扇中多以楔形叠瓦状前积为主,扇端由于水动力条件的减弱、物源供给减少和地形坡度快速变缓,主要以席状砂砾岩体展布为主。底面古地形大多数为线型斜坡,即斜坡与前端呈突变接触。

面物源冲积扇平面展布形态有别于点物源冲积扇和线物源冲积扇,总体为由缓变陡的上凸形,前端逐渐变缓,即上凸形与下凹形的组合,为横向范围较广的席状展布,主要原因为其沉积物供源方式的差异。剖面上,扇根处以物源充足型前积为主,扇中以楔形叠瓦状前积为主,扇端多以物源不足型前积为主。面物源冲积扇的物源供给方式明显区别于点物源冲积扇、线物源冲积扇,以洪流发育为主,多形成羽状流,主河道规模明显较小,但数量增多,造成扇体横向展布增强,这也是形成沉积特征和构型特征以及道坝宽厚比数据差异的主要原因。

三、按主控因素分类

(一) 河流主控冲积扇

河流主控的冲积扇最为普遍,目前也有学者将其纳入河流扇体系中,其沉积模式很多,但同时也最为复杂,研究难度也最大。形成扇体的河流体系自扇根到扇缘在河道规模、形态、数量、水动力强度、沉积特征等方面均存在较大差异。具体而言,河流主控的冲积扇可概括为以下3种类型。

(1)单河流体系主控的冲积扇,是指冲积扇的发育受控于主干河道及其周缘相同延伸方向的次级河道带(图5-6),在侧向持续迁移或不断改道而形成的扇形沉积体(Leier 等,2005;North,Warwick,2007)。其典型代表为印度北部恒河平原发育的现代 Kosi 巨型扇,其扇体建造过程就是扇面单支 Kosi 河流域不断迁移和改道的过程(图5-6),而每一次河流域的改道均伴随着洪水过程(Agarwal,Bhoj,1992;Chakraborty 等,2010)。该类扇体各部位均以洪泛细粒沉积和河道沉积为特征,且垂向上表现为砂泥间互的特点,而在非活动扇体区域洪泛细粒沉积往往出现土壤化现象。

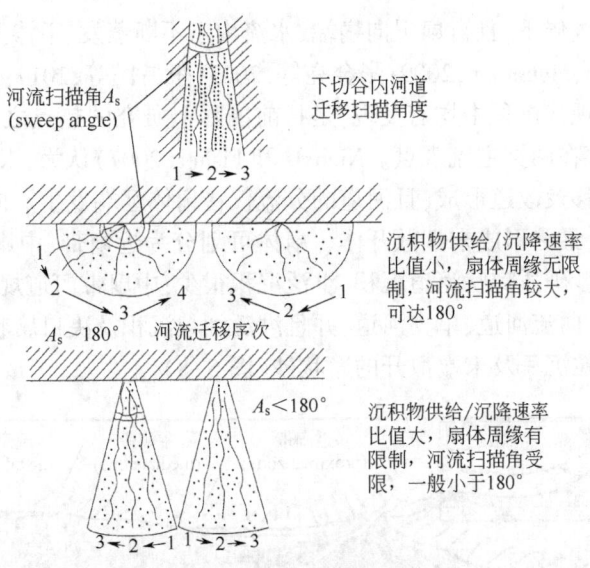

图 5-6 单河流体系主控的冲积扇沉积特征及影响因素
(据 Viseras, Fernández, 1994)

(2)多河流体系主控的冲积扇,是指冲积扇的形成过程由多支不同类型的河流体系共同完成,这一类扇体沉积特征可存在相当大差异。Scholle 和 Spearing(1981)认为扇根部位发育规模最大、粒度最粗的主河道,扇中区域主河道开始转变为向外呈辐射状大面积分布且规模较小、数量众多的辫状河道,而继续向扇缘方向则逐渐演化为呈席状展布且河道化相对不明显的细粒砂质或粉砂质/泥质沉积。这类多河流控制的扇体,是线物源的特类。Jo 等(1997)在对韩国东南部 Kyounsang 盆地冲积扇研究中认为,扇根部位主要为席状展布的大套块状砂砾岩及层状砂岩,为沉积速率最快的区域;中扇到远扇部分则主要为砂砾质辫状河道和洪泛沉积,而非活动扇体则主要为洪泛细粒沉积并遭受风化、生物扰动及钻孔等作用(图5-7)。

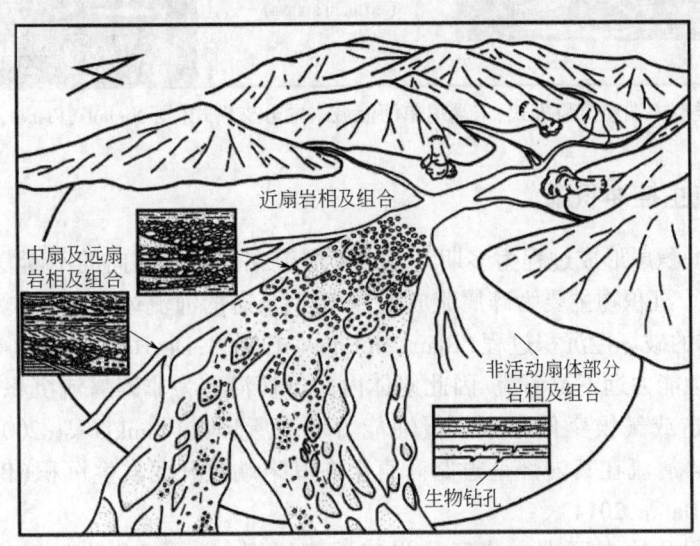

图 5-7 多河流体系主控的冲积扇代表性沉积模式(据 Jo 等,1997)

(3)末端扇模式,是指古代地层中不断向下游分支且河道规模不断减小并呈朵体状展布的河流体系所形成的冲积扇(Tunbridge,1984;Kelly,Olsen,1993;Cain,Mountney,2009)。这一类扇体多发育于干旱气候下,且自扇根向扇端,水流由于不断蒸发、下渗及分流,河道规模不断减小并最终消失(Cain,Mountney,2009;张金亮等,2007;张昌民等,2017;刘宗堡等,2018)。该类扇体在古代地层和现代沉积中均有发现,是目前国际上研究的热点之一。但有关末端扇的沉积模式,国际上也存在两类主流观点。Nichols 和 Fisher(2007)认为,末端扇由独立的活动河流域在侧向上不断迁移及改道形成,且河道的分流仅在扇体远端发生。向下游方向,河流流量减小且下切作用减弱,最终形成末端散开体。扇体可划分为近扇带、中扇带和远扇带三部分。近扇带主要为叠置的砂砾质辫状河道沉积,洪泛沉积很少;中扇带河道规模减小,但形式多样,可发育砂质辫状河道、曲流河道、单支河道,并且洪泛细粒沉积及决口席状砂体数量增多;而远扇带则主要为洪泛细粒沉积及末端散开的席状砂(图5-8)。

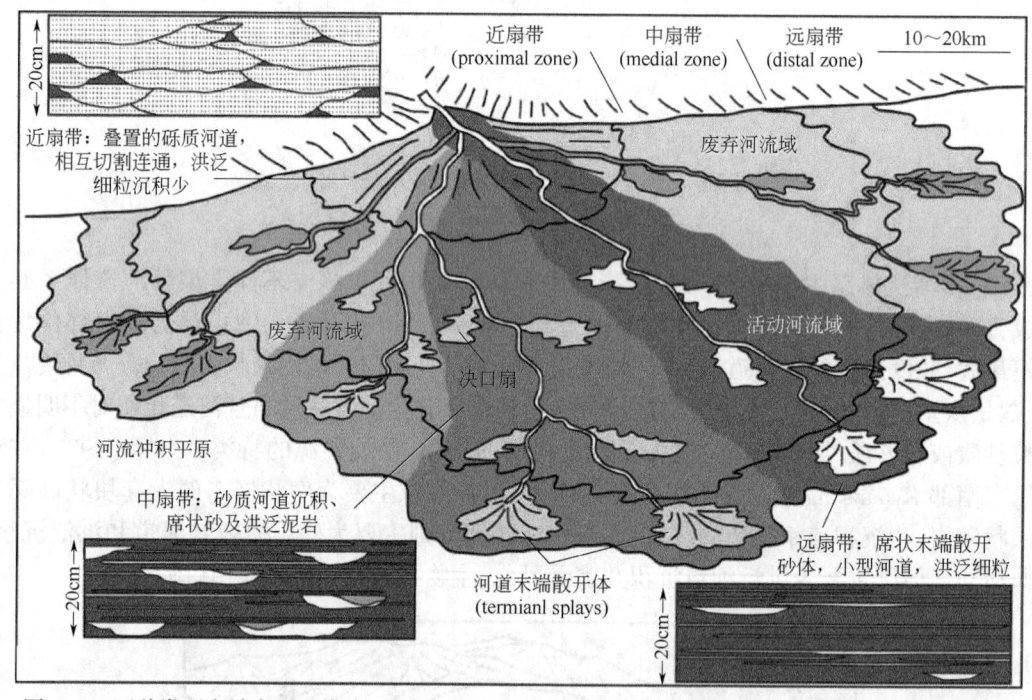

图 5-8 两种类型末端扇沉积模式,末端扇单河流域末端分支模式(据 Nichols,Fisher,2007,有修改)

(二) 碎屑流主控冲积扇

碎屑流主控冲积扇形成过程为多期阵发性碎屑流在垂向和侧向的不断复合(Blair,1999;Kim,Lowe,2004)。沉积物主要为碎屑流成因,而牵引流态的河流体系和二次沉积过程仅在间洪期发育,属扇体的破坏性沉积过程(Blair,McPherson,2009;De Haas等,2014)。由于碎屑流本身对床底的侵蚀能力远不及河流,因此扇体内部下切河道为非碎屑流沉积(非洪水期),而是山前河流在构造或气候变化中下切侵蚀能力增强所形成(Shukla等,2001;Harvey,2011;Jones等,2014),碎屑流在其内部呈过路态直至在其末端散开而发生沉积(Blair,1999;Blair,McPherson,2009;De等,2014)。

扇体活动沉积朵体内可进一步区分出碎屑流堤坝、碎屑流朵体和低碎屑朵体三部分(图5-9)。碎屑流堤坝具有突变底界,且平行成对出现,为整个沉积体粒度最粗的部位。碎屑流朵体为堤坝之间的沉积,一般泥质含量较高,大砾石明显减少。低碎屑朵体一般在碎屑流朵体前端出现,属碎屑流搬运动力减弱的末期沉积流体产物。一般上游方向碎屑流堤坝较发育,而下游方向碎屑流朵体面积逐渐扩大。非活动沉积朵体主要遭受风化作用,并发育由地表径流改造而成的冲沟和滞留砾石层。在单期次碎屑流沉积中可形成多个不同规模及延伸方向的碎屑流堤坝和朵体,其延伸距离与碎屑流流量、地形坡度及基底粗糙度有关(Johnson 等,2012;De Haas 等,2015)。

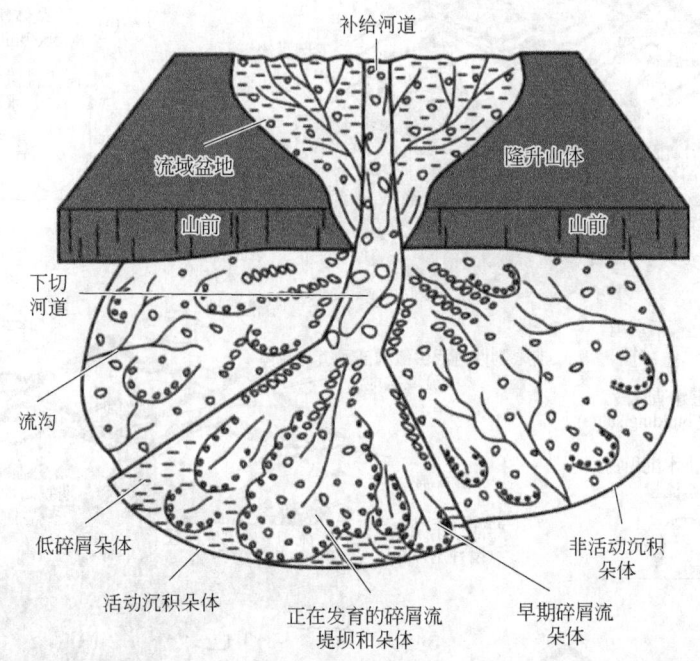

图 5-9　碎屑流主控冲积扇沉积模式(据 Blair,McPerson,2009,有修改)

(三) 事件性洪水冲积扇

所谓事件化或过程化沉积模式,是指将扇体的建立置于流体性质及水动力条件可变的动态背景下,认为扇体在不同的演化阶段或不同的形成期次,由于流体性质或条件差异使其沉积过程及沉积机制产生相应变化(高崇龙等,2020)。事件性洪水期多形成碎屑流扇体,而构造运动,如地震,则多形成山前或断裂带上的坡积扇。Gao 等(2020)将受阵发性牵引流态洪水形成的冲积扇沉积模式划分为三个阶段,即朵体建造阶段、河道建造阶段及废弃阶段(图 5-10)。

朵体建造阶段为洪水流量及沉积物供给量最大的阶段,活动扇体自扇根向扇端可依次发育下切洪流、漫流及非限制性河泛洪流沉积,扇端可出现间歇性扇面水道。

在河道建造阶段,沉积物及水流供给量减小,阵发性洪水将难以维持席状并以阵发性河道形式对扇体进行改造,这些阵发性河道多呈辫状或孤立状,并以砾质沉积为主,可见层理构造但无泥质夹层,不发育洪泛细粒沉积,且自扇根到扇端方向河道宽度和侵蚀深度将不断减小,而河道数量及形态均与洪水条件及地貌条件密切相关(Pelletier 等,2005)。

废弃阶段:沉积物和水流供给持续减小到难以形成洪水时,整个扇体将被废弃或转变为小规模河流体系。

此外,非活动扇朵体则一直遭受风化作用,并可形成风成沙丘、冲沟及扇面滞留砾石层。由此可见,阵发性洪水控制的扇体沉积模式应为一动态演化过程。大量的水槽实验也逐步证实洪峰期扇体往往以席状化流体或羽状流为主，但随着洪退作用的进行将逐步转化为河道化沉积(Clarke 等,2010;Feng 等,2019)。目前条件化(过程化)沉积模式的研究正逐步得到多数学者的关注。

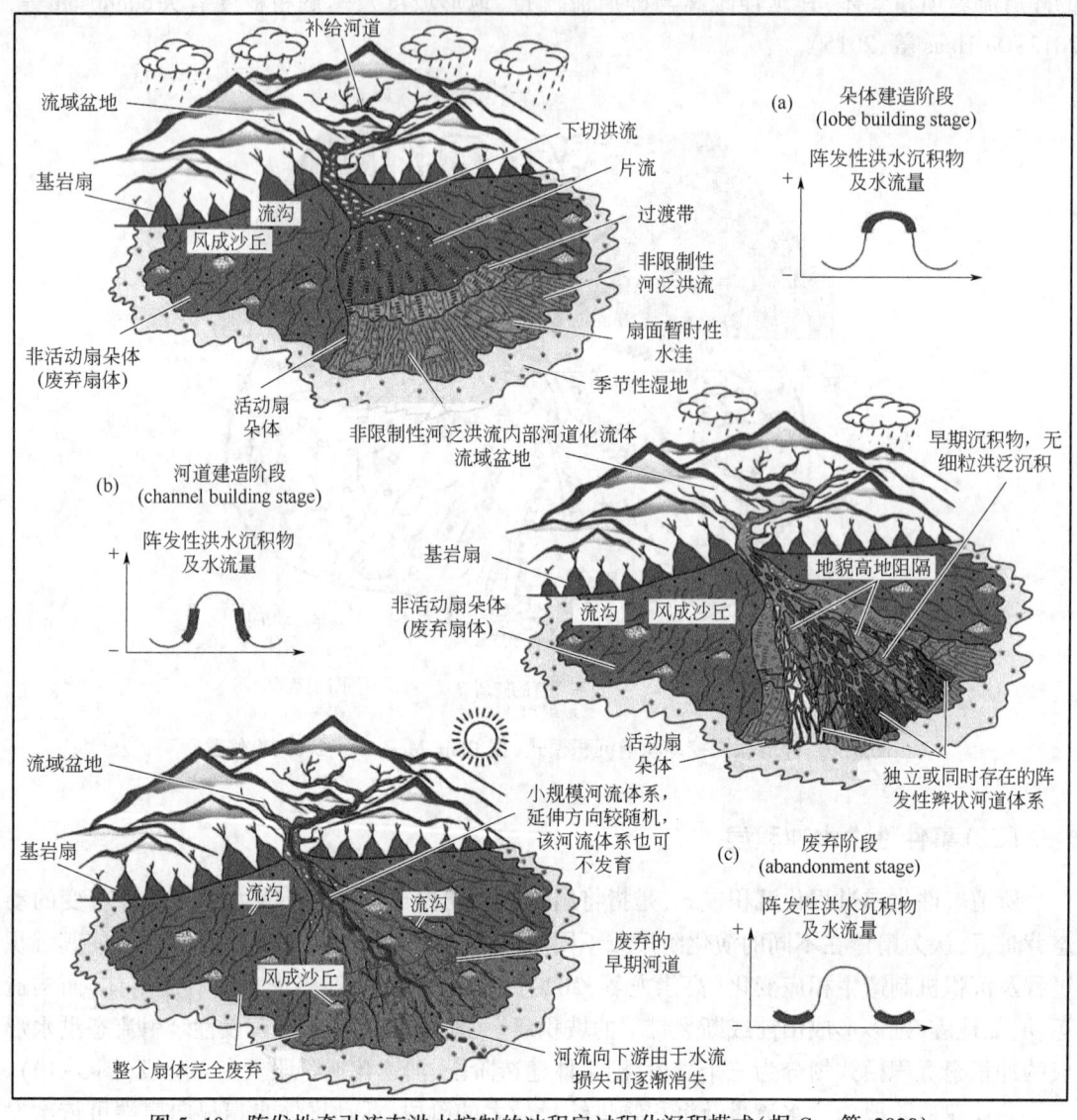

图 5-10 阵发性牵引流态洪水控制的冲积扇过程化沉积模式(据 Gao 等,2020)

第二节 冲积扇的沉积过程

一、冲积扇沉积类型

冲积扇的沉积作用基本有两种类型:一种类型起因于重力与洪水作用,形成碎屑流(也称泥石流)沉积;另一种类型由于暂时性或间歇性水流作用,形成水携沉积物,主要有三类——

漫流沉积、水道沉积和筛余沉积(表5-5)。碎屑流沉积为高黏度块体流,其余则为低黏度液体流。

表5-5 冲积扇的沉积物类型特征

特征 \ 类型		碎屑流沉积	水道沉积	筛余沉积	漫流沉积
形成条件与水动力		(1)陡峻坡度,植被较少 (2)大量泥质和碎屑物 (3)突发性洪水	植被不发育,地形高出基准面	母岩供给物质中以角状或次角状砾石为主,细粒很少	黏度低的洪水沉积。流水持续时间短且流速快
发育位置		扇根与扇中	均有分布,以扇中为主	扇根与扇中	扇端。常伴有粗粒并切割河床的充填沉积
主要地质特点	岩性	大小混杂,分选很差	由砾石及砂组成,分选中等偏差	次棱角状粗砾石组成。分选较好,多级颗粒支撑	砾石、砂或者由少量含黏土的粉砂组成,分选中等
	沉积构造	层理不发育,多呈块状,可具粒序层	层理不太发育。单层厚度变化较大,可发育板状交错层理、水平层理及叠瓦状层理	块状构造	块状,可见交错层理或平行层理
	形态与产状	叶瓣状的舌状体。夹于漫流沉积之中	呈下切—充填透镜状。底部凸凹不平或呈上凹状与漫流沉积过渡	透镜状	单独砂体呈透镜体,共同组成板片状

(一)碎屑流沉积

碎屑流是由沉积物和水混合在一起的一种高密度、高黏度的流体,由于物质的密度很大,故沿着物质聚集体内的剪切面而运动。颗粒是由粒间的泥和水的混合物支撑并在重力作用下进行搬运的。沉积物含量通常大于40%的(甚至可高达80%)称作黏性碎屑流;在10%~40%之间的称作稀性碎屑流。黏性碎屑流因含有大量泥基,流体强度很大,可以将巨大漂砾托起并进行搬运。而稀性碎屑流具有紊流性质,当碎屑流的流速减缓时,便迅速地将大小不同的负载同时堆积下来,形成分选很差的砾、砂、泥混合的沉积物[图5-11(a)]。所以碎屑流沉积相几乎没有内部构造的块状层,颗粒大小混杂,粒度相差悬殊,有时可见向上变粗的逆粒序。

(二)漫流沉积

漫流沉积主要是由游荡性河流所沉积的片状砂、粉砂和砾石沉积,是扇积物的主要沉积类型之一,可以说是一种从冲积扇河流末端漫出河床而形成的宽阔浅水中沉积下来的产物,由板片状的砂、粉砂和砾石质的沉积物组成。更确切地说,漫流沉积是一种分布于河道下游终端,水流为浅的坡面径流。因此,漫流的特点是水浅流急,为高流态的暂时性水流。漫流多出现在扇中以下水道的下游地带。洪峰过后,漫流又迅速变为辫状水道及沙坝。砂层具平行层理和逆行沙丘层理以及槽状或板状交错层理[图5-11(b)],衰退的洪流可产生向上变细的沉积序列。

(三)水道沉积

冲积扇上的水道多分布在冲积扇的上半部,是指暂时切入冲积扇内的水道充填沉积物;典型的扇根河道直而深,逐渐变浅,大多为辫状河道,因为在交汇点(水道纵剖面线与扇面的交

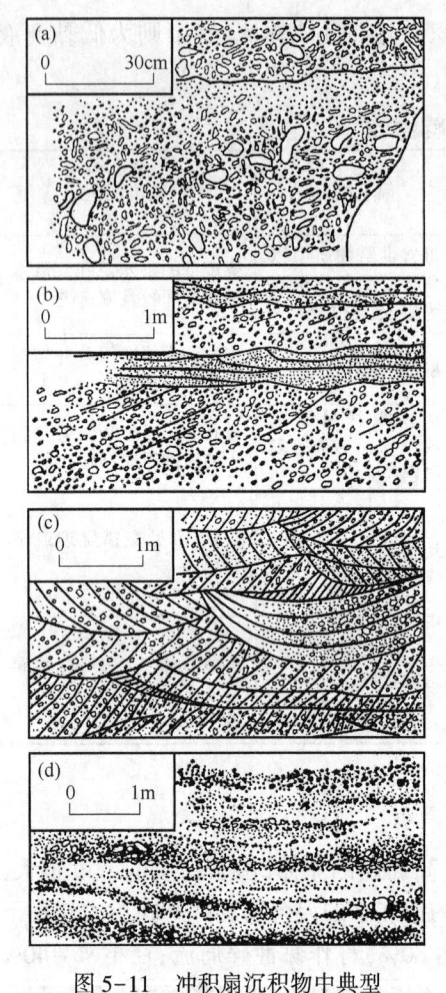

点)以下,河水易漫出水道形成漫流。但当水道中有充足的地下水补给时,交会点以下直到扇端都有水道发育。半旱—旱地扇上的水道多为宽而浅的间歇性河流,主要的沉积过程发生在雨季短暂的洪水期。砂层具过渡流态和高流态型的平行层理和粗糙的板状和槽状交错层理[图5-11(c)(d)],砾石常呈叠瓦状排列。冲积扇上的水道很不稳定,经常改道,每次洪水期的水系分布都有很大变化,老的水道充填沉积物常被以后的漫流沉积物所覆盖,所以水道沉积相向上多过渡到漫流沉积相,构成向上变细的旋回。

(四) 筛余沉积

当洪水携带的沉积物缺少细粒物质(粉砂和泥)时,便形成由砾石组成的沉积体。由于砾石层具有极高的孔隙度和渗透率,在紧靠交汇点的下面,因为这些舌状的砾石层像筛子一样,水流大量从砾石层渗到地下,同时将携带的细碎屑填积在大砾石间的孔隙内,形成具双众数粒度分布特征的砂砾石,这就是筛积物。通常筛积物在扇体中是一种局部性的堆积,并会导致扇体坡度进一步减小。因此,筛余沉积表现形式为发育在扇体表面而呈舌状的砾石层沉积物。

上述四种沉积物(或沉积相)在冲积扇中的分布很不固定,常随每一次洪水期的流量大小变化和扇面水系分布的改变而变化。在通常情况下,每次洪水泛滥不总是将整个冲积扇全部淹没,总有大小不等的部分地段暴露在水面之上,因此,在沉积区内水道沉积和漫流沉积是分布最广和最常见的沉积相。在细粒物源充足的冲积扇上,碎屑流沉积也可以占据冲积扇上部

图5-11 冲积扇沉积物中典型
的砾石相(据 Dluck,1967)
(a)碎屑流沉积的副砾岩;(b)漫流沉积的砾岩;
(c)水道沉积的槽状交错层理砂砾岩;
(d)水道沉积砾岩

的相当大部分,筛余沉积通常只是局部沉积。强烈的蒸发作用使细粒沉积物表面发生干裂或者形成钙质层,强氧化作用可将含铁镁的暗色矿物分解成黏土和赤铁矿,并将沉积物染成红色。

二、搬运过程

地形坡降的陡缓差异是水动力条件的重要控制因素,尤其是对于沉积物重力流(碎屑流与泥流)而言,陡峭的地形坡度会增强重力作用,从而加大流体对沉积物的搬运能力,造成冲积扇扇根沉积物厚度大,而扇根与扇中上部剧烈的地形坡度变化差异使碎屑流搬运能力降低,沉积物逐步卸载,最大砾石出现在扇根与扇中地形坡度转折处前端,这是惯性作用的结果。

从扇根至扇端,冲积扇地形坡度不断减缓,扇根与扇中(或者说扇中上部)差异最大,扇中(或说扇中下部)与扇端坡度差异相对不大,坡度变化趋势呈下凹形态,随距离的增加,坡度逐

渐变缓(图5-12)。通过地形坡度变化以及搬运机制对比不难发现,随着沉积物从物源区向卸载区逐步搬运,砂砾岩沉积的沉积特征具有明显的变化,且这种变化具有流变学的规律,体现了搬运机制的变化过程。从扇根至扇端是一个地形坡度的不断减缓、洪水能量不断被消耗的过程,二者之间的耦合使流体性质从碎屑流向洪流过渡,最终演变为牵引流,沉积物也从混杂堆积、块状的粗砾沉积物向均质程度高、层理发育的细粒沉积过渡。

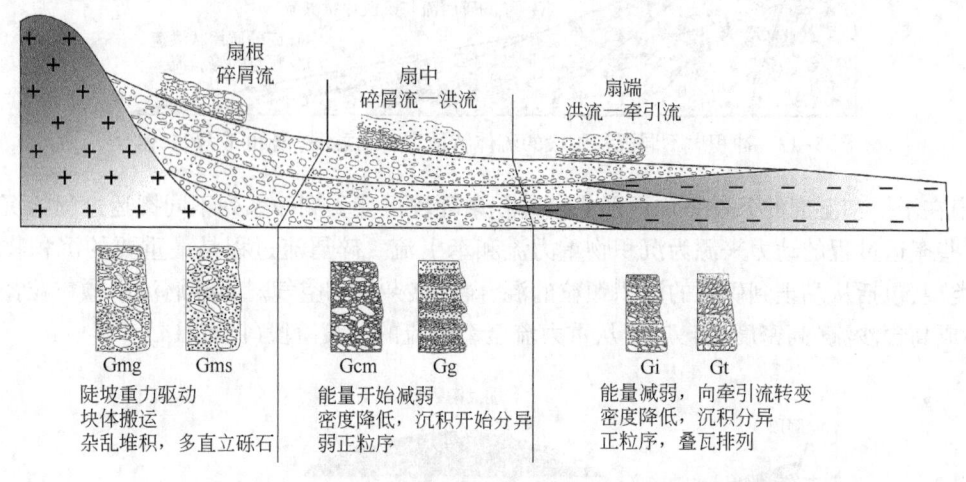

图5-12 冲积扇纵向剖面沉积特征演化模式
Gmg—砾石质基质支撑砾岩相;Gms—砂质基质支撑砾岩相;Gcm—多级颗粒支撑砾岩相;
Gg—粒序层理砾岩相;Gi—叠瓦状排列砾岩相;Gt—槽状交错层理砾岩相

Blair 等(1994)将扇体不同阶段发育的粒度、流态特征与地形坡度的响应建立了冲积扇沉积作用模式,冲积扇体整体发育4个阶段,即前兆期、阶段Ⅰ、阶段Ⅱ、阶段Ⅲ(图5-13)。通常冲积扇的形成与演化可划分为多个阶段,阶段Ⅰ的初生扇与山麓坡积锥不同,除了重力流物质外,还含有富碎屑物质的碎屑流、岩崩或重力滑坡的沉积。它们的形状也更像扇形。初期扇体的坡度仍然比较陡峭(10°~25°),但比山麓坡积锥的坡度低。在初生扇突破前兆阶段锥体的地方,坡度角表现出明显的坡折(节点)。初生扇也比前兆山麓坡积锥向外延伸得更远(通常为0.5km)。阶段Ⅱ的特点是,由于除碎屑流外的所有大规模侵蚀过程逐渐减少,形成了更为平缓的平均纵向坡度(3°~15°)。冲积扇的建设主要发生在碎屑流和漫流洪流之下,其中夹杂着非黏性碎屑流。来自汇水盆地的原生流体直接在扇根或靠近扇根的地方搬运到活动的沉积朵叶上。阶段Ⅱ扇体的纵向长度比第一阶段大,但仍然相对较短,通常小于3km。阶段Ⅲ的特点是,从逐渐拉长的下切水道向外递增的过程,沉积范围纵向扩大。这个阶段扇体的半径通常为2~10km。该阶段发育一个突出的下切水道,在扇根以下延伸相当长的距离(≥1km)。这一特征导致碎屑流或水流仍被限制在冲积扇上部,并在更远的地方汇集。由于沉积物逐渐向扇端搬运,平均扇面坡度被降低到2°~8°。

碎屑流通常从扇根向下延伸到中扇区,但也可能沿着扇体的径向范围扩散。碎屑流可能沉积在狭窄的地带,可以形成几百米长、几十米宽的沉积,也可能形成几千米长的片状漫流沉积。碎屑流随着扇体扩张变得更浅,通常厚度在5m到几十米。碎屑流的搬运距离基本上由其体积和黏度控制,其粒度也受到扇面的坡度和地形控制。碎屑流倾向于通过扩散成片状漫流来使扇面的表面变得平缓而薄,充填水道和表面的起伏,并掩盖原有的沟壑地貌(Whipple,Dunne,1992)。根据全球各地冲积扇汇总结果,碎屑流可以形成于气候条件,洪水泛滥形成的

图 5-13 冲积扇不同沉积阶段的流体特征划分示意图(据 Blair 等,1994)

冲积扇在干旱和湿润的条件下均可形成。冲积扇环境可能受到一系列不同搬运过程的沉积作用,这些搬运过程的动力来源为沉积物重力流和牵引流。碎屑流过程是最重要的沉积物重力过程类型,包括从黏土到砾石的沉积颗粒的混合物、夹杂水和空气。当碎屑流中颗粒粒径较小时,形成高含沙流(高密度流),属于从重力流至牵引流的过渡阶段(图 5-14)。

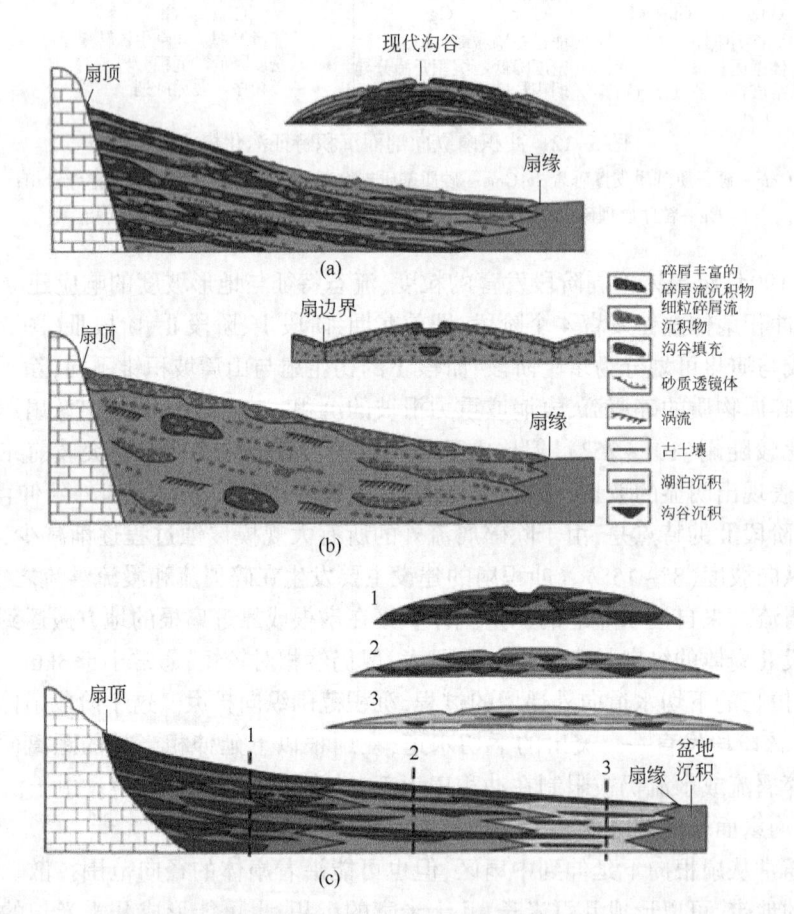

图 5-14 碎屑流型冲积扇和河控型冲积扇纵剖面概念图(据 Moscariello A.,2018)
(a)由碎屑重力流形成的扇体,扇面坡度较陡,沉积物分选差,多含粒级较粗的砾石,夹杂砂质透镜体;
(b)由高含沙流形成的扇体,沉积构造和结构主要由中度分选的砂质、砂砾质透镜体和夹层组成,伴生少量砾石层;
(c)由牵引流形成的河流主控型扇体,扇面坡度较低,沉积物分选较好,沉积层序相对简单,几乎全部由砂砾层和砂层组成,夹有古土壤和湖泊沉积;从扇顶至扇缘,不同位置的横剖面(编号1、2、3)显示了河控型冲积扇的沉积结构

— 124 —

第三节 冲积扇的沉积相类型

根据现代冲积扇地貌及沉积物的分布特征,可进一步将冲积扇划分成三个亚环境(亚相),即扇根、扇中和扇端。三者之间并无明显的界线,但各自的总体沉积序列有着自己的特点。

Spearing(1974)将扇体区分为碎屑流朵体、碎屑流堤坝和筛状沉积所构成的扇根,河道和漫流沉积为主的扇中及废弃河道和漫流沉积构成的扇缘三部分(图5-3)。而我国学者张纪易(1985)提出的冲积扇微相划分方案对我国冲积扇研究具有很大的开创作用。他认为扇根部位主要发育主槽、侧缘槽、槽滩、漫洪带4个微相单元,其中主槽以碎屑流沉积为特征,扇中主要发育辫流带、辫流沙岛和漫流带3个微相单元(图5-15);而扇端部位主要为细粒泛滥沉积。

一、亚相划分

(一)扇根

扇根分布在邻近冲积扇顶部地带的断崖处,其特点是沉积坡角最大,并发育有单一的2~3个直而深的主河道,其沉积物由分选差、无结构、大小混杂的砾岩或具叠瓦构造的砾岩、砂砾岩组成,由于流速衰减而形成递变层理。因此,该区主要是碎屑流沉积和辫状河道沉积。

(二)扇中

扇中位于冲积扇的中部,是冲积扇的主要组成部分,它以具有中到较低的沉积坡度和发育辫状河道为特征。因此,沉积物主要由砂岩、砾状砂岩和砾岩组成,与

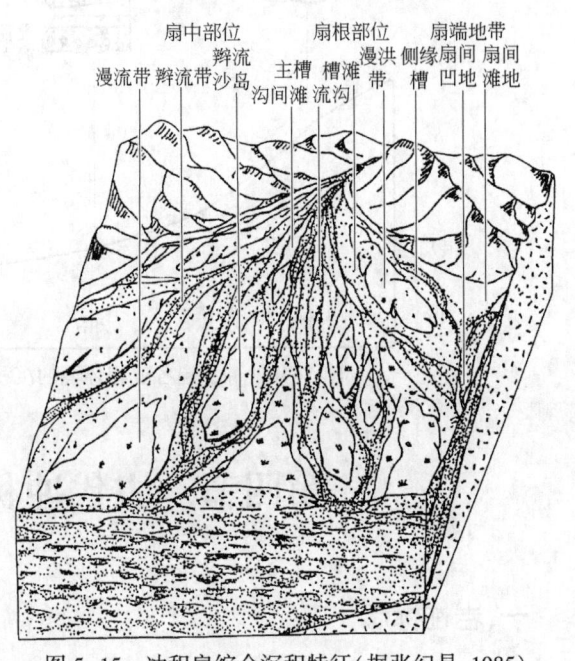

图5-15 冲积扇综合沉积特征(据张纪易,1985)

扇根沉积相比较,砂与砾的结构成熟度明显变好。由于辫状河流的频繁摆动与下切作用形成槽状交错层理,甚至局部可见逆行沙丘交错层理,冲刷构造发育。扇中主要以发育筛积物和辫状河道,此部位的心滩已较扇根明显减小,河道变窄。

(三)扇端

扇端出现在冲积扇的趾部,其地貌特征是具有最低的沉积坡度或地形较平缓。沉积物通常由砂岩和含砾砂岩组成,其中夹粉砂岩和黏土岩,局部也可见有膏盐层,其砂岩粒级变细,分选性变好,可有变形构造和暴露构造(如干裂、雨痕)。故该区主要为漫流沉积和辫状河道沉积。

二、垂向沉积序列

在冲积扇形成和发育的过程中,从扇根向扇端的粒度与厚度变化总是呈现出从粗到细、从厚到薄的特点。碎屑流相主要分布在扇根;筛余沉积物则分布在扇根和扇中,但以扇中为主;水道沉积与漫流沉积虽然在整个扇内均有发育,但在扇中—扇端主要是由这两个相组成。在盆地的方向,冲积扇则过渡为内陆盆地(干盐湖、风成沉积)和泛滥平原(图5-16)。

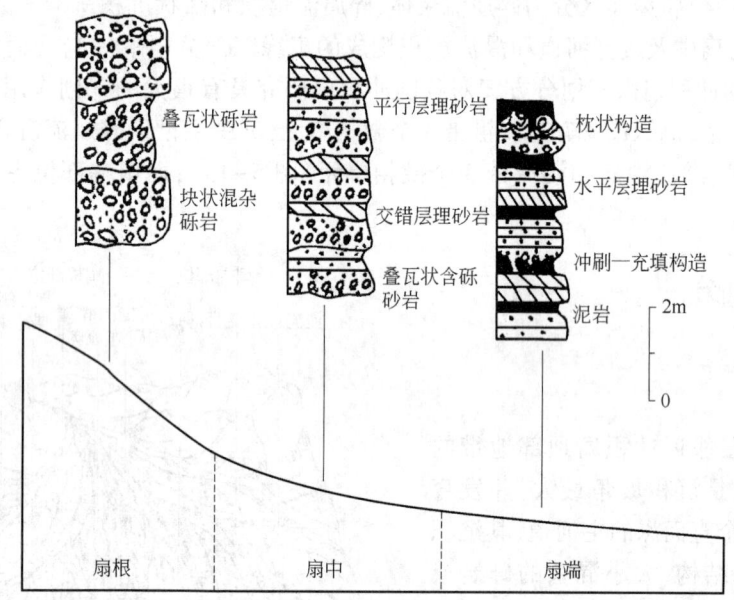

图 5-16　冲积扇各亚相环境的沉积序列(据孙永传等,1986)

第四节　古代冲积扇的相标志

一、岩性标志

冲积扇是处于氧化环境条件下的沉积产物,缺少有机质和还原性的沉积物。干旱条件下,冲积扇的岩石一般带有红色色调。扇积物倾向于蒸发作用,常会有盐类沉积物,如石膏和方解石等分布在扇端,并呈结核状或薄层状产出。

扇积物通常由游荡性河流(辫状河流)的河床沉积或泥石流沉积物组成,其中碎屑流沉积和筛余沉积物是冲积扇的良好鉴别标志。

在整个层序中,砾岩占有很大的比例,粒度分布在直方图上呈多峰态。砂岩、砾岩混杂堆积,其结构成熟度偏低,分选较差,反映沉积物搬运距离较近。在 $C-M$ 图形上,常显示两种类型:一种是代表暂时性水流沉积的牵引流类的弯曲图形,如 T 曲线;另一种是大致平行于 $C=M$ 基线的"浊流型"的直线式图形,如 M 曲线,它代表碎屑流沉积,碎屑流轴部的 C 值大约为 M 值的 45 倍。

二、沉积构造标志

冲积扇发育于盆地边缘构造活动频繁、地势起伏较大的地理背景之下,具有搬运近、沉积快、粒度粗的特点。因此,层理构造一般都不太发育,常为块状构造,发育有特殊的洪积层理与不明显的交错层理、平行层理和冲刷—充填构造,可见不明显的递变层理,砾石的叠瓦状排列十分常见。

三、古生物标志

冲积扇沉积环境下化石保存条件差,除了分散的脊椎动物骨骼和植物碎屑外,通常不含生物化石,植物碎片也相对较少。

四、沉积层序标志

洪积层理是由结构和成分不相同的透镜状洪积层频繁叠覆形成的成层性构造,细层之间没有清晰整齐的层理面。洪积层理通常在扇根沉积中占绝对优势,在扇中区域也大量发育。

五、分布形态标志

冲积扇自顶点向下游呈扇形分布,横剖面上沉积体为丘状,纵剖面上为楔形,向盆地内部厚度减薄,总体上表现为明显的锥状外形。横向上多个冲积扇往往沿着断层边界呈串珠状排列,形成冲积扇群。河流扇的水流模式呈辐射状,古流水方向的数据能表明辐射状水流的特征。

六、地球化学标志

冲积扇属于强氧化环境,沉积物中的 Fe^{3+} 矿物如赤铁矿、褐铁矿通常呈红色或褐黄色。扇根处的河道带因水动力条件较强,Fe_2O_3 一般为低值;在扇中、扇端的平缓地带,Fe_2O_3 一般高于扇根。

七、地球物理标志

冲积扇一般发育在盆地边缘大断层之下,垂直于断层走向发育(图5-17),地球物理总体特征为"杂乱反射、丘状下超"。纵剖面上以杂乱的前积构造最为常见,也有下超型前积构造和斜交型前积构造。在横剖面上则表现出杂乱反射、双向下超的前积反射构造特点。前积构造的共同点是通常缺乏底积层,前积层与下伏地层呈下超接触。

反射结构主要为杂乱反射结构或无反射结构。一般来说,从扇根向扇端方向,振幅有所增强,连续性有所变好。

冲积扇各部位的测井响应特征如下:

(一) 扇根

1. 泥石流

电阻率曲线为参差不齐的锯齿状,通常峰值很高,顶、底多为渐变型。自然电位曲线则呈中幅锯齿状,顶、底界面也为渐变型(图5-18),其特点为高幅锯齿指状。

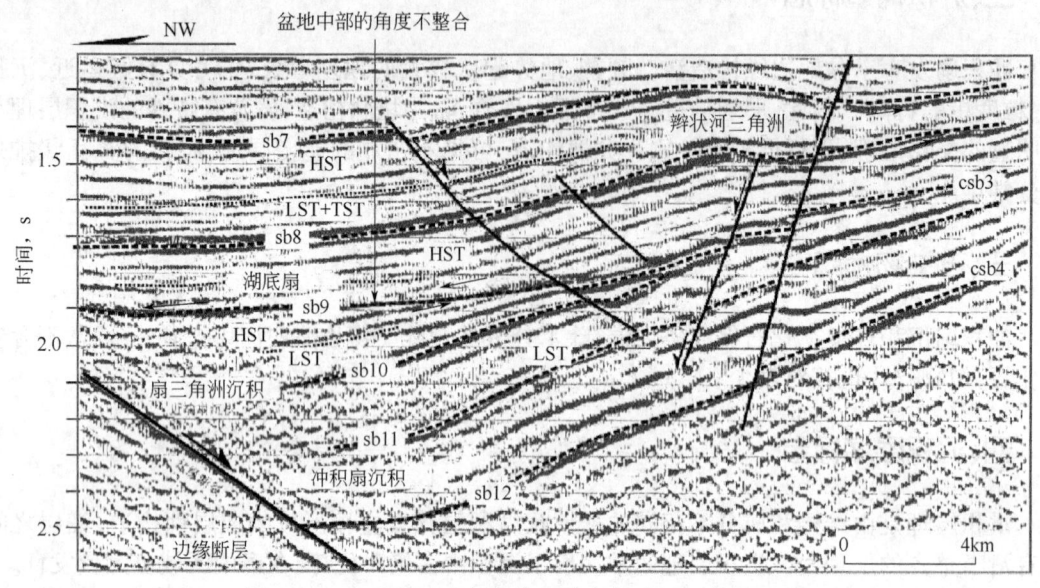

图 5-17 二连盆地冲积扇的地震响应(据 Lin 等,2001)
TST—海侵体系域;HST—高位体系域;LST—低位体系域;sb7~sb12—层序界面

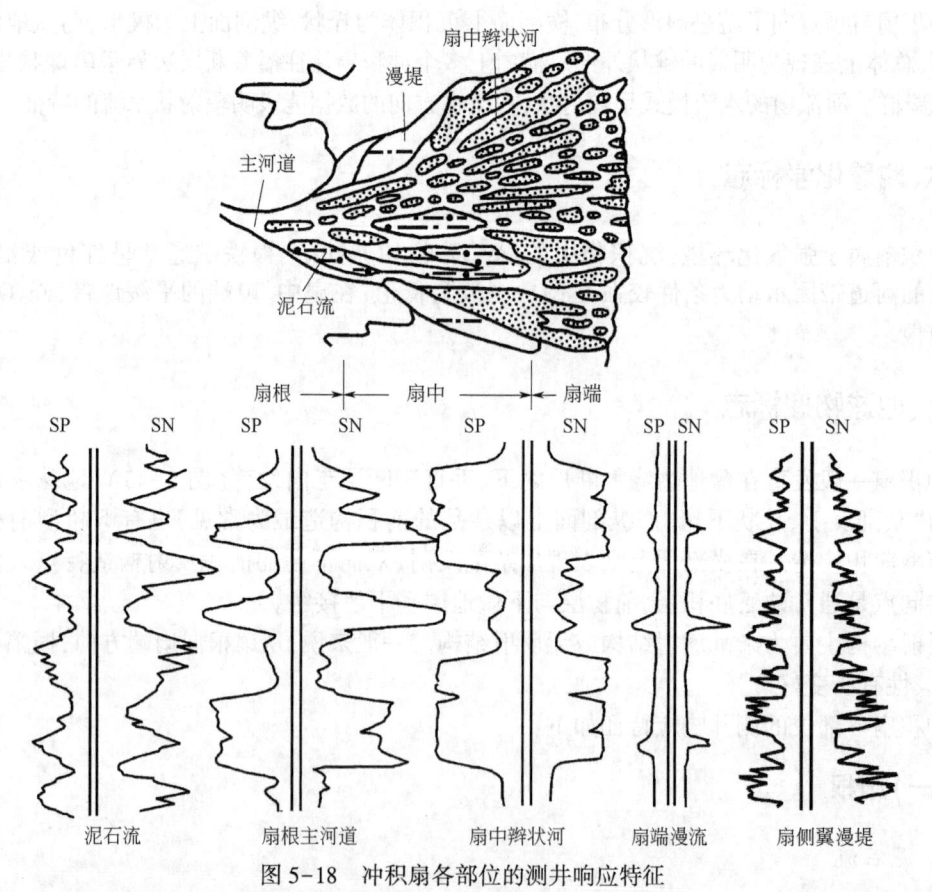

图 5-18 冲积扇各部位的测井响应特征
SP 为自然电位曲线,SN 为短极距电位极系电阻率曲线

2. 主河道沉积

在电阻率测井曲线上,扇根主河道常表现为带齿边的大幅度曲线,其异常幅度往往是整个冲积扇中的最大者;自然电位曲线的异常幅度也较大,但不是冲积扇上的最大者,界面曲线形态多为顶、底部突变箱形,有时也有顶、底渐变型或钟形。

(二) 扇中

扇中以辫状河沉积为主。在电阻率曲线上,扇中辫状河道沉积表现为带齿边的中等幅度箱形或钟形曲线。

自然电位测井曲线的形态虽然也呈带齿边的箱形或钟形曲线,但其幅度往往是整个冲积扇上的最大者。

一般情况下,测井曲线的界面形态为顶、底突变型,或底部突变、顶部渐变型。

(三) 扇端

在测井曲线上,扇端沉积表现为十分明显的小幅度,偶尔出现薄层砂的小齿峰的低平曲线,或小锯齿指状和尖嘴状,在整个冲积扇上,扇端沉积的曲线幅度是最小的。

(四) 侧翼漫岸沉积

侧翼漫岸沉积在测井曲线上表现为参差不齐的齿状曲线,齿峰多而幅度小,幅度有向上减小的趋势。

思考题

1. 冲积扇的分类是否完善?
2. 冲积扇特有的沉积类型有哪些?
3. 冲积扇与残积、坡积有什么关系?

第六章 河流

　　河流是陆地表面上经常或间歇有水流动的线形天然水道,是陆地上最活跃的侵蚀、搬运和沉积地质营力。河流沉积物中可以蕴含丰富的金属矿产,河流沉积也可以作为油气的重要储层。河流的侵蚀作用使河谷不断地加深和拓宽,同时,河流的搬运作用源源不断地把沉积物由陆地搬运到湖泊和海洋中去。在搬运过程中,形成了广泛的河流沉积(图6-1)。在适宜的构造条件下,有时可发育上千米厚的河流沉积。河流的形成见视频19。

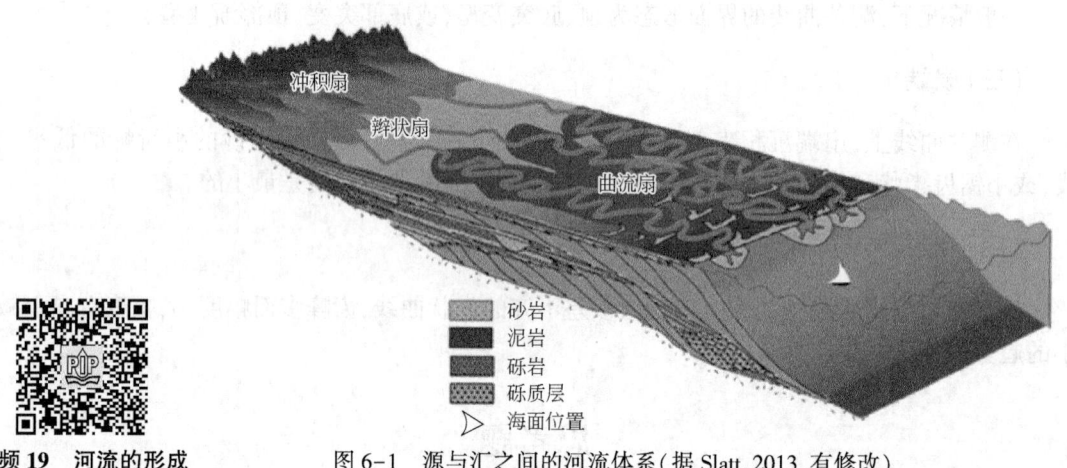

视频19　河流的形成

图6-1　源与汇之间的河流体系(据Slatt,2013,有修改)

　　河流沉积广泛发育于现代和古代地层中。现今中国境内广泛发育了类型各异的河流,仅流域面积在1000km² 以上的就有1500多条,主干河流多发源于青藏高原(图6-2)。中国河流分为外流河和内流河。注入海洋的外流河流域面积约占全国河流总面积的64%;流入内陆湖泊或消失于沙漠、盐滩之中的内流河流域面积约占全国河流总面积的36%。

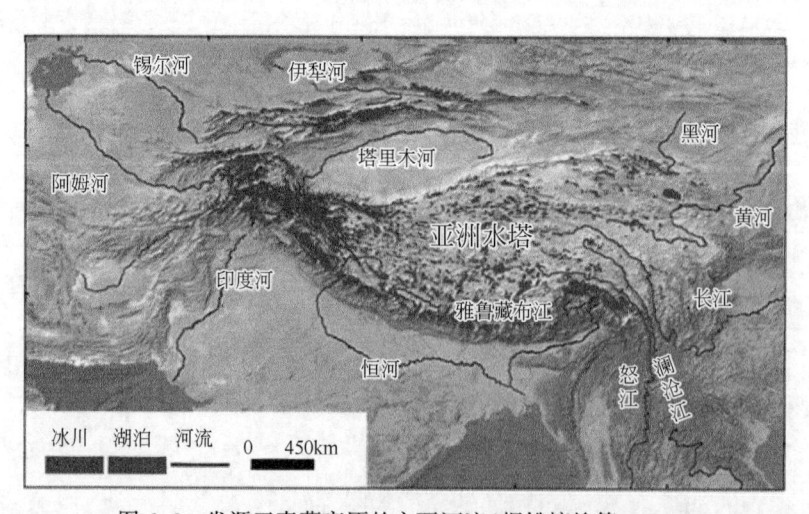

图6-2　发源于青藏高原的主要河流(据姚檀栋等,2019)

第一节 河流的分类

一、河流的分类原则

河流可以按照不同的原则进行分类。不同类型的河流,在河道的几何形态、横截面特征、坡度大小、流量、沉积负载、地理位置、发育阶段等方面都存在着差别。

按照地形及坡降,河流可以分为山区河流和平原河流。山区河流地形高差和坡降大,河道顺直,沉积物粗;相应地,平原河流地形高差及坡降小,河道弯曲,沉积物较细。按照发育阶段,河流可以分为幼年期、壮年期和老年期(图6-3)。同一河系,上游河流属幼年期,多为山区河流,以侵蚀作用为主,许多支流汇成主流;中游河流为壮年期,形成泛滥平原;下游的海、湖岸边的河流属老年期,与幼年期支流汇集河网的情况相反,产生很多的分流,呈网状分叉,最后流入湖泊或海洋。大量的沉积作用发育在壮年期和老年期的平原河流。河流类型及形成环境见视频20。

视频20 河流类型及形成环境简介

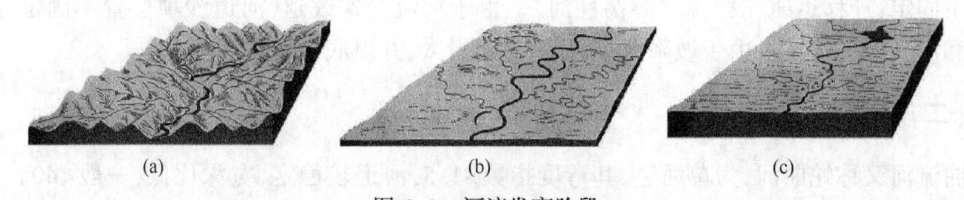

图6-3 河流发育阶段
(a)幼年期;(b)壮年期;(c)老年期

根据河道分叉参数和弯曲度,可以将河流分为顺直河、辫状河、曲流河和网状河四种类型(图6-4)。河道分叉参数是指在每个平均蛇曲波长中河道沙坝的数目。这些河道沙坝是被河流中线所围绕和限制的河道砂体。河道分叉参数的临界值为1,河道分叉指数≤1者为单河道,河道分叉指数>1者为多河道(表6-1)。河道弯曲度是指河道长度与河谷长度之比,通常称为河道变度指数,其临界值为1.5(也有人定为1.3),河道变度指数<1.5者为低弯度河,河道变度指数>1.5者称高弯度河(表6-1)。

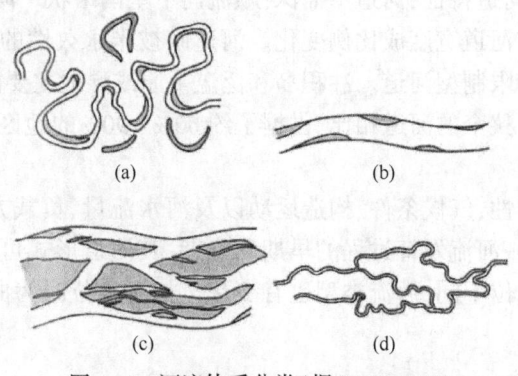

图6-4 河流体系分类(据Miall,1977)
(a)曲流河;(b)顺直河;(c)辫状河;(d)网状河

表 6-1　河道分类表（据 Rust,1977）

河道弯度指数	单河道 （河道分叉参数≤1）	多河道 （河道分叉参数>1）
低弯度（<1.5）	直河道	辫状河道
高弯度（>1.5）	曲流河	网状河道

二、主要河流类型的特征

为了相模式研究方便,通常根据形态进行河流类型划分,即顺直河、辫状河、曲流河和网状河四种类型。顺直河道通常属于河流的局部特征,因此,最常见的河流类型为辫状河、曲流河和网状河。曲流河、辫状河水槽实验见视频21。

视频 21　曲流河、辫状河水槽实验

(一) 辫状河

辫状河多发育在山区或河流上游河段以及冲积扇上,多河道,多次分叉和汇聚构成辫状。河道宽而浅,弯曲度小,其宽深比值>40,弯度指数<1.5,河道沙坝(心滩)发育。河流坡降大,河道不固定,迁移迅速,故又称"游荡性河"。由于河流经常改道,河道沙坝位置不固定,故天然堤和河漫滩不发育。由于坡降大,沉积物搬运量大,并以底负载搬运型为主。

(二) 曲流河

曲流河又称蛇曲河,为单河道,其弯度指数>1.5,河道较稳定,宽深比低,一般<40。侧向侵蚀和加积作用使河床向凹岸迁移,凸岸形成点沙坝。由于河道极度弯曲,曲流河常发生河道截弯取直作用。曲流河河道坡度较缓,流量稳定,搬运形式以悬浮负载和混合负载为主,故沉积物较细,一般为泥、砂沉积。因河道较为固定,其侧向迁移速度较慢,故泛滥平原和点沙坝较为发育。曲流河主要分布于河流的中、下游地区。现代世界上一些著名大河的中、下游,如密西西比河和长江,都具有曲流河的特征。曲流河的形成见视频22。

视频 22　曲流河的形成

(三) 网状河

网状河具弯曲的多河道特征,河道窄而深,顺流向下呈网络状。河道沉积物搬运方式以悬浮负载为主,沉积厚度与河道宽度成比例变化。河道间被半永久性的冲积岛和泛滥平原或湿地所分开,故有人称之为限制型河道。冲积岛和泛滥平原或湿地主要由细粒物质和泥炭组成,其位置和大小较稳定,与狭窄的河道相比,占据了约60%~90%的地区。网状河多发育在河流的中、下游地区。

受地形坡度、流域岩性、气候条件、构造运动以及河水流量、负载方式等因素的影响,在同一河流的不同河段或同一河流发育过程的早期和晚期,其河道形式可有不同变化。甚至在同一时期的同一河段,因水位不同,河流类型也有变化。如高水位时为曲流河,低水位时表现为辫状河。

第二节　河流的沉积过程

河流的沉积过程主要是沉积物在河流中受河道流、越岸流及河道废弃作用,最终发生沉积的过程。

一、河道流

河道内流水的侵蚀、搬运和沉积作用是同时发生的,河流的水流结构是决定这些作用的直接因素。正是曲流河道和直流河道中河流的水流结构差异,决定了曲流河道和直流河道中沉积物发生侵蚀、搬运和沉积作用差异。

(一) 曲流河道的水流结构与点坝(边滩)的形成

曲流河道中的水流结构是一种螺旋形前进的不对称横向单环流体系。横向环流是由表流和底流构成的连续的、螺旋形向前移动的水流。在曲流河道中,表流的主流线靠近河流的凹岸(图6-5),受惯性作用,在凹岸产生壅水现象。由于水流受阻以及在重力作用下被迫向下流动,形成下切的底流,并侵蚀河底;同时,水流又沿河底由凹岸流向凸岸,形成向前向上的底流。当到达表层时,水流又转变为由凸岸流向凹岸的表流,从而构成了一个向前的横向环流,且环流的主线偏向河道的凹岸一侧。在偏斜的表流和下切底流构成的不对称横向环流作用下,曲流河道的凹岸不断坍塌后退且坡度变陡;另一岸即凸岸在流速逐渐减缓的上升流影响下,底负载迅速沉积,形成凸向河道的点坝。在横向环流的水动力作用下,沉积边滩的凸岸与具有深潭的凹岸沿河交替出现在两岸。这种水流结构控制了曲流河道的沉积作用。平坦底床沉积物的搬运见视频23。

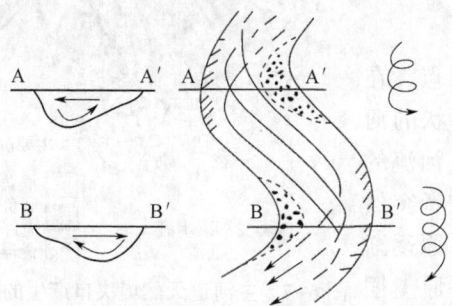

图6-5　曲流河道的水流结构与边滩的形成(据姜在兴等,2010)　　视频23　平坦底床沉积物的搬运

(二) 直流河道的水流结构与辫状坝(心滩)的形成

直流河道中的水流结构是一种螺旋形前进的对称横向双环流体系(图6-6)。横向环形水流也是由表流和底流构成的。但在直流河道中,表流为发散水流,表流的主流线位于靠近河道中心上部,由中部向两岸流动,并冲刷侵蚀两岸;底流由两岸向河流中心辐聚,并携带沉积物在河床中部堆积下来,从而形成辫状坝或心滩。因此,在直流河道中形成了分布于主流线两侧的、螺旋形前进的对称环流体系。这种环流体系控制了直流河道中沉积物的沉积作用,在洪水

季节,这种堆积作用尤为显著。

二、越岸流

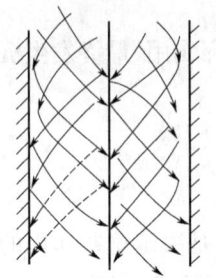

当满载沉积物的洪水溢出河岸时,就在泛滥盆地中发生加积作用。河流水体的上部携带大量的悬浮物质,当河水溢岸的时候,水流速度会突然降低,这时携带的物质会迅速沉积下来,砂质的碎屑物质沉积在河道边缘,粉砂和黏土物质沉积在离河道较远处。最终沉积物沿着河道边缘渐渐堆积,进而形成了稳定的天然堤,同时河道间的泛滥盆地沉积也逐渐向上加积。

图6-6 直流河道的水流结构与心滩的形成
（据姜在兴等,2010）

当洪水通过局部的缺口流出主河道时,河流就会决口。流过堤岸的水流会侵蚀并加深泄水水道,结果主河道里的水便流到泛滥平原上,这时水流携带的碎屑物质也沉积在泛滥平原上(图6-7)。

决口河道里的沉积物主要是悬浮物质和细粒的河道底部物质。当河流决口时,水流会迅速分成多个支流并漫溢到决口扇的表面上,这时沉积物会迅速沉积下来(图6-7)。在小规模的河流中,由于河流的突然决口、河道及溢岸流的不同,产生的沉积物也多种多样。半干旱地区的水流通常是间歇性的,在泛滥平原上沉积了席状砂和点坝。

天然堤和决口扇发育在活动性的河道边缘部位,而泛滥平原沉积在河道外并向外延伸数千米。泛滥平原加积的速度通常是非常慢的,即使在沉积比较活跃的地区,每年也只能沉积数厘米。因此,在地质历史时期,泛滥平原的冲积表面都是比较稳定的。

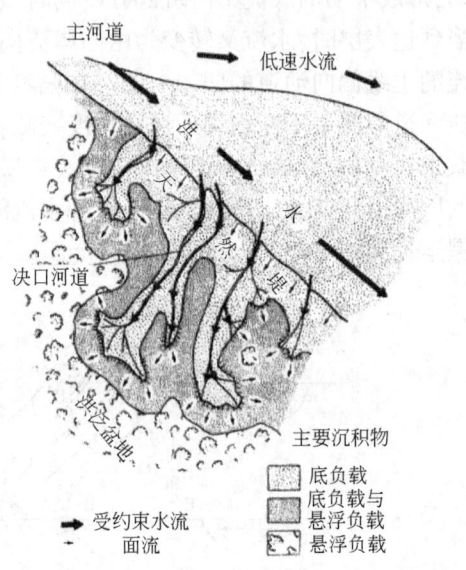

三、河道废弃

河道的往复摆动是冲积平原的重要特点。在局部地区,由于水流的冲蚀和下切作用,环状的河道通常被切断(视频24)。在较大的范围内,河流的决口或者河流的改道,常常引起河道逐渐或者突然废弃。伴随着幕式的水流,天然堤及泛滥平原逐渐在河道周边形成,河道就会在周围的冲积平原上摆动,最终导致天然堤破坏,新的河道在相对低的泛滥盆地中再次形成。与河道逐渐地侧向迁移不同,河流的决口是一个瞬间的过程,它打断了河流逐渐往上加积的过程。

图6-7 主河道天然堤决口产生的决口扇沉积
（据Galloway等,1996）

视频24 曲流河与牛轭湖的形成

新形成的河道通常与原来河道的轴向平行,也可能占据原来的河道,这时河道中的沉积物就会慢慢堆积。在这期间,由于小幅度的构造沉降以及前期沉积的砂泥质物质比较容易侵蚀,分支的河道就容易相互汇合。

在河道决口地区,废弃的河道在低能的泛滥平原上慢慢形成了小的河流,或者是形成一些孤立的河漫湖泊。除了靠近河流决口的上游地区外,其余大部分废弃河道是在物源区比较活跃的地方形成,而不是在河流主干或者支流所形成的泥质泛滥盆地中形成。

第三节 河流的沉积相类型

河流相由三个亚相组成,包括河道、河道边缘和泛滥盆地(表6-2)。

表6-2 河流沉积亚相和微相(据 Galloway 等,1996)

亚相	微相
河道亚相	滞留沉积
	加积河底床砂
	次河道,包括水流槽、辫状河道
	坝,包括纵向坝、横向坝、点状坝、流槽坝、交错坝和侧向坝
河道边缘亚相	天然堤
	决口扇
	河漫滩
泛滥盆地亚相	泛滥平原
	河漫沼泽
	河漫湖泊

一、河道亚相

河道亚相(视频25)由河流携带的大部分底负载沉积物组成,形成了河流体系的骨架沉积,它包括垂向加积和侧向加积的沉积单元。河道亚相沉积的内部结构主要取决于河道的几何形态。

视频25 科罗拉多州河道亚相介绍

(一)辫状河道

辫状河一般具有底负载或者富砂的低弯度河道(图6-8),微相类型有辫状河道、横向坝及纵向坝、侧向坝或交错坝。

横向坝在砂质辫状河道中很典型,往下游迁移、排列的方向与水流方向垂直。在洪峰期,坝上游的沉积物往下游倾泻,在坝内形成崩落的前积层和交错层(图6-8中的B)。纵向坝的轴向通常和水流平行,这是砾质辫状河的典型特征。洪水泛滥期间,较浅的水流从坝上流过,进而形成平行层理,坝下游边缘形成低—中等角度的交错层理(图6-8中的A)。辫状坝可以被洪水期间的流槽水道或低水期的辫状水道切割。侧向或交错坝沿低弯度河道的边缘分布,它们在河流干涸期间暴露出水面,在洪水期间又被淹没,这时粗粒的物质就会从坝的顶部冲走,并在下游河道的边缘部位沉积下来。其中主要的构造类型有板状交错层理和低角度的交错层理(图6-8中的A)。

辫状河道充填透镜体相互贯穿并且切割坝砂体。砂质、砾质河道沉积体中构造现象较少,在合适的水动力条件下形成的向下游迁移的水下沙丘中,有时可以见到槽状层理(图6-8中的A、B)。河道阻塞沉积物在大多数粗粒低弯度河道中较少见,可形成局部薄层的粉砂质泥

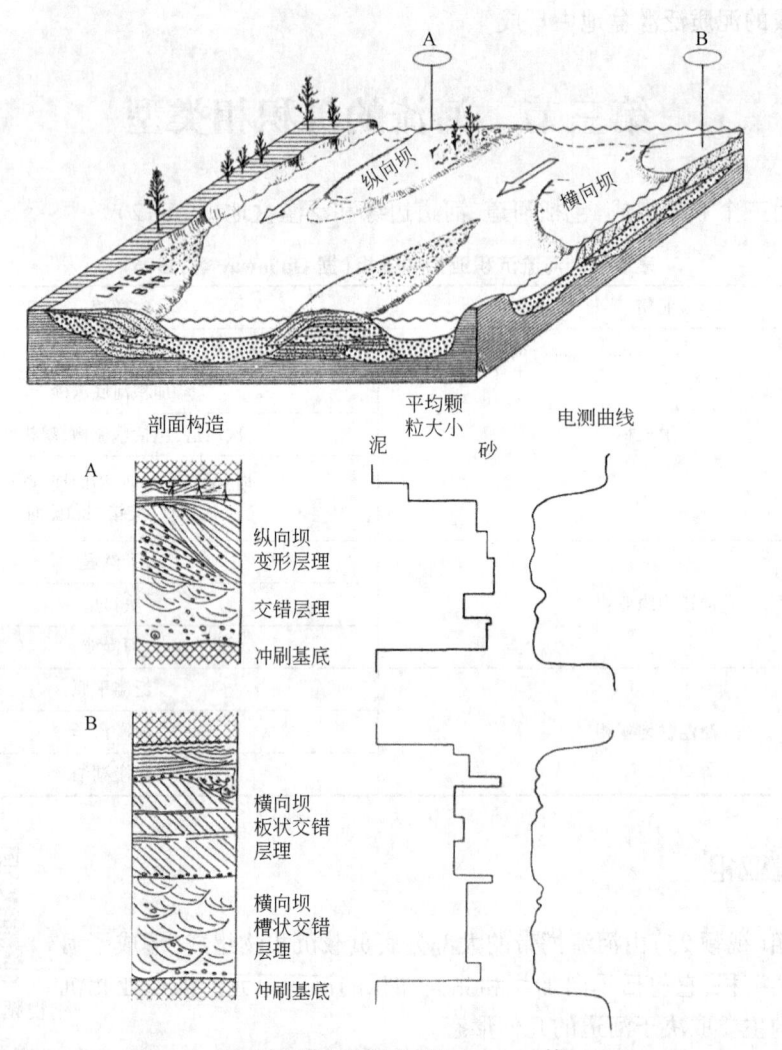

图 6-8 辫状河道沉积模式(据 Galloway 等,1996)

剖面 A 是由砾石质纵向坝迁移产生的,剖面 B 记录了辫状河道充填沉积上部连续的横向坝沉积

沉积,并充填在废弃的辫状水道中。

富砂的低弯度河道充填沉积的垂向层序较乱,略显向上变细,但粗粒沉积自下而上都有。内部构造主要有冲刷面、水平层理、平行层理、交错层理和再作用面构造,少见波状层理。

(二) 网状河道

网状河一般是富泥的低弯度河道,与相应的粗粒低弯度河道沉积大不相同。河道横切面通常是凸的并且对称。交错坝可能在富泥的低弯度河道中形成,但是当河流水动力条件减弱或者废弃河道的堤岸形成时,就产生了对称的河道沉积单元。

图 6-9 是一个典型的网状河沉积模式。河道富泥且低弯度。河流充填呈长而窄的透镜状体,底部冲刷面起伏很大。宽厚比低(通常小于 25∶1)、河道充填的垂向叠置是其典型特征。砂体走向通常平行于沉积斜坡,但常见分叉或者网状河道样式,流向多变。河道充填由富粉砂和黏土的砂质沉积物组成。粗粒物质(砾石、内碎屑以及植物碎屑)通常很少,分布在滞留沉积中。典型的堤岸加积在微弯曲段发育良好的不对称层理(图 6-9 中的 A),或者在直线

段形成对称层理(图6-9中的B)。细粒的、低弯度河道充填层序通常具有粒度向上变细的特征(图6-9中的B)。大至小型槽状交错层理为内部主要的沉积构造;软质沉积物变形普遍发育。泥质沉积物中发育波状层理、波纹层理和平行层理;原地的生物扰动明显。主要沉积构造普遍受植物根扰动。

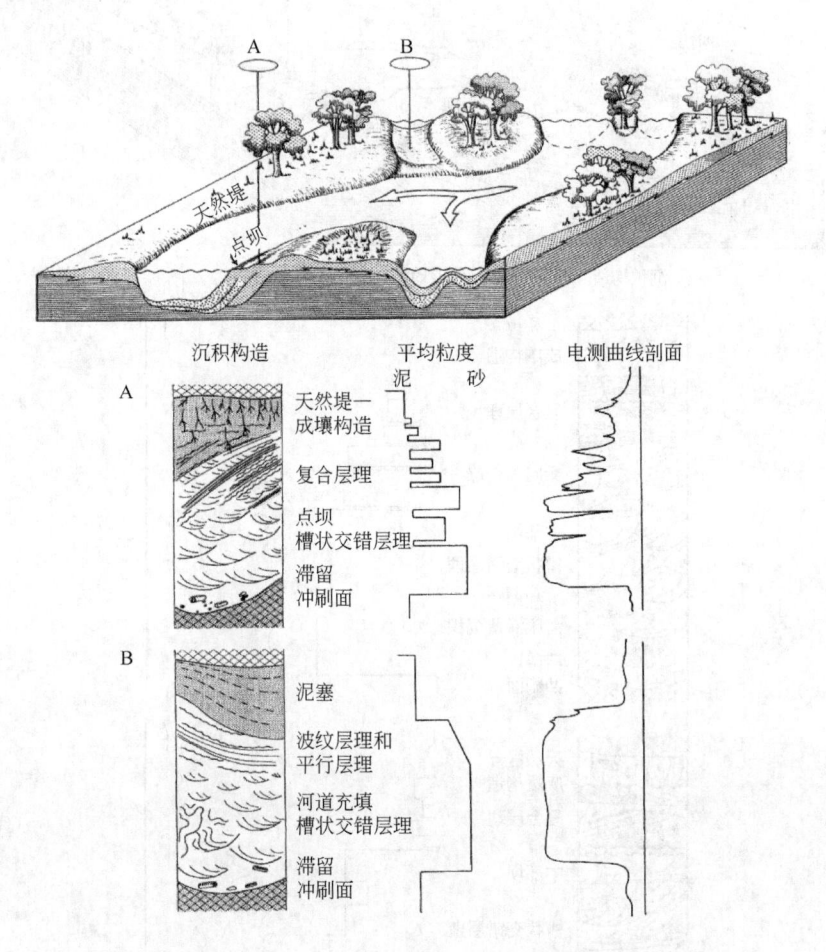

图6-9　网状河道沉积模型、代表性的垂向序列以及理想化的电测曲线(据Galloway等,1996)
电测曲线为自然电位SP,剖面过侧向加积(剖面A)和对称充填河道段(剖面B)

(三) 曲流河道

曲流河道是典型的高弯度河道,微相单元有河床、点坝(图6-10)、流槽及流槽坝(图6-11)和废弃河道。河床或谷道是河道的最深部位,是河流搬运的最粗物质的沉积部位。河床滞留沉积位于底部侵蚀面之上,由泥砾、源自堤岸和底部侵蚀的块体、水淹的植物碎屑、河床负载的粗砾石和砂等原地搬运物质组成(图6-10、图6-11)。最厚的和最粗的滞留沉积物聚集在冲刷槽中。迁移的水下沙丘覆盖了活动的河床,因此大到中型槽状交错层理是其主要的内部沉积构造(图6-10中的A、B)。当沉积物向上搬运到平缓斜坡内部河岸的相对低速流和低紊流区域时,就形成了侧向加积的点坝(图6-10)。

曲流带的曲率趋向于逐渐增大。因为沉积物会由河道向上和向外移向点坝,因此垂向上

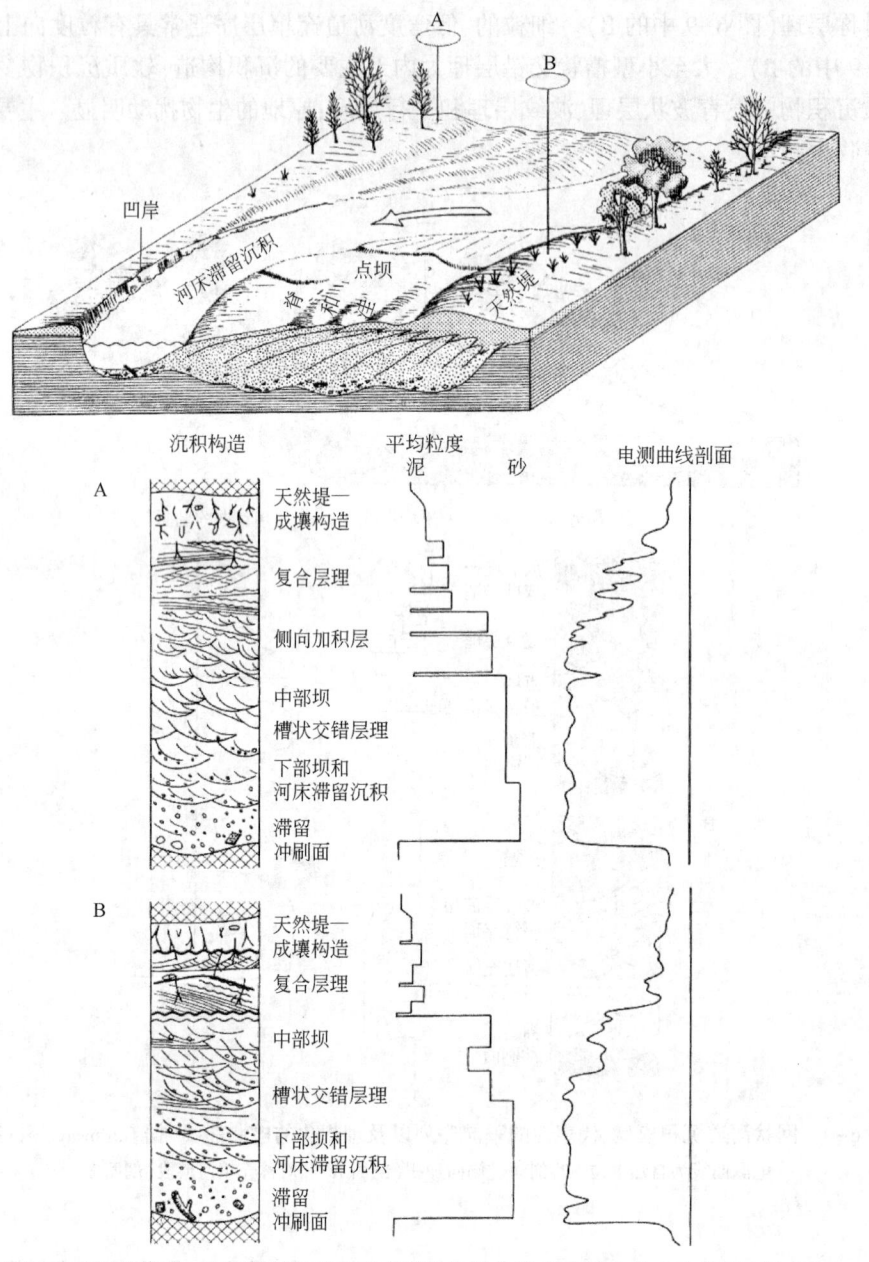

图 6-10　曲流河道的沉积模型、垂向序列以及电测曲线(电测曲线为自然电位 SP)剖面(据 Galloway 等,1996)
剖面 A 表示完整的向上变细的点坝序列,剖面 B 表示的是削蚀点坝的垂向序列

粒度减小是点坝垂向序列的典型特征。点坝表面的脊—洼地形(即曲流内侧坝)(图 6-10)和 S 形侧向加积层理反映了点坝的增生结构。洪水期越过点坝表面的细粒沉积物可能沉积于洼地中形成泥质透镜体和泥塞。点坝早期沉积部分通常被植被覆盖和被细粒的天然堤、泛滥平原沉积覆盖(图 6-10),形成从粗粒的河床滞留沉积向上变细的旋回。

砂质通过沙丘的迁移越过坝的中下部而发生搬运,因此中到大型槽状交错层理是这部分砂体的特征(图 6-10 中的 A)。层理规模向上减小。板状交错层理在点坝中上部较少出现。点坝上部粒度更细,水浅,流速低,以发育波纹层理、爬升—波纹层理、板状层理为特征。坝体表面可能被片流、沟蚀以及暴露地表期的植被和潜穴所改造。在点坝上游末端形成的斜坡上

— 138 —

洪峰期的河道高速水流将在其上流散。在这里,点坝底部到上部粒度的连续变化受到抑制,细粒的堤岸沉积可能突然覆盖于粗粒的点坝沉积之上(图6-10中的B)。

洪水期形成的流槽和流槽坝是河流直接切割点坝表面的一部分。此时,主要的粗粒底负载沉积物流出主河道进入一个或多个流槽和水道,并冲刷点坝的上游末端(图6-11)。当水流越过点坝表面时,底负载颗粒发生沉积,在点坝顶部形成流槽坝。流槽中发育有在主河道中可见的粗粒滞留沉积物。流槽坝由坝脊背斜面的水流分散作用而成的相对粗粒沉积物组成。流槽坝在水流重返主河道和坝进积到河道或早期流槽相对深水的地方沉积厚度增大。流槽复合

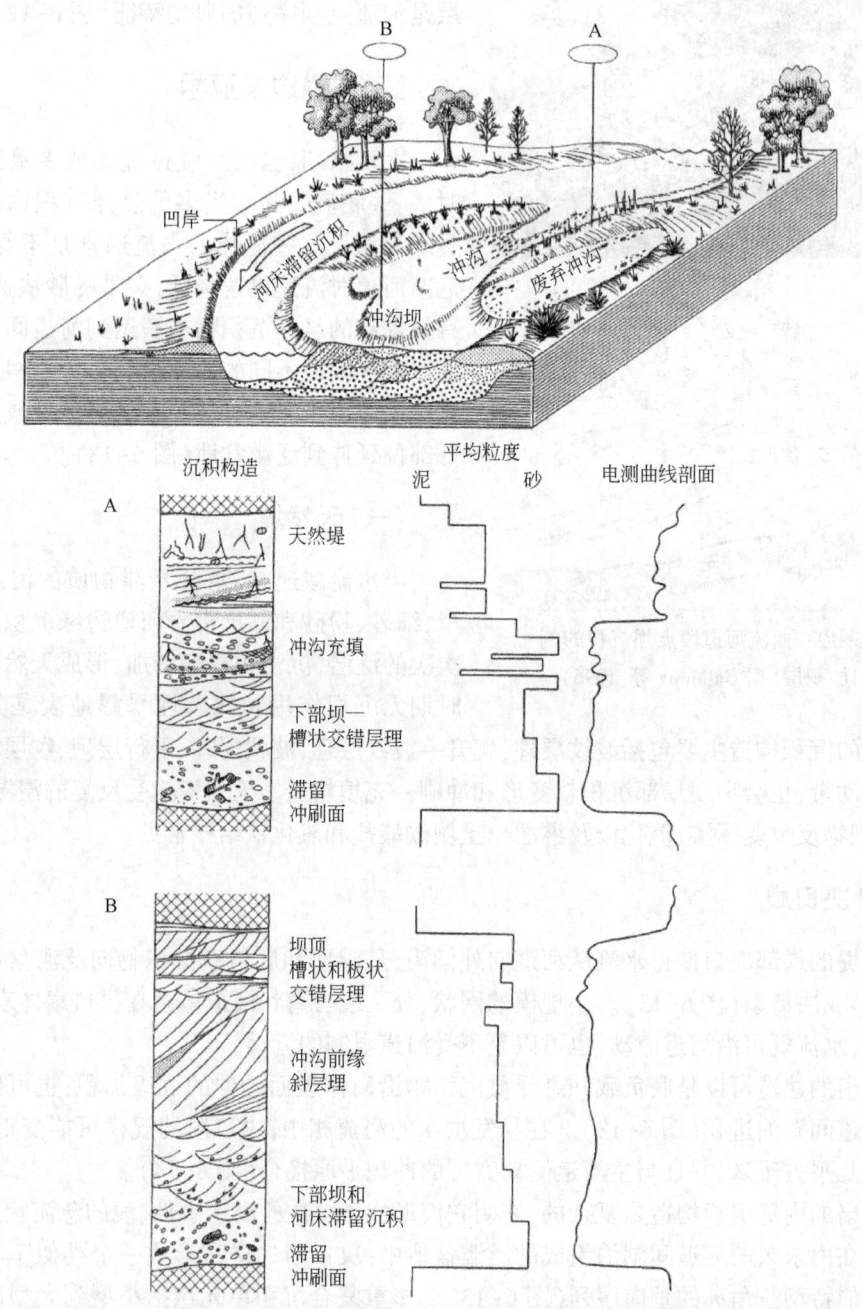

图6-11 流槽改造的点坝的简化的沉积模型、垂向序列以及电测曲线(据Galloway等,1996)
点坝上游部分被流槽河道沉积覆盖(剖面A),下游部分、河道和点坝低部位沉积被流槽坝沉积覆盖(剖面B)

— 139 —

体的主要沉积构造包括叠瓦状砾石层、平行层理、流槽河道上游部位的泥质透镜(图 6-11 中的 A)、流槽远端和边缘部位的槽状交错层理、流槽坝内的大型板状交错层理或斜层理(图 6-11 中的 B)。侵蚀和充填、伴随冲蚀植被(或其他障碍)而流动也是被流槽改造的点坝的主要特征。粗粒底负载沉积物透镜状沉积单元和点坝序列顶部发育的超大型沉积构造是流槽发育的本质结果。

河道充填沉积由河床滞留沉积、点坝砂和粉砂以及河岸顶层沉积组成(图 6-10)。侧向加积层是河流点坝序列的典型特征(图 6-12)。

二、河道边缘亚相

在洪水期,当河水漫过堤岸或者沿决口倾泻时,一些底负载和相当多的悬浮沉积物沿着河道边缘沉积。这些额外的水流通常是不受约束的,远离河道时流速迅速降低,夹带的砂快速沉积,只有最细粒的悬浮沉积物被搬运到河道间的泛滥盆地。存在两种不同的河道边缘环境:一是天然堤,它约束河道;二是决口扇,它从决口处或天然堤的低部位延伸到泛滥盆地(图 6-13)。

(一) 天然堤

当水流减速时,富含悬浮物质的河水溢出堤岸,细砂、粉砂和黏土沿着河道边缘沉积。随着一次次的泛滥,沉积物逐渐增加,形成天然堤。较长时期无沉积作用和间歇性暴露地表是其主要特征。常见的沉积构造主要包括波纹层理、爬升—波纹层理、波状层理、平行层理、纹层状泥层和植物根扰动带,也会出现局部沉积软变形和冲刷—充填构造。天然堤遭受反复的浸湿和烘干;因此,沉积物反复受压实、氧化以及淋滤。土壤碳酸盐和氧化铁结核常见。

图 6-12 曲流河道段点坝沉积的侧向加积层(据 Galloway 等,1996)

(二) 决口扇

天然堤的局部决口使得水流从河道向外倾泻,悬浮质和底负载沉积物向泛滥盆地邻近河道扩散,形成决口扇(图 6-13)。小规模的网状、分叉或者辫状河道体系在决口扇体表面延伸。在洪水期,水流既可沿河道流动,也可以是不受河道限制的流动。

决口扇的建造可以是底负载和悬浮质沉积物沿扇体表面延伸的逐级加积,也可以向漫滩沼泽和河道间湖泊进积(图 6-13)。在易发洪水的河流相中,决口扇的规模可能变得相当大,可以覆盖几平方千米,并且与主河道侧翼宽阔的冲积平原接合(图 6-14)。

决口扇的内部沉积构造是复杂的,表明它们形成于多次的洪水事件、浅的急流状态以及快速沉积。在由永久的河道间湖泊组成的泛滥盆地中,决口扇的进积形成一个类似于小型湖泊型或吉尔伯特型三角洲的垂向序列(图 6-13)。多重复合沉积单元包括小型到大型冲积河道和冲刷面、河道间漫流残余、泥质披盖和古土壤。

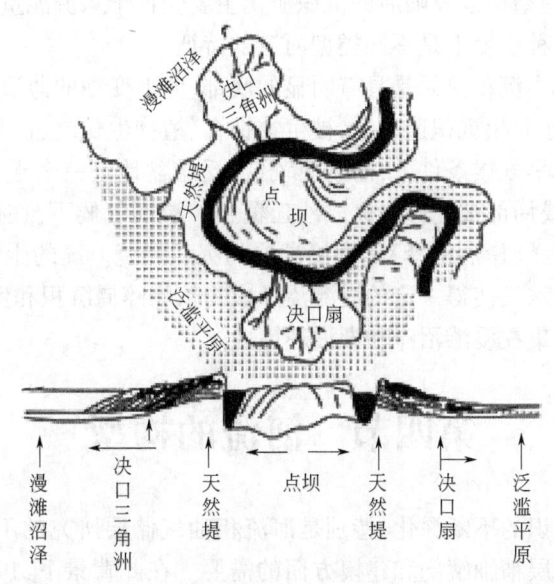

图 6-13　河道边缘和河道间泛滥盆地沉积环境（据 Galloway 等，1996）
包括决口扇和天然堤

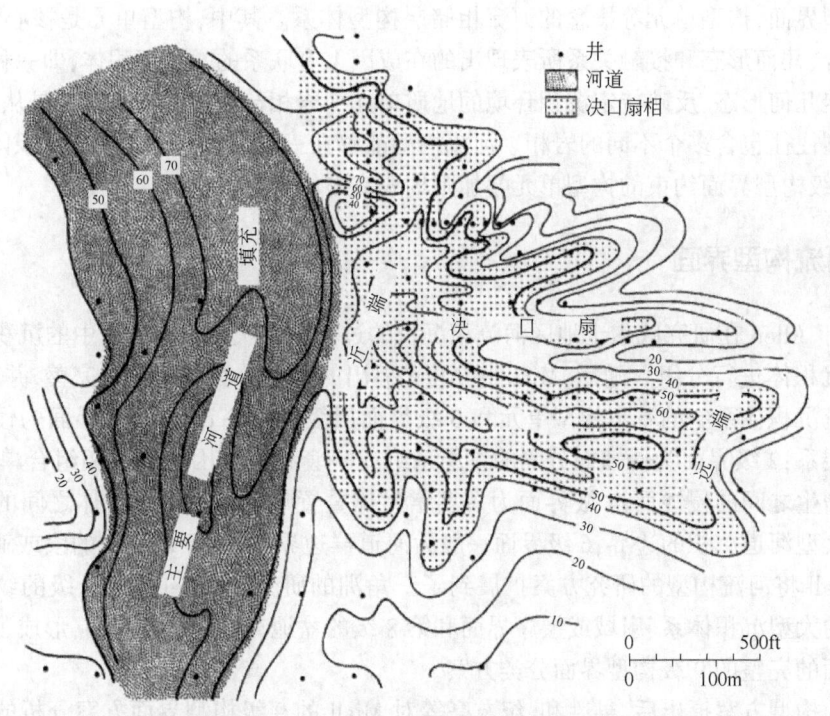

图 6-14　曲流河道充填边缘大型决口扇的砂岩等值线图（据 Galloway 等，1996）
扇体厚度接近于主河道的厚度。决口扇沉积不均匀地混合细到粗砂、泥质透镜和砾石

三、泛滥盆地亚相

细粒的底负载和悬浮质沉积物在洪水期向河道间地区冲积形成泛滥盆地或泛滥平原。泛

滥平原沉积物的量、纹理结构以及随后的沉积演化主要受控于水流能量和沉积物特征。因此，泛滥平原亚相特征在某种程度上是不同类型河道的特征。

泛滥平原亚相的基本沉积单元是具有明显的底部、向上变细的薄层，厚度在几厘米到几十厘米。总体上，泛滥盆地亚相沉积速率低，被生物钻孔、植物生长改造，并且成壤过程通常破坏主要的沉积构造。在干旱气候条件下，潜水面较低，泛滥盆地是一个干旱的泛滥平原，它可能被树或草等植被覆盖，或局部被迁移的风成沙丘覆盖。湿润气候下，在低潜水面的情况下，在泛滥盆地中形成河漫沼泽（岸后沼泽）和河漫湖泊的沉积环境。高的生物产率、低的陆源沉积物供给速率以及低的潜水面使得一定的漫滩沼泽成为植物碎屑沉积和保存的理想环境。主要的泥炭沉积可能因此聚集在漫滩沼泽和湖泊环境中。

第四节 河流的构型

随着对河流沉积认识的不断深化，特别是河流相油气储层研究的不断深入。传统的河流相沉积模式难以满足储层精细解剖和建模方面的需要。在此背景下，1977 年，Allen 针对河流相沉积砂体的内部组合特征，在参考建筑学三维建筑结构的基础上，首次提出了河流构型概念。Miall 继承了 Allen 的思想，并于 1983 年提出了一套适用于河流的构型要素分析法，建立了包括构型界面、构型单元等概念的河流相储层构型体系。其中，构型单元是核心要素，是指由岩相组合、几何形态和接触关系所表现出的在成因上有联系的一类沉积体，即一种地质构型是具有特定几何形态、反映特定沉积环境的地质单元。岩相与构型在沉积学上是从属关系，一个地质构型往往包含多个不同的岩相。河流构型能够在三维空间上详细解剖沉积体的基本结构单元，多级构型界面约束的构型单元叠加则构成完整的河流沉积。

一、河流构型界面

1983 年 Allen 在研究威尔士地区河流相沉积的过程中首次将砂岩剖面中的沉积侵蚀面及其限制的沉积体进行分级。随后，Miall 将 Allen 提出的构型分类方案进行完善，并于 1985 年提出了河流沉积体系中的基本构型单元和 6 级界面层级（图 6-15）。1 级界面为侵蚀面分隔的交错纹层系；2 级界面为侵蚀面分隔的纹层系组或一套相关成因的岩石相组合单元；3 级界面为单期增生之间的侵蚀面；4 级界面为多期增生体叠置形成的大型沉积体之间的侵蚀面；5 级界面是大型河道沉积的边界；6 级界面一般为河道群边界，相当于地层中的段或亚段。1996 年之后，Miall 将河流构型的研究方案扩展到了三角洲的研究中，并补充了 0 级的纹层界面以及第 7 级的大型沉积体系、扇域或层序界面和第 8 级的盆地充填复合体界面，形成了一个包含 0~8 级界面的完整的 9 级构型界面分类方案。

河流的构型方案提出后，吴胜和、纪友亮等对 Miall 的 9 级构型界面方案分析的基础上与经典层序地层学中的层序分级、高分辨率层序地层学中的基准面旋回分级等方案进行了对比（表 6-3），梳理了各方案中层次单元的对应关系，采用倒序的方法将盆地沉积体划分为 12 级构型单元，使构型分析方法可以更好地运用于油田勘探开发一体化的储层地质研究中。随着研究的深入，构型在台缘丘滩体、陆坡海底水道、浊流等沉积体的研究中也取得了应用，并产生了多种基于 Miall 方案的变体。

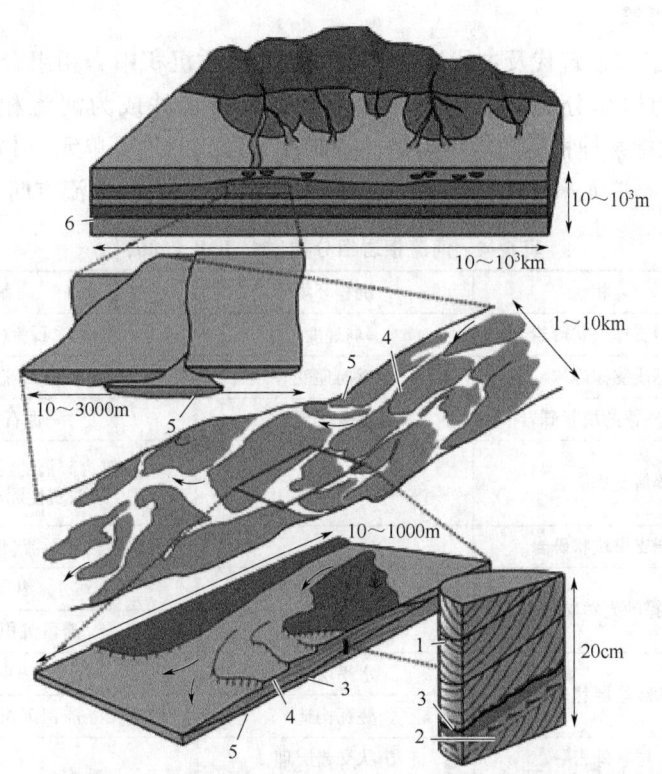

图 6-15 河流系统沉积单元分级方案(据 Miall,1996)

表 6-3 地层—沉积—构型分级方案(据吴胜和等,2013)

构型级别	时间规模,a	Milanko Viych 旋回	层序地层	地层内沉积单元	T. M. Cross 旋回	Miall 界面分级
1级	$10^7 \sim 10^8$	1	巨层序	叠合盆地充填体	巨旋回	
2级	$10^7 \sim 10^8$	2	超层序	盆地充填体	超长旋回	
3级	$10^6 \sim 10^7$	3	层序	复合体域	长旋回	8
4级	$10^5 \sim 10^6$	4	准层序组	体系域	中旋回	7
5级	$10^4 \sim 10^5$	5	准层序	叠置河道	短旋回	6
6级	$10^3 \sim 10^4$	6(最小可识别的异旋回)	层序	单河道及溢岸	超短旋回	
7级	$10^3 \sim 10^4$			单河道	7级旋回	5
8级	$10^2 \sim 10^3$			点坝/心滩	8级旋回	4
9级	$10 \sim 10^2$		层(岩层)	侧积体/增生体	9级旋回	3
10级	$10^{-2} \sim 10^{-1}$			层系组		2
11级	$10^{-4} \sim 10^{-5}$		纹层组	层系组		1
12级	10^{-6}		纹层	纹层		0

二、河流相储层构型要素

构型要素是指 Miall 的构型划分方案中的 3~5 级构型单元,是指由岩相组合、几何形态和接触关系所表现出的在成因上有联系的一类沉积体,可进行描述和成因分类。目前对沉积构型要素的表征方法主要包括对野外露头和现代沉积体系的测量及解剖,以及地下的钻井、测井、地震资料的分析等。

　　Miall 通过总结发现,现代及古代辫状河中砂质和砾质沉积中岩相组合特征具有一致性,提出了一个简单的岩相分类方案。随后该方案得到扩展并成为河流相沉积研究的标准(表6-4)。岩相是指某种特定的水动力条件或能量下形成的岩石单元,划分岩相的意义在于通过某一特定的岩石单元来反映其形成的古环境,如水动力条件、水流方向、沉积环境等。

表 6-4　河流相岩相分类(据 Miall,2006)

岩相代码	岩相	沉积环境	解释
Gmm	基质支撑块状砾岩	弱递变	塑性泥石流(高强度、黏性)
Gmg	基质支撑砾岩	反向递变	假塑性泥石流(低强度、黏性)
Gms	杂基支撑的块状砾岩	递变层理	泥石流沉积
Gci	碎屑支撑砾岩	逆粒序	富含碎屑的泥石流(高强度)或假塑性泥石流(低强度)
Gcm	碎屑支撑块状砾岩	—	假塑性泥石流(惯性推移质、湍流)
Gh	碎屑支撑的天然层状砾岩	水平层理	纵向沙坝
		叠瓦构造	滞留沉积、筛选沉积
Gm	块状或厚层状砾岩	水平层理	纵向沙坝
		叠瓦构造	滞留沉积、筛选沉积
Gt	层状砾岩	槽状交错层理	小河道充填
Gp	层状砾岩	板状交错层理	纵向沙坝三角洲
St	中—极粗砂含中砾	单个或成群的槽状交错层理	波状冠和舌状(3D沙丘)
Sp	中—极粗砂含中砾	单个或成群的板状交错层理	横向、舌状沙坝(2D沙丘)
Sr	极细—极粗砂	波形交错纹理	波纹(低流态)
Sh	极细—极粗砂含中砾	水平纹层或裂线理	面状层流(临界流)
Sl	极细—极粗砂含中砾	低角度(<15°)交错层理	冲刷—充填,冲刷沙丘,逆行沙丘(沙波)
Ss	细—极粗砂含中砾	宽的或浅的冲刷	冲刷—充填
Sm	细—粗砂	块状或细微的纹理	沉积物—重力流沉积
Sg	砂岩	粒序层理	重力流沉积
Se	含内碎屑的侵蚀冲刷	原生交错层理	冲刷—充填
Fl	砂、粉砂、泥	细纹层或很细的波纹	漫滩、废弃河道或凹坡洪水沉积
Fsm	粉砂、泥	块状	河漫滩沼泽或废弃河道沉积
Fm	泥、粉砂	块状、泥裂	漫滩、废弃河道或披盖沉积
Fr	泥、粉砂	块状、根、生物扰动	根床、初生土

　　Miall 在提出构型界面层级后,陆续指出了河道沉积中的[图6-16(a)]河道、砾石坝与底形、砂质底形、顺流加积、侧向加积、沟槽、重力流沉积、层状席砂和泛滥平原9种基本构型元素。1992年,Miall 基于 Platt 等人的构型观念对瑞士中新世砂岩地层进行了解剖[图6-16(b)],指出了发育在漫滩环境下的河堤、决口水道、决口扇、废弃河道4种构型要素,与原先提出的9种基本构型元素结合,建立了构型单元与对应的岩相组合、岩相之间的几何形态和接触关系(表6-5)。

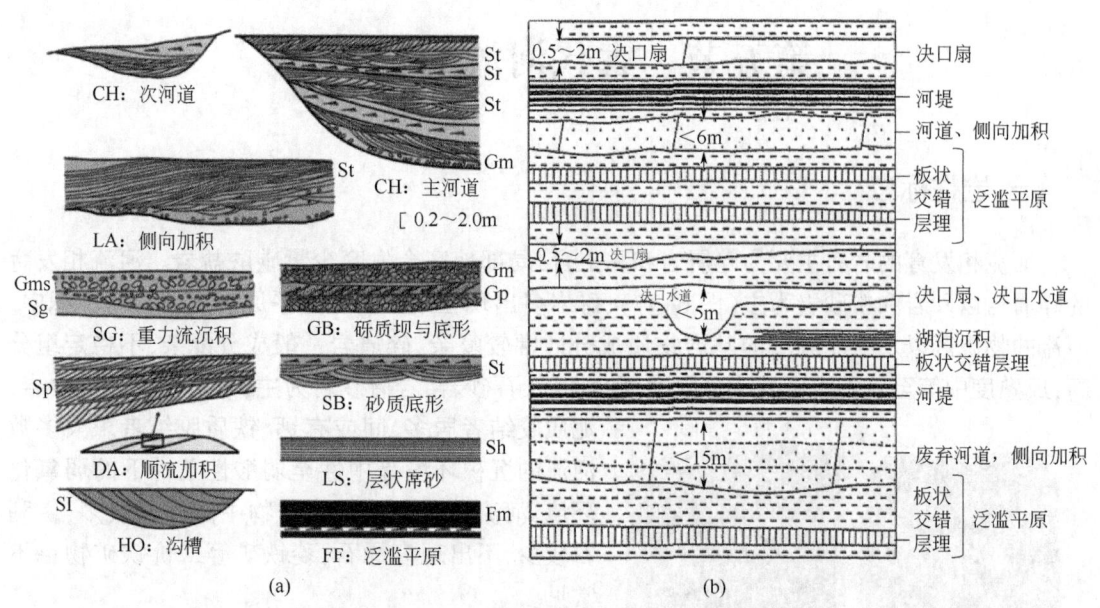

图6-16 河道的9种基本构型要素(a)与瑞士中新世砂岩地层构型解剖(b)(据Miall,2013)

表6-5 构型单元及对应的岩相组合、几何形态和接触关系(据Miall,2013)

构型单元	符号	主要岩相组合	几何形态	接触关系
河道	CH	任意组合	指状、透镜状或席状	上凹侵蚀基底,规模和形态变化很大,内部普遍发育3级单期增生之间的侵蚀面
砾石坝与底形	GB	Gm,Gp,Gt	透镜状、毯状,常为板状	常与砂质底形互层
砂质底形	SB	St,Sp,Sh,Sl,Sr,Se,Ss	透镜状、席状、毯状、楔形	在河道充填、决口扇、小型沙坝中普遍发育
顺流加积	DA	St,Sp,Sh,Sl,Sr,Se,Ss	透镜状	位于扁平状或河道基底之上的透镜体,内部和顶部夹有向上凸的3级界面
侧向加积	LA	St,Sp,Sh,Sl,Se,Ss,Gm(不常见),Gt,Gp	楔形、席状、舌状	具有内部侧向加积的特征,与河道基底斜交
沟槽	HO	Gh,Gt,St,Sl	透镜状	非对称式充填
重力流沉积	SG	Gmm,Gmg,Gci,Gcm	舌状、席状	常与砂质底形互层
层状席砂	LS	Sh,Sl,Sp(少量),Sr	席状、毯状	高流态平坦床砂的产物
河堤	LV	Fl	楔形	宽数千米,深度可达数十米;河堤的形成与越岸沉积密切相关
决口水道	CR	St,Sr,Ss	带状	宽度可达数百米,深数米,长数千米;常在主河道决堤时形成
决口扇	CS	St,Sr,Fl	透镜体	透镜体面积可达数百平方千米,厚度在厘米级到米级之间;河堤溃坝后,在决口处形成扇状沉积体
泛滥平原	FF	Fsm,Fl,Fm,Fr	席状	横向上可跨越数千米,厚度在厘米级到米级之间;常形成于漫流、片流和沼泽沉积
废弃河道	CH(FF)	Fsm,Fl,Fm,Fr	指状、透镜状或席状	规模上可与活跃的河道相当;河流改道或裁弯取直的产物

第五节　古代河流的相标志

一、岩性标志

河流相发育的岩石主要为碎屑岩和黏土岩,局部地区会发育少量碳酸盐岩。河流相发育的碎屑岩以砂岩和粉砂岩为主(图6-17),砾岩多出现在山区河流和平原河流的河床沉积中。河流的物源区以及河流流域的基岩物质成分通常较复杂,碎屑岩一般成分复杂,不稳定组分高,成熟度中等至较差。砾岩成分复杂,砂岩以长石砂岩、岩屑砂岩为主,个别出现石英砂岩,泥质胶结者居多,间或有钙、铁质胶结者。大多数河流的沉积环境是中性至弱酸性条件下的弱氧化环境,河流相沉积的黏土矿物中高岭石较多,伊利石较少,不出现海绿石,菱铁矿等二价铁矿物也不常见。

图6-17　东营凹陷始新统河流相沉积
棕红色细砂岩交错层理、平行层理

河流相碎屑沉积物主要为砂和粉砂,分选差至中等,分选系数一般大于1.2。粒度频率曲线常为双峰。粒度概率曲线显示为明显的两段型,且以跳跃总体为特征,其分布范围为 $1.75\phi \sim 3.0\phi$ 之间,跳跃总体与悬浮总体之间的截点在 $2.75\phi \sim 3.5\phi$ 之间,悬浮总体的含量为 2%~30%[图6-18(a)]。河流的水流是牵引流,其粒度资料反映了特征的牵引流性质。河流相沉积在牵引流综合 $C\text{-}M$ 图上呈S形,它有较发育的PQ、QR和RS段[图6-18(e)]。

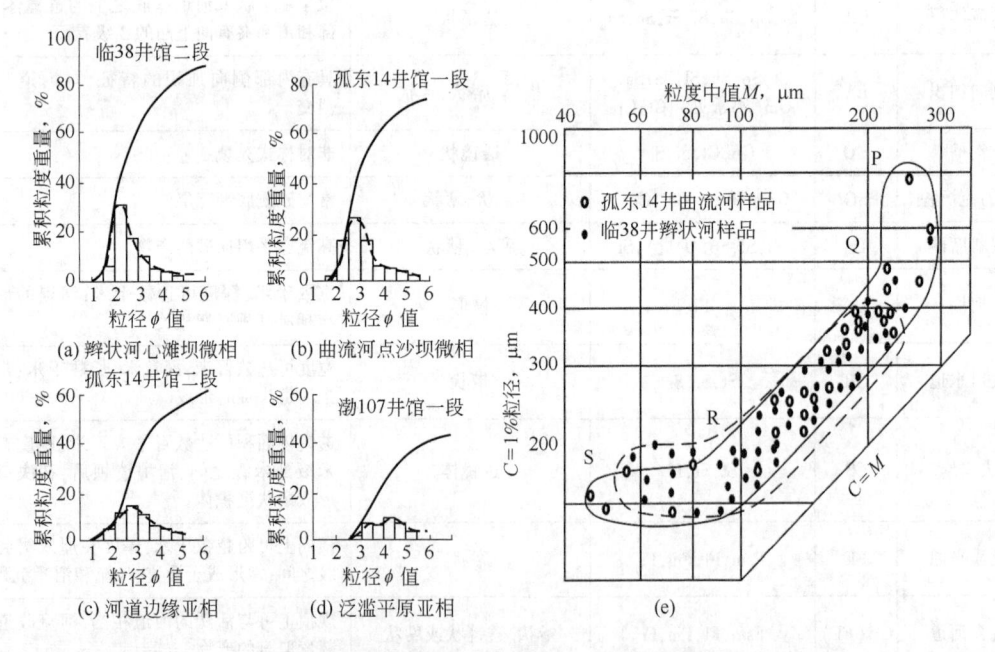

图6-18　济阳坳陷馆陶组粒度概率图与 $C\text{-}M$ 图(据狄明信等,1996)
(a) 辫状河心滩坝微相　(b) 曲流河点沙坝微相　(c) 河道边缘亚相　(d) 泛滥平原亚相

二、沉积构造标志

河流相通常发育大量层理,但以水流波痕成因的板状和大型槽状交错层理为主,通常半数以上的层理为交错层理,这反映了河流的单向水流搬运特征。细层倾斜方向指向砂体延伸方向,倾角在15°~30°之间。在河流沉积的垂向剖面上,自下至上依次为大型板状、槽状交错层理—平行层理—小型板状、槽状交错层理—波状层理。河流沉积中常见流水不对称波痕,也可见砾石的叠瓦状排列,扁平面向上游倾斜,倾角约为10°~30°(图6-19)。河流沉积的最底部常具明显的侵蚀、切割及冲刷构造,并常含泥砾及下伏层的砾石。

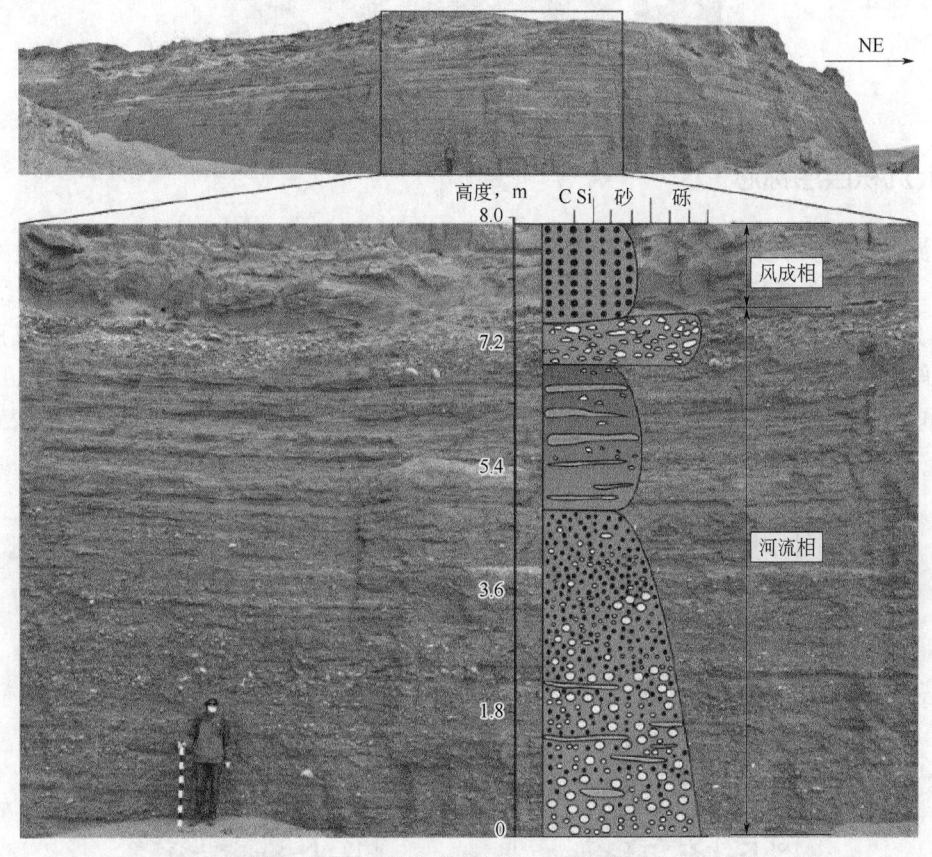

图6-19 古倒淌河沉积剖面(据陈骥,2016)

三、古生物标志

河流沉积环境下,通常难以保存完整的生物化石,以植物、植物碎屑化石为主。河床亚相典型的指相化石为硅化木,它是植物的干或茎在开放系统条件下硅化而成(图6-20)。河漫沼泽沉积中可见炭化植物屑或完整的植物化石,它们多是在封闭缺氧条件下保存下来的。河漫滩沉积中出现植物根茎和碳质泥岩,局部可见少量淡水生物化石和虫迹,在时代较新的河流相地层中可见到脊椎动物化石,无海相化石。

图 6-20　甘肃省玉门市硅化木（据邓鹏等，2020）

四、沉积层序标志

河流的垂向沉积剖面多表现为下粗上细的正粒序沉积，每个旋回底部发育有明显的底冲刷现象。典型的曲流河流沉积剖面应具有完整的河流沉积层序，即具有完整的"二元结构"，从下而上由河床滞留沉积开始，向上依次出现边滩或心滩以及泛滥平原沉积，且底层沉积与顶层沉积厚度近似相等（图 6-21）。而辫状河的"二元结构"中底层沉积发育、厚度较大，顶层沉积不发育或厚度较小（图 6-22）。图 6-21、图 6-22 中，M 表示泥岩，其他字母含义见表 6-4。

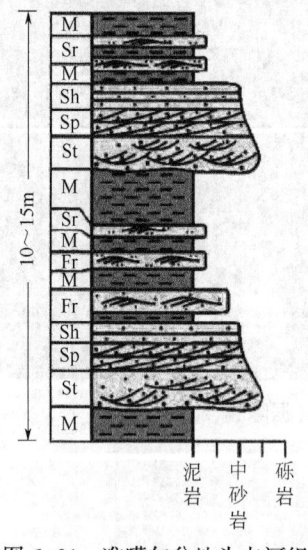

图 6-21　准噶尔盆地头屯河组曲流河沉积的垂向层序

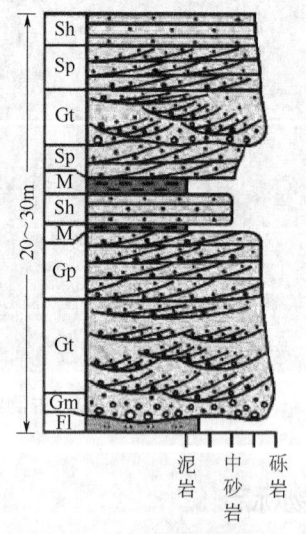

图 6-22　准噶尔盆地头屯河组辫状河沉积的垂向层序

五、分布形态标志

河流砂体在平面上多呈弯曲的条带状、树枝状等（图 6-23）。在横切河流的剖面上，河流砂体呈上平下凸的透镜状或板状嵌于四周河漫泥质沉积之中，如辫状河心滩砂体（图 6-24）总是呈透镜状成群出现，交错叠置，四周为泥质沉积所包围，显示河道的多次往复迁移；曲流河的剖面组合往往是砂泥互层，呈平板状；网状河常为直立或倾斜的窄而厚的墙状，相互分隔远离，是典型的泥包砂结构。

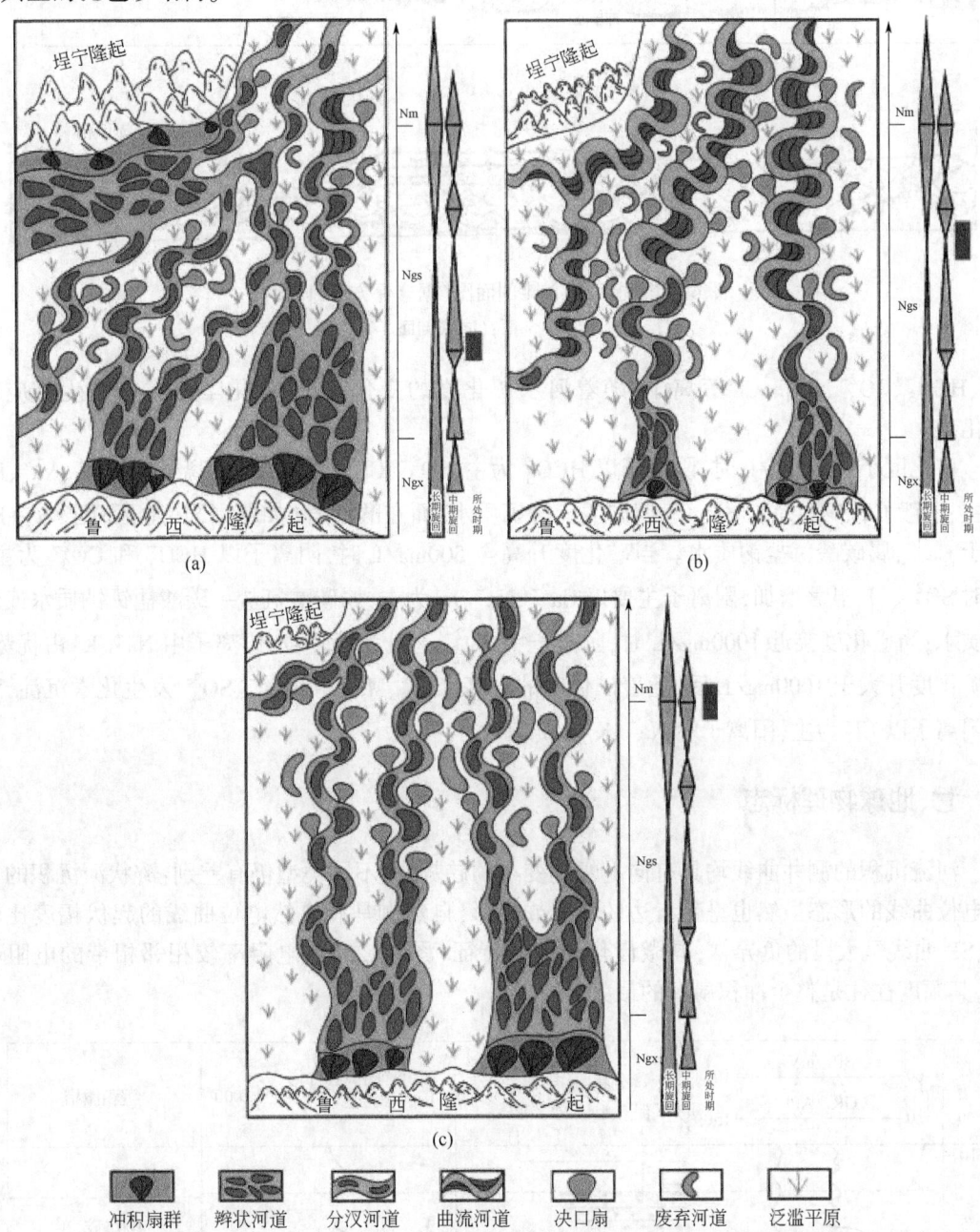

图 6-23 胜利滩海地区馆上段—明化镇组底部河流平面演变模式图（据袁静等，2022）

六、地球化学标志

河流的地球化学特征主要取决于水源补给和地理环境条件的影响，其变化过程受气候条件及水的动态条件的制约，具有明显的地带性分布规律。河流中普遍含有 Ca^{2+}、Mg^{2+}、Na^+、

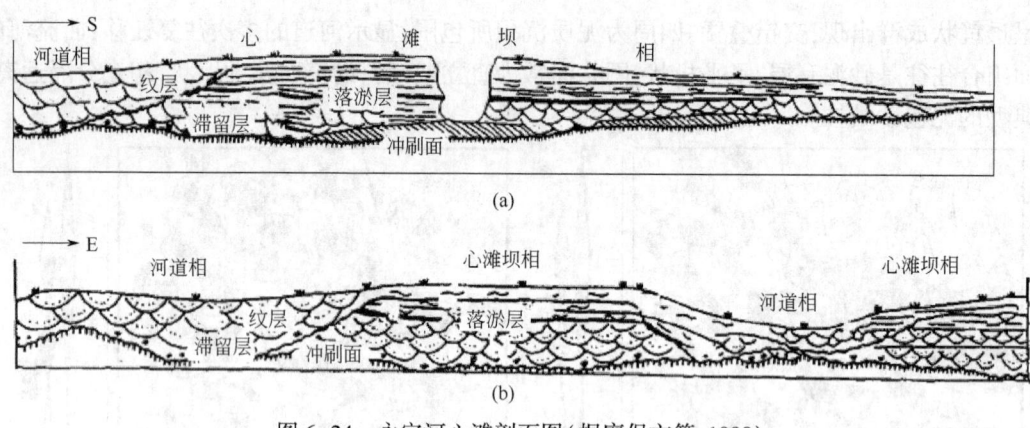

图 6-24 永定河心滩剖面图(据廖保方等,1998)
(a)纵剖面;(b)横剖面

K^+、HCO_3^-、CO_3^{2-}、SO_4^{2-}、Cl^-等离子,随着河水矿化度的变化,河水的化学组成也发生相应的变化。

矿化度小于50mg/L时,阴离子以HCO_3^-为主,SO_4^{2-}、Cl^-含量较低;阳离子以Ca^{2+}、Na^+、K^+为主,一般$Ca^{2+}>Na^++K^+>Mg^{2+}$,属碳酸氢盐钙质水;而在酸性岩(如花岗岩)地区,则Na^++K^+多于Ca^{2+},属碳酸氢盐钠质水。当矿化度升高至500mg/L时,阴离子以HCO_3^-和CO_3^{2-}为主,同时SO_4^{2-}、Cl^-显著增加,阳离子主要以Ca^{2+}、Na^+、K^+为主,属碳酸氢盐—碳酸盐钙钠质水或钠钙质水;当矿化度接近1000mg/L时,阴离子中SO_4^{2-}上升为第一位,阳离子中Na^+、K^+占优势;当矿化度升大于1000mg/L后,随着矿化度的升高,Ca^{2+}、Mg^{2+}和CO_3^{2-}、SO_4^{2-}发生化学沉淀,水中阴离子以Cl^-为主,阳离子中Na^+、K^+占优势。

七、地球物理标志

河流沉积的测井曲线均具有向上幅度变小的趋势,但不同类型仍有差别:辫状河沉积的自然电位曲线的形态虽然也呈带齿边的箱形或钟形,自然伽马和自然电位曲线的起伏幅度比较大,SP曲线呈大段的负异常,具微齿化的钟形特征(图 6-25)。电阻率较相邻相带的电阻率高,其幅度往往是整个冲积扇上的最大者。

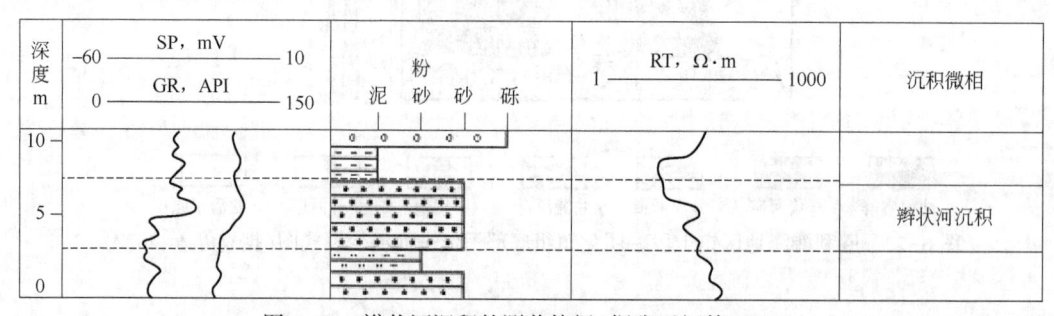

图 6-25 辫状河沉积的测井特征(据张元福等,2020)

典型的曲流河测井响应如图 6-26 所示,河道底砾岩曲线的幅度值最大,且底部突变型接触十分明显。随着岩性由粗砂到中砂至细砂过渡,曲线的幅值逐渐减小。到河流沉积的顶部,粉砂岩或泥岩在测井曲线上的幅度值最小,整个测井曲线的外形呈典型的钟形特征。

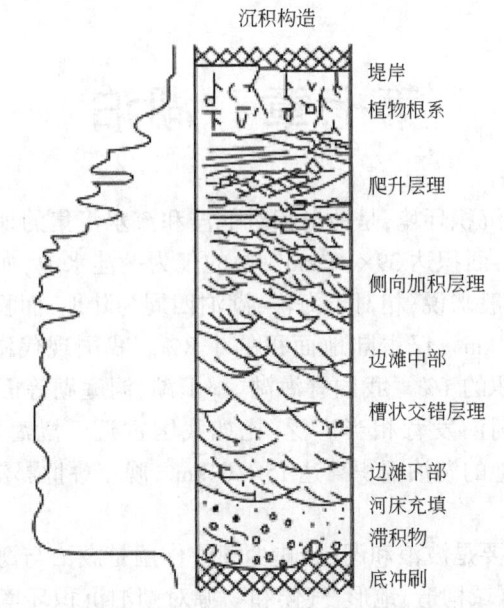

图 6-26 曲流河沉积的测井特征(据张元福等,2020)

现代河流中特别典型的网状河并不多见。在古代沉积物中,准确地识别网状对管网密度有较高的要求,因此网状河的测井特征响应研究不多。网状河多以低幅锯齿状小型钟形为特点,常见的自然电位有箱形、钟形与箱形—钟形叠加(图 6-27)。

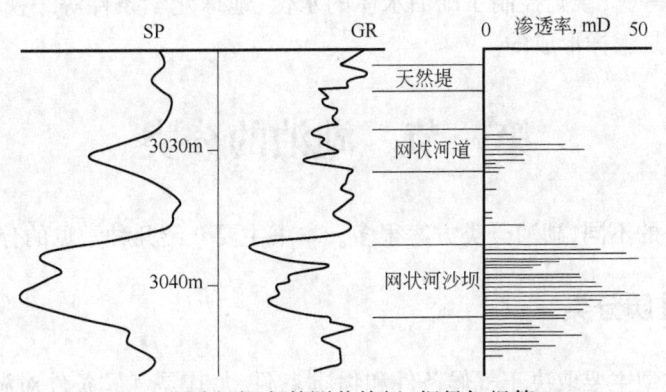

图 6-27 网流河沉积的测井特征(据侯加根等,2003)

思考题

1. 河流采用"形态学"分类有哪些优势?
2. 简述辫状河和曲流河的异同。
3. 简述河流沉积微相与构型的关系。

— 151 —

第七章　湖泊

　　湖泊是陆地上常见的沉积环境,是地形相对低洼和流水汇集的地区。湖泊的规模变化极大,大的可称为海,如里海,面积达 $39 \times 10^4 km^2$;小的仅为一洼水池,如曾获得吉尼斯纪录的本溪湖,面积仅为 $15 m^2$。一般来说,相对于海洋,湖泊四周为陆地,面积和深度都较小。全球现代湖泊总面积约 $250 \times 10^4 km^2$,仅占陆地面积的 1.8%。我国现代湖泊的总面积也只有 $8 \times 10^4 km^2$,不到全国陆地面积的 1%。我国青海湖、鄱阳湖、洞庭湖等面积约有 $4000 \sim 5000 km^2$。但是,在地质历史时期,湖泊发育相当广泛,比如我国古近纪渤海湾盆地湖泊面积达 $11 \times 10^4 km^2$,早白垩世松辽盆地的湖泊面积高达 $15 \times 10^4 km^2$,晚三叠世鄂尔多斯盆地的湖泊面积达 $9 \times 10^4 km^2$。

　　湖泊的水动力作用主要是波浪和湖流,缺少潮汐作用是湖泊与海洋的重要不同。与海洋相比,区域构造、地形、气候和物源对湖泊沉积环境及其相应沉积物的控制作用更加明显。气候冷热和干湿的变化会引起母岩风化速度和产物、河水流量和泥砂含量、湖水蒸发和湖面涨缩的变化,相应地引起湖泊水动力和地球化学条件的改变,使湖泊沉积的分布范围和厚度、岩性和相带,以及有机质类型和含量都有所不同。构造常控制了湖泊的规模、形态、地貌起伏特征等,气候则控制了湖泊水体的水位、地球化学条件等。视频 26 介绍了湖泊是怎样形成的。

视频 26　湖泊是怎样形成的

第一节　湖泊的分类

由于研究的目的不同,湖泊分类方案很多。本书主要介绍几种常见的分类方法。

一、沉积物性质分类

　　湖泊的沉积类型主要取决于气候条件和物质来源,尤其是气候条件对湖泊的沉积模式起着控制作用。Kukal(1971)和 Selly(1976)根据气候条件的干燥程度、地理环境和沉积物供给的充分程度,将湖泊划分为陆源碎屑湖泊、内源型化学湖泊、内源型生物湖泊、沼泽化湖泊、干盐湖、内陆萨布哈沉积等 6 种(图 7-1)。这 6 种湖泊根据其沉积物类型又可以简化成碎屑型湖泊、碳酸盐型湖泊和蒸发盐型湖泊三大类。

(一) 碎屑型湖泊

　　碎屑型湖泊[图 7-1(a)(d)]是指以碎屑沉积物为主,很少或基本没有化学沉积物的湖泊。这类湖泊虽然在干旱的内陆山间盆地中也有发育,但主要分布在潮湿气候区雨量充沛、地表径流发育的低洼地带,淡水注入量大,湖水盐度低,营养物质丰富,生物繁盛。沉积物主要是通过河流搬运来的源区基岩风化剥蚀的碎屑物质(砂和泥),只有极少数量是以溶液形式搬运来的沉积物;另外,也有少量碎屑物质来源于湖浪对湖岸基岩的侵蚀和火山喷发产物(火山碎屑和火山灰);在临近冰川前缘地带,也可有大量冰携物质的混入。碎屑型湖泊沉积物可以说基本是外源的,内源沉积物仅有湖内生长或生活的动植物遗体或腐败产生的有机物质,化学沉积物非常稀少。

(二) 碳酸盐型湖泊

碳酸盐型湖泊[图7-1(b)(c)]是沉积碳酸盐矿物(最常见的是 $CaCO_3$)的湖泊。除其富钙质沉积的特点外,碳酸盐型湖泊在岩相分带、层序结构等方面与碎屑型湖泊非常相似。碳酸盐型湖泊不同于盐湖,它可以形成于干旱、半干旱气候区,也可以形成于温带气候区。湖相碳酸盐岩尽管在类型上和岩性外貌上与海相碳酸盐岩非常相似,但其形成条件和沉积环境与海相碳酸盐岩的情况却有很大差别,如湖面升降、湖水运动、湖区地形、生物繁衍和碎屑供给情况等都不同于海相。湖泊碳酸盐岩的形成还明显地受古气候、古地貌、古水深、古风场、古物源、古盐度等因素的控制。

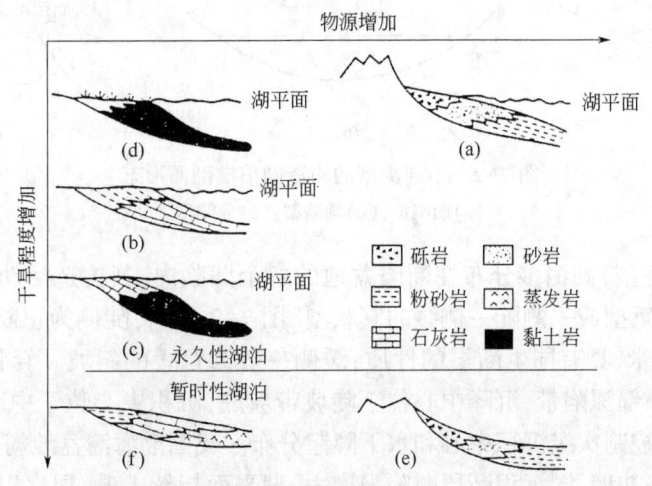

图 7-1 湖泊的类型及沉积模式(据维谢尔,1965;库卡尔,1971)
(a)陆源碎屑湖泊;(b)内源型化学湖泊;(c)内源型生物湖泊;(d)沼泽化湖泊;(e)干盐湖;(f)内陆萨布哈沉积

(三) 蒸发盐型湖泊

蒸发盐型湖泊[图7-1(e)(f)]是沉积蒸发盐矿物的湖泊,并以硫酸盐和氯化物盐类矿物为特色。在干旱气候下,当湖水蒸发量大于湖区降雨量、四周地表径流和地下水输入量时,湖水逐渐浓缩,盐度增高,达到某种盐类饱和度时便有该种盐类矿物析出。意大利化学家 Usiglio 首先通过实验得到不同盐类按照碳酸盐、硫酸盐和氯化物的顺序溶解和析出。当卤水浓缩时,首先沉淀的是碳酸盐矿物(方解石),进而是镁质碳酸盐矿物(白云石)和石膏($CaSO_4 \cdot 2H_2O$)沉淀,之后是石盐(NaCl)的沉淀。在石盐开始沉淀时,湖水体积将缩小到碳酸盐沉淀时的1/100以下。最后才是钾盐的沉淀。但是,自然界的情况要比实验室的条件复杂得多。由气候波动和地表径流量变化引起的湖水盐度和pH值的变化都可使这个理想沉淀次序遭到破坏。湖水的淡化常导致早期沉淀的矿物发生溶解并被交代,许多矿物的沉淀也与pH值的变化有密切的关系,加之受物源影响,一个盐湖中也很难同时含有各种盐类。因此,在地层中见到的实际次序是比较复杂的。蒸发盐型湖泊沉积物见视频27。

二、构造成因分类

湖泊的形成包含两个基本条件:一是能集水的洼地,即湖盆;二是提供足够的水量,使盆地积水(汪品先等,1991)。由于湖盆是湖水赖以保存的前提,而湖盆形态特征不仅直接或间接地反映其形成和演变阶段,并且在较大程度上又制约着湖水的理化性质和水生生物类群,而一些规模比较大的湖盆通常是构造成因,因此,湖盆的构造成因是湖泊分类的重要依据。

构造湖包括由地壳较深部的构造运动所形成的一切湖泊,主要包括两种类型,一种是由造陆运动形成的湖泊,如里海、咸海等由陆地上升事件形成的湖泊;另一种是由倾斜、断裂、褶皱或翘曲等作用形成的湖泊,如贝加尔湖、死海等。结合构造特点,构造成因的湖泊可分为断陷型、坳陷型、前陆型三个基本类型(图7-2)和一些复合类型,如断陷—坳陷复合型。

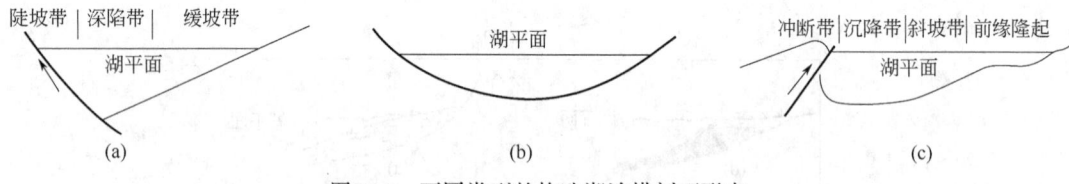

图 7-2 不同类型的构造湖泊横剖面形态
(a)断陷型;(b)坳陷型;(c)前陆型

断陷型(或裂谷型)湖泊多分布在断陷盆地的各个凹陷内,其构造活动以断陷为主,横剖面呈两侧均陡的地堑型或一侧陡一侧缓的箕状型[图7-2(a)],陡侧为正断层,断层倾角高达30°~70°,落差几千米,具有同生断层的性质;缓侧一般为宽缓的斜坡。箕状湖盆内部可分为陡坡带、缓坡带和中部深陷带,沉降中心位于陡坡带坡底,沉积中心位于中部偏陡侧。凹陷内部还有主干断层控制次级沉积中心和水下隆起分布。我国渤海湾盆地霸县凹陷古近系为典型的断陷湖盆,断陷初期,同沉积断层断陷强度大,湖平面持续上升,层序以退积叠置为主,沉积相以扇三角洲为主。断陷晚期,文安斜坡断裂强度减弱(图7-3),古近系湖盆水位上升至最大值,沉积相纵向上呈进积和退积叠加,辫状河三角洲为主要沉积相(图7-3)。断陷后阶段,古地貌和湖平面控制了文安斜坡浅水三角洲沉积的堆积(图7-3),早期发育浅水三角洲,晚期发育湖相沉积。

坳陷型湖泊及其所在的沉积盆地以坳陷式的构造运动为特点,表现为较均一的整体沉降,湖底的地形较为简单和平缓,边缘斜坡宽缓,中间无大的凸起分割,水域统一形成一个大湖泊[图7-2(b)]。沉积中心与沉降中心一致,接近湖泊中心,但在演化过程中略有迁移。在坳陷型湖泊中,粗粒和富含碎屑的相带将集中分布于湖泊边缘,而较细的沉积物则发育于碎屑沉积物非补偿的盆地中心区域(如白垩纪的松辽盆地)。

前陆型湖泊是指沿造山带大陆外侧分布的沉积盆地,分布于活动造山带与稳定克拉通之间的过渡带[图7-2(c)]。在山前出现强烈沉降带,向克拉通方向沉降幅度逐渐减小,沉积底面呈斜坡状。自近造山带向克拉通可分为冲断带、沉降带、斜坡带和前缘隆起,沉积剖面呈不对称箕状。

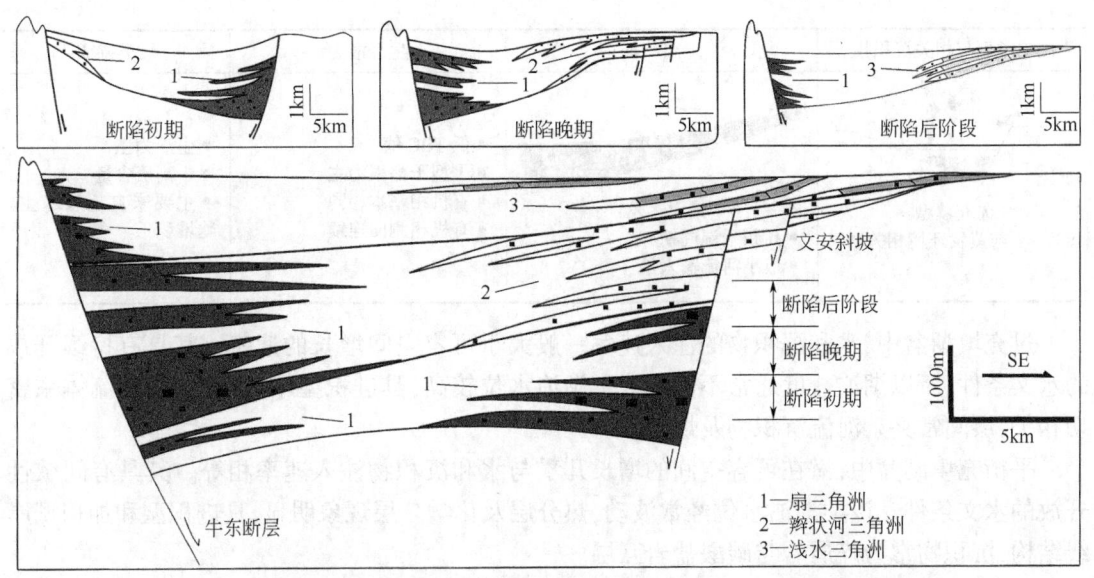

图 7-3 渤海湾盆地霸县凹陷古近系断陷湖盆不同阶段沉积演化模型(据 Li 等,2019)

三、基于可容空间与沉积速率分类

沉积物潜在的可容空间(主要是构造产生)和水及沉积物充填(主要是气候的函数)速率的相对平衡控制了湖泊的发育、分布和特征,以及地层结构(Carroll 等,1999)。潜在可容空间,可定义为盆地内最低点和盆地水系溢出点之间的高差,为可供沉积物堆积的最大空间。溢出点限制了湖泊高水位期的最终高度,它是与海相体系对比的关键点。溢出点高度通常是由隆起控制的,被侵蚀作用和河流袭夺所改造。和湖平面一样,沉积物和水的供给与气候有紧密的联系。按可容空间与水和沉积物产生速率之间的关系,可将古湖盆分为三类:过充填、平衡充填和欠充填(表 7-1)。

表 7-1 各湖泊类型特征(据 Bohacsl 等,2000)

湖泊类型与相关沉积相	地层特征	生烃潜力	烃类特征
过充填型 与河流环境相关联	最大进积: • 与侧向进积(相对微弱)有关的准层序 • 最大河流输入量	• 中低 TOC 值 • I~III 型干酪根 • 明显不同的有机相 • 有机相侧向变化明显	• 生油、气 • 含蜡量高,含硫量低 • 主要来自陆源生物堆积
平衡充填型 与深水环境相关联	进积和蒸发: • 水体明显变浅的沉积周期 • 变化的河流输入量	• 中高 TOC 值 • I 型干酪根为主,洪泛面附近见 I~III 型干酪根 • 有机相相对均一,侧向连续	• 生油为主 • 含蜡量低,含硫量高 • 主要来自藻类堆积

续表

湖泊类型与相关沉积相	地层特征	生烃潜力	烃类特征
欠充填型 与蒸发环境相关联	最大蒸发： • 高频干湿周期 • 最小河流输入量	• 低 TOC 值 • Ⅰ型干酪根为主 • 有机相基本相同 • 有机相侧向连续	• 生油为主 • 中高硫含量 • 主要来自超咸水生物堆积

过充填湖盆中，水和沉积物的注入速率一般大于可容空间增长的速率。其具有持续开放的水文条件，所以湖泊盐度通常不高。该类湖泊水位较高，具进积型岸线结构，与河流体系密切相关，层间常夹杂河流沉积物及煤层。

平衡充填湖盆中，潜在可容空间的增长几乎与水和沉积物注入速率相等。其具有间歇性开放的水文条件。该类湖泊水位经常波动，热分层及化学分层现象明显，具进积型和加积型岸线结构，沉积物常为碎屑岩与碳酸盐岩互层。

欠充填湖盆中，潜在可容空间的速率持续超过水和沉积物的供给速率。其具有持续封闭的水文条件，湖水化学分层特征明显。该类湖泊所处环境较为干燥，水位较低，湖水中溶解了大量盐类物质，具加积型岸线结构，沉积物常为蒸发岩。过充填、平衡充填和欠充填湖泊控制因素及实例解析见视频28。

视频28 过充填、平衡充填和欠充填湖泊控制因素及实例解析

四、其他分类

Hutchinson(1957)主要基于湖盆成因分类、盆地积水等因素，系统归纳了湖盆成因类型，除了构造成因，还有火山、滑坡、冰川、溶蚀、河成、风成、海岸、有机成因、人工成因及陨石成因等10种湖泊类型。

火山湖形态多样，包括低平火山口湖、破火山口湖、火山口湖，以及由火山熔岩堰塞形成的湖泊，如美国加利福尼亚州的斯纳格湖。滑坡湖是由滑坡、泥石流和岩屑堆积而形成的湖泊。由于滑移的碎屑或多或少地易于被随后发生的洪水或其他类似事件侵蚀掉，所以，此类湖泊在时间上往往较为短暂。冰川湖泊可分为四种主要成因类型：(1)直接与冰相接触的湖泊，如赋存于冰上或冰内以及由冰围堵而成的湖泊；(2)冰成岩盆地，如冰斗湖、山麓冰川湖(或亚高山湖)和峡湾湖等；(3)冰碛湖和冰水湖，由终碛、后碛或侧碛造成的湖泊；(4)冰碛盆地，如锅状湖和融冻湖。溶蚀湖是指渗入石灰岩、石膏或岩盐等易溶沉积体中的水产生的溶蚀盆地。例如克罗地亚达尔马提亚海岸的喀斯特区是著名的溶蚀湖区。河成湖包括瀑布潭湖或侵蚀湖、三角洲湖。由风力活动形成的湖盆，称为风成湖，主要出现于干旱地区，常见由风的侵蚀作用形成的风蚀盆地、由风成砂或风成黄土围堵而成的湖泊。海岸湖一般是由大海沿岸搬运的物质围堵而成，如沙颈岬湖和沙嘴湖。有机成因湖多属于小型湖泊，包括由植物围堵形成的植物水坝、海狸水坝和珊瑚湖等。人工湖是指人工建造的湖、水库和废弃矿坑积水等。陨石湖是由外太空陨石以非常剧烈的方式在地表撞击所形成的湖泊。

湖泊还可以按照含盐度分为淡水湖泊和咸水湖泊，并以正常海水含盐度3.5%作为二者的划分界线，进一步以含盐度0.1%作为淡水湖和微(半)咸水湖的界线，以含盐度1%作为微(半)咸水湖和咸水湖的界线，以含盐度3.5%作为咸水湖和盐湖的界限(表7-2)。

表 7-2 湖泊盐度分类

湖水盐度	<0.1%	0.1%~1%	1%~3.5%	>3.5%
湖泊类型	淡水湖	微(半)咸水湖	咸水湖	盐湖

另外,湖泊还可以根据湖水分层进行分类。由于水的密度随温度变化的规律非常特别,在湖水4℃时密度最大,所以湖水热分层是有关时空变化概念的一种非常有趣的平衡作用。按温度分层情况,湖泊可分为6种类型。无循环湖(永冻湖)的湖水常年结冰,从不循环,在地球南北两极最多。湖水的加热主要靠阳光穿透冰层的热辐射,以及从湖底穿过沉积层的地下热源。这类湖泊有特殊的逆分层现象。冷单循环湖的湖水温度从来上升不到4℃以上,只有一个循环季节(夏季),分布限于寒冷地区和高海拔地区,常常与冰川和永久冻土带相伴。双循环湖,顾名思义每年循环两次,一般是在春秋季节。这是世界寒温带最常见的湖水温度分层类型。它们在夏季为正分层,冬季为逆分层。暖单循环湖通常每年循环一次,湖水水温从不低于4℃,分布在温带、亚热带山区和受大洋气候影响的地区。多循环湖的湖水循环频繁,可分为冷多循环湖和暖多循环湖两类;前者是湖水在接近4℃时的温度循环;后者是在较高温度下循环。多循环湖分布在风力有迅速更替、日温差大和季节温差较小的地区。少循环湖一般出现于热带地区,在温度远高于4℃的情况下发生不规则和罕见的湖水循环。

第二节 湖泊的沉积过程

湖泊沉积是各种物理、化学及生物作用之间复杂平衡的结果。气候因素对湖泊的控制作用最大,如果气候控制了全球湖泊的分布,并决定一个湖泊是开放湖盆还是封闭湖盆,还影响湖泊化学沉积物的种类。干旱地区湖泊以石膏等盐类沉积为主,而潮湿气候区湖泊则以碳酸盐沉积为主。此外,寒冷气候条件下湖泊冻结,导致沉积物输入量减少和波浪作用停止,细粒悬浮沉积物便在静水条件下沉积下来。

一、沉积环境特征

(一)水动力特征

风、河水注入、大气升温等湖泊的物理作用均会影响湖水运动(图7-4)。风会制造波浪和水流,从而影响湖盆中粗粒质点的侵蚀和搬运,而风力剪切产生的环流、上涌、湖岸喷流和假潮只能搬运被波浪带入呈悬浮状态的细粒沉积,例如粉砂和泥;河水注入是湖水和碎屑物质的主要来源,会产生扩散于表层水体中延伸至湖心处的成股细粒沉积物,或将沉积物沿湖底带至湖盆中央形成高密度底流或浊流,还会产生沿湖边缘流动的水流;大气升温对深湖影响大,引起湖水的密度差异,导致水体分层(表层水体升温),或形成密度流(表层水体降温),引起湖水的混合与对流,产生季节性的纹层。下面选择湖泊最重要的水动力条件,即湖浪和湖流进行讨论。

1. 湖浪

湖浪是风力作用于湖面所形成的一种水质点周期性起伏的运动。湖浪所形成的水体波动的振幅随水体深度的增加而减小,当达到1/2个波长时,水体质点运动几乎等于零,故常把此

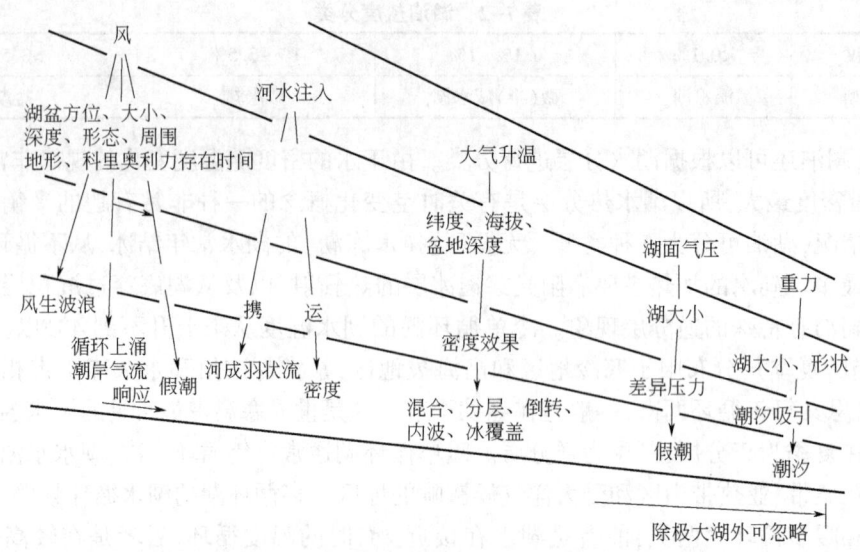

图 7-4　湖泊对各种物理因素的响应(据 Selley,1968)

水深的水平界面称为"浪基面"或"浪底"。在风暴浪活动时期,浪基面要比平时低得多,这一浪基面称为"风暴浪基面"。

湖泊中的波浪运动包括风生波浪、上涌和假潮,其中以风生波浪最为重要。风生波浪在湖滩带呈破浪,由向岸推进的孤波与滨线的冲刷和回流组成,破浪带之外,则仅受水体质点运动轨道的影响。波浪能量向下减小,在水深为波长的四分之一处,运动程度约为湖向水动力程度的21%;在水深为波长的二分之一处,约为湖面水动力程度的4%。为简化起见,将波浪剪切力超过床砂临界剪切力从而明显影响沉积物的最大深度(基准面深度),限定为相应于波浪运动25%的水深。风力剪切的结果是下风端的湖水位高于上风端的湖水位,造成湖水的上涌。风的剪切和低的气压将造成湖水体的大规模起伏,这种波动被称为假潮、湖震或湖波。假潮的周期与湖泊的大小和水深有关。许多大湖泊都有明显假潮,如休仑湖潮差最大幅度达 0.76m,伊力湖为2.56m,振荡周期为 14～16h。假潮可搅乱湖泊水体的分层,或者降低温跃层的深度。

湖浪是滨浅湖地区一种重要的侵蚀和搬运沉积物的动力。湖浪的搬运和冲刷作用形成了各种侵蚀和沉积地形,如湖蚀崖、浪蚀湖岸、湖滩、沙嘴和障壁沙坝等。暴风浪还可在较深水区形成具有丘形交错层理的风暴流砂质堆积体,但丘状交错层理的波长比广海陆架过渡环境的丘状交错层理的波长短很多。

2. 湖流

湖流是湖水水团大规模的、有规律的、流速缓慢的流水。虽然它不能搬运湖底负载质点,但对悬浮的细粒沉积物的散布以及湖水的混合作用都有重要影响。引起湖流的动力有重力、梯度力、风力和派生的地偏转向力等。根据成因,湖流分为漂流和梯度流。

漂流是因盛行风对湖面的持续作用而产生的切应力所引起的湖水运动。漂流在地转偏向力作用下,表层湖水往往偏离风向移动,受科里奥利力的影响,在北半球偏向右,在南半球偏向左,这种偏向随深度递增而递减。地转偏向力在大型湖泊中形成平面环流,在小型浅水湖泊中的影响可以忽略。漂流引起湖水的整体传输,在北半球顺风方向右岸,湖水堆聚,左岸湖水分散,造成湖面倾斜,形成上升流和下沉流。漂流在密度相同的湖泊中常形成一个垂直环流。但在密度分层的湖泊中,环流向下时,在分界面受到下层密度较大的湖水的阻隔,往往形成上下

— 158 —

两层的垂直环流。我国许多现代湖泊在盛行风的作用下,在开敞湖面常形成闭合型环流,如青海湖盛吹西风,主环流呈顺时针方向运行,局部存在逆时针环流(图7-5);太湖在夏季偏南风作用下,有一个逆时针的环流(图7-6)。

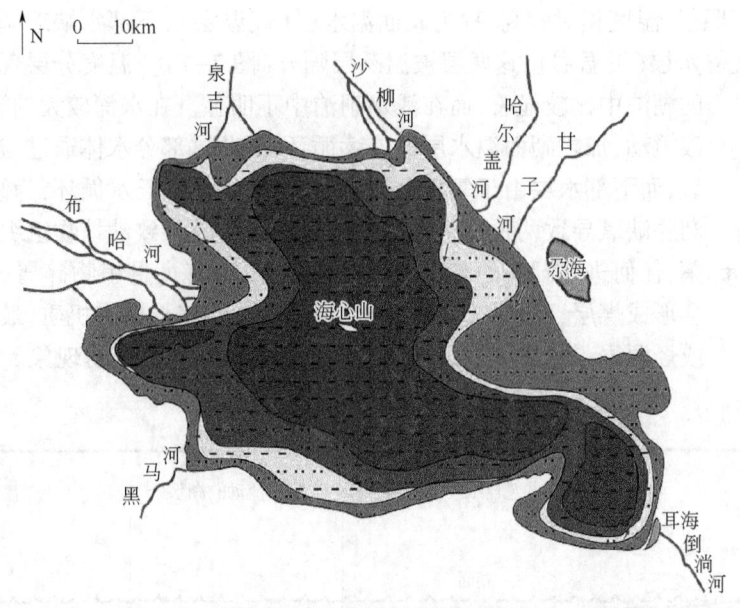

图7-5 青海湖水动力特征平面图(据陈骥,2016)

梯度流分为吞吐流和密度流两类。湖水在压力梯度作用下产生的流动,称为吞吐流,也称重力流。河流进入湖水密度分层的湖泊时,因密度差异产生不同的分层流。当河水密度小于上层湖水密度,在湖水表层形成的表面流呈羽状体出现,与悬浮沉积物的散布有密切关系。

当河水密度大于下层湖水密度时,形成潜流。例如,很多深水湖泊中发育的密度流(其中包括浊流),其特点是集合成一体,并在纵向上延伸较远的距离。当河水密度介于上层与下层湖水之间时,形成中层流。密度流是由于湖水密度分布不均,在密度梯度力作用下的流动。上、下层湖水的密度差还会形成垂直环流,又称密度环流。在一些大型湖泊中,由于地转偏向力的作用,密度环流有时也转变为平面环流。

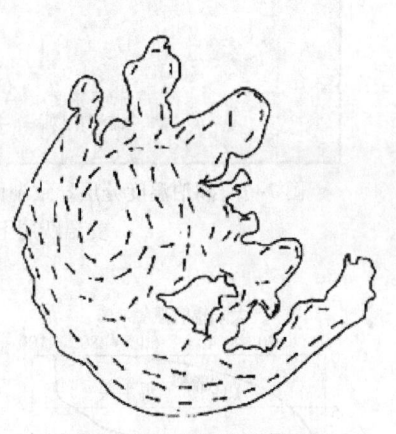

图7-6 太湖夏季盛行流场
(据中国科学院南京
地理与湖泊研究所,1965)

湖流的平面和垂向变化随时间、水情、地形的影响不断变化,通常流速缓慢,但在某些湖中或局部地段可具有较大流速(一般很少超过2m/s)。因此,一般湖流仅能搬运细粒(细砂及粉砂)的底负载,形成小波痕的底形,不会出现高流态的沉积构造。

(二) 湖泊的水体分层

水体分层是湖泊体系的重要特点之一。温度和盐度均可以造成水的密度不同,由此可以导致湖泊水体的分层现象,分别为温度分层和盐度分层。此外,当河流流入分层湖泊时,还会形成年纹层。

1. 温度分层

温度分层是湖泊沉积体系的重要特点之一。表层水温度随季节的变化产生密度分层,湖泊表面由于太阳照射,温度相对较高,称为湖面温水层(表温层),下部水缺乏循环,为较冷的、密度较大的湖底静水层(下温层),这两层被温跃层隔开(图7-7)。温度分层现象在水体较深的湖泊中比较显著,而在浅水湖泊中不明显。在水深较大的湖中,湖面被波浪搅动,加之湖面温水层的连续循环,因此这部分水体通过与空气接触而含氧,而下部水层由于氧气会被细菌消耗,加之缺乏水循环,为缺氧的静水层。湖底缺氧导致两种结果:其一,由于湖底缺乏导致动植物组织分解的好氧细菌,任何进入湖底的有机物都不会分解,若有大量植物碎屑进入湖泊,可能会形成煤层,而藻类或者细菌也可能聚集起来形成有机质,最终形成腐泥煤或烃源岩;其二,厌氧条件下,湖底沉积物无生物扰动现象。水体温度分层实验见视频29。

视频29 水体温度分层实验

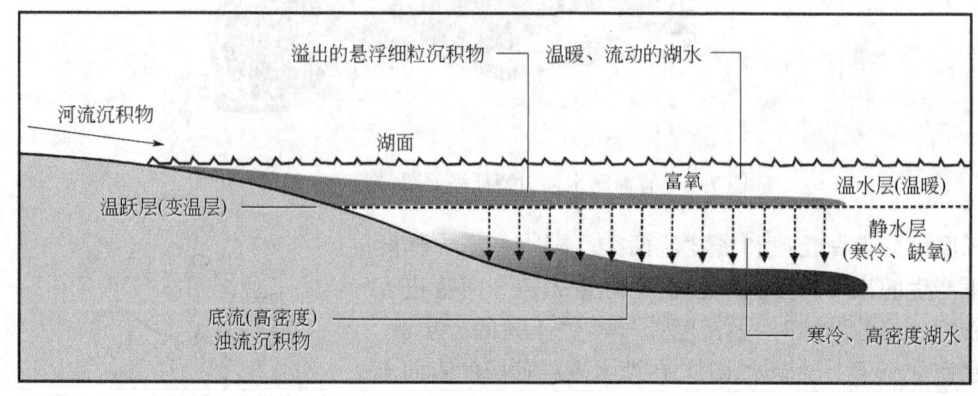

图7-7 湖泊温度分层导致湖面温水层含氧量高,湖底静水层缺氧,湖泊中的沉积物类型受温跃层上下的密度分层控制(据Nichols,2009)

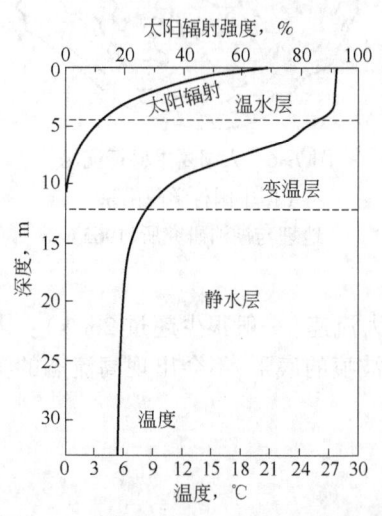

图7-8 印第安纳Crooked Lake湖水的热分层(据Wetzel,1983)

热带地区由于高温,湖水的原始溶解氧含量较低,而且缺乏季节性湖水对流作用,湖底水是永久缺氧的,富含有机质的沉积物能在湖底聚集并保存起来,最终可能形成腐泥煤或烃源岩,并且缺氧环境下湖底沉积物无生物扰动现象。美国印第安纳Crooked Lake存在明显的湖水温度分层现象(图7-8),而浅湖如中国的太湖、鄱阳湖或云贵高原水深15m以内的湖泊,温度分层均不明显。

热带地区深水湖泊每年沉积物混合较浅,冲刷程度较低,因而可以储存热量。热量在气候变暖期间不断积累,因此,热带地区深水湖泊也是绝佳的气候监测仪。东非大裂谷坦噶尼喀湖位于赤道以南(3°S~9°S),北部最大深度1310m,南部最大深度1470m。Verburg等(2003)的研究显示,坦噶尼喀湖不但每年温度分层现象明显,而且湖泊温度自1913年至2000年有升高趋势。例如,湖盆北部湖底湖水温度自1913年至2000年升高了0.2℃(图7-9),这也为全球气候变暖提供了证据。

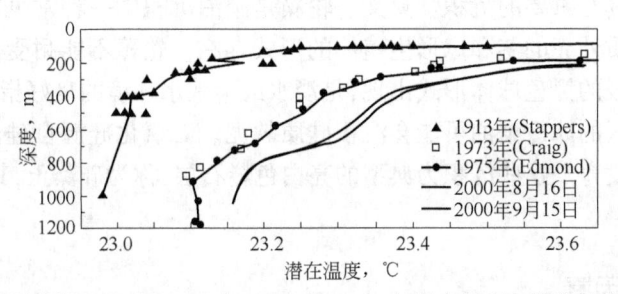

图7-9 东非大裂谷坦噶尼喀湖1913年、1973年、1975年、2000年潜在温度与深度的关系(据Verburg等,2003)

2. 盐度分层

蒸发作用和卤水的补给使盐度增高,从而产生密度差,高盐度水体随之下沉到湖底。一个盐跃层把低盐度的表层水和通常含硫化氢的高盐度底层水分开,这一现象也称为湖泊水体的盐度分层,又称化学分层。

3. 年纹层

年纹层指一年期内沉积于湖底的纹层状沉积物,由瑞典地质学家De Geer在1910年研究冰川湖的时候首次提出。年纹层的形成特别要求当地气候存在季节性变化,换言之,要求湖泊存在水体分层现象,不同湖泊所发育的年纹层类型不同。年纹层厚度、组分及结构变化提供了丰富的古环境变化信息,连续的纹层序列可以建立精确的纹层年代学,为其他指标提供可靠的时间标尺。我国目前的湖泊沉积物年纹层研究集中在东北龙岗火山区以及青藏高原地区(图7-10)。

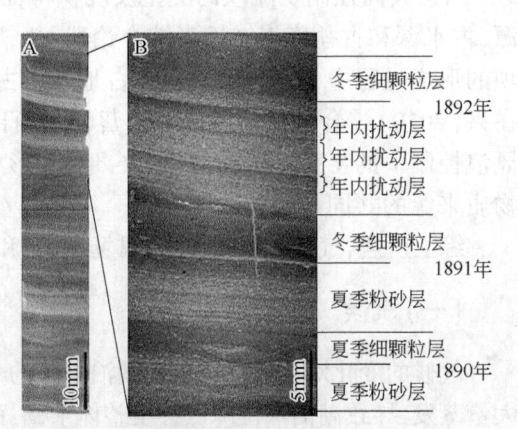

图7-10 青藏高原新路海冬季黏土—夏季粉砂年纹层(据Chu等,2011)

河流流入分层湖泊可以形成年纹层。当河流流入分层湖泊中时,原先存在的水体分层现象就受到扰乱。在一年中的不同时期,同一湖泊随密度变化而产生表流、层间流和底流。温暖的、密度较低的淡水羽状表流以不断变慢的形式向盆地分散沉积物。地球的自转使这些惯性流发生偏转,形成旋转环流。在层间流情况下,河水的密度介于湖底静水层和湖面温水层之间,因此,这种湖流出现在温跃层顶部,也遵循旋转路径,细粒沉积物被分散到湖底的广阔区域,而最细的碎屑仍保留在温跃层内,在季节性湖水对流期才沉积下来。从温跃层内迅速降落的沉积物形成冬季纹层,它与夏季悬浮物质连续降落形成的不同纹层结合起来,构成一个年纹泥层。

(三) 湖泊的生物特征

生物学证据是识别湖相沉积的关键。淡水湖泊生物发育,但与浅海环境相比,生物种类和数量有限。湖相沉积物中常见腹足类、双壳类、介形类和节肢类,有时仅以单一组合出现。一些生物能耐受盐渍条件,并可能在常年盐渍的湖泊环境中生存,如盐水虾等节肢动物。

藻类在湖泊中具有重要的沉积学意义。轮藻是湖泊沉积中一种常见的绿藻门生物,在湖相沉积物中以具钙质外壳的茎和球形生殖体的形式存在。轮藻不能耐受高盐度,通常在湖相细粒沉积物以毫米级的黑色球体形式出现,是淡水或半咸水环境的良好指标。

山区或极地地区的冰冷湖泊可能会沉积硅质软泥。二氧化硅源自硅藻类浮游生物,它们在冰川湖泊中非常发育。这些沉积为典型的亮白色燧石层,称为硅藻土,其中的硅基本上完全由硅藻提供。

二、沉积控制因素

湖泊沉积过程中受诸多因素的控制作用,各个因素共同控制湖泊沉积的类型和展布规律。吴崇筠(1993)通过盆地整体研究及湖泊、海洋在沉积条件上的差别,认为构造、地形、物源及气候是控制湖泊沉积相分布的控制因素;张汶等(2021)通过对渤海湾盆地西南部古近系湖相滩坝沉积特征及其主控因素分析,认为物源供给强度、古地貌、古水深及古风浪等4个因素共同控制了滩坝的类型及沉积特征;宋国奇等(2012)通过对古气候、古地貌、古物源、古水深和古盐度五个因素综合论述,总结出了"五古"控制模式,认为在湖相碳酸盐岩滩坝的形成过程中,古气候是基础,古地貌和古物源是条件,古水深是关键,古盐度是保障;姜在兴(2010)综合分析并提出了东营凹陷西部沙河街组四段湖相碳酸盐岩沉积模式为一种风浪控制下的半孤立型碳酸盐岩台地,其形成受古地貌、古水深、古风场、古气候、古盐度及物质来源的共同影响。

综上所述,气候、地貌、水深、风场、物源和盐度是影响湖泊沉积的六大控制因素。

(一)气候

气候的变化对大气降水量和湖泊水体的蒸发量有很大影响。气候干旱能引起湖泊水体的大量蒸发,导致湖泊水位降低甚至整体干涸;而气候潮湿,湖泊供水量充沛,湖平面相对上升。特别是闭流湖盆,气候条件的变化对湖盆水体的蒸发量和湖平面的升降有更直接的影响。因此,干旱、非干旱气候条件的周期性变化,就可能引起湖平面、沉积物供给和沉积物类型的变化,对湖盆沉积充填和层序发育演化起到重要的控制作用。

研究认为,在一定的古盐度和物源距离等沉积背景下,古气候变化通过控制古湖泊有机质、碳酸盐、黏土之间的沉积比例和湖水的分层性来进一步控制泥岩、页岩、碳酸盐岩的发育和类型。对于碳酸盐岩,盆地演化过程中,气候是阶段性形成碳酸盐岩的前提条件。古气候对湖泊碳酸盐岩沉积的影响远比对海洋显著得多,整体来看,干旱气候更利于湖相碳酸盐岩的形成。

如济阳坳陷在古近系沙河街组沉积期属于古季风气候带。在湿热的气候条件下,古湖水加深,分层性增强,古浮游生物的生产力降低,隐晶碳酸盐的沉淀速率变小,黏土沉积速率加快,还原性一定程度上有所加强,有利于黑色页岩、油页岩和暗色泥岩的形成。而干冷气候下,古湖水变浅,分层性减弱,古浮游生物的生产力增高,隐晶质碳酸盐的沉积速率变大,黏土的沉积速率减慢,有利于钙质页岩、钙质纹层页岩、钙质泥岩、泥灰(云)岩甚至纹层状碳酸盐岩、石灰(白云)岩的发育。

(二) 地貌

古地貌包括宏观古地貌与微观古地貌。其中,宏观古地貌控制了碎屑物的剥蚀、搬运、沉积,决定了物源和沉积体的分布和发展;微观古地貌对沉积的控制作用表现在它决定了沉积作用发生的具体位置。宏观古地貌与微观古地貌对于湖盆沉积的控制主要表现在以下两个方面:

(1)宏观古地貌决定了物源和沉积体系的分布和发展。以陆相湖盆为例,陆相湖盆一般可以划分为断陷湖盆与坳陷湖盆。断陷湖盆的盆地边缘有陡坡带、缓坡带之分,其砂体成因类型与分布范围也不尽相同。陡坡带由盆缘断裂控制,靠近高山陡崖,湖泊的水深梯度大,该处发育的沉积相类型主要有扇三角洲、近岸水下扇及伴生的深水重力流等粗碎屑砂砾岩扇体,这些砂砾岩扇体往往沿湖岸线分布,坡度大、相带窄、相变快。而缓坡带往往为广阔的滨浅湖环境,向陆地方向一般为平原丘陵,常发育小型的短轴三角洲或线状排列的冲积扇裙,在湖浪或沿岸流的作用下重新改造,可能形成滩坝。Soreghan 和 Cohen(1996)研究了东非 Tanganyika 陆相断陷湖盆沉积,按照盆地宏观地貌的不同,将其分为四种边缘相带,每种边缘相带的沉积作用不尽相同。

(2)微观古地貌表现在局部的地形起伏。不同的微型古地貌对滩坝形成的控制作用不尽相同。与凸岸类似,浅水区的古地形高地也具有汇聚波能并使之迅速减弱的作用,有利于沉积物的分选和再堆积。陆源碎屑物质在波浪和沿岸流的作用下搬运,在向正向构造带传播过程中,波浪和沿岸流能量消耗大,碎屑容易在高低部位的转换处卸载,在正向微地貌单元周围更易形成滩坝,如水下古高地的周缘。因此,滨浅湖带局部的微观古地貌是控制滩坝平面分布的重要原因,在平坦开阔的地貌背景下易形成单层厚度薄、分布面积广的滩砂体,包围于条带状的坝砂体周围;在具有一定坡度和地形起伏的微地貌背景下,易在地貌高点周围形成单层厚度大、分布相对局限的坝砂体。

另外,地貌的起伏变化或岸线的曲折会导致波浪折射(图7-11),受此作用影响,在浅水区

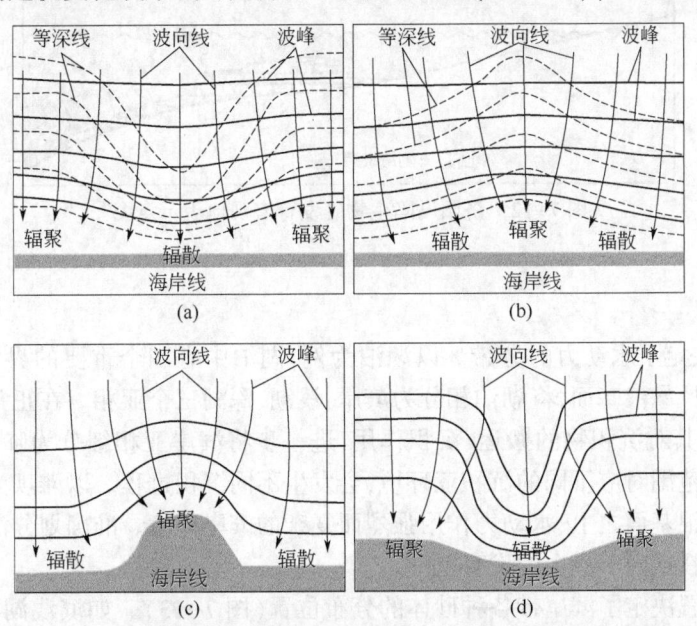

图 7-11 微地形起伏对波浪折射的影响(据 Komar,1998,有修改)

往往形成与岸线几乎平行的沿岸流。当沿岸流侵蚀、搬运大量碎屑物质流经上述湖湾地区（朱筱敏等，1994），或者三角洲沉积体侧缘地区（操应长等，2009）时，由于湖岸线的凹凸变化，造成沿岸流和湖浪能量的消耗，使得其搬运的沉积物沉积下来，在凸岸的下游沿岸流方向形成长条状湖岸沙嘴。

对于碳酸盐岩沉积方面，湖盆的古地貌形态通常对湖相碳酸盐岩的沉积规模和特征具有重要的控制作用，宏观的古隆起古地貌是湖相碳酸盐岩广泛发育的地貌基础。

前人在总结济阳坳陷、苏北盆地、百色盆地等湖泊中的生物礁灰岩分布规律时，发现其发育和分布规律受断陷盆地结构控制明显，与构造—地貌密切相关。对湖相碳酸盐岩来说，古地貌的影响是普遍存在的，且主要发育于三种宏观地貌背景（图 7-12）：（1）平缓的水下隆起顶部，一般濒临深水区，受较大断裂带控制，沉积环境与平缓的构造台地类似，水体不深；（2）凸起一侧断阶带，断层发育，形成阶梯状构造台地，平台紧邻深水区；（3）凸起一侧缓坡带，坡度平缓，地形起伏小，没有断阶。这三种地貌背景的共同点是坡度缓，而陡坡带长期遭受断裂剥蚀，硅铝质变质岩裸露，碎屑颗粒入湖较多，很少发育碳酸盐岩。

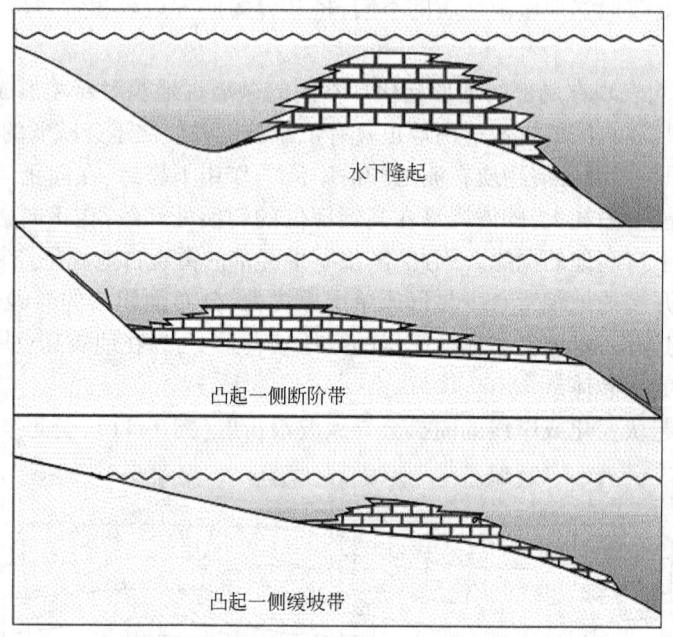

图 7-12　济阳坳陷生物礁发育宏观地貌示意图

（三）水深

首先，水深决定了水动力的分带。以湖泊为例，湖泊中有四个重要的界面：洪水面、枯水面、正常浪基面、风暴浪基面，将湖泊相分为滨岸、浅湖、深湖三个亚相。在正常浪基面之上，根据波浪的特征及其对沉积物的搬运、沉积作用，进一步将滨岸亚相细分为临滨、前滨、湖岸沙丘。不同的水深范围对应不同的沉积亚环境，会发生不同沉积过程。以滩坝为例，滩坝砂体发育的主要场所是浪基面之上、水动力作用强烈而复杂的滨岸环境。准确划分浪基面的位置，相当于确定了滩坝在空间上潜在的发育范围。

湖平面的位置决定了滨岸带各种砂体的分布位置（图 7-13）。如滨浅湖滩坝砂体和三角洲前缘砂体的平面起始位置受湖平面的控制，并随着湖平面迁移而调整，沿湖平面围绕湖盆呈环带状分布(李元昊等,2009)。

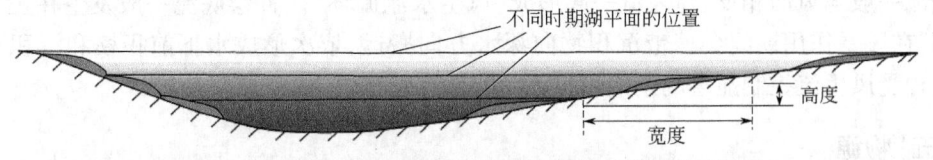

图 7-13 坳陷型湖盆古湖平面迁移与砂体分布关系示意图
(据李元昊等,2009)

另外,古水深是碳酸盐岩滩坝发育的重要控制因素。古水深控制了碳酸盐岩的产率:水体过浅,碳酸盐岩保存的可容空间较小,形成的碳酸盐岩不利于保存;水体过深,湖水的蒸发作用相对较弱,碳酸盐岩产率明显下降。王延章(2011)通过对东营凹陷沙四上亚段碳酸盐岩滩坝的研究,认为该地区碳酸盐岩的主要发育区间为 3~32m,最大产率峰值对应的水深为 24.5m。

(四)风场

在湖泊体系中,几乎只有受到风的作用才会出现波浪。在湖泊中,正常浪基面之上的滨岸带是湖浪显著作用的地区,波浪会对湖岸和湖底的沉积物进行侵蚀、搬运和再沉积,形成各种侵蚀和沉积地貌单元,例如浪蚀湖岸、滩坝沉积等。在风暴浪活动时期,在风暴浪基面之下会发育风暴沉积。这些都是风场对湖泊沉积体系沉积物改造作用的结果。另外,发育于浅水地区的三角洲体系在风浪的作用下也能发生沉积物的再分配。例如,三角洲前缘的席状砂、侧缘的沙嘴,都是波浪作用对三角洲改造的结果。如果波浪较强,克服了河流作用,甚至会发生河口偏移。在整个湖泊沉积体系中,除了浪基面之下的近岸水下扇、湖底扇部分几乎不受波浪作用的影响之外,浪基面之上的各类沉积都会或多或少受到风浪作用的影响。

除了波浪的作用,风对湖面的摩擦力和风对波浪迎风面的压力作用会使表层湖水向前运动形成风生流。风生流是大型湖泊中常见的一种湖流,能引起全湖广泛的、大规模的水流流动。最新的研究表明,风生流有表流和底流之分,并能作用于沉积物,改造湖泊沉积体系(图 7-14)。表流一般在风的作用下、在湖泊范围内指向下风向,会对岸线附近的沉积物发生

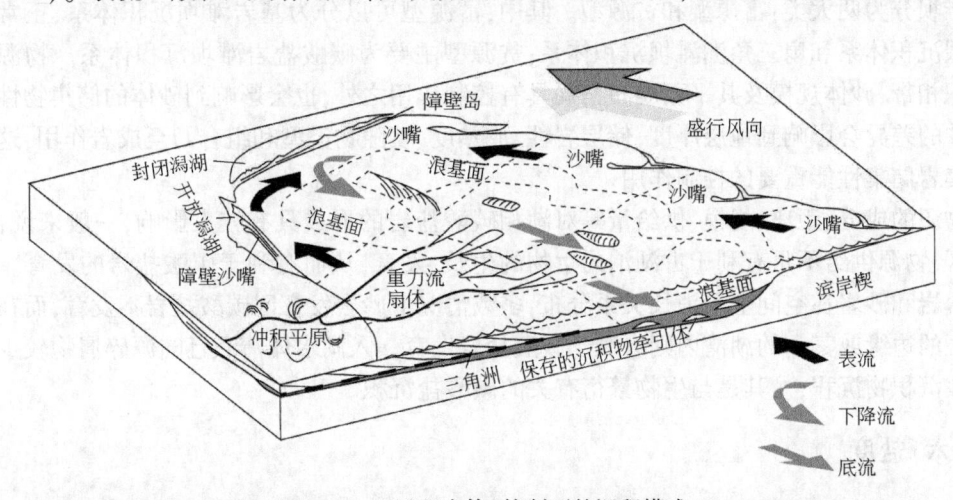

图 7-14 "风驱水体"控制下的沉积模式

改造,以形成沙嘴、障壁沙坝等为特征;表流最终会在迎风岸线汇聚,并形成下降流由底流补偿。底流一般与风向相反,与表流一起形成"风生水流循环"。补偿底流一般发生在正常浪基面以下,在风暴作用期间会携带沉积物向深水方向搬运,依次形成水下前积楔和沉积物牵引体。这种受风生流控制显著的湖泊可称为"风驱水体"。

(五) 物源

物源是控制沉积物的类型及其分布的基本因素之一,是形成湖盆内各类沉积体的物质基础。

首先,物源的位置决定了沉积体系的类型。不同位置的物源在不同的沉积水动力条件下可以形成不同的沉积体系。尤其是对于陆相断陷湖盆,洼陷的面积较小,具有多方向物源。一般地,在以控盆断裂为边界的陡坡带,虽然近物源,但往往物源的规模小,水系分散,常形成小型水下扇或扇三角洲体系;相对于陡坡带,缓坡带根据物源强弱的不同,可形成不同类型的沉积体系,如三角洲、扇三角洲和滨岸沉积体系等;盆地长轴入口区则往往是最大的物源作用区,常形成大型三角洲体系。

其次,物源的方向与位置决定了沉积体系的分布格局与骨架砂体的展布。以断陷盆地长轴方向为代表的主物源作用区,往往可形成大型三角洲体系或扇三角洲体系;次一级的物源作用区,如凹陷缓坡带、陡坡带等,根据物源是点型还是线型,可以形成孤立或者平面叠合的冲积扇体系、三角洲体系、扇三角洲体系和水下扇体系等。根据砂体的分散规律,有物源输入的地方是砂体最为发育的地区,砂岩厚度大,砂岩含量高。在含油气盆地的勘探过程中,勘探重点也一度集中在主物源方向控制下所形成的厚层砂体上。

再次,物源供应强度对沉积模式也有重要的控制作用,对于二次搬运沉积产生的沉积体来说更是如此(如滩坝沉积体系)。一般对于多物源体系来说,不同物源供给的强度往往是不同的;而对于单物源体系来说,在盆地的不同位置及同一位置的不同时期,物源的供给强度也是不同的。对于滨浅湖滩坝,其形成主要是通过波浪对附近砂体的改造和二次分配,所以说滩坝附近沉积体的物源富集和贫乏对滩坝的形成起到决定性作用。在陆源碎屑物质充足供应的情况下,砂质滩坝非常发育,而在陆源碎屑物质供应匮乏时常形成碳酸盐岩滩坝。杨勇强等(2011)根据初始物源区与滩坝的关系,建立了以物源为基础的滩坝分类方案,将东营凹陷发育的滩坝分为两大类:富源型和贫源型。其中,富源型可以分为基岩滩坝沉积体系、正常三角洲滩坝沉积体系和扇三角洲滩坝沉积体系;贫源型主要为碳酸盐岩滩坝沉积体系。物源除了对沉积相带、砂体规模及其平面展布格局具有控制作用之外,也会影响到砂体的储集物性。物源条件的差异会影响到地层厚度、储层岩性、成熟度、填隙物类型和组合乃至成岩作用,这些都是储集岩储集性能重要的控制作用。

物源的成分、距离、规模、供给量等对湖相碳酸盐岩的形成具有较大影响,一般来说,远离物源区、物源供给不足有利于古湖泊内生物的生长、发育,从而有利于碳酸盐岩的发育。湖相碳酸盐岩和砂岩在空间上呈消长关系分布,多数情况下砂岩发育区碳酸盐岩不发育,而在砂岩发育区的边缘或其间的湖湾内则有利于碳酸盐岩发育。入湖水体清澈且陆源碎屑物较少有利于碳酸沉积物沉积,尤其是与生物繁衍有关的碳酸盐沉积。

(六) 盐度

盐度主要影响碳酸盐岩的沉积过程,主要表现在碳酸钙物质在硬水湖和在卤水湖的沉积过程中。湖泊中碳酸钙物质既有来自碎屑和生物的,也有经化学作用沉积的。在化学沉积作用中,温度和 CO_2 压力是最重要的控制因素。温度的升高和 CO_2 压力的降低必将导致介质中碳酸盐呈饱和或过饱和状态,并引起碳酸盐的沉积。但是,温度升高所形成的碳酸钙的过饱和程度是很小的,而 CO_2 的逸散则是湖泊中碳酸盐沉积一个特别重要的原因。导致沉积的因素在昼夜和季节性温度波动较大的湖滩带比较重要。

对间歇湖来说,在春季对流时,由于湖底静水层的冷水被带到湖面并迅速升温而易于造成碳酸钙过饱和沉淀,尤其是在生物光合作用很强的时候,常因生物效应失去大量 CO_2 而引起碳酸钙沉淀。

在开放型的低盐度湖泊中,最常见的碳酸盐矿物是低镁方解石。其他含钙碳酸盐矿物的出现,取决于 Mg/Ca 值(Muller 等,1981)。例如,高镁方解石要求 Mg/Ca 值为 2∶12,白云石要求 Mg/Ca 值为 7∶12(在盐度较低时也可在低于该比值条件下发生),而文石只要求 Mg/Ca 值大于 12 时才能沉积。

在干旱、封闭条件下,湖水盐度逐渐升高,初期的沉积物主要是方解石和文石。伴随 Ca^{2+}、Mg^{2+} 和 CO_3^{2-} 的沉淀,必将引起湖水盐度的变化,并导致或影响卤水的最终演变。若最初的湖水中所含的 Ca^{2+} 和 Mg^{2+} 远高于 HCO_3^-,在初期沉积后,卤水就会富含碱土而失去 CO_3^{2-} 和 HCO_3^-。当 HCO_3^-/Ca^{2+} 值较低时,可形成小规模的碳酸钙沉积;当 HCO_3^-/Mg^{2+} 近于 1 时,可引起碳酸盐的广泛沉积;随着 Ca^{2+} 的不断减少,Mg^{2+}/Ca^{2+} 值随之逐渐增加,直到形成高镁方解石、白云石和菱铁矿。卤水沉积物可出现于常年咸水湖、季节性盐湖、盐体边缘的风化壳和含盐泥坪内。

三、湖泊沉积物的沉积机制

(一) 陆源碎屑沉积物

大部分湖泊的沉积物是以陆源碎屑为主。湖泊中的陆源碎屑沉积物绝大部分都是由河流通过河口以底负载和悬浮负载形式向湖内供应的。沉积物组成受源区母岩成分控制,数量随河流径流量和季节变化而变化。当这些物质搬运到湖中,又被湖浪、湖流等进行再搬运和改造后,再分散到湖泊的不同部位,形成各种类型的沉积体。总的来说,湖泊中的陆源碎屑沉积物是在河流、湖浪、湖流的综合控制下,通过牵引流或重力流等机械搬运沉积作用形成的沉积体。

(二) 碳酸盐沉积物

除了碎屑沉积物之外,湖泊中也会沉积大量的碳酸盐沉积物。湖相碳酸盐岩形成于湖盆特定的发展阶段,对气候、陆源输入、构造运动、湖平面变化等参数十分敏感。

大多数湖泊都含有碳酸盐矿物(Kelts 和 Talbot,1990)。高盐度湖泊中的每升水含有超过 1mg 的总溶解碳酸盐离子(主要是钙和镁),并至少在夏季的几个月内水体表面的碳酸盐岩离子过饱和(Dean 和 Fouch,1983)。世界各地湖泊中碳酸盐岩矿物类型多样,具体取决于母岩类型、流域特征和湖盆水文条件。表 7-3 列出了现代及地层记录湖泊的主要碳酸盐和碳酸氢盐矿物类型。

表 7-3 湖泊中的主要碳酸盐和重碳酸盐矿物

序号	名称	序号	名称
1	低镁方解石	18	菱锶矿
2	高镁方解石	19	白云石
3	文石	20	原白云石
4	球霰石	21	碳酸钙镁石
5	单水方解石	22	菱铁矿
6	六水方解石	23	锰菱铁矿
7	碳酸钠钙石	24	铁白云石
8	菱镁矿	25	碳酸钠镁矿
9	三水菱镁矿	26	水碱
10	杂芒硝	27	泡碱
11	水菱镁矿	28	钙水碱
12	原水菱镁矿	29	斜钠钙石
13	镁锰方解石	30	碳酸钠矾
14	菱锰矿	31	苏打石
15	碳酸钡矿	32	天然碱
16	钡解石	33	片钠铝石
17	钡白云石	—	—

1. 碳酸盐物质来源

母岩区基岩侵蚀、深部卤水、海侵作用是湖泊碳酸盐岩的三种主要物质来源。

母岩区碳酸盐岩丰度影响湖盆沉积物的碳酸盐岩含量(Alonso-Zarza 和 Calvo,2000)。例如,针对瑞典南部 460 余个湖泊的调查发现,母岩区有碳酸盐岩的湖盆,在湖泊中也相应沉积了碳酸盐岩。再如,德国巴登—符腾堡州侏罗系碳酸盐岩是湖泊沉积的重要母岩,因此该区的湖泊沉积物主要是碳酸盐岩(Heizmann 和 Reiff,2002)。母岩区的碳酸盐碎屑或离子可通过床载、悬浮或溶液等形式进入湖泊。例如,研究发现渤海湾盆地束鹿凹陷始新统部分湖相碳酸盐岩是元古宇海相碳酸盐岩母岩机械破碎后,以碎屑流方式搬运至湖盆沉积(Jiang 等,2007);加拿大不列颠哥伦比亚省凯利湖东侧的湖泊碳酸盐岩,是二叠系海相碳酸盐岩母岩搬运至河口处沉积(Ferris 等,1997),而凯利湖西侧母岩是硅质碎屑岩,相应地在湖泊西侧缺乏碳酸盐岩沉积物。此外,山麓区的碳酸盐离子,还可通过泉水和水下渗流的地下水输入,在扇体边缘或湖泊水域出现碳酸盐岩沉积,例如死海(Gvirtzman,2006)。

深部卤水也是湖盆碳酸盐岩沉积的重要物质来源。例如,非洲坦噶尼喀湖周边山麓的基岩缺乏碳酸盐岩,但该裂谷湖盆内断层渗出的地下卤水富含钙,进而在沿岸渗流带广泛沉积碳酸盐岩(Barrat 等,2000);美国加利福尼亚州莫诺湖、美国内华达州沃克湖、德国诺德林格里斯火山口的中新世石灰华、玻利维亚中部高原的更新世盐湖、美国大盐湖、美国纽约费耶特维尔绿湖的湖相凝灰岩丘或生物礁均与地下卤水渗出有关(Colman 等,2002)。

海侵作用是近海湖盆碳酸盐岩的重要物质来源。海侵作用促进湖盆水体盐度提升,促使碳酸钙达到饱和状态,形成碳酸盐岩沉积。例如,在黄骅凹陷歧北斜坡区,海侵作用使海水越过沿岸隆起与湖水混合,造成湖水初步咸化,加之极浅水缓坡台地环境混合水蒸发浓缩二次咸化双重作用,使水体碳酸钙饱和,形成面积广阔的生物碎屑灰岩沉积。同时,海侵造成的咸化湖水有利于钙质生物繁殖,可为碳酸盐岩沉积提供丰富的颗粒来源。海侵作用也可促进湖相白云岩沉积。

Sr 同位素可用于示踪湖泊碳酸盐沉积物的来源。来自源区水域的 $^{87}Sr/^{86}Sr$ 信号可直接与接收湖泊沉积物相比较,进而确定碳酸盐岩的物质来源。该方法在法国阿尔卑斯山拉克德安纳西地区(Brauer 和 Casanova,2001)、中东更新世利桑组(死海前身)(Stein 等,1997)、美国犹他州古新世—始新世弗拉格斯塔夫组(Gierlowski-Kordesch 等,2008)、美国西部绿河组(Carroll 等,2008;Davis 等,2009)等得到了广泛应用。

2. 沉积动力机制

湖泊碳酸盐主要包含三种沉积机制,分别是:蒸发浓缩、生物诱导及残骸、物理沉淀。

早期研究认为,淡水湖和盐湖的碳酸盐岩沉淀多是化学成因(Muller 等,1972;Given 和 Wilkinson,1985),即高温导致水体蒸发和碳酸盐岩沉淀。许多湖泊在夏秋季观察到被称为"白化"的碳酸钙沉淀现象(Galat 和 Jacobsen,1985)。该现象在研究早期被认为是水体温度升高导致碳酸盐岩化学沉淀的典型实例(Lajewski 等,2003;Romero-Viana 等,2008)。后续研究发现,碳酸盐岩的沉积作用并非如此简单,许多湖盆方解石沉淀与过饱和没有必然联系。例如在德国康斯坦斯湖,在无微生物参与的条件下,仅有方解石过饱和并不会引发"白化"沉淀,但微生物参与后会引发"白化"沉淀(Stabel,1986;Thompson 等,1997)。

生物化学作用是很多湖盆碳酸盐岩沉积的重要机制。例如,死海水体中含有多种不同的藻类和细菌种群,当条件适宜时会繁殖起来,进而诱导碳酸盐矿物沉淀(Oren,1997;Leng 和 Marshall,2004)。藻类、大型植物、近岸芦苇和其他大型植物都可以通过光合作用产生碳酸盐,碳酸盐也可以在植物和藻类内部和周围沉淀(Anadon 等,2002)。Thompson 等(1997)将美国纽约费耶特维尔绿湖白化期间的方解石沉淀与浮游蓝藻联系起来。微生物群和大型生物群诱导的方解石和白云质沉淀可能发生在地下水输入点,形成生物群落等(Sanz-Montero 等,2008),也可以发生于湖盆其他环境(张建国等,2022)。

双壳类、腹足类和其他钙质生物群死亡并埋藏,也是碳酸盐岩沉积的重要机制(张建国等,2021)。这些生物从湖水中汲取钙离子,可以生活在沉积物—水体界面上,也可以生活在水柱中。上述钙质生物死亡埋藏后,可在许多湖泊沿岸带形成厚厚的碳酸钙结壳,或与碎屑岩混合沉积等。

河流或风携带的碳酸盐岩碎屑进入湖盆后,通常以物理方式沉淀于湖盆内。风力也被认为是湖泊碳酸盐岩沉积的重要机制。例如,美国明尼苏达州麋鹿湖缺乏永久性河流输入,且学者发现碳酸盐岩矿物含量变化与风力强弱旋回变化有关联,将上述碳酸盐岩矿物解释为风成沉积(Anderson,1993;Dean 等,2002)。肯尼亚图尔卡纳湖沉积物中部分碳酸盐组分的 ^{14}C 特征,与湖盆内的气候变化规律不一致,因此 Halfman 等(1994)将其解释为风成沉积污染所致。

在 20 世纪中上叶的研究工作中,由于很难解释现代白云石沉积的动力学障碍,因此将很多湖盆的白云石解释为物理沉淀。例如,有学者认为瑞士苏黎世湖的部分白云石为物理沉淀形成,其中碎屑白云石颗粒的尺寸在 1~20mm 之间,而生物白云石颗粒的尺寸在 8~30mm 之间。随着近年来微生物白云岩的发现,解释了现代湖泊白云岩沉积的动力学障碍问题,因此针对部分湖盆中物理沉淀白云石的解释需要进行再认识(Sanchez-Roman 等,2008)。

第三节 湖泊沉积相类型

一、碎屑型湖泊的亚相类型及特征

湖泊亚相划分的原则是从湖泊整体着眼,根据所在位置和湖水深度两个基本条件进行划分,根据正常浪基面、风暴浪基面、枯水面和洪水面四个界面进行具体划分(图7-15)。浪基面是指波浪(正常波浪、风暴浪)搅动的有效深度,包括正常浪基面和风暴浪基面。正常浪基面又称为晴天浪基面;风暴浪基面位于正常浪基面之下,是风暴浪作用深度的下限。枯水面是枯水期湖水的界面,界面以下是始终有水的稳定湖区。洪水面是洪水期湖水的最高界面。湖泊亚相的划分主要以湖水位的变化和湖水动力状况为依据,一般选用枯水面、洪水面和浪基面三个界面将湖泊相划分为滨湖、浅湖、半深湖和深湖四个亚相(图7-15),再根据正常浪基面、风暴浪基面、枯水面和洪水面四个界面进行具体细分。

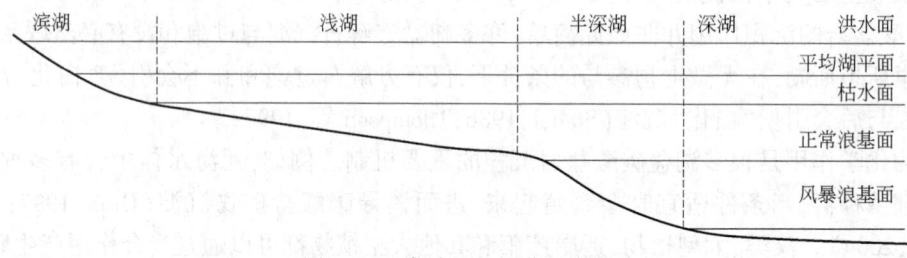

图7-15 湖泊亚相划分示意图

由于我国中、新生代陆相地层中发育巨厚的陆源碎屑沉积型的湖泊,该类湖泊是湖相油气最重要的聚集场所,所以本节主要介绍大型陆源碎屑沉积型的湖泊相模式。碎屑型湖泊的沉积物绝大部分都是由河流通过河口以底负载和悬浮负载形式向湖内供应的。沉积物组成受源区母岩成分控制,数量随河流径流量和季节变化而变化。这些物质搬运到湖中,又被湖浪、湖流等进行再搬运和改造后,再分散到湖泊的不同部位,形成各种类型的沉积体。湖泊的亚相类型除滨湖亚相、浅湖亚相、半深湖亚相和深湖亚相外,还包括受地形、水深和物源控制的扇三角洲、辫状河三角洲等亚相(图7-16)。其中各类湖相三角洲部分将在第八章进行论述。碎屑型湖泊沉积相见视频30。

视频30 碎屑型湖泊沉积相

(一)湖岸沙丘

湖岸沙丘是风成沙丘的一种类型,它发育在洪水期岸线以上广阔的平缓地带,其成因与海岸沙丘类似。青海湖湖岸沙丘集中分布在青海湖东岸滨湖平原和湖西岸滨岸带上,包括新月形沙丘、新月形沙丘链和金字塔沙丘三种类型。新月形沙丘分布广,多出现在缺少植被的沙质湖岸,走向垂直于主风力方向,平面形态呈新月形,迎风坡凸而平缓,背风坡凹而陡,背风坡沙粒的粒度比迎风坡沙粒的粒度细。新月形沙丘链广泛发育在风成沙区的中心地带,因中心地带的沙源相对比较充足,在盛行风的作用下易于将密集排列的新月形沙丘相互连接而成一条条新月形沙丘链。金字塔沙丘分布于沙区的边缘地区近山麓一侧,在宏观形态上呈锥形,具有尖削的丘顶和狭窄的脊线。

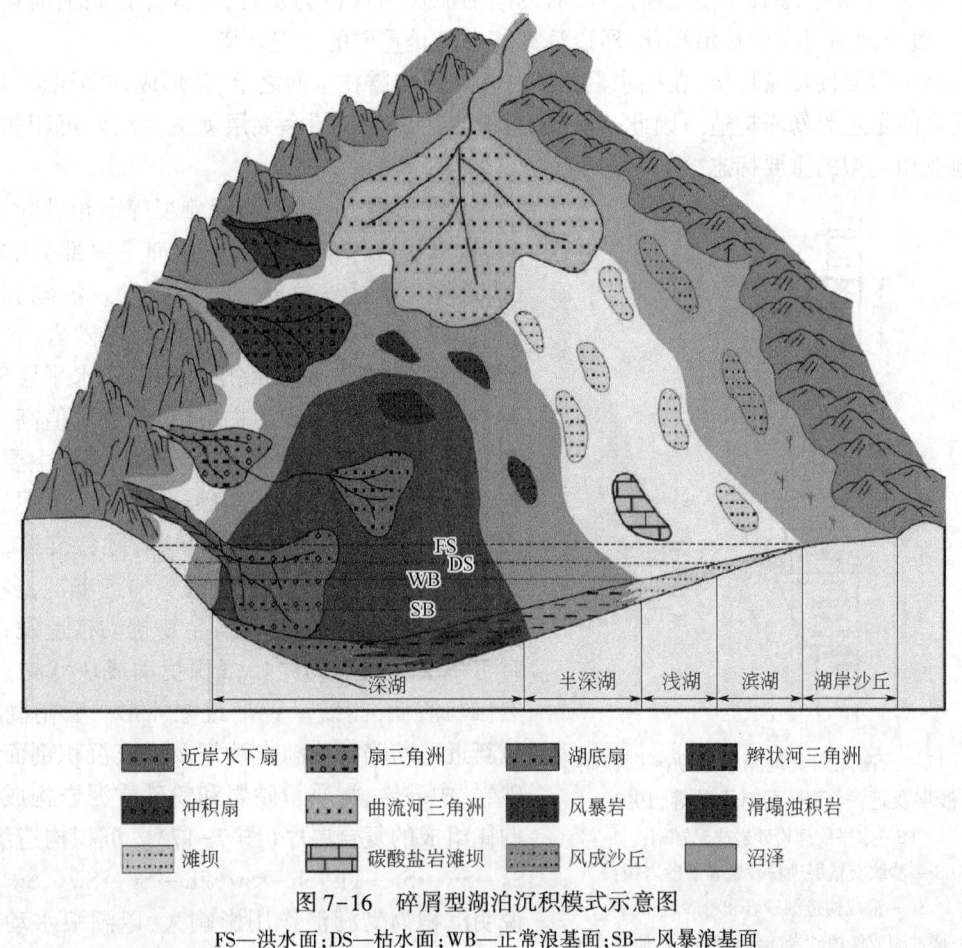

图 7-16　碎屑型湖泊沉积模式示意图
FS—洪水面；DS—枯水面；WB—正常浪基面；SB—风暴浪基面

湖岸沙丘一般为水边低沙丘，多呈弯形，常见水成沉积夹层，可见根土岩，交错层系不稳定，结构成熟度与矿物成熟度低，石英颗粒表面常见共生的水成特征与风成特征。

(二) 滨湖

滨湖位于洪水面与枯水面之间，其宽度决定于洪水期与枯水期的水位差和滨湖湖岸坡度。陡岸和小水位差的滨湖相带很窄，只有几米，而缓岸和高水位差的滨湖相带宽度可达数千米。

滨湖沉积物以砾、砂、泥和泥炭为主。砾质沉积一般发育在陡峭的基岩湖岸，砾石来自裸露的基岩。湖岸基岩经湖浪、湖流反复筛选，形成砾石滩；砾石层具叠瓦状组构，扁平砾石最大扁平面向湖倾斜，最长轴多平行于岸线分布。砂质沉积主要在汛期被河流带到湖中，又被波浪和湖流搬运到滨湖带堆积下来；由于经过河流的长距离搬运，又经过湖浪的反复冲刷，一般都具有较高的成熟度，分选磨圆都比较好。砂质沉积主要成分为石英、长石等，也混有一些重矿物。沉积构造主要是各种类型的水流交错层理和波痕；砂体的宽度及粒度变化与盛行风的强度和风向有关。在迎风岸，波能较大，砂体宽度大，粒度较粗，分选性高；在背风岸，发育程度相对要差一些。滨湖砂质沉积中化石较稀少，可有植物碎屑、鱼的骨片、介壳碎屑等，有时可见双壳类介壳滩；在细砂及粉砂层中常见有潜穴。泥质沉积和泥炭沉积物主要分布在平缓的背风湖岸和低洼的湿地沼泽地带,沉积为富含有机质的泥和泥炭层,其中常夹有薄的粉砂层。泥质层具水平层理,粉砂层具小型波痕层理;有的湖泊泥炭沼泽极为发育,尤其是在湖泊演化的晚期阶段,整个湖泊可完全被沼泽化,所以滨湖相带又是重要的聚煤环境。

滨湖是周期性暴露环境,在枯水期由于许多地方出露在水面之上,常形成许多泥裂、雨痕、脊椎动物的足迹等暴露构造。因此,各种暴露构造的出现及沼泽夹层就成为滨湖沉积相区别于其他亚相类型的重要标志。

滨湖发育滨湖泥、滨湖滩坝等微相,同时是三角洲、辫状河三角洲和扇三角洲平原部分的分布区,还发育滨湖三角洲(见第八章)。滨湖泥微相一般以紫红、棕红色泥岩为主,夹粉砂岩,含少量砂质和钙质结核;具沙纹层理和断续水平层理;发育生物潜穴和生物扰动构造;自然伽马值高,电阻率测井曲线呈齿化箱形。滨湖滩坝微相主要为褐色、红褐色粉砂岩、泥质粉砂岩,偶夹灰质泥岩,分选较好,颗粒呈次圆到次棱角状,颗粒支撑,具有较高的结构和成分成熟度;沉积构造丰富,多见波浪和流水成因的层理构造,生物扰动构造发育,有时可将层理构造的原始沉积扰动成块状构造;自然伽马值低,曲线呈钟形或漏斗形。云南陇川盆地新近系断陷湖泊湖岸沙坝及近滨沉积剖面由细砂岩、中砂岩、泥质粉砂岩和粉砂质泥岩构成正反韵律组成的复合层序(图7-17)。沉积构造组合:Ss→Sw→Sr→Fh,Sh→Sw,Fh→Sr→Sw。Sw发育说明沉积物受湖浪作用影响大,以湖浪水动力条件为特征,沉积物分选磨圆相对较好。

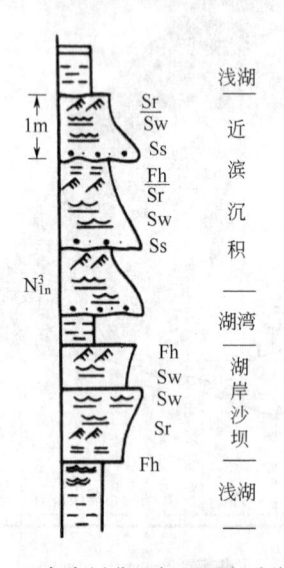

图7-17 云南陇川盆地新近系断陷湖盆湖岸沙坝及近滨沉积(据赵永胜等,1996)
Fh—水平纹理粉砂岩或泥岩相;
Sr—沙纹交错层理粉砂岩和细砂岩相;
Sw—浪成构造细砂岩和粉砂岩相;
Ss—底冲刷或侵蚀砂岩或含砾砂岩、砂质砾岩相

(三)浅湖

浅湖指枯水期最低水位线至正常浪基面深度之间的地带,水浅但始终位于水下,遭受波浪和湖流扰动,水体循环良好,氧气充足,透光性好,各种生态的水生生物繁盛。植物有各种藻类和水草,动物主要是淡水腹足、双壳、鱼类、昆虫、节肢等,它们常呈完好的形状出现在地层中。浅湖亚相的岩性由灰绿色、杂色泥岩与砂岩组成,在干旱带常见鲕粒灰岩和生物碎屑灰岩。炭化植物屑也是一种常见组分。砂岩常具较高的结构成熟度,多为钙质胶结,显平行层理、浪成沙纹层理和中—小型交错层等多种层理,此外还常见浪成波痕、垂直或倾斜的虫孔、水下收缩缝等沉积构造。

浅湖发育浅湖泥、浅湖滩坝等微相类型。浅湖泥微相岩性以浅灰色、灰绿色泥岩和粉砂岩为主,沙纹层理发育,自然伽马曲线为中幅齿化指形,含瓣鳃类介壳。目前滩坝有两种分类方法,一种按成分分为碳酸盐岩滩坝与陆源碎屑滩坝(图7-18);另一种按发育位置分为湖岸线拐弯处滩坝[图7-19(a)]、水下古隆起处滩坝[图7-19(b)]、三角洲侧缘滩坝[图7-19(c)]和开阔浅湖滩坝[图7-19(d)]。

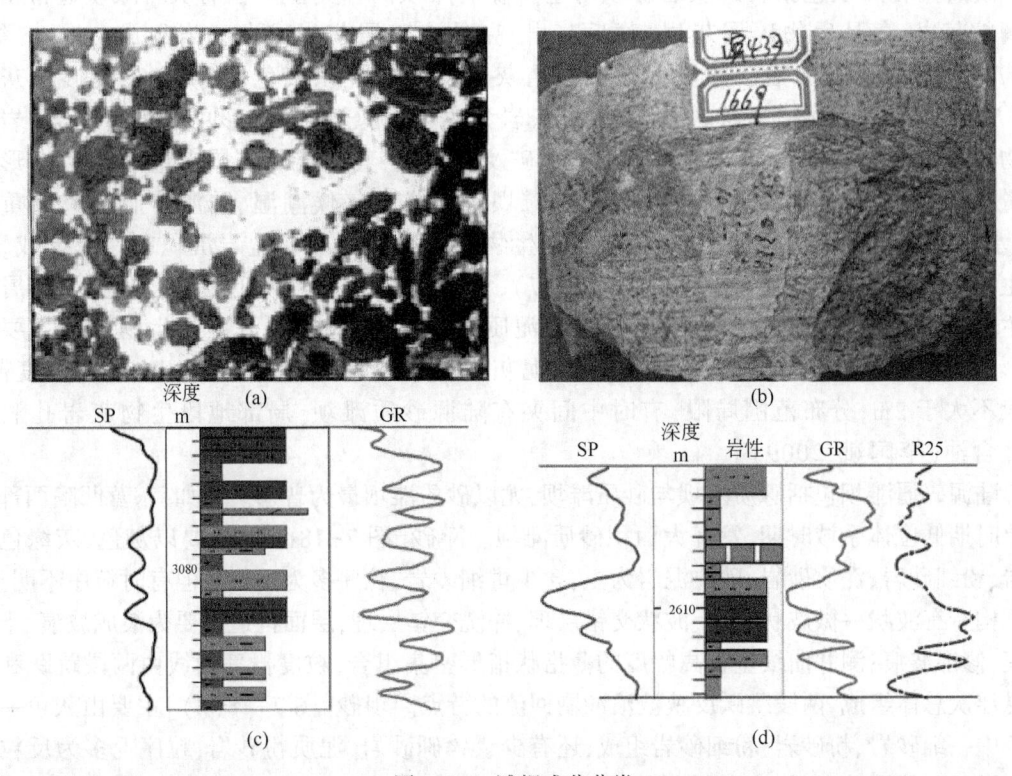

图 7-18 滩坝成分分类

(a)亮晶砂屑灰岩,碳酸盐岩滩坝,邵 10 井,2657.49m(据刘江涛等,2015);(b)生物灰岩,碳酸盐岩滩坝,滨 433 井,1669.00m(据李国斌,2009);(c)滩砂测井曲线(据李国斌,2009),陆源碎屑滩坝,滨 666 井;(d)坝砂测井曲线,陆源碎屑滩坝(据李国斌,2009),滨 425 井

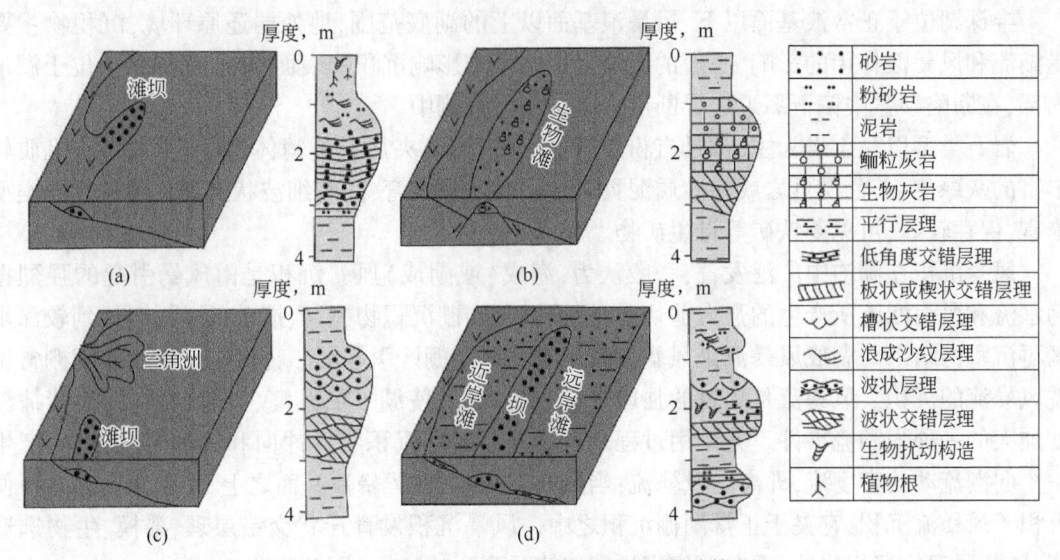

图 7-19 断陷湖盆滩坝沉积模式(据朱筱敏等,1994)

碳酸盐岩滩坝包括粒屑灰岩滩坝与生物碎屑滩坝两种类型。粒屑灰岩滩坝通常由亮晶鲕粒灰岩、亮晶生物碎屑灰岩、藻丘灰岩、亮晶内碎屑灰岩或白云岩组成(Janson 等,2007)。例如,沾化凹陷沙四段上亚段粒屑灰岩滩坝岩性以灰色、深灰色亮晶砂屑灰岩[图 7-18(a)]、亮晶粉屑灰岩、泥晶砂屑灰岩为主,且见较多的介形虫等生物碎屑,岩石矿物成分主要为方解石,其次为泥质、黄铁矿及有机质,其中陆源碎屑含量为 2%,介形虫含量为 3%(刘江涛等,2015)。生物碎屑滩坝多形成在气候潮湿、陆源碎屑供应严重缺乏、水体加深或水体清澈的环境,由大量的生物碎屑堆积与碳酸盐岩沉积在一起形成,其中生物含量大于 50%(郑清和信荃麟,1987),例如,东营凹陷沙四段上亚段生物碎屑滩坝主要岩性为生物灰岩[图 7-18(b)],含泥质,生屑、粒屑结构,其中的生物碎屑主要为介形虫,含有少量植物碎屑,常与石灰岩、泥灰岩、白云质灰岩呈互层产出,单层厚度薄,一般不大于 2m,分布范围局限,有时中间夹有陆源砂质滩坝,局部地段生物灰岩孔洞发育并含油(李国斌,2009)。

陆源碎屑滩坝包括砾质滩坝与砂质滩坝,尤以砂质滩坝最为普遍。例如,东营凹陷西部沙四上时期低位体系域时期,发育大面积砂质滩坝。滩砂[图 7-18(c)]主要以灰色、灰绿色粉砂岩、粉细砂岩、泥质砂岩、砂质泥岩为主,含少量细砂岩,粒序多为反粒序但有时粒序不明显;沉积构造有波状—微波状层理、波状交错层理、冲洗交错层理,层面构造主要为浪成波痕、干涉波痕、修饰波痕;测井曲线呈较高幅度的薄指状指形密集组合;粒度概率曲线由两段跳跃和一段悬浮次总体组成,两段跳跃反映波浪冲刷回流的特点。坝砂[图 7-18(d)]主要由灰色—灰绿色中—细砂岩、粉砂岩、粉细砂岩组成,还有少量含砾砂岩、泥质粉砂岩,粒序上多为反粒序或先反后正粒序;沉积构造主要有平行层理、波状层理、楔状层理等;测井曲线呈齿化漏斗形、宽幅较厚指形或齿化箱形;粒度概率曲线由跳跃和悬浮两个次总体组成,跳跃反映波浪来回冲刷的特点。

(四) 半深湖

半深湖位于正常浪基面以下、风暴浪基面以上的湖底范围,地处弱还原环境,沉积物主要受湖流和风暴浪作用的影响,一般的波浪作用已很难影响沉积物表面,在平面分布上位于湖泊内部,在断陷湖盆中偏于靠近边界断层一侧或深洼外侧中。

岩石类型以黏土岩为主,常具有粉砂岩、化学岩的薄夹层或透镜体,黏土岩常为有机质较丰富的灰绿色、灰色泥页岩或粉砂质泥页岩。水平层理发育,间有细波状层理。各种化石类型丰富,保存较好,可见菱铁矿等自生矿物。

风暴沉积在湖泊中广泛发育,一般认为,海成(或湖成)风暴沉积是由风暴引起的强烈振荡水流和风浪回流所产生的强大剪切力,把滨岸和陆棚沉积物搅起、搅动、悬浮、搬运到较深水区再沉积的结果。湖成风暴流是风暴在滨岸和浅水湖棚区引起的一种流体。在浪控湖棚常出现风暴流的沉积。风暴流是短暂的强风暴造成的,它是使湖平面升高、流速加大、波浪传播深度加大的一种强湖流事件。其作用过程是风暴掀起湖底沉积物并冲向和侵蚀湖岸,然后产生一个向潮流动的密度流,即离岸风暴流;当风暴衰减时,在风暴浪基面之上、正常浪基面之下便沉积了风暴流沉积,它夹于正常湖棚沉积之中。风暴沉积发育丘状交错层理、渠模、生物逃逸迹、递变层理等沉积构造,垂向上相序具有似鲍马序列的特征(图 7-20)。

（五）深湖

深湖位于湖盆中水体最深部位，在断陷湖盆中偏于靠近边界断层的断陷最深的一侧。深湖水体安静，地处缺氧的还原环境，波浪作用已完全不能涉及。

岩性的总特征是粒度细、颜色深、有机质含量高。岩石类型以质纯的泥岩、页岩为主，并可发育有石灰岩、泥灰岩、油页岩；层理发育，主要为水平层理和细水平纹层；无底栖生物，常见介形虫等浮游生物化石，保存完好。黄铁矿是深海沉积中常见的自生矿物，多呈分散状分布于黏土岩中。岩性横向分布稳定，沉积厚度大，是最有利于生油的地带。

在垂向上，由深湖—浅湖—滨岸构成变浅、变粗的反序（图7-21）。

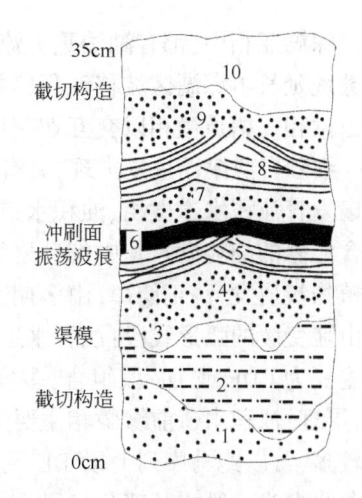

图7-20 风暴岩的沉积特征（据姜在兴，1990）
1—块状粗砂岩(Sa)；2—断续纹层泥质粉砂岩(Sd)；
3—递变粗砂岩(Sa)；4—平行层理中细砂岩(Sb)；
5—浪成交错层理细砂岩(Sc)；6—深灰色泥岩(Se)；
7—平行层理细砂岩(Sb)；8—浪成交错层理细砂岩(Sc)；
9—平行层理中砂岩(Sb)；10—黑灰色泥岩、页岩(Se)

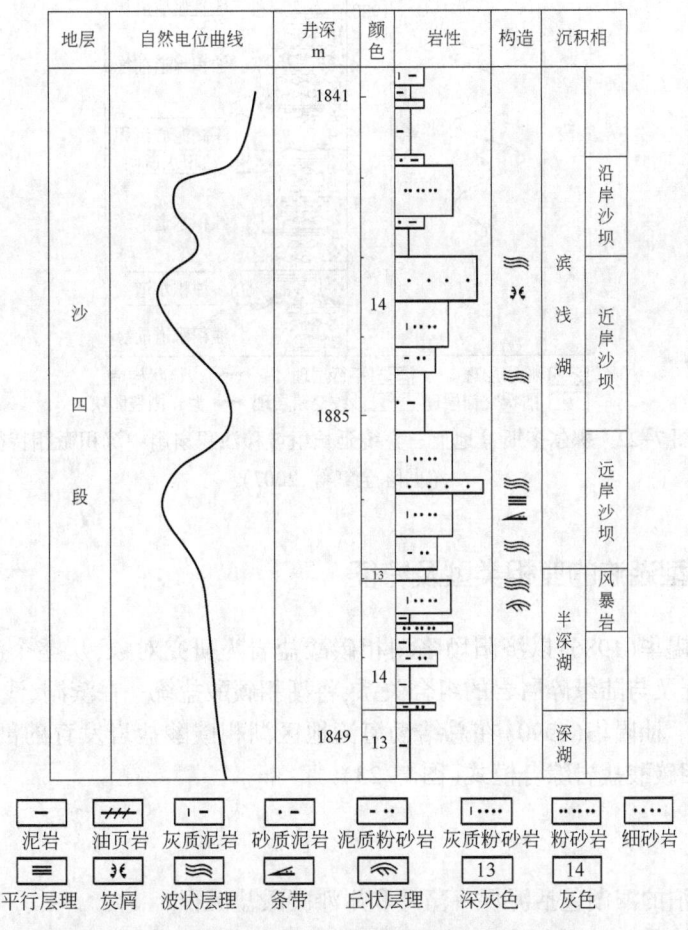

图7-21 湖相垂向相序（东营凹陷古近系沙四段）

在许多深湖亚相中,都有湖泊重力流的形成,是岩性圈闭油藏勘探的重要目标。鄂尔多斯盆地上三叠统延长组深湖区坡移浊积扇主要发育内扇及中扇沉积(陈全红等,2007)。内扇主要发育槽道微相。槽道微相以交互切割槽道相沉积和两侧的天然堤沉积为特征,见鲍马序列 A 段的中—细砂岩韵律性重复出现,具有快速沉积的特点,多分布在较陡的斜坡区,保存厚度不大。中扇发育浊积水道微相、浊积水道间微相及浊积水道前缘微相(图7-22)。浊积水道微相主要由含泥砾的细粒砂岩及中细砂岩组成,夹薄层灰色、深灰色泥岩及粉砂质泥岩,生物化石碎片及植物炭屑发育,正韵律,由多期鲍马序列 AB 段叠置而成,粒度概率图多为一段式,或个别呈现由陡变缓的弧形线段;浊积水道间微相岩石类型主要为不规则互层的砂泥岩交互层,鲍马序列主要为 CDE 或 DE 段组合,多发育由牵引兼垂向沉降作用形成的构造,如沙纹交错层理、平行层理;浊积水道前缘微相主要为粉砂质泥岩和泥岩,多夹薄层粉砂岩、泥质粉砂岩,植物炭屑较多,常以鲍马序列上段 DE 及 CDE 段组合为主,常见沙纹交错层理、平行层理等,粒度概率曲线多为一段式及部分二段式,表现出悬浮组分含量高,为缓流流动的特征。

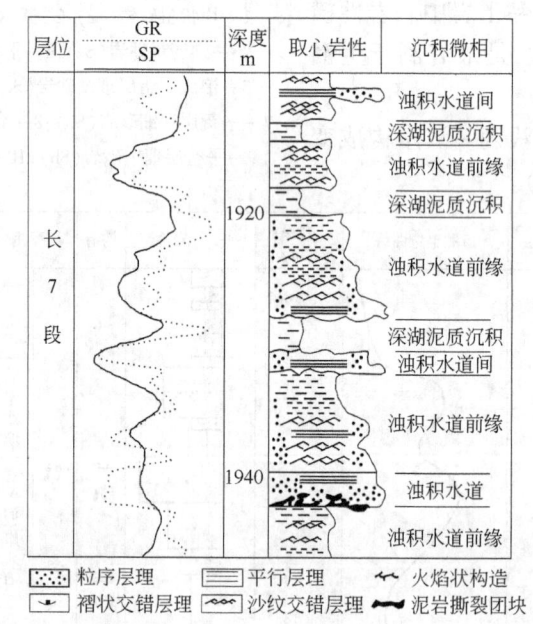

图 7-22 鄂尔多斯盆地上三叠统延长组坡移浊积扇扇中沉积微相特征
(据陈全红等,2007)

二、碳酸盐型湖泊的亚相类型及特征

周自立和杜韫华(1986)以济阳坳陷湖相碳酸盐岩为研究对象,从整个湖盆出发,分析沉积条件、沉积特征及与陆缘碎屑岩的组合关系,将湖相碳酸盐统一在滨湖、浅湖、半深湖和深湖亚相的框架之下。杜韫华(1990)在总结渤海湾地区湖相碳酸盐岩发育的剖面模式和平面模式后,提出了湖相碳酸盐岩综合模式(图7-23)。

(一)滨湖

碳酸盐型湖泊的滨湖包括泥坪—藻坪和岸滩碳酸盐沉积。

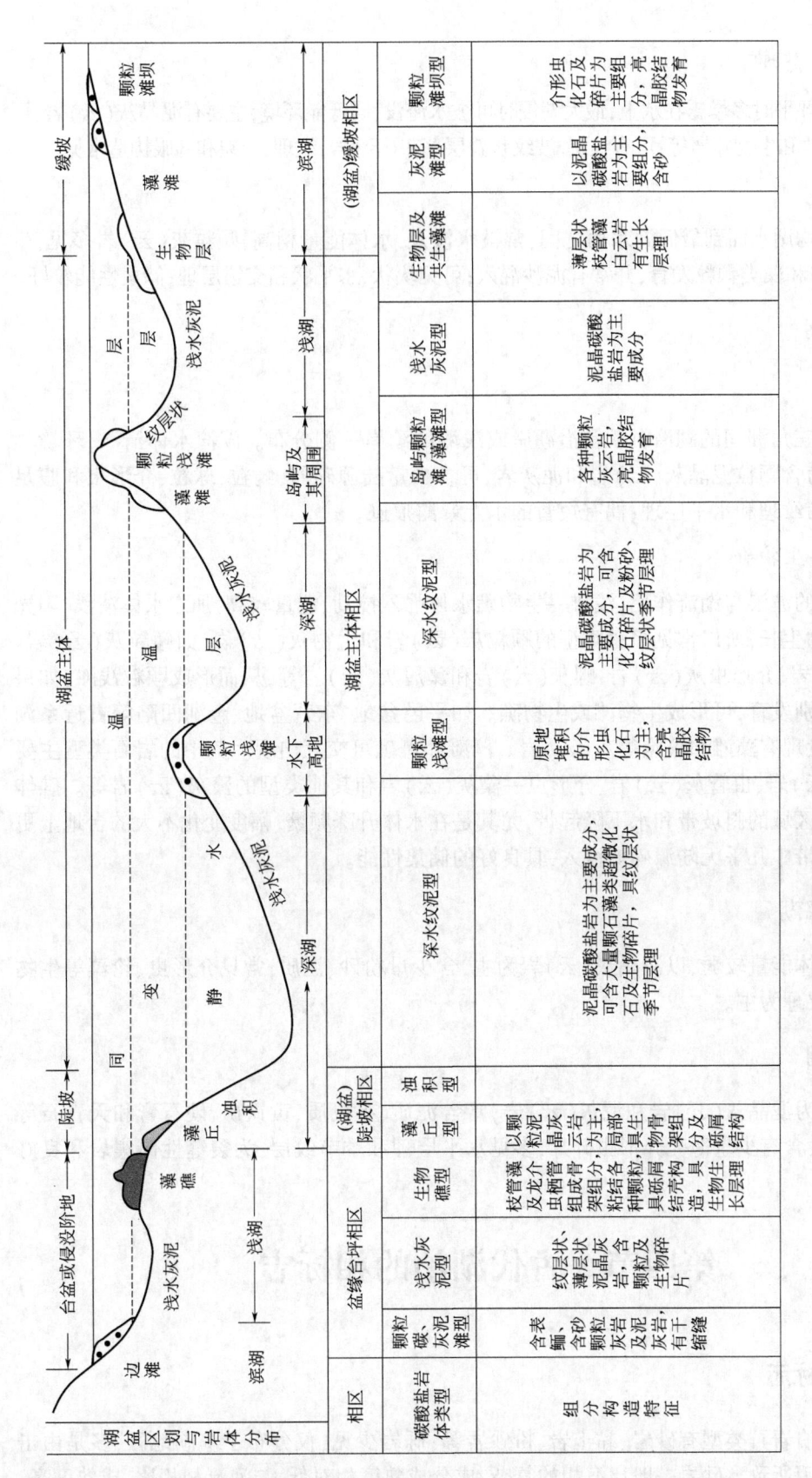

相区	盆缘台坪相区		(湖盆)陡坡相区	湖盆主体相区			(湖盆)缓坡相区			
碳酸盐岩体类型	颗粒碳酸盐岩滩型	浅水灰泥型	生物礁型	藻丘型	深水纹泥型	颗粒浅滩型	深水纹泥型	岛屿颗粒滩藻滩型	浅水灰泥型	生物层及共生藻滩	灰泥滩型	颗粒滩坝型
组分构造特征	含表鲕、含砂颗粒灰岩及泥灰岩,有干缩缝	纹层状、薄层状泥晶灰岩,含颗粒及生物碎片	枝管藻及龙介虫栖骨组成格架部分,粘结各种颗粒及砾屑具结壳构造,具生长层理	以颗粒泥晶云岩为主,局部具生物骨架组分及砾屑结构	泥晶碳酸盐岩为主要成分,可含大量颗石藻类超微化石及生物碎片,具纹层状季节层理	原地堆积的介形虫化石为主,含亮晶胶结物	泥晶碳酸盐岩为主要成分,可含颗粒碎片及粉砂,纹层状及季节层理	各种颗粒灰云岩,亮晶胶结物发育	泥晶碳酸盐岩为主要成分	薄层状枝管藻白云岩有生长层理	以泥晶碳酸盐岩为主要组分,含砂	介形虫化石及碎片为主要组分,亮晶胶结物发育

图 7-23 基于水深和水动力的济阳坳陷相湖相碳酸盐岩沉积综合模式(据朴温华,1990)

1. 泥坪—藻坪

泥坪—藻坪平时多暴露在水上,最大湖侵时可被水淹没;属低能环境,主要有泥晶灰(云)岩,可混入少量的泥沙和生物碎屑等;可有纹层、波纹状叠层藻灰(云)岩;纹理、干裂和鸟眼构造常见。

2. 岸滩

岸滩在平均湖水面到最低湖水面之间,常被水漫及,水体能量稍高,颗粒灰(云)岩多见;生物碎屑、内碎屑和藻类颗粒发育,并常有泥沙混入;可见块状、水平状和交错层理;储集性能较好。

(二)浅湖

1. 湖湾

在湾岸或三角洲间的湖湾沉积常沿湖岸或浅滩的湖岸一侧分布。湖湾水体清澈,环境相对安静;主要为含颗粒泥晶灰(云)岩和泥灰岩,可含少量陆源碎屑、鲕粒、球粒、介形虫和腹足类等化石;多为纹理和水平层理;偶有短暂的水上暴露痕迹。

2. 浅滩—生物礁

由于较强的波浪与湖流作用,浅滩—生物礁水体强烈搅动,能量较高,加之水体清浅、阳光充足,适于生物生长,所以常见多种类型的颗粒灰(云)岩和生物灰(云)岩,如鲕粒灰(云)岩、内碎屑灰(云)岩、介形虫灰(云)岩、螺灰(云)岩和藻屑灰(云)岩等,从而形成颗粒浅滩;如果藻类等生物特别发育,可形成生物滩或生物礁。如平邑盆地、东营盆地、金湖凹陷等古近系湖相地层中,均发现有藻滩和藻礁等灰(云)岩。藻滩和藻礁可交互出现。其中的岩石类型主要有枝管藻灰(云)岩、虫管灰(云)岩、介形虫—藻灰(云)岩和其他类型的藻灰(云)岩等。礁体多形成于清水区域的斜坡带和水下隆起带,尤其是在水体升降频繁、幅度变化不大的台地上更为发育。该相带中几乎无陆源碎屑混入,具良好的储集性能。

(三)半深湖

半深湖水体能量较弱,以泥晶灰(云)岩为主,含少量粉砂、泥质,常见介形虫、轮藻等生物化石,以水平层理为主。

(四)深湖

深湖主要为泥晶灰(云)岩和泥灰(云)岩,富含泥质、有机质、黄铁矿、硬石膏和天青石等非碳酸盐成分,含有少量薄壳介形虫碎片,多见水平层理和季节纹层,为裂缝性储集岩和良好的生油岩。

第四节 古代湖泊的相标志

一、岩性标志

碎屑型湖泊岩石类型有砂岩、黏土岩、粉砂岩等;砾岩少见,仅分布于滨湖地区,多是由击岸浪的剥蚀作用所致。砂岩一般比海相的复杂,成分成熟度相对低,与河流相相比,成熟度高,石英含量可达70%以上。我国东部中、新生代湖相沉积砂岩中以长石砂岩、岩屑质长石砂岩分布最普遍。黏土岩在碎屑湖泊沉积中广泛分布,且由湖岸向中心增多。形成于较深水的湖相黏土岩中常含丰富的有机质,成为良好的生油岩。碎屑型湖泊沉积中也可出现类型多样的化学岩和生物化学岩,如生物碎屑灰岩、泥灰岩、油页岩等,其沉积厚度及分布范围较为局限。

碳酸盐岩型湖泊的岩石大类主要有格架生物岩、非格架生物岩、颗粒碳酸盐岩、泥晶碳酸盐岩、结晶碳酸盐岩和陆缘混染碳酸盐岩。碳酸盐矿物在湖泊中普遍发育,且对不同条件下湖泊的物源区母岩类型、流域特征和水文条件响应十分敏感,这就造成碳酸盐岩矿物类型多种多样,碳酸盐岩的发育程度也不尽相同。一般而言,碳酸盐岩会在几个主要发育层段的地层中集中发育,占比可达15%~20%,甚至高达30%~40%。

二、沉积构造标志

古代湖泊沉积层理类型多样,但以水平层理最为发育。由于湖泊的范围有限,浪基面深度小,湖泊广大地区多处于浪基面以下,故在此地区的黏土岩多发育水平层理,在近岸地区可见交错层理、斜波状层理等。

湖泊沉积可见较发育的波痕,且波峰的走向绝大多数与滨岸平行,不对称波痕的陡坡向岸方向倾斜,还可见泥裂、雨痕等暴露成因构造。

三、古生物标志

生物化石丰富是碎屑湖泊沉积的重要鉴别特征。湖泊中常见藻类、介形虫、瓣腮类、腹足类等生物,无海相化石。

藻类是湖泊的重要鉴别标志。轮藻为淡水环境所特有,是湖泊沉积中一种常见的绿藻门生物,湖泊中还常见蓝绿藻、硅藻和绿藻等。其中蓝绿藻常呈树枝状或分离的结核团块状构造,以此和海相叠层状构造相区别;湖泊中红藻不发育。此外,湖泊沉积中存丰富的陆生植物的根、干、叶、孢子花粉;而海相植物化石的种属和数量则随着远离滨岸越来越少,以此和湖泊加以区别。

四、沉积层序标志

与河流相沉积下粗上细的间断性正旋回不同,碎屑型湖泊沉积多出现由深湖至滨岸下细上粗的反旋回层序。

碳酸盐岩型湖泊藻礁或者早期固结半固结的沉积物被重新改造后与点礁共生形成藻屑滩、砂屑滩等,垂向上相互叠置,构成礁滩复合沉积;台内礁滩主要产出形式也为点礁和颗粒滩的复合沉积;滩间为风浪改造的内碎屑就近堆积的产物;斜坡相带易受事件作用形成泥晶砾屑灰岩等快速堆积。

五、分布形态标志

湖泊沉积厚度和分布范与湖泊规模和发育时间有关。一般湖泊相沉积相带、岩性和厚度大致呈环带状分布,其分布范围比河流相大,比海相小,而且岩性和厚度横向变化比河流相稳定,但稳定程度比海相差。

碳酸盐岩型湖泊中滨湖、浅湖、深湖在分布上渐向湖底方向延伸,受河流输入的陆源碎屑物影响,在平面上呈有缺口的环带状分布。滨湖、浅湖相带规模较小,深湖规模较大。此外,湖相碳酸盐岩的平面分布与湖盆岸线的曲折性、湖盆坡度的差异性、岛屿在湖盆剖面中所处的位置以及水下隆起和水下高地的深浅等因素有明显的依存关系。

六、地球化学标志

湖泊氧化还原状态可以根据 Fe 和 Mn 的含量及比值、硫化物浓度等来判断。在还原条件下,Fe、Mn 通常容易被溶解,Fe 比 Mn 更容易被溶解。一般情况下,沉积物硫化物浓度升高,代表其还原能力增强。此外,淡水湖泊 $\delta^{13}C$ 值低;较深水湖区由于水体滞留和还原程度很高,$\delta^{13}C$ 最轻;湖滨区由于氧化作用强,$\delta^{13}C$ 值高;咸水湖相碳同位素值较淡水湖相高,一般加 19.5‰~23.5‰。

湖泊古盐度的测定可以根据硼含量法、微量元素法、沉积磷酸盐法等。淡水环境硼含量<100mg/kg,现代淡水湖沉积物中吸附硼的含量一般为 30~60mg/kg,半咸水硼含量 100~200mg/kg,正常海水硼含量则>300mg/kg;海水 Sr/Ba 值>1,淡水 Sr/Ba 值<1;湖泊中介形虫壳体 Sr^{2+}/Ca^{2+} 与盐度呈正相关关系。

湖泊气候可以根据 Rb/Sr、Na^+ 浓度等来判断。气候越干旱,Rb/Sr 值越大,Na^+ 浓度越高;湖相沉积中稀土元素的富集和 Eu 负异常代表湿润的气候环境。

湖水古温度可以由 ^{18}O 值测定。碳酸盐岩的 ^{18}O 值随温度升高而降低。

七、地球物理标志

不同湖泊沉积的测井响应不同。整个滨浅湖亚相的电阻率曲线呈不规则尖峰状。滨湖亚相电阻率曲线一般幅值较高,曲线较光滑,而浅湖亚相电阻率曲线则多为中幅锯齿状。滨浅湖滩砂沉积 GR 曲线呈异常幅度较高的"尖刀状"指形密集集合,坝砂沉积 GR 曲线则呈齿化漏斗形、宽幅较厚箱形或齿化箱形。深湖细粒沉积 GR 和 SP 曲线起伏变化微弱。

不同湖泊沉积的地震相特征也不相同。以济阳坳陷孔店组 SQ_1 层序为例(王军等,2014),林南断层北部组 SQ_1 层序冲积扇相对应的地震相类型为前积相,表现出顶部平行—底部下超/楔状外形、平行结构—中振幅中低连续低频的特征;惠民凹陷中部断陷 SQ_1 层序滨浅湖—半深湖相对应的地震相类型为充填相,特征为顶部平行—底部上超/充填外形、平行结构—中振幅中低连续低频;断层下降盘附近 SQ_1 层序冲积扇相对应的地震相类型为杂乱相,表现出顶部平行—底部下超/楔状外形、杂乱结构—中振幅低连续低频的地震相特征(图 7-24)。

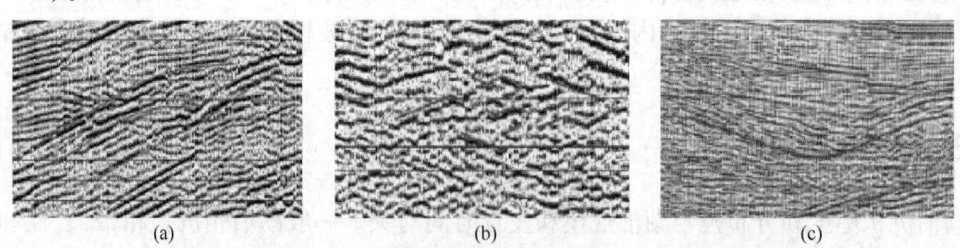

图 7-24 济阳坳陷孔店组 SQ_1 层序典型地震相(据王军等,2014)
(a)前积相;(b)充填相;(c)杂乱相

思考题

1. 简述按沉积物性质的湖泊分类。
2. 简述断陷型湖泊的沉积演化。
3. 过充填、平衡充填与欠充填湖盆有何区别?
4. 简述碎屑型湖泊的砂体类型。
5. 何谓滩坝?简述滩坝的分类、模式与控制因素。

第八章 三角洲

根据三角洲进入水体的性质,可以把三角洲分为海洋三角洲和湖泊三角洲。三角洲是地质学中最老的概念之一,实际上可追溯到约公元前400年,当时,古希腊历史学家希罗多德看到尼罗河口的冲积平原同希腊字母Δ的形状相似,但有关三角洲的现代定义是在20世纪初才提出的。

海洋三角洲位于海陆之间的过渡地带,是海陆过渡相组的重要组成部分,是指在河流与海洋的汇合地区,河流作用与海洋作用共同影响过程中所形成的沉积物堆积体系。这个体系可以从陆上一直延续到水下,所以它们属于大陆与海洋之间的过渡环境和过渡类型的沉积体。

湖泊三角洲沉积是在河流与湖泊共同作用下形成的,其基本特点与河流入海形成的三角洲有一定相似性。由于湖水作用的强度和规模一般要比海洋小得多,且没有潮汐作用,因此湖泊三角洲主要受河流控制。但一些小河形成的小型三角洲或间歇性河流形成的三角洲也可能主要受到湖浪控制。

从20世纪20年代以来,通过石油地质勘探工作的实践,发现许多大型或特大型油气田与三角洲沉积有关。如科威特布尔干油田为世界特大油田之一,其可采储量为 $94×10^8$ t;马拉开波盆地位于委内瑞拉西北部,是世界上最富含油气的盆地之一,盆地面积为 $5×10^4$ km²,石油可采储量达百亿吨,它们的主要产油层均属三角洲沉积。

在我国中、新生代陆相含油气盆地中,储集层都以湖泊砂体为主,好的储集砂体主要出现在浪基面和洪水面之间的滨浅湖相带内,包括三角洲砂体、扇三角洲砂体、辫状河三角洲砂体和滩坝砂体等。如石油总资源量约为 $86×10^8$ t 的鄂尔多斯盆地,中生界三叠系延长组是盆地最重要的含油层位,其主要沉积相属于湖泊三角洲沉积。松辽盆地是当今世界上最典型陆相沉积盆地之一,高峰期原油年产量超过 $6000×10^4$ t,截至2020年,累计生产原油超 $26×10^8$ t,湖泊三角洲沉积砂体也是其重要的油气储层。

第一节 三角洲的分类

三角洲的形成、发育和形态特征主要受河流作用和蓄水体能量的相对强度控制。三角洲主要因河流带来大量泥砂迅速堆积而成,而海水或湖水则对三角洲起着改造、破坏和再分布的作用,因此,在河流与海水或湖水相互作用下可产生各种类型的三角洲。从现今三角洲的多样性来看,一种分类方案不能完全描述所有类型的三角洲,因此,有必要介绍几种常见的三角洲分类原则和分类方法。

一、海洋三角洲和湖泊三角洲

根据三角洲进入水体的性质,河流入海的三角洲称为海洋三角洲,河流入湖的三角洲称为湖泊三角洲。湖泊三角洲和海洋三角洲的形成、发育和形态特征主要受河流、湖泊、海洋作用的相对强度控制,两者在沉积背景、主要作用、喷流机制等方面具有一定的差异(表8-1)。

表8-1 海洋、湖泊三角洲基本特征对比

特征	海洋三角洲	湖泊三角洲
沉积背景	浅海陆架	湖泊
主要作用	河流作用、波浪作用、潮汐作用	河流作用、波浪作用、湖流作用
喷流机制	似等密度流	高密度流
水深背景	相对较深	较浅
砂体分布	三角洲前缘砂层厚度大	三角洲平原是三角洲中砂层集中发育带,前缘砂体厚度相对较薄

海洋三角洲规模巨大,面积可达几十万平方千米,长度可达百余千米。在世界各大河的入海处,大都发育三角洲。如埃及尼罗河(世界第一长河)入海处,就有一个巨大的三角洲(尼罗河三角洲),面积达24000km^2;美国密西西比河(世界第四长河)入海处的三角洲,呈鸟足状,面积达26000km^2;中国的长江(世界第三长河)、黄河(世界第五长河)以及珠江入海处,也都有面积很大的三角洲。海洋三角洲通常沉积物粒度较细,前缘砂层厚度大,沉积时水体较深。世界大河三角洲见视频31。

视频31 世界大河三角洲

湖泊三角洲通常指是曲流河入湖所形成的三角洲(图8-1),以混合载荷或悬浮载荷为主,沉积物粒度较细,砂泥比一般小于1。此类三角洲常沿盆地长轴方向,在坡降缓、斜长的古地形条件下,由曲流河携带大量泥砂进入湖盆形成,河流入湖时能量减弱,发散成多条次级分流河道,形成几百至几千平方千米的三角洲,其沉积特征与海相河控三角洲极为类似,但是其面积、厚度、长度小于海洋三角洲。其砂体主要集中在三角洲平原,前缘砂体较薄,整体沉积水体较浅。湖泊三角洲通常按照粒度和河流类型可进一步划分为正常三角洲、扇三角洲、辫状河三角洲。

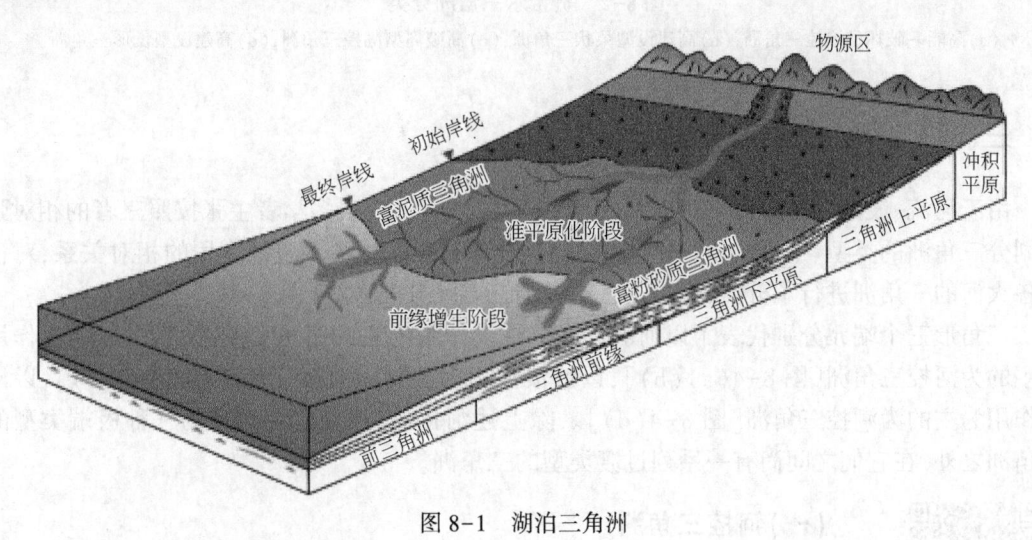

图8-1 湖泊三角洲

二、建设型和破坏型三角洲

Fisher(1969)提出,海洋作用和河流作用的相对强弱对三角洲发育起到重要作用

(图8-2)。河流的作用主要是向海盆输送沉积物,不断使三角洲向海进积,它起着建设作用,所形成的沉积相称建设相。海洋作用是在海浪、潮汐、海流的影响下,将河流倾入海中的沉积物进行改造和再分配的过程,它起着破坏作用,所形成的沉积相称破坏相。大中型河流入海形成的以河流作用为主的三角洲为建设型三角洲;中小型河流入海形成的以海洋作用为主的三角洲为破坏型三角洲。

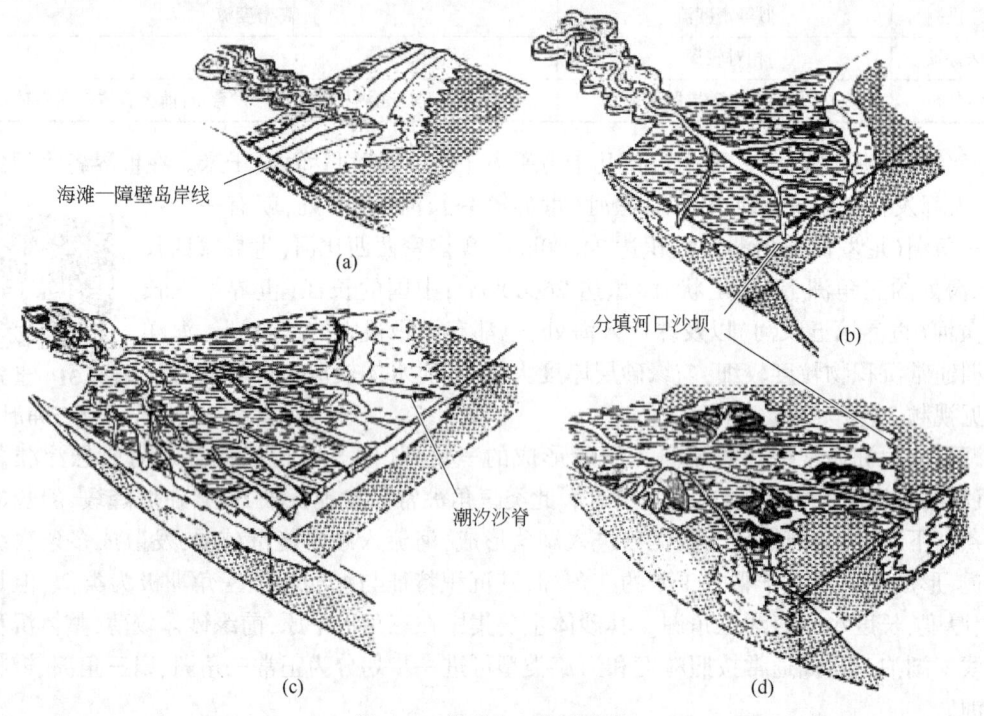

图 8-2 费希尔三角洲分类
(a)高能—破坏型浪控三角洲;(b)高建设型朵状三角洲;(c)高破坏型潮控三角洲;(d)高建设型长形三角洲

三、河控、浪控、潮控三角洲

由于河流、波浪和潮汐对三角洲形成起到直接控制作用,很多学者主张按照三者的相对强弱划分三角洲的类型。Galloway(1976)根据河流作用、潮汐作用和波浪作用的相对关系,对世界各大河的三角洲进行了分类,提出了三角洲的三端元分类方案(图8-3)。

三角形三个端元分别代表了以河流、波浪、潮汐作用为主的三角洲类型,其中以河流作用为主的为河控三角洲[图8-4(a)(b)],以波浪作用为主的为浪控三角洲[图8-4(c)],以潮汐作用为主的为潮控三角洲[图8-4(d)]。除上述河控的、浪控的和潮控的三种极端类型的三角洲之外,在它们之间尚有一系列过渡类型的三角洲。

(一)河控三角洲

河控三角洲(fluvial dominated delta)是在河流输入泥砂量大,波浪、潮汐作用微弱,河流的建设作用远远超过波浪、潮汐破坏作用的条件下形成的。典型的三角洲形态有鸟足状和朵状(视频32)。

视频32 河控三角洲类型

图 8-3 三角洲的三端元分类(据 Galloway,1976)

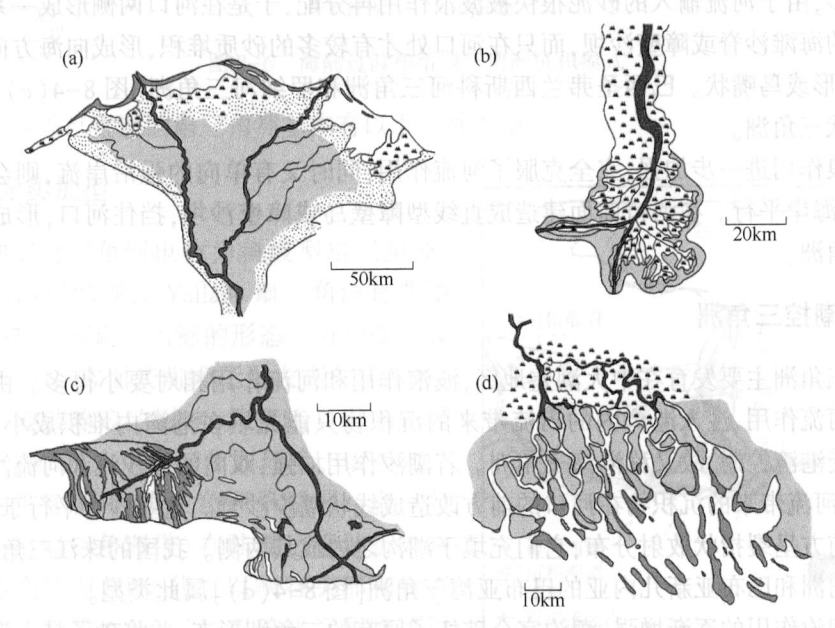

图 8-4 三角洲的三端元分类实例

(a)尼罗河三角洲,河控朵叶状三角洲;(b)密西西比河三角洲,河控鸟足状三角洲;
(c)罗纳河三角洲,浪控鸟嘴状三角洲;(d)巴布亚湾三角洲,潮控港湾状三角洲

— 185 —

滩肩、后滨带和前滨带均具有平行层理，前滨带向海倾斜，后滨带向陆倾斜。由于受风暴浪的影响，海滩砂层中常夹有叠瓦状砾石层，在滩肩和下前滨带最为普遍。侵蚀海滩具有陡而狭窄的前滨带，由极粗的砂和巨砾组成。这些沉积物是由组成海滩悬崖的河流沉积物在波浪的冲击下崩塌和筛选后形成的滞留沉积。Yallahs 扇三角洲前缘具有较陡的坡度，所以临滨带不发育，前滨带向海很快过渡为峡谷—斜坡沉积。

（二）阿拉斯加型

阿拉斯加型扇三角洲发育在坡度低而宽阔的陆棚海边缘，也称为缓坡型扇三角洲。陆棚型扇三角洲沉积因陆棚开阔不会被陡坡所中断，所以其沉积体可以向盆地方向推进很长的距离。扇三角洲平原、前缘（过渡带）和前扇三角洲三带分异明显，形成砾—砂—泥连续过渡的进积序列，具有发育良好、明显清晰的向上变粗的层序。阿拉斯加型 Copper 河扇三角洲（图 8-8）为典型实例。阿拉斯加东南海岸的主要河流——Copper 河向深水推进形成扇三角洲，该扇三角洲复合体由广阔的水上扇平原和边缘没于水下的浅水台地构成。沉积体呈指状插入海相地层，并出现在构造活动的开阔海盆

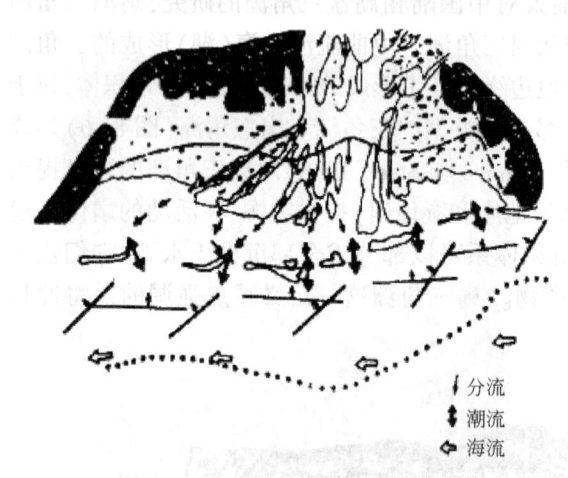

图 8-8　Copper 河扇三角洲水动力结构图（据 Galloway，1976）
潮汐和波能变化改造扇三角洲边缘，沿岸流使沉积中心偏离河流轴部而向西转移

的边缘，是这类扇三角洲的重要识别标志之一。扇三角洲前缘发育了潮汐潟湖复合体和障壁岛—临滨沉积体系（图 8-8）（Galloway，1976）。潟湖复合体分布在扇三角洲平原前缘与沿岸障壁岛之间的宽阔地带。潮间带发育有平坦的泥坪和沙坪、潮汐层理、潜穴、植物根系和碎片及大量掘穴的蛤类等生物。潮下部分包括潮沟和潟湖。潮沟为具有大型交错层的砂所充填，潟湖为水下沙坪所占据，其组成为分选好—极好的细—极细砂，具不明显的层理或不显层理。障壁—临滨带发育有障壁岛、海滩和临滨相带，形成一个宽数千米、长 80km、厚达 30~90m 的砂质沉积带。从海滩至下临滨砂的粒度逐渐变细，在水下 50 余米处可能过渡到前扇三角洲泥和陆架泥相。

（三）吉尔伯特型

吉尔伯特型扇三角洲也称为断陷湖盆型扇三角洲，主要发育于湖滨地带，由河流出山口入湖形成，也是重要的湖泊三角洲类型。冲积扇直接入湖在静止湖盆边缘形成湖泊扇三角洲。该类三角洲近物源且物源供给快，并具有间歇性河流的特点，它主要发育在断陷湖泊受同生断层所控制的湖盆边缘一侧。沿湖盆短轴方向，湖侵范围逼近源区近源陡坡一侧的湖岸地带。实际上形成扇三角洲的关键背景条件是湖泊水体逼近物源区且地形坡度陡。此类扇三角洲发育强水流快速沉积的多种沉积构造，常见冲刷面，其沉积物粒度较粗，多以砾岩、砂岩为主，泥石流沉积发育，平原相类似于辫状河道沉积，向陆方向演变为冲积扇，呈短而厚的粗碎屑楔状体延伸至湖盆并很快尖灭。

比较好的实例为以色列死海（图 8-9），河流由 Lisan 湖（死海前身）的入口处注入，形成许

多小的受周期突发洪水泛滥和河口的建设作用控制的扇三角洲(图8-9)。典型的吉尔伯特型扇三角洲的平面形态一般为扇形,其垂直层序具有明显的向上变粗特点。进积到湖盆的吉尔伯特型扇三角洲的沉积物粒级范围从粗粒级(砾石)至细粒级(粉砂和泥)都有,因为等密度轴状水流和稳定低能的湖水有利于细粒沉积物沉积。

辫状河三角洲(也叫辫状三角洲)的概念最早由McPherson等(1987)提出,其定义为由辫状河体系前积到稳定水体中形成的富含砂和砾石的三角洲,其辫状分流平原由单条或多条底负载河流提供物质。在此之前,辫状河三角洲归属于扇三角洲范畴。McPherson等(1987)认为辫状河三角洲是介于粗粒的扇三角洲和细粒的正常三角洲之间的一种具独特属性的三角洲,从而将辫状河三角洲从扇三角洲中分离出来。辫状河三角洲通常由湍急洪水控制,常为季节性的沉积作用产生,具有限制性河口。辫状河流虽是季节性的,但有时也有与湖泊或海洋的相互作用(图8-10)。

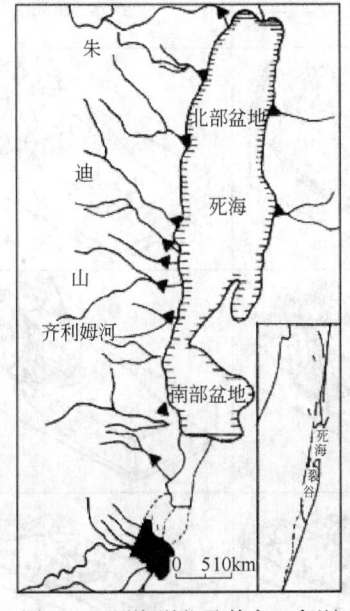

图8-9 死海裂谷及其扇三角洲　　　　图8-10 阿拉斯加州西南部浪控辫状河三角洲(据薛良清,1991)

湖泊辫状河三角洲通常形成在湖盆的短轴方向,当盆地长轴方向斜坡较窄、物源较近时也可发育。在断陷湖泊中,辫状河三角洲发育很普遍,主要分布在短轴缓坡一侧或长轴方向窄斜坡。而在湖盆短轴陡侧,由于坡度很陡,离山很近,冲积扇直接入湖形成扇三角洲,但在扇三角洲不断前积过程中,斜坡增长、坡度变缓,会逐渐向辫状河三角洲转化。发育辫状河三角洲所需沉积地形和坡度一般比扇三角洲缓,比正常三角洲陡,但也有在较大地形坡度下形成的辫状河三角洲(坡度可达20°以上)。

五、浅水三角洲和深水三角洲

相对于传统三角洲而言,浅水三角洲和深水三角洲的概念提出较晚。Fisk(1961)在研究密西西比河三角洲时最早将河控三角洲分为深水型及浅水型。Donaldson(1974)在研究石炭纪陆表海沉积时认识到水体深度是影响三角洲发育的重要因素,进一步总结了浅水三角洲的概念。目前国际上较为流行 Postma 的分类方案，Postma(1990)依据冲积供源体系、沉积盆地水体深度、河口沉积过程、潮汐及重力作用对沉积物改造强度等，将低能盆地(波浪及潮汐影响较弱)河控三角洲分为浅水型和深水型 2 大类，识别出 4 种毯式浅水三角洲、4 种吉尔伯特型浅水三角洲共 8 种浅水三角洲端元。中国学者则更强调供源体系的控制作用，邹才能等(2008)将湖泊浅水三角洲划分为浅水扇三角洲、浅水辫状河(或辫状平原)三角洲和浅水曲流河三角洲三大类，结合三角洲前缘坡度和古水深，共划分出 6 种成因—结构类型(图 8-11)。这两种分类本质上没有区别，只是前者将供源体系分为四类，后者分为三类(冲积扇、辫状河、曲流河)，但他们都把浅水三角洲分为吉尔伯特型和毯式两类。吉尔伯特型与毯式的区别在于：若河口沉积物快速卸载在三角洲前缘形成陡峭的斜坡，则为吉尔伯特型；若河口沉积物卸载量不大，在三角洲前缘形成小角度斜坡，则为毯式。

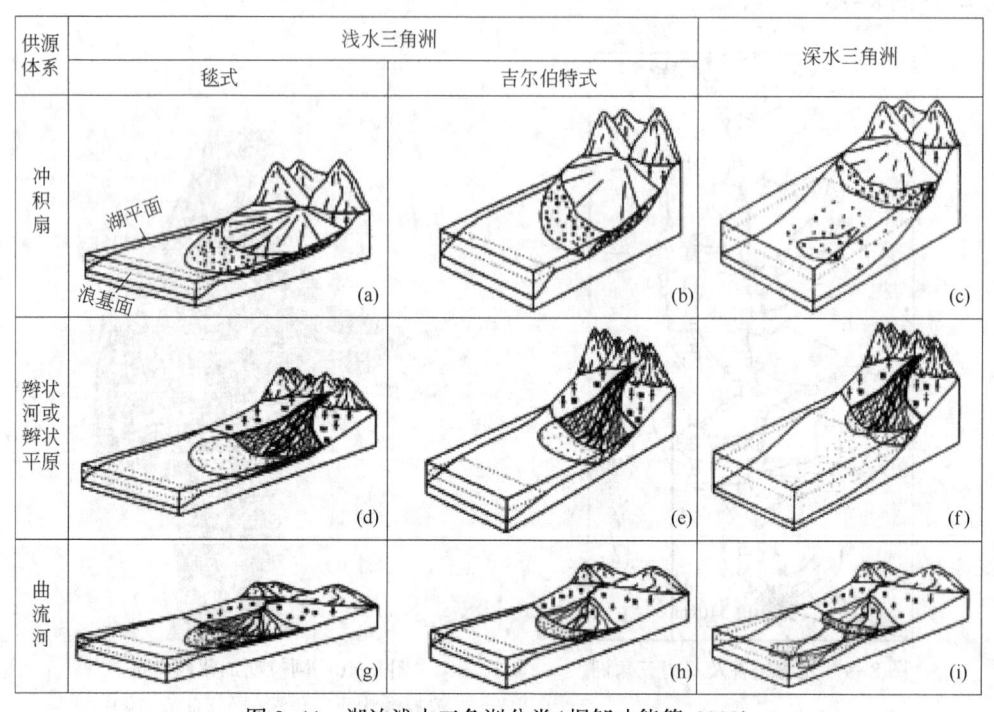

图 8-11 湖泊浅水三角洲分类(据邹才能等，2008)

与深水三角洲相比，湖泊浅水三角洲在近年受到更多关注。湖泊浅水三角洲为河流进入水体较浅、构造相对较为稳定的湖盆时，在盆地缓坡所堆积形成的扇形沉积体，是当今沉积学的研究热点。例如，白垩纪松辽盆地及晚三叠世鄂尔多斯盆地 30~60m 的水深总体较浅，可称为浅水湖盆，按照 Postma 的标准，此类湖盆发育的三角洲都可归为浅水三角洲。但从水动力学角度来说，湖泊三角洲形成时的供源体系、湖盆水深、湖泊面积、湖浪、湖流等基本地质要素的规模，均小于海洋三角洲。总体而言，沉降缓慢且构造相对稳定的台地、陆表海、坳陷湖盆或断陷湖盆坳陷期容易形成地形平缓、盆浅湖(海)阔的相对低能环境，是浅水三角洲发育的有利地区。

六、三角洲类型的关系

不同的三角洲分类方案之间具有相关性。目前通常根据沉积物的粒度以及河流、波浪和潮汐作用的相对强弱来进行三角洲分类,不同三角洲内部的沉积特征可作为也划分三角洲相类型的依据,因而也具有一定的实用价值。

Galloway 三角洲分类是在 Fisher 分类的基础上发展而来的,他的分类方案中的河控三角洲属于 Fisher 分类中的建设型三角洲,浪控和潮控属于 Fisher 分类中的破坏型三角洲。不同类型的河流流入蓄水体中会形成正常三角洲、扇三角洲和辫状河三角洲,之后按照受到河流、波浪和潮汐不同的控制作用的强度可以进一步划分河控型、浪控型和潮汐型(图8-12)。

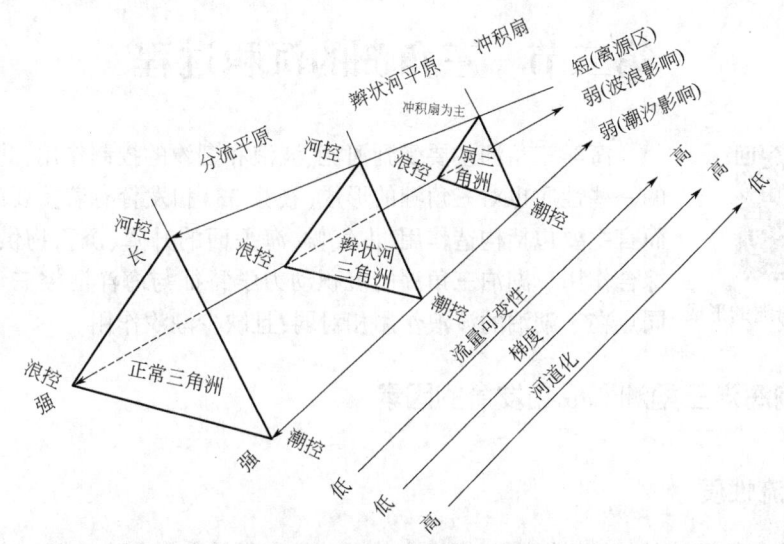

图 8-12 三角洲类型连续谱系图(据薛良清等,1991)

不同湖泊三角洲类型之间也有一定的关系,按供源类型划分的三种三角洲类型都是冲积体前积进入湖盆而形成的沉积单元,但是由于沉积地质背景所决定的冲积体类型不同,且河流入湖处湖泊水体动力条件不同,因此不同类型三角洲的形成发育过程存在明显的差异(图8-13)。

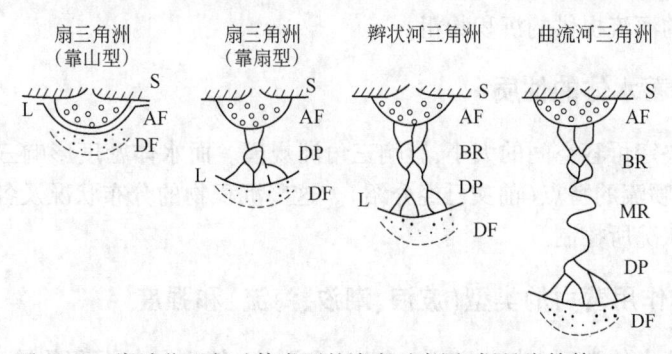

图 8-13 湖泊位置与砂体类型的演变示意图(据吴崇筠等,1993)
S—物源区老山;AF—冲积扇;BR—辫状河;MR—曲流河;DP—(扇)三角洲平原;DF—(扇)三角洲前缘;L—湖岸线

扇三角洲是冲积扇直接前积进入湖泊内而形成的一种三角洲。它的形成发育直接受冲积扇沉积物及不稳定的水道影响。碎屑供应以突发性和间歇性为特征。扇三角洲沉积正是山洪暴发提供大量碎屑与间歇期湖泊改造长期综合作用的结果。

辫状河三角洲是由与源区有一段距离,注入断陷缓坡型或坳陷陡坡型湖泊卸载所形成的三角洲沉积。碎屑物质从源区到沉积区有一段搬运距离,有一定的磨蚀和分选,是季节性辫状河流水和湖泊综合作用的过程。

经典曲流河三角洲是由曲流河注入覆水较深的湖泊后,在稳定的限定性河口处形成的三角洲,其河水水流明显分散,快速卸载形成了河口坝、远沙坝及前三角洲。随着三角洲建设作用的进行,三角洲朵叶不断扩展,从而形成较大规模的曲流河三角洲沉积体,是曲流河与湖泊双重作用的结果,并且沉积过程以前者为主。

第二节　三角洲的沉积过程

海洋三角洲主要受到河流、波浪和潮汐的控制作用,此外沉积盆地的一些性质也对三角洲的形成(视频33)和发育有着重要的影响,一般而言主要包括构造作用、古气候、海平面的升降、沉积物供给量以及其综合作用。湖泊三角洲的沉积动力学特征与海洋河控三角洲类似,不同点在于湖泊的波浪作用相对弱,且缺少潮汐作用。

视频33　三角洲的形成

一、影响海洋三角洲形成和发育的因素

(一) 河流性质

河流性质包括河流的流速、泄水量、搬运来的泥砂的直径及数量和比例等。这是直接决定三角洲物质供应的基础,沉积物供给的量决定三角洲的面积和大小,所供给沉积物的直径,影响三角洲中沉积物的散布和沉积。粗粒的底负载沉积物多半沉积在紧靠分流河口附近的地区,形成分流河口沙坝,或者被波浪和潮汐过程改造成海滩—障壁体系或潮汐水流脊复合体。细粒悬浮负载沉积物搬运到滨外沉积下来形成厚层的前三角洲泥。河水流量的变动决定着所供给的沉积物的直径大小。例如,以周期性的短暂高流量为特征的河流供给三角洲的沉积物,比流量比较稳定的河流提供的沉积物粗。

(二) 泄水和蓄水体的性质

水域的大小决定可容空间的大小,影响三角洲规模。而水体密度影响三角洲形成时的水动力特点,即河口喷流的特点(前文已经介绍)。这些沉积物的分布状况及各种砂体的形成均受河口区水动力状况所控制。

(三) 蓄水体作用营力的类型(波浪、潮汐、海流)和强度

蓄水体作用营力的类型(波浪、潮汐、海流)和强度,特别是与沉积物输入量的相对关系,对三角洲的形成和发育具有重要影响,潮汐运动常将河流带来的沉积物改造成一系列平行于流向(垂直于岸线)的水下潮汐沙脊。如果潮汐和波浪作用过强,会起到破坏作用。

(四) 沉积盆地的性质

沉积盆地的性质包括沉积盆地的地形、稳定性、沉降速度和海水进退等。盆地的地形影响沉积物的供给数量,地形变化影响植被发育和坡度等,局部地区地形起伏越大,河流的侵蚀作

用越强烈,分选差和粗粒级碎屑沉积物供应量增多,反之,细粒沉积物和黏土含量增高。三角洲发育在盆地边缘的地势低缓地区,很容易受到盆地海平面升降的影响。构造稳定的盆地,如克拉通上的陆表海,三角洲体系变化缓慢,可形成浅水三角洲。在构造下沉迅速的盆地中,发育厚度巨大的三角洲体系。

(五) 气候

气候作用不属于河流作用和海洋作用。气候对三角洲的影响表现在:它可通过控制流域范围内植被和土壤的发育引起的物理和化学风化作用,从而控制河流沉积物的类型,还通过降雨量与蒸发量的变化控制河流径流量的变化。例如在热带及亚热带潮湿气候区,降雨量大于蒸发量,植被发育,化学风化作用强烈,河流径流量大而稳定。河水负载中的悬移质沉积物含量高,有利于形成大型细粒质三角洲。气候对海盆的影响作用较小,主要是通过气象流(风等)影响着海水动力条件的变化来控制河口区沉积物的再分配。

二、影响湖泊三角洲形成和发育的因素

(一) 构造作用

构造作用对沉积记录的影响可分为三个不同的级别:盆地的演化;沉降速率的变化;褶皱、断层、岩浆活动、底辟作用。

在盆地不同发育时期,不同的构造阶段控制了盆地不同部位三角洲的沉积充填。盆地的演化一般经历了初始断陷、扩张深陷、裂陷晚期等活动阶段,而不同构造幕的构造活动强度和演化差异性形成不同的构造样式,从而控制着沉积体系类型和展布特征的变化。构造沉降是控制湖泊三角洲形成和发育的重要因素,它与湖平面变化、气候和沉积物供给量等因素一起影响着可容空间的变化,导致沉积体系类型和规模及空间分布形态的差异。构造活动形成的断裂坡折为湖盆扇体沉积提供了巨大的可容空间,控制着三角洲砂岩厚度和砂岩百分含量。由于古构造应力场作用而形成的转换带、鼻状构造等可成为优势输砂通道。

(二) 湖平面的升降

朱筱敏等(2012,2013)在对湖盆三角洲的研究中发现,湖平面下降时期,湖盆发生收缩,河流沉积作用大范围发生,携带碎屑物质向湖盆中心推进,砂体纵向延伸远;湖平面上升时期,湖盆发生扩张,沉积主要发生在近物源区,且会造成分流河道大范围位于水下形成水下分流河道。

(三) 古气候

气候是沉积物从陆源区输入到沉积体系中的主要控制因素。在不同的气候条件下,地表具有不同的干湿度、植被面貌及地球化学环境等,从而使风化剥蚀、搬运和沉积条件均有差别。干热的古气候加剧了母源区的物理风化作用,可产生丰富的碎屑物质。温暖气候条件下,在季节性的大量降雨时,大型河流的作用会使碎屑物质发生长距离搬运,为湖泊三角洲的形成提供了良好的物源条件。

(四) 物源条件

湖泊三角洲的物源条件是影响其形成与发育的物质基础。物源的数量、距离、供给方式以及水体的流量和流速都会影响湖泊三角洲的充填样式、砂体的展布形态(断陷湖盆浅水三角洲沉积体系)。一般而言能量强、近源的河流所受到的湖浪改造作用较小,更易于形成延伸距离长、广而薄的扇体;而弱能量、远源的河流则更倾向于形成横向延伸性好的扇体。

三、三角洲的建设作用

视频34 世界主要三角洲

视频35 三角洲形成实验

三角洲的形成发育过程实质上是分流河道不断分叉和向海方向不断推进的过程(图8-14)。在河流入海的河口附近,由于海底坡度减缓,水流分散,流速突然降低,大量底负载物质便堆积下来形成河口沙坝或分流河口沙坝,我国长江口中的崇明岛属典型实例。河流入海的河口区,水流展宽和潮流的顶托作用使流速骤减,河流底负载下沉而堆积成水下浅滩。浅滩淤高、增大、露出水面,形成新月形河口沙坝。水流从沙坝顶端分成两股,形成两个分支河道(分流河道),并向外侧扩展(视频34)。分支河道向前发展,在河口处又会出现新的次一级河口沙坝。这一过程不断重复,就形成了一个喇叭形向海延伸的多叉道河网系统,三角洲的雏形随之形成(视频35)。

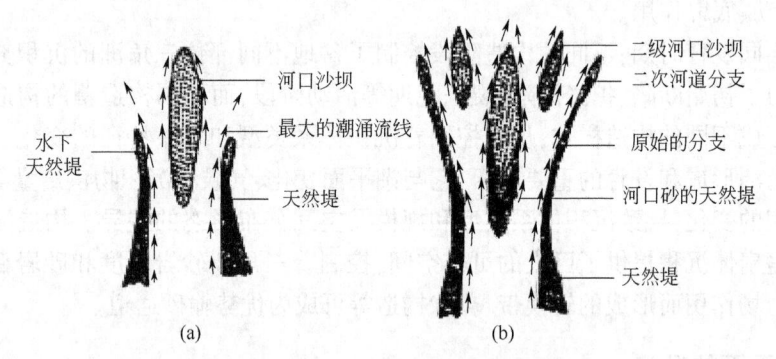

图 8-14　河口沙坝和分支河道发育过程(据 Russel,1967)
(a)早期河道分叉;(b)晚期河道分叉

扇三角洲的建设主要是在间歇性河流的洪水期,水流湍急,流量倍增,同时湖盆坡降较大,因此,河水进入湖盆蓄水体以后还保持一定的位能,继续沿滨岸斜坡侵蚀下切,形成大量水下分流河道,陆上分支流河道的侧向多变造成水下分流河道的不稳定,不利于河口坝的发育,高梯度辫状河直接入湖,完全缺失曲流河段,因而泛滥平原、天然堤、越岸扇等不发育,取而代之的是粗粒冲积扇辫状河沉积和扇间沼泽沉积。扇三角洲沉积多以事件性洪流沉积为主体,具有复合型水动力机制,兼具牵引流、碎屑流和浊流沉积的特征。

辫状河三角洲发育受季节性洪水流量或山区河流流量的控制。冲积扇末端和山顶侧缘的冲积平原或山区直接发育的辫状河道经短距离或较长距离搬运后都可直接进入海(湖)而形成辫状河三角洲。因此,同扇三角洲和正常三角洲相比,辫状河三角洲距源区距离介于两者之间,在远离无断裂带的古隆起、古构造高地的斜坡带,以及沉积盆地的长轴和短轴方向均可发育。

(一) 河口作用

水从河道经河口进入无限制的静止水体的流动,是三角洲少数几种独有的水动力作用之一,这说明了河口作用在三角洲沉积体系形成过程中的重要地位。河口所处位置是在水流向汇水盆地内水体混合的地方,不仅是沉积物的动力扩散之处,也是陆源碎屑沉积物的集散中心。河流将沉积物搬运到河口,再从河口将它们转移分散到周围湖/海域。这些沉积物的分布状况及各种砂体的形成均受河口区的水动力状况所控制。在河口作用中,比较重要的是河水搬运能力的丧失,正是由于这种能量的丧失形式和速度的不同,形成了不同形态和模式的三角洲。

Bates(1953)对三角洲形成的水动力学进行了研究。他将三角洲河口比拟为水力学上的一个喷嘴。河水通过河口流入蓄水体时,形成自由喷射。自由喷流可分为轴状喷流和平面喷流两种流动类型。

(1) 轴状喷流:当注入水体的密度与蓄水盆地中水体的密度相等时,形成轴状喷流。轴状喷流是发生在三维空间(立体的)的河水与蓄水体中水的混合作用,其混合作用较快,致使水流速度迅速降低。

(2) 平面喷流:当注入水体的密度与蓄水盆地水体的密度具有密度差时,形成平面喷流。平面喷流是发生在二维空间(平面的)的河水与蓄水体中水的混合作用,其混合作用较慢,故向盆地方向较远的地方仍可保持较高的流速。

当一条河流注入相对静止的水体中时,如果没有波浪和潮汐作用较大影响,其流动类型取决于这两种水之间的密度差异。密度的差异有三种可能性(图8-15)。

(1) 流入水密度较高(高密度流):当流入水的密度大于蓄水体的水密度时,这种高密度流的流动是沿着水底发生的平面喷流[图8-15(a)]。通常是大陆坡上没有固结的沉积物因为重力或其他外力作用发生滑动滑塌,沿海底峡谷流出形成浊流,在峡谷口附近形成海底扇。但一般含泥砂的河水密度很少超过海水密度,故不能产生这种流动类型。

(2) 流入水和蓄水体水密度相等(等密度流):通常是河水注入淡水湖泊时,两种水发生三度空间的混合作用,而且水流速度迅速降低。在河口附近,底负载迅速堆积,而悬浮负载可沉积在较远处,形成湖泊型三角洲(扇三角洲),这种沉积的分布范围一般较小[图8-15(b)]。

(3) 流入水密度较小(低密度流):通常发生在河流入海区域。携带悬移物的河水密度相比海水仍然小很多,这种低密度水流在海面上向外方流动属于平面喷流类型[图8-15(c)]。流量大的河水沿水平方向能向外散布很远,可以形成以河流作用为主的三角洲。

(二) 决口改道作用

沿三角洲分流体系形成的决口扇在三角洲平原的发育中是非常重要的。同在河流体系中一样,决口扇是在洪水期间水和沉积物通过天然堤上的缺口涌出时所形成的。然而许多三角洲平原分流决口扇的形成比河流中决口扇的形成更复杂。实际上,决口扇可以变成进积到边缘三角洲间海湾的子三角洲。黄河现代三角洲由五期决口改道形成的亚三角洲依次叠置而成(图8-16、视频36)。

视频36 黄河三角洲湿地

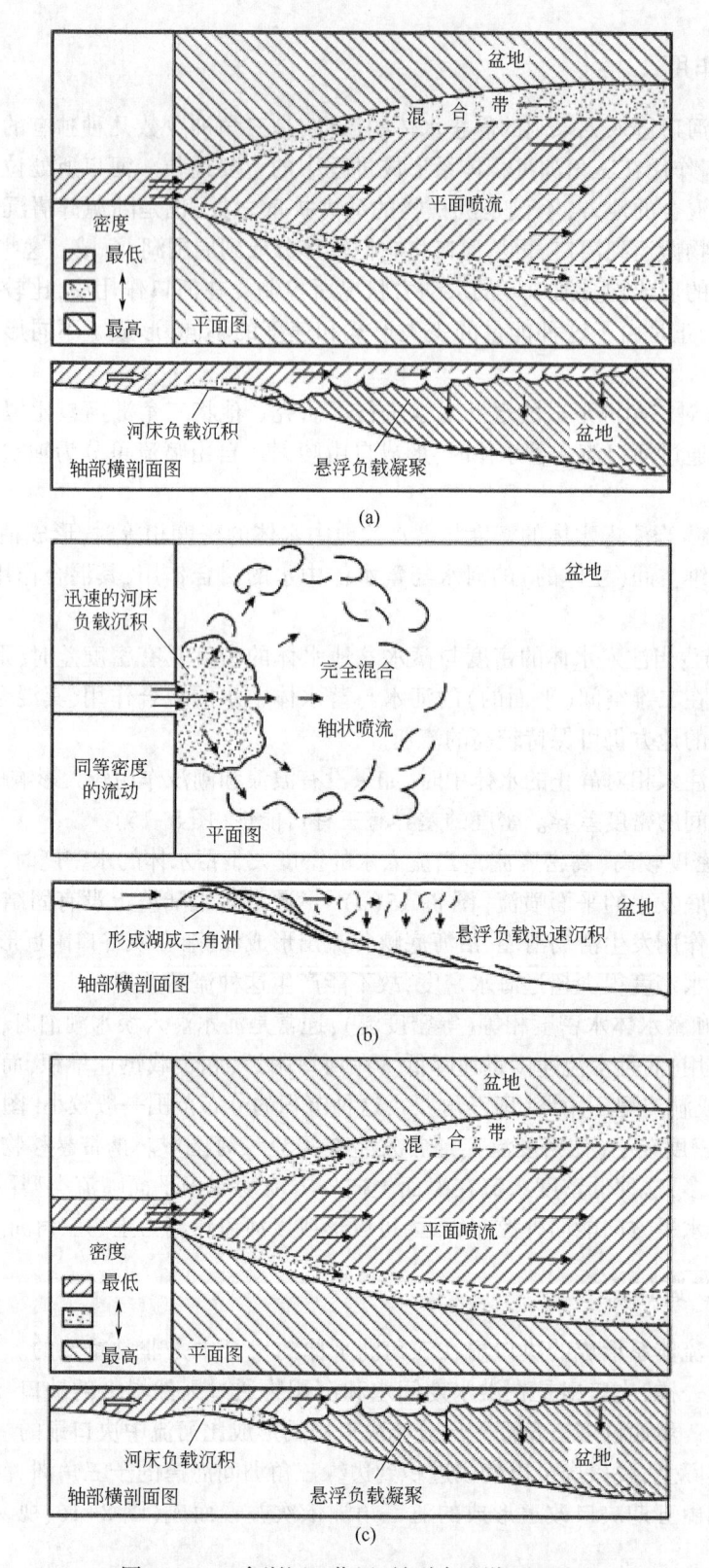

图 8-15 三角洲河口作用(转引自冯增昭,1993)

(a)河水密度大于蓄水体密度时,属平面喷流,出现浊流,形成海底扇;(b)河水密度等于蓄水体密度时,属轴状喷流,形成湖泊三角洲;(c)河水密度小于蓄水体密度,属平面喷流,形成海洋三角洲

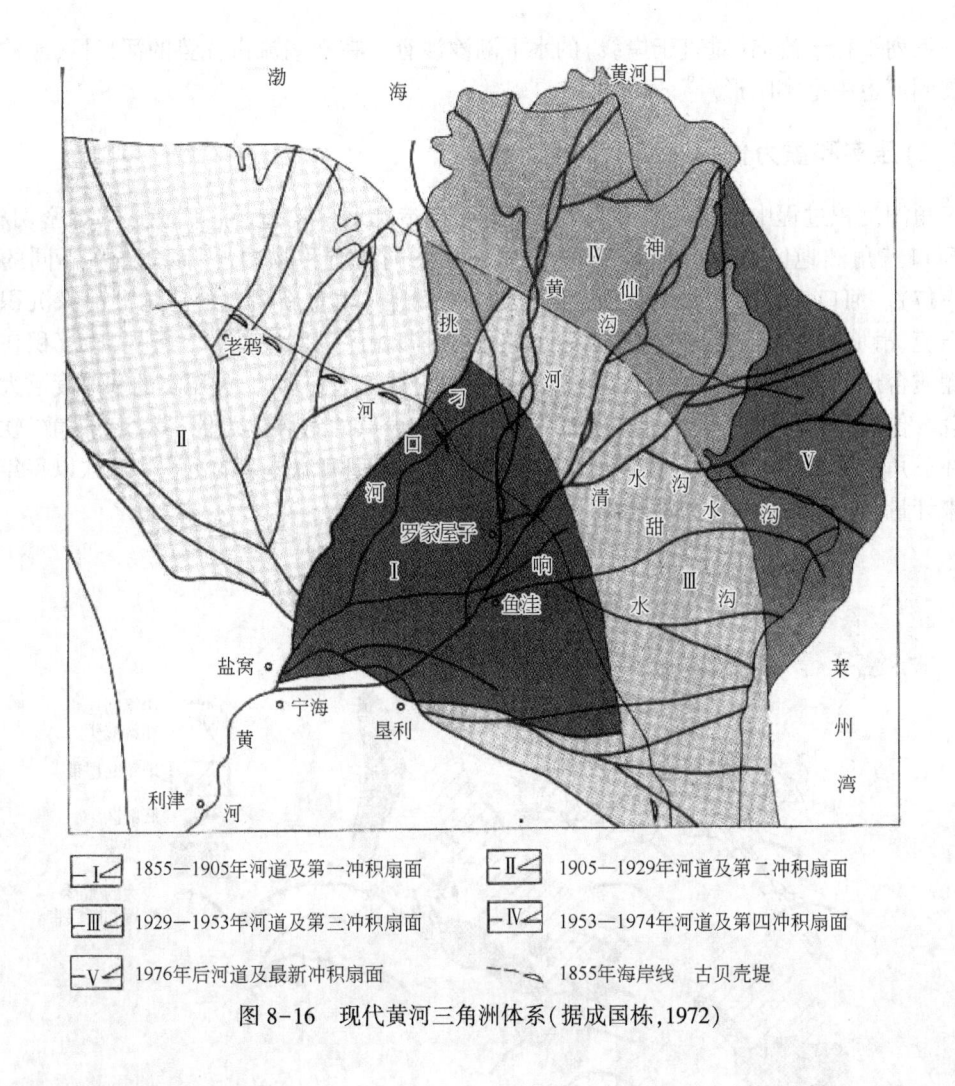

图 8-16 现代黄河三角洲体系(据成国栋,1972)

图例：
- I: 1855—1905年河道及第一冲积扇面
- II: 1905—1929年河道及第二冲积扇面
- III: 1929—1953年河道及第三冲积扇面
- IV: 1953—1974年河道及第四冲积扇面
- V: 1976年后河道及最新冲积扇面
- 1855年海岸线　古贝壳堤

四、三角洲的破坏作用

三角洲的破坏作用包括各种对河流建设作用沉积的沉积物进行改造、改变、再分配或迁移等过程，包括波浪能通量、潮能通量、侵入的恒定盆地流、季节性的风力流，以及由盆地边缘与盆地之间高度差产生的重力势能。

(一) 波浪和潮汐作用

在几乎所有的蓄水体中均存在波浪能，无论是海洋还是湖泊。波浪作用对河口砂体的再搬运和三角洲岸线变化有极大影响。在受波浪作用的河口区，砂体的分布和形态主要取决于河流供应沉积物的能力与波浪对沉积物改造和再分配能力的相互消长关系。河流不断将沉积物搬运到河口区，在没有波浪的干扰下，纯河流作用总是趋向于使砂体以高角度与滨线相交的方向分布，而波浪作用则迫使砂体平行于滨线方向排列。波浪作用还可极大地提高沉积物的成熟度。高功率的波浪可以形成分选好和磨圆度好的纯净石英砂。低功率的波浪对砂体改造程度较小；砂体成分和结构成熟度较低，常含较多黏土，渗透率也较低。在强潮汐的河口区及下游河段，水流在每个潮汐周期中均形成双向流。双向的潮汐运动常将河流带来的沉积物改造成一系列平行于流向(垂直于岸线)的水下潮汐沙脊。在涨潮流占优势的河口区,潮汐沙脊可伸展到河道中呈喇叭形。

(二)压实和重力作用

三角洲沉积过程中最常见的形变构造是滑动构造和底辟构造。它们在成因上密切相关,都是河口三角洲地区快速沉积的产物,但发育在不同的沉积物中,因而分布在不同的部位(图8-17)。河口沉积物及海洋改造过的三角洲沉积物,由重新活化的三角洲前缘沉积组成的泥石流、滑坡和滑塌发生的破坏作用,可视为三角洲相序列的一部分。首先,砂沉积在前三角洲泥质台地的顶部,该台地一般是迅速沉积而成的具有饱和水的、欠压实的和厚度巨大的特点;其次,位于倾斜的前三角洲裙的顶部,即使是倾角很低的斜坡也可能不稳定,松散、软质沉积物在三角洲斜坡上的大规模移动也是普遍的;最后,大型河流体系的沉积物注入以每年几千万吨来计量,并且在时间与空间上都是不规则分布的。

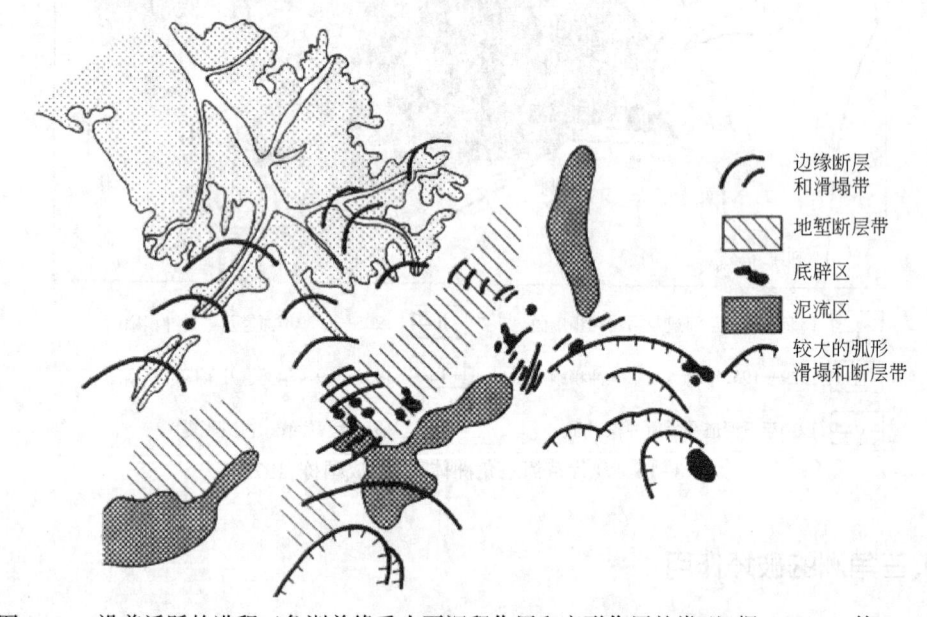

图8-17 沿着活跃的进积三角洲前缘重力再沉积作用和变形作用的类型(据Galloway等,1996)
该图画出了密西西比河三角洲体系的深水朵叶体边缘一带各种地形特征的位置和密集度

河口地区砂和粉砂迅速堆积,使三角洲前缘和前三角洲之间沉积层因水平挤压而产生褶皱,下伏淤泥物质向上挤入上覆三角洲前缘砂体,直到穿过砂体,溢出海底,甚至达到海面,砂在较大分流河口处的迅速沉积增加了下伏前三角洲泥的负荷,从而产生密度倒置。泥因含水量高(达80%),所以在其受力时表现为可塑性、欠压实的、低密度、低渗透率的前三角洲沉积物。沉积物的负荷引起差异压实和流动或前三角洲泥的断裂。在最活跃负荷位置之下的横向和垂向流动,会形成叫作"泥丘"的泥底辟或者叫底辟构造(图8-17)。在三角洲前展过程中,它们不断产生、发育成熟,自海向陆褶皱发育也越充分。靠近前三角洲,底辟构造处在早期发育阶段,三角洲前缘沉积物因褶皱隆起而被剥离,暴露出褶皱的两翼;向陆,褶皱的发育逐渐成熟。深部前三角洲沉积物被带到表面,褶皱通常不对称,往往向海倾斜,甚至出现倒转。沿褶皱的轴向常发生断裂。在底辟构造发育的晚期,更老的大陆架沉积物也可能被拖带上来。底辟构造在三角洲前缘十分常见,前三角洲斜坡上的形变作用还产生各种层内变形构造。

块体在重力作用下会形成滑坡和滑塌。滑坡和滑塌可能是大规模的，包括数十米厚、数百米宽的沉积物体的移动。滑动运动的表面像断层，通常被认为是生长断层或者同沉积变形构造（Bhattacharya，Davies 2001）。沉积物在三角洲上的相对快速积累也会导致进一步的不稳定：三角洲顶部较粗、相对密集的沉积物在泥质、湿润和密度较低的三角洲前缘相上形成，其结果是泥底辟的形成。边缘断层和滑塌形成于活动河口、河口坝及其伴生相的附近。大型的弧形滑塌断块常沿三角洲台地和前三角洲斜坡上部的边缘发育，也可能表现为穿透下伏陆架层序和上斜坡层序长期活动的主生长断层的一部分。这些在三角洲沉积形成过程中发生的变形作用，在三角洲序列中形成了一些相当复杂的沉积特征。岩层的变形范围从几厘米宽的滑塌褶皱到旋转和移位数十米厚的同沉积断层不等。在陡的构造活动盆地边缘，重力流搬运会成为一种具重要意义的甚至是主要的三角洲破坏作用。

五、三角洲的旋回和废弃

Scruton（1960）指出，三角洲常具有两个阶段的发育史，即建设期和破坏（或废弃）期。从建设期开始到废弃期结束构成一个三角洲旋回。也就是说，三角洲旋回层由一个建设相和一个废弃相组成。在一个具有多个旋回组成的剖面中，由于废弃相一般是薄而稳定的海相层，易于识别和对比，所以可利用废弃相作为划分三角洲旋回的标志。每一个新旋回的出现，都代表已废弃的三角洲的复苏和再活动。海洋作用和重力作用都会持续地对活动的三角洲边缘进行改变与改造。在以朵体的生长与废弃为特征的三角洲体系中，破坏作用和建设作用是交替进行的，在一个朵叶体废弃过程中，另一朵叶体可能正开始形成。上述现象可以多次重复出现，致使各个三角洲之间彼此交错、相互重叠，形成了复三角洲体系。如美国密西西比三角洲体系由多个三角洲叶状体相互交错叠置而成（图8-18、视频37）。

视频37 密西西比河三角洲的旋回和废弃

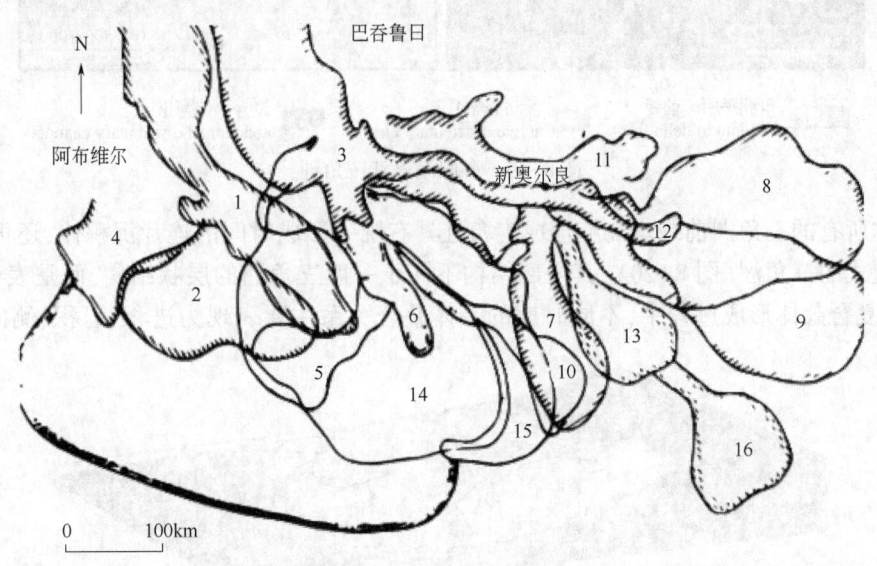

图8-18 密西西比河近代三角洲和现代三角洲复合体和朵体的区域分布（据里丁，1985）
1~16为不同时期的朵体

三角洲的废弃原因主要是河流及分流河道的决口和改道,在河控型三角洲中更为明显。构造运动引起的河道改变以及海平面波动也是引起三角洲废弃的重要因素。三角洲分流体系向海/湖方推进,不会无限制地发展下去,当分支流过分扩展,最终会造成河流改道,从而流入更低的区域,或者由于决口而使主河流改道,致使原来的三角洲废弃。三角洲废弃相在不同类型三角洲中具有不同的表现:在河控三角洲中具有地形起伏小的广阔三角洲平原,河道频繁出现,三角洲朵体大量形成;在浪控三角洲中,波浪影响增大,不常发生河道改道决口作用,并且以前形成的三角洲朵体大多可能会受到随后的波浪作用的改造,毁掉可能发育起来的朵体,原来的整个三角洲地区将遭受海侵,最典型的实例就是美国的密西西比河三角洲;在潮控三角洲中,河道改道决口作用可能局限在上三角洲平原的冲积河道段或冲积河谷中,潮控三角洲常常显著地突出于总的海岸走向上,因此有可能发生河道改道决口作用,但是这些潮控三角洲多位于狭窄的盆地,限制了孤立朵体的发育。

三角洲的旋回和废弃是根据海洋河控三角洲的研究而来的,湖泊三角洲也具有类似的延伸和叠置现象。分支河道可以因为能量的衰减而停止发育,也可以不断向湖延伸,由于分流河道的稳定性较差,水流侧向迁移频繁,河流经常改道,先期有水流通过的分流河道在改道后快速废弃,充填泥质或粉砂质的细粒沉积物,形成同心状充填的废弃河道。如此反复,最终形成复杂的网状交错的分支河道系统,正是因为分支河道的改造使得沉积体可以连片分布(图8-19)。

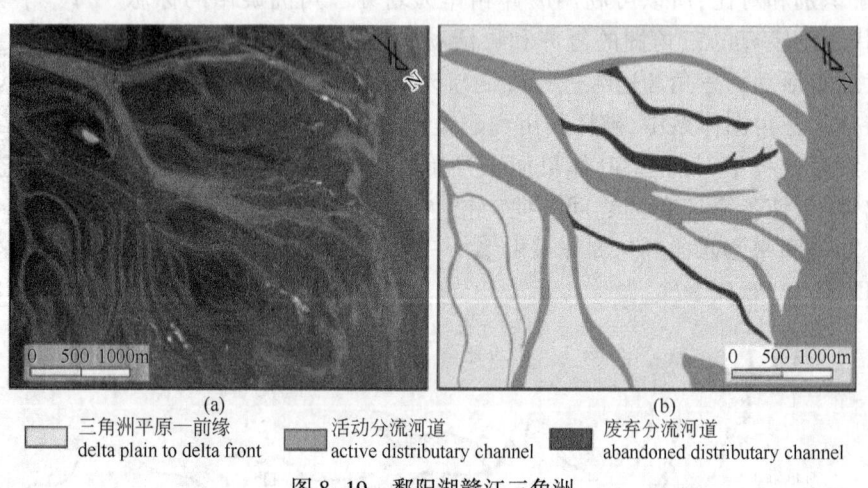

图 8-19 鄱阳湖赣江三角洲

并非所有的三角洲前缘均能够形成广布且具有统一形成时间的连片沉积体,还可能发育一种叠覆式的三角洲(图 8-20),其内部结构不同于一般三角洲的层状结构,而是表现为"叠叶状"。复合朵体形成过程中,不同时期的朵体叠合关系主要表现为进积、退积、侧向摆动 3

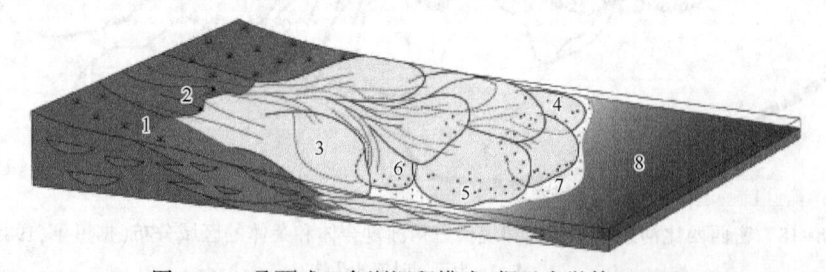

图 8-20 叠覆式三角洲沉积模式(据尹太举等,2014)
1—泛滥平原—滨湖沼泽;2—河流;3—朵体1;4—朵体2;5—朵体3;6—朵体4(现今);7—席状砂;8—浅湖

种。这种叠置关系与湖平面的升降紧密相关:湖平面上升,将导致沉积朵体整体向岸方向迁移;而湖平面下降,则导致整个朵体系统地向湖方向迁移。周期性的湖平面迁移将形成不同部位的朵体复合体。

第三节 三角洲的沉积相类型

至今流行的三角洲分类方案主要按单一的主导因素将三角洲分为河控、潮控和浪控三类。本节将主要介绍河控、潮控、浪控三角洲的亚相类型及特征,也会概括性地介绍扇三角洲和辫状河三角洲的沉积亚相类型。

一、河控三角洲亚相类型

河控三角洲是在地质历史中能保存下来和识别的厚度大、面积广的大型三角洲。根据沉积环境和沉积特征,可将河控三角洲相分为三角洲平原亚相、三角洲前缘亚相和前三角洲亚相(图 8-21)。

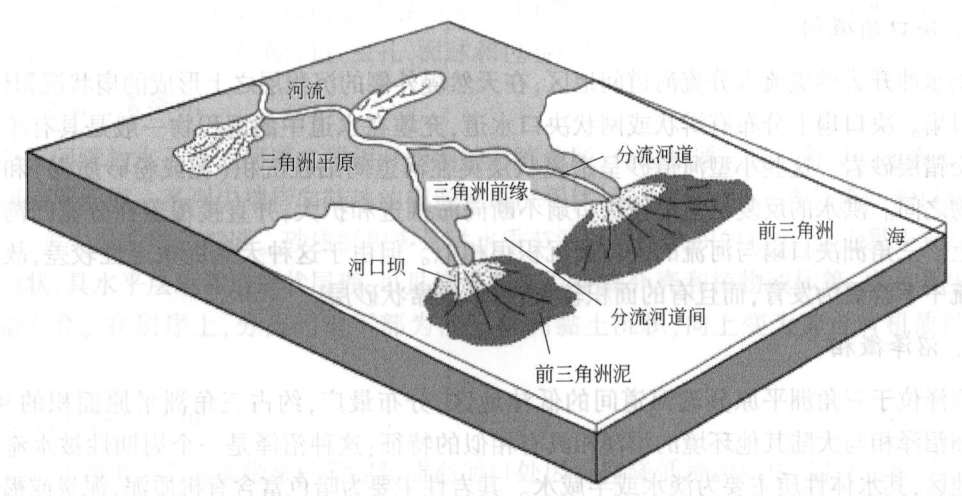

图 8-21 河控三角洲沉积相(据 Nichols,2009)

(一)三角洲平原亚相

三角洲平原亚相是三角洲的陆上沉积部分,为一近海的广阔而低平的地区,包括分流河道至海平面以上的水上部分,由活动的和已废弃的分流河道组成,分流河道间为浅水环境和出露或近于出露的表面。有些三角洲仅有一条河道(如圣弗兰西斯科三角洲),但更为常见的是有一系列分流河道流的三角洲。因此,三角洲平原以分流河道为格架,河流两侧发育有天然堤。河间地带为低湿的泥沼、草沼和树沼等大片沼泽地,此外还有决口扇、小型而短暂的湖泊和水塘。其中最主要的是分流河道砂沉积与沼泽的泥炭或(和)褐煤沉积,这是与一般河流沉积的重要区别。

三角洲平原亚相进一步分为分流河道、陆上天然堤、决口扇、沼泽、三角洲湖泊等沉积微相。

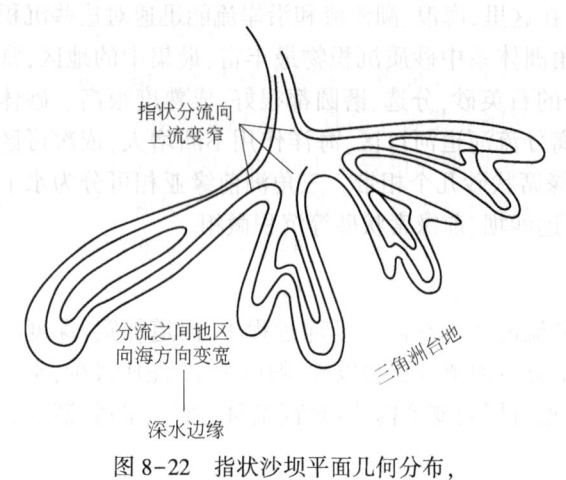

图 8-22 指状沙坝平面几何分布，向海方向加厚分叉（据 Fisk，1961）

5. 远沙坝微相

远沙坝位于河口沙坝向海侧的坝前地带，坡度向海缓缓倾斜。沉积物主要为粉砂和少量黏土，常形成黏土质粉砂层，洪水期可有细砂沉积。沉积构造有水平层理、小型波痕交错层理、波状交错层理和波痕。该地带可有底栖生物生活，含有生物化石及潜穴遗迹，生物扰动构造非常发育。远沙坝沉积体多为延伸较远的层状，一般均分布在河口沙坝的下面，与河口沙坝一起构成向上变粗的层序。

6. 前缘席状砂微相

三角洲前缘的边缘部分广泛分布席状砂，这是由于三角洲前缘的河口沙坝经波浪、潮汐和沿岸流改造和再分配的结果。前缘席状砂主要成分是细砂和粉砂，分选好，成熟度高，可成为良好的储集层。沉积构造为平行纹层以及小型水流波痕层理，化石稀少。

（三）前三角洲亚相

前三角洲亚相位于三角洲前缘的前方更向海洋的方向，河流携带的悬浮物质绝大部分沉积在这里，因此是三角洲体系中分布最广、沉积最厚的地区。前三角洲的海底地貌为一平缓的斜坡。其沉积物完全在海面以下，在正常浪基面附近沉积，不受浅水浪的干扰。沉积物主要是河流的悬移质，由极少的细砂、粉砂和大量的黏土组成，也可以有三角洲前缘滑塌来的浊积砂。在前三角洲和三角洲前缘的递变区域，常见粉砂质的平行层理和透镜状层理，也可见交错层理和水流波痕。向海过渡方向，纹理变薄且变少。生物主要为广盐度生物，如介形类、双壳类、有孔虫等。该地带常见有生物潜穴和遗迹，数量多时可将层理扰乱，形成块状构造。泥质沉积物中富含有机质，埋藏速度快，处于还原环境，有利于转化为油气，是良好的生油层。

（四）平面相组合及垂向层序

三角洲相在横向上向陆方向与河流相邻接，而且主要为曲流河与三角洲共生。当河流碎屑物质供应充分时，三角洲向海推进至较深水，形成巨厚的三角洲前缘和前三角洲堆积，并形成一定坡度，由于事件性因素的影响，它们在重力作用下发生滑动，可在三角洲前缘深水区形成重力流沉积，通常形成深水浊积扇。这种平面组合构成了河流—三角洲—深水浊积扇沉积体系。

三角洲沉积体系在平面上由陆地向海方向为三角洲平原环境（三角洲的陆上部分，主要由分支河流和沼泽沉积组成）→三角洲前缘环境（三角洲的水下部分，主要由河口沙坝和远沙坝沉积组成）→前三角洲环境（海底厚层泥质沉积）。三角洲的三角洲平原、三角洲前缘和前三角洲亚相分区明显，界限清楚，具有完整的沉积相平面分带性，这三种环境大致呈环带状依次分布。由于沉积环境的变化，其沉积物和生物特征也发生规律性的变化：从三角洲平原到前三角洲，其粒度由粗变细，植屑和陆上生物化石减少，而海相生物化石增多，底栖生物的扰动程度增加,多种类型的交错层理变为较单一的水平纹理,有机质含量增高,颜色变暗等。

通常三角洲层序的下部是前三角洲泥相,底部与海相陆架泥过渡,界线不明显;向上依次出现席状砂、远沙坝和河口沙坝等三角洲前缘砂体沉积,呈典型的向上变粗的逆粒度旋回;再上为三角洲水上平原环境的各类沉积相,以分流河道砂质相及河道间泥质和沼泽相为主。分流河道沉积具有明显向上变细的正粒度旋回,每个旋回底部一般均有清晰的冲刷面。因此,沉积相序的下部为下细上粗的反旋回沉积,上部为三角洲分流河道下粗上细的间断性正旋回沉积,顶部出现夹碳质泥岩和薄煤层的沼泽沉积(图8-23)。

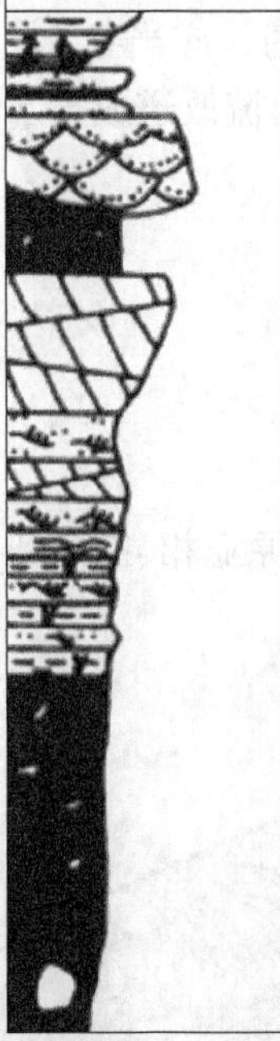

剖面	相	环境解释	
	夹碳质泥岩或煤层的砂泥岩互层	沼泽	三角洲平原
	槽状或板状交错层理砂岩	分支河道	
	含半咸水生物化石和介壳碎屑泥岩	支流间湾	三角洲前缘
	楔形交错层理和波状交错层理纯净砂岩	河口沙坝	
	水平纹理和波状交错层理粉砂岩和泥岩互层	远沙坝	
	暗色块状均匀层理和水平纹理泥岩	前三角洲	
	含海生生物化石块状泥岩	正常浅海	

图8-23 河控三角洲的沉积序列(据孙永传等,1986)

垂向序列特征总结如下:

(1)河控三角洲沉积层序一般均为进积型层序,从下向上表现为从海相向陆相的过渡,具有海退旋回的特点。其下限与陆棚浅海沉积过渡,二者没有明显的冲刷和突变接触关系。

(2)在粒度变化方面。从前三角洲相到三角洲前缘沉积具有明显的向上变粗的反旋回,岩性表现为从泥岩(页岩)向砂岩的过渡。三角洲平原是由含有许多向上变细的分流河道、天然堤、决口扇等砂体夹层的河道间泥岩和泥炭(煤)层组成,其上部(上三角洲平原)与洪泛平原的特点近似,下部(下三角洲平原)常夹有分流间湾沉积。

(3)岩层的颜色也表现出明显的规律性。下部一般为暗色,反映富含有机质的泥岩特点;向上为浅色,一般代表浪基面以上受海水扰动的前缘砂体的氧化环境;最上部为夹有浅色砂体的大量暗色层(深灰色至黑色),为广泛沼泽发育的三角洲平原环境。

(4)层理自下而上为水平层理及被生物强烈扰动而均化的块状层理,向上过渡为各种交错层理(小型波痕层理、爬升层理、大型槽状交错层理、楔状交错层理),最上部为槽状交错层理、板状交错层理与块状层理交替出现,反映出自前三角洲到三角洲前缘再到三角洲平原水动力由低能→高能→能量多变的特点。

— 205 —

(5)生物特点自下而上为正常浅海狭盐度生物→半咸水生物→淡水生物(以大量植物出现为特色)。在古代地层中,河控三角洲平原是最主要的聚煤环境。

这种沉积序列特征是由三角洲向海盆(或湖盆)逐渐推进的进积作用造成的。分流河道携带大量的沉积物,从三角洲平原流向海盆或湖泊,在河流入口处,由于水流能量突然减少,大部分较粗粒的负载沉积下来,形成分流河口沙坝。其余较细粒的物质呈悬浮状态被水流携带至离河口较远的地方,形成远沙坝和前三角洲的粉砂和泥,而且离河口越远,沉积物越细。因此,在平面上,从陆到海盆(或湖泊)依次出现三角洲平原、三角洲前缘和前三角洲。随着三角洲不断地向海方向推进,其结果便形成一套从下向上由前三角洲泥、经三角洲前缘粉砂和砂到三角洲平原的分流河道砂和沼泽沉积的垂向层序。所以,三角洲沉积自下而上的垂向沉积序列与平面上由陆向海依次出现的沉积环境次序是一致的。应当指出,上述沉积序列是个较完整的河控三角洲的沉积序列,在实际情况下,经常由于河流改道或被水流、波浪、潮汐破坏导致沉积序列不完整。

二、浪控和潮控三角洲沉积相类型

(一)浪控三角洲亚相类型

浪控三角洲同河控三角洲一样,也可划分出三角洲平原亚相、三角洲前缘亚相和前三角洲亚相(图 8-24)。

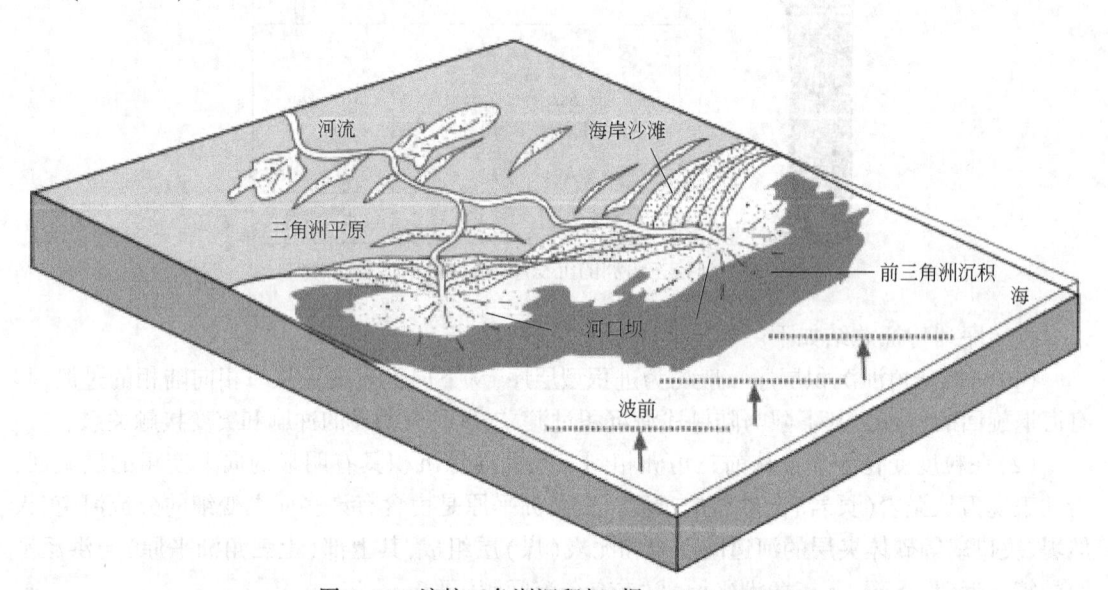

图 8-24 浪控三角洲沉积相(据 Nichols,2009)

浪控三角洲平原亚相的沉积特征类似于河控三角洲平原,但在浪控三角洲前缘,波浪作用能使大多数供给三角洲前缘的沉积物发生再分配。砂则堆积在海岸带,在河口的侧翼形成海滩脊,或因河口沙坝在向海推进过程中不断被波浪改造为向海突出的、与岸线平直的弧形障壁,三角洲前缘斜坡较陡,进积作用沿整个三角洲前缘发生,而不是集中在一个点上进行。它的进积作用比河控三角洲前缘进积要慢,前三角洲泥相不发育。这类三角洲的沉积亚相、微相沉积特征还缺乏深入研究。

浪控三角洲的沉积序列通常仍为下细上粗的反旋回沉积，以波浪为主的三角洲沉积物显示发育良好的河口坝，呈近似垂直于三角洲河道走向的细长粗砂体。这与河控三角洲形成鲜明对比，而且层序顶部一般都出现三角洲平原的沼泽和分流河道沉积[图8-25(a)]，以此区别于海岸沉积的海滩脊层序。浪控三角洲层序底部是含生物扰动的前三角洲沉积，向上过渡为互层的泥、粉砂和砂的沉积，砂质层中具有波浪引起的冲刷构造、递变纹理和交错层理，最后演变为具低角度交错层理的分选好的高能海滩砂以及沼泽沉积。

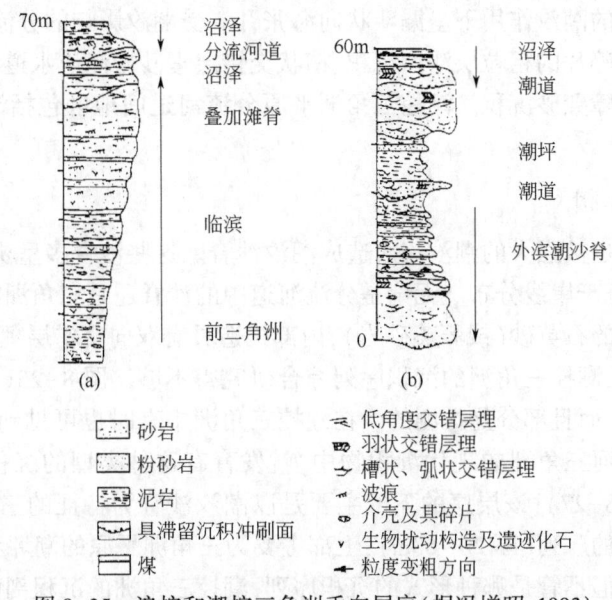

图 8-25　浪控和潮控三角洲垂向层序（据冯增昭，1993）
(a)浪控三角洲；(b)潮控三角洲

(二) 潮控三角洲亚相类型

潮控三角洲也可划分出三角洲平原亚相、三角洲前缘亚相和前三角洲亚相（图8-26）。但潮控三角洲一般发育于中高潮差、低波浪能量、低沿岸流的盆地狭窄地区。潮汐作用不仅影响着三角洲前缘地带，而且对三角洲平原也有明显的影响。

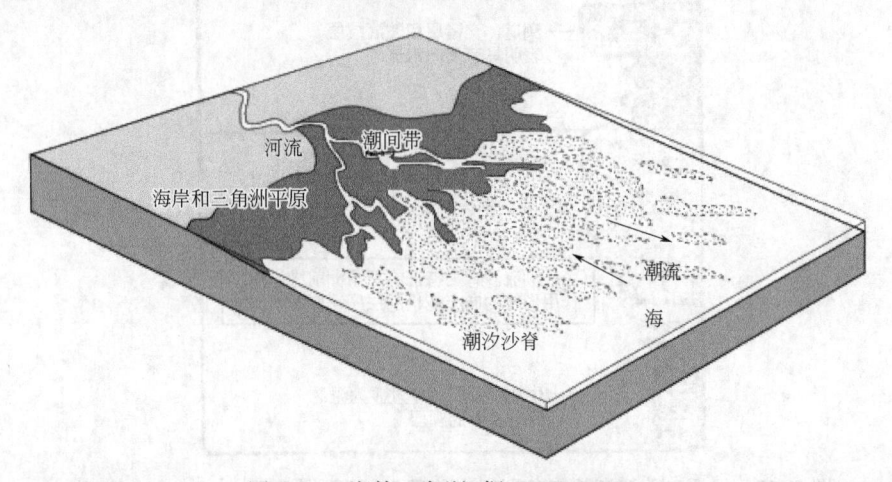

图 8-26　潮控三角洲（据 Nichols，2009）

1. 三角洲平原亚相

在具有中高潮差的三角洲平原地区,潮流在涨潮时入侵分流河道,溢漫河岸,淹没附近的分流河道间地区。在潮汐平静时期,这些潮水暂时积蓄起来,然后在退潮时又退出去。因此,在潮控三角洲平原分流河道的下游以潮流为主,而在分流河道间地区则以潮间坪沉积为特征。潮汐影响的分流河道具有低弯度、高宽深比和漏斗状形态。受潮汐对砂体的改造作用,在分流河道下游主要是平行于河道走向排列的线状沙脊,沙脊之间的潮汐水道里有许多浅滩和河心岛。河口区在高强度的潮汐作用下呈漏斗状向海张开。受潮汐影响的分流河道的沉积层序自下而上为含海相动物碎片的粗粒层滞留沉积、槽状交错层理砂岩潮汐水道沉积、生物扰动多的泥炭沼泽沉积或海岸障壁砂沉积。潮控三角洲平原分流河道间地区包括潟湖、小型潮沟壑和潮间坪沉积。

2. 三角洲前缘亚相

三角洲前缘砂体也被强大的潮汐流改造成潮汐沙脊。这些沙脊多呈狭长的线状平行于潮流方向延长,通常垂直于岸线分布。无论是分流河道中的沙脊还是三角洲前缘的沙脊,其组成都是分选良好的纯净的石英砂(或石英砂岩),内部构造具有双向交错层理及其他潮汐标志。

到目前为止,有关潮控三角洲的沉积序列综合研究得不够。图 8-25(b)所表示的潮控三角洲层序是概括性的,而且部分是推测的。在潮控三角洲中有时也可见到下细上粗的反旋回沉积序列。如在奥德河三角洲的现代沉积物中,就发育有这种类型的沉积序列。据 Coleman 等(1975)的研究(图 8-27),该层序的下部主要是以潮汐沙脊为特征的三角洲前缘的进积作用所产生的向上变粗的序列(厚 20~60m);上部主要为三角洲平原的潮坪和潮汐水道沉积,其潮汐水道规模较小。但不管是哪种形式的沉积序列,潮控三角洲的沉积剖面以出现潮汐沙脊、潮坪和潮汐水道沉积为特征。它们与潮坪和河口湾沉积的主要区别在于其层序顶部往往发育沼泽和分流河道沉积,而且其沉积厚度较大,常与其他类型三角洲沉积相伴而生。

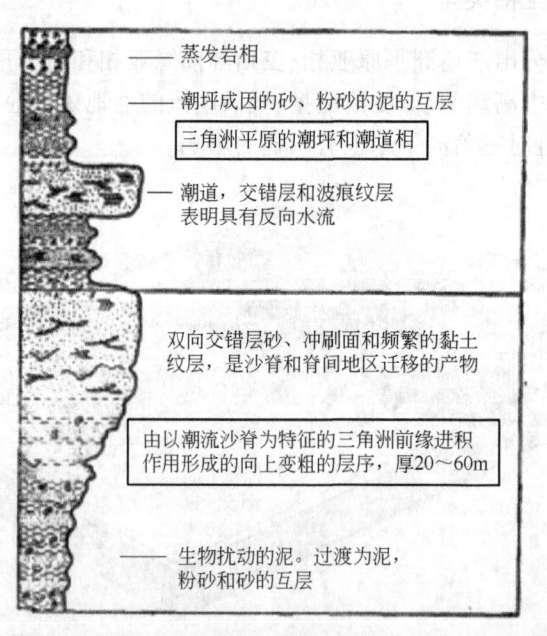

图 8-27 根据奥德河潮控三角洲得出的理想层序(据 Coleman,Wright,1975)

三、扇三角洲沉积相类型

扇三角洲是推进到稳定水体中的冲积扇,故具有明显的陆上、过渡区和水下沉积部分(Wescott,Ethridge,1980;Ethridge,Wescott,1984)。扇三角洲这一术语最早是吉尔伯特研究美国邦维尔湖的三角洲而提出,该扇三角洲以顶积层、前积层和底积层为特征。扇三角洲的特征在三角洲的分类中已经有过简单介绍,此处介绍的扇三角洲沉积相类型是按照湖泊扇三角洲沉积相类型总结出来的。湖泊扇三角洲的类型主要是吉尔伯特型(也称为断陷湖盆型),此外也有学者将中国的湖泊扇三角洲划分出水进型和水退型。

湖泊扇三角洲主要发育于湖滨地带,由河流出山口入湖形成。典型的吉尔伯特型扇三角洲的平面形态一般为扇形,其垂直层序具有明显的向上变粗特点。吉尔伯特型扇三角洲与其他类型扇三角洲的最重要区别是存在一个大型的、坡度陡斜的砾质前积层。前积层后端近源部位的层序中缺失底积层。

(一)扇三角洲沉积亚相类型

湖泊扇三角洲的沉积相可分为扇三角洲平原、扇三角洲前缘、前扇三角洲三个亚相。

1. 扇三角洲平原亚相

扇的陆上部分为扇三角洲平原,也可称为顶积层。扇三角洲平原是扇三角洲的陆上部分,其范围包括从扇端至湖岸线之间的平原地带。在通常的情况下,其平面形态呈向盆地方向倾斜的扇形,多表现为泥石流和近源的砾质辫状河沉积,以粗粒沉积物为特征,没有曲流河段。其沉积特征受到物源区特征的控制,干旱地区的扇三角平原沉积亚相除频繁交错叠置的水道沉积与片流沉积的砂砾层特征外,还有大量泥石流沉积和筛积物相伴,近断崖根部有时还可见崩塌沉积。砾石成分复杂,成熟度低,成层不明显,规则而清晰的大型交错层理较缺乏,冲刷充填构造发育。潮湿区扇三角洲平原的辫状水系则是河道化的水流,河道滞留沉积相和砾石坝沉积相是其主要沉积组合。因河道反复而迅速地侧向迁移,形成的层序结构具有明显的多旋回特点。

根据沉积物特征,可将扇三角洲平原亚相分为泥石流沉积、分流河道沉积(河道充填沉积)和漫滩沉积3个微相。

泥石流沉积是一种含砾石、泥、砂稠度大的流体沉积。泥石流的密度比河水大得多,它能携带极细的黏土物质以至巨大的砾石,而且其流动速度会突然减小,故泥石流沉积物的特点是分选差,最大砾石可以是巨大的漂砾,扁平的砾石呈水平或叠瓦状排列,泥质支撑,副砾岩内有粒序层理。泥石流沉积体厚度在横向上极不稳定,变化大,部分呈透镜状或楔状体。因泥石流运动过程中以强大的力量刮铲着沿途的前期沉积物,其底部往往含有大量下伏岩层的团块,形成明显的刮铲或侵蚀现象。同时,泥石流沉积体的巨厚重量压迫下伏的未固结的前期沉积物,使下伏岩层尤其是泥岩层产生明显的变形构造。

分流河道沉积是洪水期从扇三角洲近端切入扇面的河流沉积,具有一般辫状河流的沉积特征。岩性为砾岩、含砾砂岩、粗砂岩,成熟度低,分选差至中等,砾石次棱角至次圆状。由于河道稳定性差,迁移频繁,且经常受到泥石流的侵蚀破坏,因而沉积体多呈单个透镜状穿插于泥石流沉积和漫流沉积体中,有时多个河道砂体呈透镜状相互叠置。砂体底部具有冲刷面和滞留砾石、泥砾沉积,砂体内发育平行层理及大、中型槽状交错层理和板状交错层理。

漫滩沉积由灰色、褐灰色、灰褐色、灰黄色、紫红色中至薄层状泥质砂岩、粉砂岩、泥岩(页岩)组成。岩层成层性较好,单层厚度多在 0.4m 以下。泥质砂岩中颗粒的分选磨圆均差,多以次棱角状为主。岩层内层理构造不发育,局部偶见水平层理及小型沙纹层理,含植物叶片化石,局部见植物茎干化石。由于受洪泛的影响,见有较粗的砂岩透镜体。

2. 扇三角洲前缘亚相

扇三角洲前缘(也称为前积层)位于岸线到正常浪基面之间的浅水区,以较陡的前积相为特征,是扇三角洲最主要的沉积相带和砂体发育区。一般的湖泊扇三角洲具有河控三角洲前缘特征。根据地貌和沉积物特征不同,可将扇三角洲前缘分为碎屑流沉积、水下辫状河道沉积、水下辫状河道间湾沉积、河口沙坝、席状砂等微相。

碎屑流沉积的沉积特征类似于泥石流沉积,由砾岩构成,砾石大小不等,分选差,含量在 40%~60%之间,填隙物为不等粒砂级颗粒及泥质,砾石常呈不接触状分布在填隙物中,岩层多具块状构造,底部见冲刷面构造。

水下辫状河道是扇三角洲平原辫状分流河道的水下延伸部分,由含砾砂岩和砂岩构成向上变细层序,其主体为中、粗粒砂岩。单一河道砂体呈透镜状,最大厚度在 2.0m 以下,横向延伸数米即变薄甚至尖灭。部分水下分流河道砂体呈单一透镜体夹于碎屑流沉积体中,部分由多个砂岩透镜体在纵向上相互叠置而形成厚达数米的砂体。砂体中发育大、中型槽状交错层理及少量板状交错层理,也可见砂体侧向迁移加积形成的侧积交错层,砂体底部发育冲刷面构造。

支流间湾位于水下辫状河道的两侧,由互层的灰色、浅灰色细砂岩、粉砂岩及灰绿色泥岩组成,发育水平层理、波状层理、透镜状层理以及压扁层理、包卷层理。由于水下分流河道迁移频繁及碎屑流的强大破坏作用,部分水下辫状河道间湾沉积物往往受到侵蚀破坏,以大小不等的透镜体出现。

河口沙坝位于水下辫状河道的前方,并继续顺其方向向湖盆中心发展。与其他类型三角洲河口沙坝相比,扇三角洲河口沙坝的沉积范围和规模较小,但含砂量高,粒度以分选较好的粉砂—中砂为主,也有粗砂岩和含砾砂岩,沉积粒序主要显示下细上粗的反韵律,由于受季节影响,常伴有季节性泥质夹层。沉积构造主要为小型交错层理、平行层理,可见大、中型交错层理。在较细的粉砂质泥岩中,可见滑动作用或生物扰动所形成的变形层理及扰动构造。河口沙坝整体呈底平顶凸或双凸的透镜状。

当湖泊的波浪和沿岸流作用较强时,水下辫状河道或河口沙坝受到改造并重新分布。沉积物经过反复淘洗、簸选,分选变好,在扇三角洲前缘地带形成分布广、厚度薄的席状砂体,其沉积物粒度较细,成熟度较高,显示反韵律粒序,表现为砂泥间互层。其中可见波状层理、变形层理。

3. 前扇三角洲亚相

前扇三角洲沉积(也称为底积层),是指扇三角洲浪基面以下部分,向下为深湖泥或深水盆地沉积过渡,没有明显的岩性界线。湖泊扇三角洲的前扇三角洲沉积通常是粉砂和泥质的细粒沉积,可见水平层理,生物化石发育。前扇三角洲分布相对广且厚度大,向上有明显变粗的沉积序列。由于扇三角洲前缘堆积迅速,砂体厚度较大且紧邻控盆断裂的陡坡带发育,在地震等触发机制下常可形成较大规模的滑坡或滑塌,因此前扇三角洲泥质沉积物中常夹有滑塌成因的砂(砾)岩体。

(二) 扇三角洲平面相组合及垂向层序

通常扇三角洲的平面形态为扇形,垂向层序具有明显向上变粗的特点(图 8-28)。一个完整的建设型扇三角洲连续的沉积层序自下而上为:前扇三角洲泥岩—扇三角洲前缘末端粉砂岩、细砂岩—扇三角洲前缘河道砂岩、含砾砂岩—扇三角洲平原砂砾岩和砾岩。

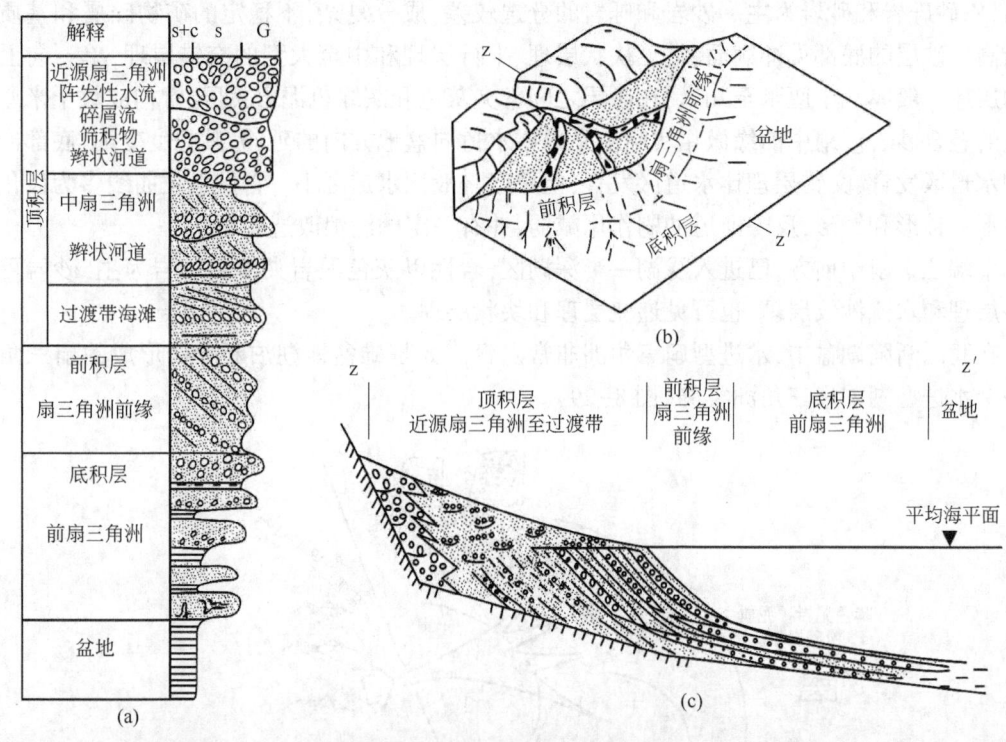

图 8-28 吉尔伯特型扇三角洲沉积模式(据 Wescott,Ethridge,1990)
(a)垂直层序;(b)平面图;(c)纵剖面

扇三角洲的一般特征:单个扇三角洲的陆上部分通常较小,平面形态多为扇形;扇三角洲沉积体和陆相沉积的边界通常是断层,近源沉积物通常较近,搬运距离短,沉积迅速,其岩性特征表现为以砾、含砾砂和粗砂等粗碎屑沉积物为主,分选差,成熟度低。扇三角洲沉积体的几何形态和粒度变化向湖盆方向呈楔形,逐步变薄变细,逐渐过渡到湖相泥岩,单个扇三角洲的垂向序列具有向上变粗的特点。

(三) 水进型湖泊扇三角洲亚相类型

水进型湖泊扇三角洲的岩性、形态和分带特点与冲积扇类似。水进型湖泊扇三角洲是山地河流进入浅水湖盆中直接形成的扇三角洲,几乎全部没于水面以下,缺少陆上沉积部分,一般发育于断陷湖盆的陡坡一侧,距物源近,缺失陆上扇环境。周围泥岩的颜色为灰绿色和浅灰色,含浅水生物化石,说明为滨—浅湖环境。该类扇三角洲一般形成于湖侵阶段,常缺乏向上变粗的沉积序列,可进一步划分为扇根、扇中和扇端三个砂体亚相带。

扇根主要由有限的几条河道和河道间沉积物组成。河道沉积主要由杂基支架至碎屑支架的砾岩、砂砾岩和砂岩组成,总体上为向上变细的正旋回,碎屑粒度粗,成分复杂,泥质含量高,分选一般很差,颗粒大小混杂。单层厚度大,可达数十米,常夹灰绿色和灰色泥岩。层理一般不太清晰，常见层理类型有块状层理、反递变至正递变层理和不太清晰的大型交错层理。岩层底面常为冲刷面或与下伏层突变接触。

扇中位于扇根前方，是扇三角洲沉积的主体，也是砂体最发育部位，砂岩含量高，砾岩较少。河道发育区可进一步划分为扇中（辫状）水道、扇中前缘和扇中水道间三个沉积微相，其中扇中水道和扇中前缘为主要砂体微相。扇中辫状水道微相和辫状河流沉积类似，总体岩性较粗，以砂砾岩和砂岩为主。砂岩和砾岩的分选较差，成分复杂，不稳定的矿物碎屑和基质含量较高。砂层的底部见冲刷面，常见块状层理、平行层理和中至大型的交错层理，单一向上变细的层序一般厚几十厘米至几米，在砂层之间常夹灰色和灰绿色泥岩夹层，常构成数十米厚的叠加的叠合砂岩。扇中前缘微相实际上是扇中水道向盆地方向的延伸，其粒度变细，底部冲刷不如水道区发育，交错层理比水道区发育，但厚度一般比水道区小。自然电位曲线多为齿化的漏斗形—钟形和钟形，反映河道冲刷作用减弱，并有一定的波浪改造作用。

扇端位于扇中前方，已进入浅湖—半深湖区，岩性以灰色泥岩夹薄层砂岩为主，砂岩可发育平层理和水流沙纹层理，也可见递变层理和块状层理。

在我国断陷湖盆中，水进型扇三角洲非常发育。如楚雄盆地湖泊断陷期形成的扇三角洲是一个水进型湖泊扇三角洲实例（图8-29）。

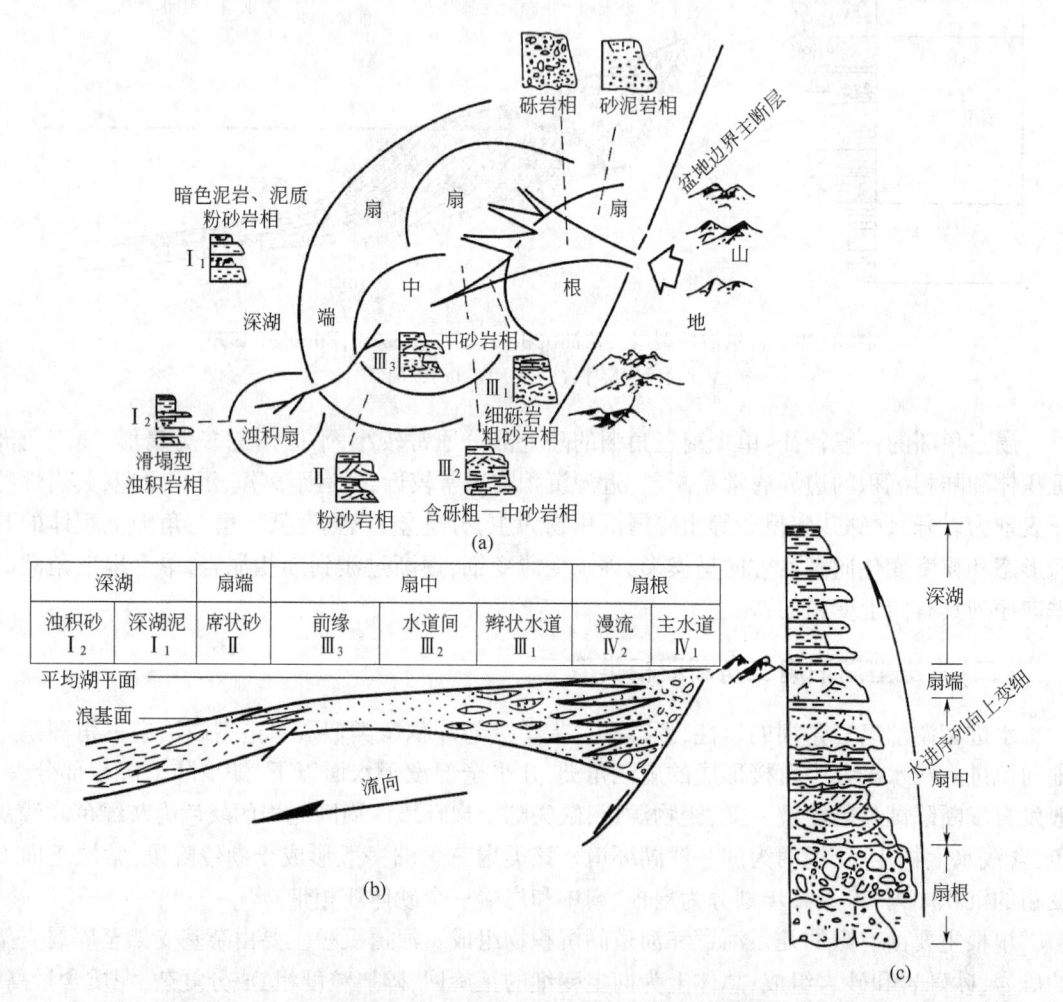

图8-29 楚雄盆地断陷期水进型扇三角洲沉积模式（据王良忱等，1996）

(四)水退型湖泊扇三角洲亚相类型

水退型湖泊扇三角洲多形成于湖盆深陷后回返的初期。在我国中、新生代断陷湖盆短轴陡岸一侧,这类扇三角洲普遍发育。水退型湖泊扇三角洲多形成于湖退期,随着湖泊逐渐收缩,不断向湖中心推进,出露水上的扇三角洲平原部分越来越大,并向河流相转化。此类扇三角洲相带一般发育齐全,并见发育良好的向上变粗的层序特征,可划分为扇三角洲平原、扇三角洲前缘和前(扇)三角洲。此类型的相带特征同断陷湖盆型十分类似。

扇三角洲平原亚相主要为混杂砾岩、砂砾岩,夹红色、黄色、灰绿色和杂色泥岩,以陆上辫状河道沉积为主,单一层序见下粗上细的正韵律。在砂砾岩中可见到较大型的斜层理、交错层理和平行层理。混杂块状的泥质砾岩或杂基支撑的砾岩也可出现在粗碎屑剖面中,属于陆上泥石流沉积。

扇三角洲前缘相带主要为砂砾岩和砂岩,夹灰绿色泥岩和少量劣质油页岩。该相带岩性变化较大,为扇三角洲砂体发育最好的部分,可进一步划分出水下分流河道和水下分流河口沙坝及席状砂等相带。水下分流河道为砂砾岩和砂岩组合夹薄层泥岩,发育大型斜层理、平行层理和交错层理。单一层序厚度为 0.3~2m,构成下粗上细的正韵律层,多层河道叠合砂体可厚达数十米。自然电位曲线多为箱形。河口沙坝由分选较好的含砾砂岩和砂岩组成,与灰色泥岩构成互层,层理发育,以低角度交错层理和平行层理为主。在某些扇三角洲前缘相中,河口沙坝发育很差或不发育。席状砂为分布于河口沙坝外缘的薄层砂体,岩性变细,以砂岩沉积为主。

前(扇)三角洲已进入半深湖区,岩性为浅色和深灰色泥岩夹少量砂岩、粉砂岩、钙质页岩和油页岩,泥岩中含较多介形虫和黄铁矿。砂岩主要发育小型交错层理和波状层理。

水退型湖泊扇三角洲下伏地层多为深湖亚相,前方同时期沉积也多为深湖亚相,主要层序呈向上变粗的反旋回,砂体平面形态呈扇形,剖面形态为透镜状。辽河西部凹陷西斜坡齐欢地区的扇三角洲可视为典型实例(图 8-30)。

四、辫状河三角洲沉积相类型

(一)辫状河三角洲亚相类型

辫状河三角洲的沉积特征介于正常三角洲与扇三角洲之间。辫状河三角洲由辫状河三角洲平原、辫状河三角洲前缘和前辫状河三角洲三个亚相单元组成(图 8-31)。

1. 辫状河三角洲平原亚相

辫状河三角洲平原为位于陆上的辫状河组合,以牵引流为主,缺少碎屑流沉积。而扇三角洲平原为片流、碎屑流和辫状河道互层沉积,具有冲积扇的沉积特点。这是两者的重要区别。与正常三角洲相比,辫状河三角洲粒度更粗,层理类型更复杂,而正常三角洲平原亚相的沉积物由限定性极强的分流河道和分流河道间组成。辫状河三角洲平原亚相主要由辫状河道和冲积平原组成,潮湿气候条件下可有河漫沼泽沉积。高度的河道化、持续深切的水流、良好的侧向连续性是该亚相的典型特征。

辫状河道性质与辫状河流特征类似,沉积物粒度较粗,砂砾岩发育,以色杂、粒粗、分选较差、不稳定矿物含量高为特征,河道底部充填物宽厚比高、宽平状的侧向砂砾岩,沉积物底部发正韵律组合；二是向上变粗的进积型辫状河三角洲，由多个向上变粗的沉积旋回组成。地质记录中以进积型辫状河三角洲垂向层序更常见，其完整的层序由下而上表现为前辫状河三角洲泥岩—辫状河三角洲前缘河口坝粗砂岩—辫状河三角洲前缘水下河道。由于水动力条件和古地形条件的变化，辫状河三角洲垂向层序往往保存不完整，常以辫状河三角洲平原亚相和辫状河三角洲前缘亚相呈互层沉积出现在剖面上（图8-32）。

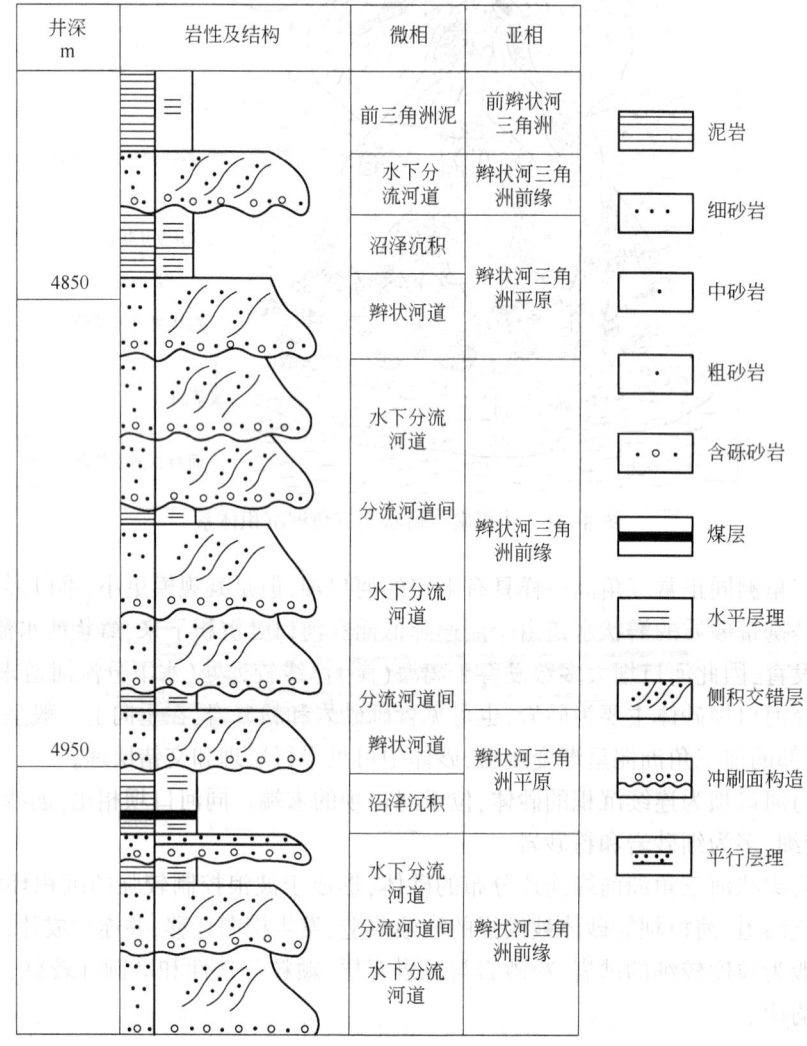

图8-32 塔里木盆地草2井侏罗系辫状河三角洲沉积层序（据高振中等，1996）

第四节 古代三角洲的相标志

一、岩性标志

三角洲岩石类型以砂岩、粉砂岩、粉砂质泥岩和泥岩为主，缺少砾岩以及化学岩，且厚度可以达到上百米甚至上千米，往往夹有暗色有机质细粒沉积、泥炭层或煤层。岩石的颜色表现出明显的规律性,下部一般为暗色,反映富含有机质的泥岩特点;向上为浅色,一般代表浪基面以上受海水扰动的前缘砂体的氧化环境;最上部为夹有浅色砂体的大量暗色层(深灰色至黑色),为广泛沼泽发育的三角洲平原环境。

扇三角洲的组成均为砾石、含砾砂和砂等粗碎屑沉积物,成分和结构成熟度均比较低,反映其距物源区比较近、搬运距离短、沉积迅速的特点。辫状河三角洲的河口坝比扇三角洲的更发育,且辫状河三角洲的粒度、分选介于正常湖泊三角洲和扇三角洲之间。

二、沉积构造

三角洲层理的变化自下而上为水平层理及被生物强烈扰动而均化的块状层理,向上过渡为各种交错层理(小型波痕层理、爬升层理、大型槽状交错层理、楔状交错层理),最上部为槽状交错层理、板状交错层理与块状层理交替出现,反映从前三角洲到三角洲前缘再到三角洲平原水动力活动是从低能→高能→能量多变的特点。

湖泊三角洲的沉积构造也具有多样性,发育平行层理、交错层理、波状层理、透镜状层理、包卷层理、冲刷—充填构造、生物扰动构造等,但是与海洋三角洲相比缺少潮汐作用形成的沉积构造。扇三角洲以泥石流和碎屑流沉积为识别特征,与辫状河三角洲相区分。

三、古生物标志

三角洲生物特点是自下而上为正常浅海狭盐度生物→半咸水生物→淡水生物(以大量植物出现为特色),因此三角洲剖面具有海陆生物混生的现象,而且广盐性和半盐水属种普遍发育。纵向上,海生生物化石数量减少;横向上,向海的方向海生生物化石增加。在古代地层中,河控三角洲平原是最主要的聚煤环境。

湖泊三角洲的生物主要受沉积湖盆的控制。在一个完整的湖泊三角洲垂向序列中,生物化石主要集中在下部,向上逐渐减少,底部可能出现湖相泥炭或煤层。扇三角洲和辫状河三角洲由于水体能量大,粒度粗,生物化石较少,多见原地生长的软体动物贝壳和生物遗迹,可能具有异地搬运而来的生物化石碎片。

四、沉积层序

三角洲内部平面相组合由陆向海依次为三角洲平原、三角洲前缘、前三角洲。河控三角洲沉积层序一般均为进积型层序,从下向上表现为从海相向陆相的过渡,自下而上为由细逐渐变粗的反旋回特点。底部为前三角洲泥,其下限与陆棚浅海沉积过渡,二者没有明显的冲刷和突变接触关系;向上变为三角洲前缘的砂和粉砂,最上部为三角洲平原沉积。而在浪控三角洲中有时见到退积型沉积序列。因此,在区分不同三角洲类型时,三角洲前缘层序是关键。

湖泊三角洲相带排列通常是岸上向湖盆以三角洲平原—三角洲前缘—前三角洲的顺序出现。湖泊三角洲也具有向上变粗的反旋回层序,顶部可出现分流河道的正旋回特征。

扇三角洲在不同的盆地构造中表现出不同的沉积层序:演化早期表现向上变细的退积层序,后期演化为加积型层序或进积型层序。受湖平面频繁升降,扇三角洲还易形成多个复合韵律层序。辫状河三角洲垂向层序往往保存不完整,常以辫状河三角洲平原亚相和辫状河三角洲前缘亚相呈互层产出。

五、分布形态标志

建设型的海洋河控三角洲砂体主要骨架是由分流河道砂、河口沙坝和三角洲前缘席状砂组成,其在平面形态上呈朵状或指状,垂直于岸线方向,还可发育"指状沙坝",通常平行于沉积斜坡;破坏型浪控三角洲的平面形态为鸟嘴状,砂体骨架主要为沿岸障壁砂,主要平行于沉积走向。潮控三角洲的平面形态表现为港湾状到不规则状,砂体骨架主要是潮成沙脊、河口湾和分流河道充填砂,平行于沉积斜坡。如果没有被盆地的局部形态限制,三角洲前缘砂体被强大的潮汐流改造成潮汐沙脊,这些沙脊多呈狭长的线状平行于潮流方向延长,通常垂直于岸线分布。

正常湖泊三角洲的形态和砂体分布同海洋河控三角洲相似,平面上多呈鸟足状或舌状,垂向上自下至上依次为前三角洲、三角洲前缘、三角洲平原。扇三角洲沉积体向陆方向通常都以断层为界,其近源沉积物(扇根或上扇部分)常以角度不整合超覆在古老的基岩地层上。扇三角洲沉积体的几何形态和粒度变化一般为楔形碎屑体,从山前向盆地(海或湖)方向变薄变细,逐渐过渡为盆地相而消失。从规模上来看,扇三角洲的平面分布大小远小于正常三角洲沉积,且分布位置多为盆地短轴方向或者陡坡带。

六、地球化学标志

三角洲相属海陆过渡相。海相三角洲中碳氢化合物 $^{34}S/^{32}S$ 值较为稳定,湖相三角洲中则变化较大。微量元素 B、Li、F、Sr 在淡水湖泊中的含量比海洋中的少,Sr/Ba 值在淡水湖泊沉积中常小于1。三角洲中含盐度变化较大,由小于1‰到25‰以上。

七、地球物理标志

不同类型的三角洲由于形成条件不同,形态特征和沉积特征也不相同,在地震剖面和测井曲线上也有不同的特征。河控三角洲在地震反射上表现为 S 形前积结构,反映了三角洲平原、三角洲前缘和前三角洲的亚相构成,浪控三角洲和断陷湖盆中的湖泊三角洲一般找不到大规模的前积构造,常见叠瓦状前积构造。湖泊三角洲在地震时间剖面上表现为中等振幅、中—好连续性、平行反射结构。扇三角洲平原部分表现为杂乱反射;扇三角洲前缘的地震特征为相对较连续的强反射段。

湖泊三角洲的测井识别与海洋三角洲类似,在 SP 测井曲线自下而上为逐渐变粗的反韵律进积结构,表现为反钟形或漏斗形,其中三角洲平原测井曲线多为中幅箱形和钟形,三角洲前缘的水下分流河道自然电位多表现为钟形或箱形,河口坝表现中幅度的漏斗—箱形,前缘席状砂表现为指状。扇三角洲前缘的水下分流河道为箱形或者齿化箱形,前缘沙坝为齿化的漏斗—箱形或者前积式指形。

思考题

1. 试述黄河三角洲、长江三角洲、尼罗河三角洲、密西西比河三角洲的类型。
2. 试述湖泊三角洲和海洋三角洲沉积作用和影响因素的异同。
3. 试述正常三角洲、扇三角洲和辫状河三角洲的异同。

第九章 海岸

根据水深、地貌和水动力等特点,海洋环境可分为海岸(或滨岸)、陆架(棚)、半深海和深海(图9-1)。海岸(或滨岸)位于海洋和陆地之间,是经常发生海陆交互作用的狭长地带。它处在高潮线到正常浪基面之间,它的宽度很不固定,在陡岸处宽度仅数米或更小;在平缓倾斜的海岸,其宽度可达几千米,甚至10km以上。如渤海湾和苏北海岸最大宽度为8km左右(视频38)。

海岸环境的特点是日光充足,生物繁多,温度和盐度变化较大,并且海水因受潮汐和波浪影响而急剧活动,因此其沉积物类型多,除各种陆源碎屑沉积外,还可形成较发育的滨海碳酸盐沉积(视频39)。生物群变化较迅速,而且它们的适应性较强。

海岸沉积的特点在很大程度上取决于海岸的地形和岩性特征。在古代沉积中,由于海岸线不断迁移,可以形成较厚和较宽的海岸沉积。海岸沉积一般主要由砂质物组成,有时在陡峻的沿岸地区可发育砾石沉积,但其范围和规模都较小。海岸沉积与陆架和三角洲沉积一起,构成了海洋沉积的主体部分。

一个多世纪的地质勘探已经证实,海岸内蕴藏丰富的能源、金属和非金属矿产资源。因而,对海岸地质特征、沉积环境的分析具有重要的实际价值和理论意义。

视频38 海洋演化过程

视频39 海岸沉积环境

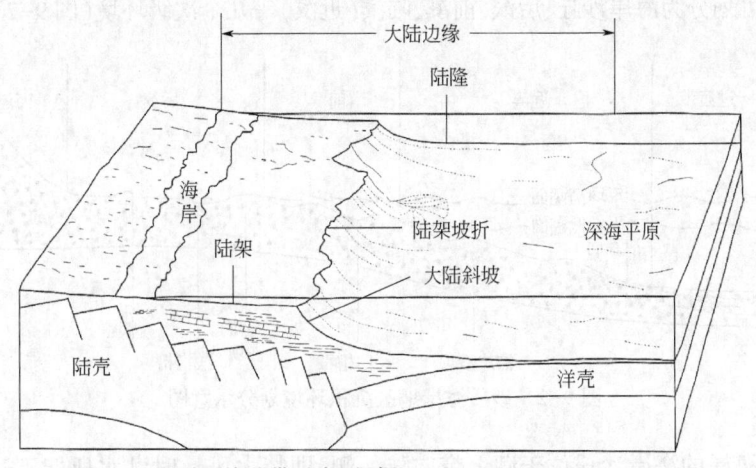

图9-1 海洋环境分带示意图(据 Encyclopædia Britannica,2010)

第一节 海岸的分类

海岸常受到海浪、潮汐及河流的影响,这些作用间的相互关系造就了不同的海岸类型:当河流作用大于海洋作用时,则形成(海洋)三角洲;当海洋作用大于河流作用时,则形成河口湾;当几乎没有河流作用时,则形成障壁海岸和无障壁海岸。

依据波浪和潮汐作用的相对强弱以及岸线的发育情况,无河流作用的海岸带可以分为两种情况:

(1)无障壁海岸:海岸线较平直,向广海没有障壁。波浪是这类海岸带的主要水动力条件,水动力条件很强。无障壁海岸又称广海型海岸。它与广海陆棚之间无障壁岛,沙坝或生物礁等障壁地形发育,是与大洋连通性很好的海岸地带。因此,这里受到明显的波浪和沿岸海流的作用,海水可以进行充分流通及循环。

(2)障壁海岸:海岸线是曲折的,向广海一侧发育有很多的障壁(沙洲、沙坝)。障壁海岸带的水动条件主要是潮汐,而不是波浪,因为障壁岛阻碍了波浪的作用,无障壁的地方也由于曲折的地形而消耗掉了波浪的能量。障壁海岸有障壁性地形,使近岸的海与广海隔绝或部分隔绝,它的海水处于局限流通的状况,其波浪作用较弱,较多地受潮汐作用的影响,水动力能量一般较低,海水的盐度也不正常,因而形成另一种类型的海岸沉积环境。

河口湾是被海水侵没的河口区,是一种特殊的海岸。河口湾的走向往往与海岸延伸方向直交。在潮汐作用很强和河流含沙量很小的河口,涨潮时潮流以很快的速度溯河而上,退潮时壅积的河水和潮流一起沿河而下,加强了退潮流的力量,强烈冲刷河道,形成喇叭形河口湾。

一、无障壁海岸

无障壁海岸与大洋的连通性好,海岸受较明显的波浪及沿岸流的作用,海水可以进行充分的流通和循环。无障壁海岸进一步按海岸水动力状况和沉积物类型分为砂质或砾质高能海岸及粉砂淤泥质低能海岸两种类型。它们的宽度视海岸带地形的陡缓而定,在陡岸处宽度仅数米,在平缓海岸其宽度可达10km以上。无障壁海岸环境以砂质沉积物居多,砾质者少见。砂质海岸按海岸地貌特征可划分为海岸沙丘、后滨、前滨、临滨(近滨)等几个次级环境(图9-2)。

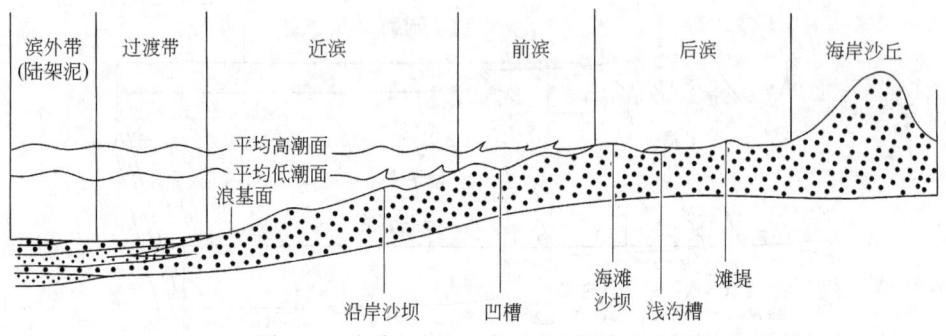

图 9-2 砂质海岸地区沉积环境划分示意图

砂质高能海岸的海岸沙丘位于潮上带向陆一侧,即特大风暴时潮水所能到达的最高水位是海岸沙丘的下界。后滨属潮上带,位于海岸沙丘下界与平均高潮线之间,平时暴露于地表经受风化作用,只有在特大高潮和风暴浪时才能被海水淹没。前滨位于平均高潮线和平均低潮线之间,属潮间带。按传统划分方法,从海岸沙丘至前滨带都属于滨海环境。临滨也称近滨,位于平均低潮面和浪基面之间,属于潮下带。浪基面以下向浅海陆架(棚)过渡。

在低能海岸带,以潮流作用为主,为粉砂淤泥质海岸。海岸坡度平缓,具有较宽阔的潮间带(潮滩),缺失后滨带(图9-3),如苏北沿海地区即属此类型。

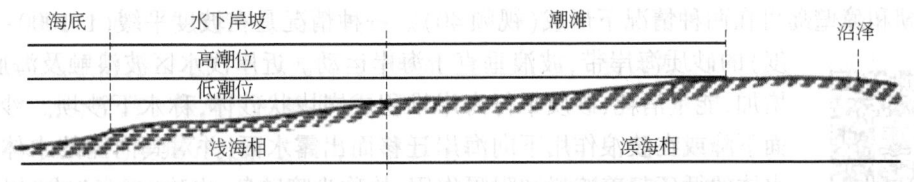

图 9-3　粉砂淤泥质低能海岸环境剖面示意图(据任明达,1985)

二、障壁海岸

当沿海岸地区存在障壁性地形,如障壁岛、障壁沙坝、生物礁等,而使近岸的海与广海隔绝或部分隔绝,以致海水处于局部流通状态,则形成障壁海岸。在障壁面临广海一侧,如同海滩一样,主要受波浪作用的影响;在障壁向大陆一侧,以潮汐作用为主。据统计,现代世界的海岸约有13%为障壁海岸。障壁海岸的沉积环境主要有:(1)与海岸近于平行的一系列障壁岛;(2)障壁岛后的潮坪和潟湖;(3)潮汐水道系统,它连接着岛后潟湖、潮坪与广海,其中包括进潮口、潮汐三角洲和潮汐水道(图9-4)。

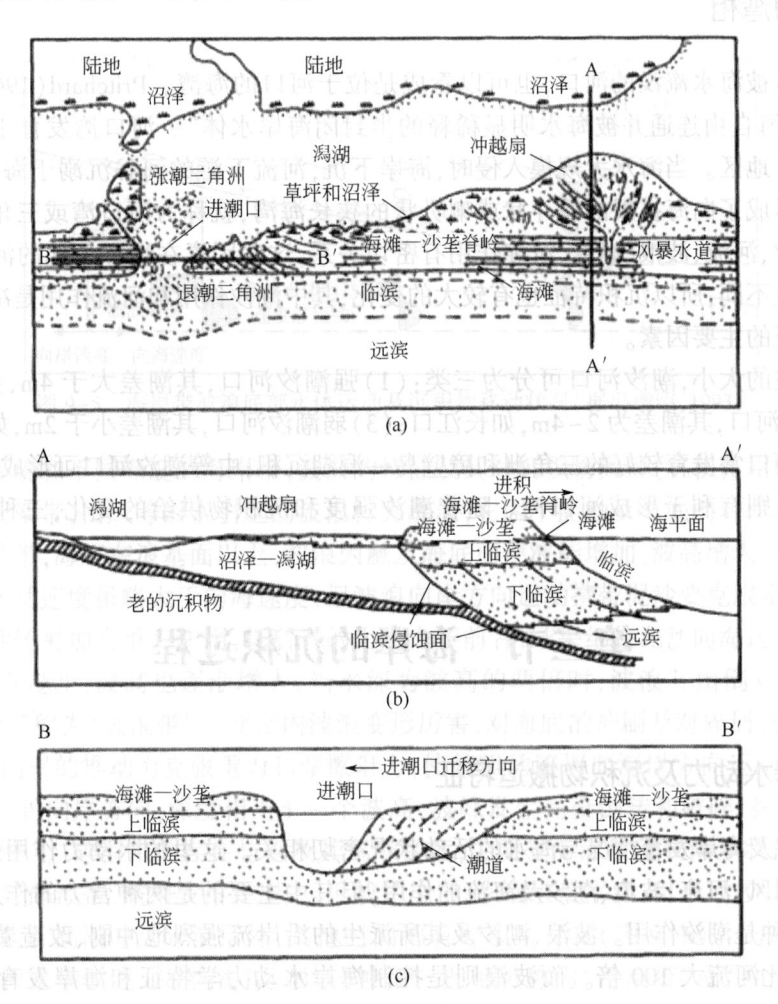

图 9-4　障壁海岸沉积环境分布图(据 Saholle 和 Spearing,1982)
(a)平面图;(b)与海岸垂直的剖面图;(c)与海岸平行的剖面图

进入后滨带,在海滩外侧形成平行于海岸的连续的线状沙脊,称为"滩脊"。滨岸带不同沉积环境中水动力状况及沉积物的搬运和沉积作用特点见图9-7。

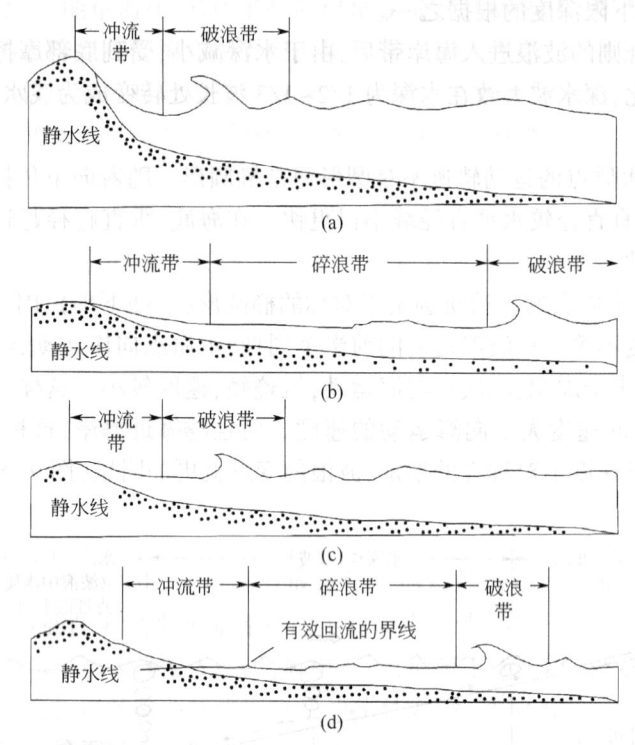

图9-6 海滩坡度和潮汐状况对碎浪带的形成和宽度的影响(据冯增昭,1993)
(a)陡坡海岸不形成碎浪带;(b)缓坡海岸有较宽的碎浪带;
(c)中等坡度海岸在高潮时不形成碎浪带;(d)中等坡度海岸在低潮时有碎浪带

环境	滨外	滨岸(或海岸)				滨岸沙丘
亚环境	陆棚	近滨		前滨	后滨	沙丘
波浪状态	涨浪	升浪	破浪	涌浪	冲浪	风暴浪
水体运动形式	振荡运动		波浪崩碎	波浪传播,沿岸流向海回流,裂流	冲洗,回冲,裂流	
沉积物	细	较细	最粗	中等程度	较粗	细
主要作用	加积		侵蚀	搬运	侵蚀+加积	加积
能量	低	较低	高	中等	较高	低
床沙特征	水平状	不对称沙纹	新月形沙垄	平坦状	沙纹状	平坦状	水平状
构造						

图9-7 滨岸带不同沉积环境中水动力状况及沉积物搬运沉积作用特点(据刘宝珺等,1985,有修改)

当波浪与海岸斜交时,在海岸坡度平缓的碎浪带,将产生与海岸几乎平行的沿岸流,沿着沿岸沙坝及海滩脊间的沟槽系统流动,经数米或数十米后,至沟槽末端则改变方向,近乎垂直地向海方向流去,形成所谓的裂流或离岸流。沿岸流和裂流在海滩和沟槽中可形成各种形状和大小的波痕。

与海岸斜交的波浪可使碎屑物质沿波浪作用力和重力这二者的合力方向移动,其移动的路径呈"之"字形。当波浪运动与海岸呈45°交角时,碎屑物质的搬运几乎平行于海岸进行。波浪在纵向运动过程中,遇海岸发生转折或海湾水体加深,流速骤减,碎屑物质可形成各种形状的沙嘴(视频41)。

视频41 波浪与沿岸流

二、河口湾水动力及沉积物搬运特征

河口湾地区是河流水流与潮汐水流强烈交锋和汇合处。由于河水和海水的密度不同,密度大的海水沿底部侵入河口,致使上、下两层的水流方向相反。河流和潮汐的流量关系决定了水体的分层和混合特性。潮汐作用弱、河流流量占优势时,低密度的淡水位于盐水楔之上,水体呈明显的层状;随着潮汐作用逐渐增强和河流流量减弱,咸淡水垂向的梯度变化逐渐减小,直至最后完全混合而呈现均匀状态,使河口湾地区形成了海陆过渡、咸淡混合的半咸水环境。

河口湾地区的潮流是往返的双向流。涨潮时,潮水顺河口溯河而上,形成河流壅水现象;退潮时,潮流强烈地冲刷河床,引起河口湾的加深和展宽,其结果更有利于潮汐、波浪大规模入侵,使河口湾两岸产生沉积物流,形成河口湾浅滩。由于科里奥利力的影响,河口地区涨落潮流的路线常常不一致,它们往往沿着相距很近但又分离的路线各自流动,故在涨、落潮之间的河口区形成了顺流向展布的冲刷沟(涨、落潮河谷)和狭长形的线状潮汐沙脊(图9-8)。较大规模的沙脊高达10~22m,宽300m,长达2000m左右。

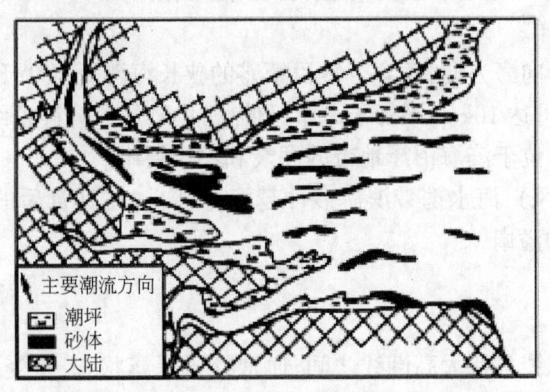

图9-8 河口湾形态及潮汐沙脊的分布特征(据Hayes等,1976)

由于潮流是双向的,沉积物的搬运也是双向的,既可向海方搬运,也可向陆方搬运。这种搬运与河口湾的部位和涨落潮流的相对大小或不对称性有关。通常,砂质底负载沉积物在河口湾入口附近形成沙脊,其上可叠复规模较小的底形以及由于底形往复迁移而形成的双向羽状交错层理。而细粒悬浮沉积物(粉砂和黏土)一般沉积在河口湾的上部及其边缘的潮坪上。

在涨落潮过程中,潮流的流速最大,因而沉积物遭受强烈扰动,并呈悬浮状态进行搬运。但在高、低潮或平潮和停潮时期流速最小,细粒的悬浮沉积物便发生沉积。所以,在潮汐河口的砂质沉积物中夹有泥质薄层。这种夹层是判别潮汐河口环境沉积的重要标志之一。

第三节　海岸的沉积相类型

一、无障壁海岸相

按照地貌特点、水动力状况、沉积物特征,可将滨岸相划分为海岸沙丘、后滨、前滨、临滨四个亚相。

(一)海岸沙丘亚相

海岸沙丘位于潮上带向陆一侧,即特大风暴时潮水所到达的最高水位以上。它包括海岸沙丘和海滩脊、沙岗等沉积单元。

海岸沙丘是由波浪作用从临滨搬运至前滨和后滨而处于海平面之上的海岸砂,再经过风的吹扬改造而成,常呈长脊状或新月形,在具有砂的充分补给并盛行强劲的向岸风和海岸不断向海推进的地区,经常发育海岸沙丘,宽可达数千米,其沉积物的圆度和分选好,细—中粒,成熟度高,重矿物富集。海岸沙丘具大型槽状交错层理,细层倾角陡,可达30°~40°,层系厚数十厘米,也常出现层系界限为上凸形的前积交错层理及小型变形构造、生物碎壳。如美国的加利福尼亚南部的太平洋海岸,沙丘带的宽度可达9km;我国滦河附近的滨岸地带也发育有3~4排大致平行岸线的海岸沙丘。

在最大高潮线附近出现的线状沙丘称为"海滩沙脊"或"海滩脊",可高达数米,宽数十米,长达数百米至数万米。它可呈平行于海岸的单脊或成组出现,常由较粗的砂、砾石和介壳碎片组成,底部具冲刷面和水平层理,上部具交错层理,细层倾角为7°~28°,多双向倾斜,较陡者倾向大陆,较缓者倾向海洋。

在滨海沼泽和沼泽向海方向,发育着数目繁盛的狭长海滩脊,称"千尼尔沙岗",高3~6m,宽数十米至数百米,长可达10km,平行于海岸延伸,常由砂质介壳碎片组成。千尼尔沙岗与一般海滩脊的区别在于它位于滨海沼泽地带的泥炭和黏土层中。

风暴强烈时(如飓风),海水携带滨岸砂冲越海岸沙丘,在其背后的陆地或盐沼内形成砂质扇形堆积体,称为"冲溢扇"。

(二)后滨亚相

后滨位于平均高潮线与特大高潮线之间,通常处于暴露状态,遭受风力作用,只有在特大高潮或风暴浪时才被海水淹没,因此,水动力条件弱,沉积物主要为粒度较细的砂,但比海岸沙丘带的砂质沉积物略粗,圆度及分选较好。

后滨亚相沉积物发育平行层理,也可见小型交错层理。当后滨中有较浅的洼地并被充填时,可形成低角度的交错层理。坑洼表面因风吹走了细粒物质而遗留和堆积了大量生物介壳,其凸面向上。坑洼边缘可形成小型逆行沙丘层理。浅水洼地内可见藻席,并发育虫孔和生物搅动构造。风暴期在后滨与海岸沙丘交界附近因水的分选可使重矿物集中而成砂矿。

(三)前滨亚相

前滨位于平均高潮线与平均低潮线之间的潮间带,地形平坦,起伏较小,并逐渐向海倾斜。

前滨带的发育与海岸地形(或坡度)和潮汐作用有关。如果海岸地形较陡而又无潮汐作用,则前滨带不发育,后滨可直接过渡为前滨。

前滨亚相的沉积以中砂为主,分选较好。典型的沉积构造是冲洗交错层理,其中纹层倾角小(小于10°),延伸远(平行于海岸方向延伸可达30m,垂直于海岸方向可达10m),均向海方向倾斜,仅因倾角大小不同而交错,层系平直,厚度一般只有10~15cm。前滨的层面构造极为发育,如对称波痕、不对称波痕、菱形波痕、变形的平脊波痕、流水波痕、冲刷痕、流痕以及生物搅动构造等,反映该区水深极浅及间歇性暴露。

前滨下部沉积物分选比上部差,并含有大量贝壳碎片和云母等,贝壳排列凸面朝上。属于不同生态环境的贝壳大量聚集,也可以作为鉴别古代海滩砂体的标志。

(四)临滨亚相

临滨位于平均低潮线至浪基面之间的潮下带,也称为潮下浅海、近滨或滨面亚相。

临滨带全部处于水下环境,是浅水波浪作用带,沉积物始终遭受着波浪的冲洗、扰动。根据波浪活动的特点及地形表现,可将临滨带区分为下临滨、中临滨和上临滨三个部分。

下临滨是临滨带最深的部分。下界位于晴天浪基面附近,与浅海陆架过渡;上界在破浪带以外,大致相当于深水波开始变浅的孤立波带。下临滨是波浪刚开始影响海底的较低能带。这里既遭受微弱的波浪作用,同时也有远滨浅海陆架作用。在孤立波的作用下,沉积物的运动方向是向陆缓慢移动。但在强风暴的影响下,由于风暴浪基面降低,沉积物常遭受风暴浪的侵蚀。下临滨范围内发育一个中立带。沉积物受波浪作用搬离海底,中立带向海侧,波浪作用较弱,不足以克服沉积物的重力作用,沉积物向海搬运;中立带向陆侧,波浪作用增强,能够克服颗粒的重力作用,使得沉积物向陆搬运,久而久之,在中立带处海底呈现下凹的形态。下临滨的沉积物主要是细粒的粉砂和砂,并含有粉砂质泥的夹层;沉积构造主要是水平纹层和小波痕层理;含有正常海的底栖生物化石;底栖生物大量活动,形成丰富的遗迹化石,生物扰动构造非常发育,强烈的生物扰动常严重地破坏了原生沉积构造,可形成均匀的块状层理。

中临滨出现在海滩坡度突然变陡的向陆侧,即在水深变浅的破浪带内,为高能带,地形坡度较陡(1∶10)并有较大的起伏。平行于岸线常发育有一个或多个沿岸沙坝和洼槽。沙坝的数目与坡度大小有关。坡度越平缓,沙坝越多,最多可达十列之多,相互间隔大约25m(Kindle,1963),更常见的是2~3列。沙坝长度可达几千米至几十千米。沙坝的深度随离岸距离的增加而增大,外沙坝水深一般比内沙坝(近岸沙坝)的水深大。破浪带是决定沙坝离岸距离、规模和深度分布的主要因素。每一个沙坝都与一定规模的破浪带相适应。很陡的海滩一般没有沿岸沙坝。中临滨的沉积物主要是中、细粒纯净的砂,并夹有少量粉砂层和介壳层。总的粒度变化是随着离岸距离变小粒度变粗,但由于有沿岸沙坝和洼槽相间发育,粒度也相应有所变化。一般在沙坝处粒度较粗洼槽处粒度变细。沉积构造主要为各种大、小的波痕交错层理。层理类型也随沙坝—洼槽的起伏而变化。

上临滨与前滨紧密相邻,位于碎浪带内近岸的高能带,由于受潮汐水位波动的影响,其位置常发生一定程度的摆动迁移,因此有人将其与前滨带合并在一起(Davies等,1971)。也有人将其称作临滨—前滨过渡带(Howard,1982)。上临滨的沉积物从细砂至砾石(高能海滩)都可出现,但以纯净的石英砂最常见;沉积构造多为大型的槽状交错层理,常夹有低角度双向交错层理和冲洗层理或平行层理;生物成因构造也常见,但并不丰富;与前滨相多呈过渡关系,有时二者不易区分。

二、障壁海岸相

障壁海岸相由于障壁性地形的存在,使近岸的海与广海之间的沉积环境不同,进而形成障壁岛、潟湖、潮汐通道和潮汐三角洲、潮坪等亚相。

(一) 障壁岛

障壁岛是平行于海岸高出水面的狭长形砂体,一面向海,一面邻陆。向陆一侧以潟湖或沼泽与陆地相隔。障壁岛常见于沉降或稳定型海岸。其规模不等,大者长可达百余千米,宽可达20km,高可达50m。以其对海水的遮拦作用而构成潟湖的屏障。障壁岛是由水下沙坝或沙嘴发展而成,故其下部由沙坝或沙嘴构成底座,上部则由海滩、障壁坪、沙丘三部分组成(图9-9)。海滩位于障壁岛向海一侧,并向滨岸沉积过渡;障壁坪居于障壁岛向潟湖一侧,为一宽缓的斜坡带;沙丘位于障壁岛顶部,出露于水面之上,系由海滩沉积经风的改造作用而成。

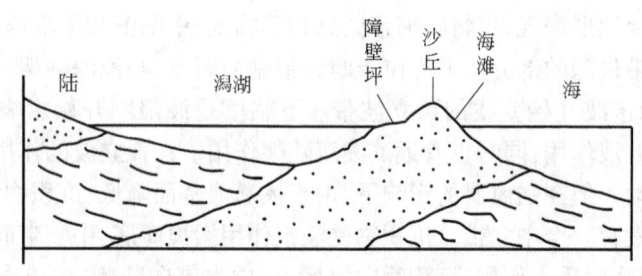

图9-9 障壁岛剖面示意图(据冯增昭,1994)

障壁岛相的岩石类型主要为中—细砂岩和粉砂岩,重矿物较富集。颗粒的分选和圆度较好,多为化学物质胶结。向海一侧的沉积富含生物贝壳和云母,上部沙丘因风的改造,砂质纯净,颗粒表面呈毛玻璃状,圆度和分选好,障壁坪沉积常掺杂粉砂,粒度比沙丘砂细。

(二) 潟湖

潟湖是被障壁岛所遮拦的浅水盆地,位于障壁岛向陆一侧。现今海岸约13%属障壁型海岸,在障壁岛的背后一般均有潟湖,如我国海南岛沿岸的莺歌海潟湖、万宁小海潟湖等。

潟湖一般呈长条形平行于海岸,与外海之间无水体交流或交流不畅,常因陆上来水的多少而发生水质的淡化或盐化。潟湖中波浪作用较弱,以潮汐作用为主。其环境相应地变得安静、低能,沉积物以细粒陆源物质和化学沉积物质为主。由于障壁岛的遮拦、潟湖水体的蒸发、淡水的注入等因素影响,潟湖的含盐度高于或低于正常海水,由此形成淡化潟湖和咸化潟湖。

淡化潟湖形成于气候潮湿、雨量丰富、有大量淡水供给的条件下,其沉积物主要为碳酸盐粉砂、粉砂质黏土和黏土;当潟湖底部出现还原环境时,可形成黄铁矿、菱铁矿等自生矿物;交错层理不发育,一般为水平层理,若有波浪作用时,也可有浪成波痕和浪成交错层理;生物种类单调,以适应淡化水体的广盐度生物为主,如腹足类、瓣鳃类、苔藓类、藻类等数量大为增多,并有变异现象,如出现个体变小、壳体变薄、具特殊纹饰等反常现象。淡化潟湖由于河流的注入、沉积物的淤积,则逐渐沼泽化,形成沼泽化潟湖,也称"滨海沼泽"。其沉积物特征与淡化潟湖类似,但沼泽中植物丛生,可形成大量泥炭堆积,泥炭被埋藏后便形成煤。

在干旱气候区,由于蒸发量很大,潟湖水体浓缩,盐度升高,则形成咸化潟湖,其沉积物以粉砂岩、粉砂质泥岩为主,并可夹有盐渍化和石膏化的砂质黏土岩,几乎无粗碎屑岩沉积,可出现石膏、盐岩夹层。咸化潟湖若为清水沉积时,则主要是石灰岩、白云岩,并夹石膏及盐岩层,可出现天青石、硬石膏、黄铁矿等自生矿物,沉积构造以水平层理及塑性变形层理为主,斜层理不发育;生物种属单调,以广盐性生物最发育,特别是腹足类、瓣鳃类、介形虫等数量大为增加。适应正常盐度的生物,如珊瑚、棘皮类、头足类、大多数腕足类、苔藓虫等全部绝迹;当盐度增高至一定限度时(一般不超过5%),大生物即将灭绝。

(三) 潮汐通道和潮汐三角洲

1. 潮汐通道

潮汐通道(进潮口)和潮汐三角洲有密切联系,都是由与障壁岛垂直或斜交的潮流作用而形成的。潮汐通道位于障壁岛之间,是连接障壁岛后潟湖与海洋的通道,也称潮汐水道、潮沟、潮渠。潮汐通道的发育程度主要与潮差有关。潮差越大,潮汐通道越发育。潮汐通道的宽度为几百米到几千米,深度4.5m到40m不等,这主要取决于潮汐强度和持续时间。

潮汐通道属潮下高能环境,其沉积物主要是由沿平行于海岸方向的侧向迁移形成的(图9-10),与曲流河的侧向迁移相类似。

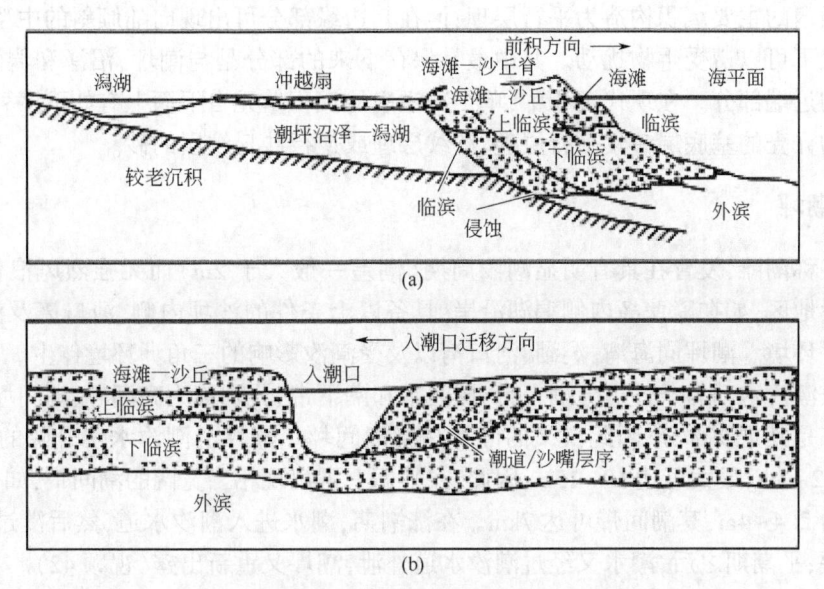

图9-10 平行海岸剖面上潮汐通道侧向迁移示意图(据Mccubbin,1982)
(a)垂直岸线剖面;(b)平行岸线剖面

潮汐通道沉积特征有些类似曲流河道,其沉积物主要由侧向加积而成。在垂向上,自下而上具有粒度由粗变细、交错层规模和厚度变小变薄的正旋回层序,其底部为残留沉积物,通常由贝壳、砾石及其他粗粒沉积物组成,并具侵蚀底面;下部由较粗粒砂组成的深潮汐水道沉积,具双向大型板状交错层理和中型槽状交错层理;上部为中细砂组成的浅潮汐水道沉积,具双向小型到中型槽状交错层理和平行层理及波纹层理。

2. 潮汐三角洲

潮汐三角洲和潮汐通道密切共生,它是由沿潮汐通道出现的进潮流和退潮流在潮汐口内侧和外侧发生沉积作用而形成的。在入潮口向陆一侧(内侧),由涨潮流形成者称进潮或涨潮三角洲,由于受障壁的遮挡,很少受风浪作用的影响。入潮口向海一侧称退潮三角洲,受到波浪、潮流和沿岸流的影响。Hubbard 等(1976)曾提出一个代表涨潮三角洲的垂向沉积层序模式,其层序底部为双向交错层理,代表了沉积作用的早期阶段;中部为向陆和向海方向槽状交错层理的互层,代表退潮屏障发育之前的沉积作用;上部为向陆方向的平面状交错层理,厚度向上变小,代表了涨潮斜面坡上的沉积作用。整个沉积层序总厚度约 10m,常与潟湖、潮坪沉积共生。退潮三角洲由于受波浪、潮流和沿岸流以及沉积物供给等综合因素的影响,沉积构造在垂向上和平面上变化都较大,目前没有一个具体的序列可以描述它的特征。退潮三角洲与涨潮三角洲的主要区别在于其交错层理和波痕具有多向性,而涨潮三角洲与潟湖、潮坪沉积在一起,发育双向交错层理。

3. 冲溢(越)扇

冲溢(越)扇是在风暴期从障壁岛上侵蚀下来的砂质沉积物被搬运到潟湖一侧形成的扇状沉积体。在某些情况下,携带沉积物的水呈席状流超越障壁岛顶部,在局部地方冲蚀出冲溢沟,形成不平坦的侵蚀面。每次风暴事件形成的沉积物厚度可从数厘米至 2m 不等。冲溢扇夹于潟湖沉积物中,宽度约数百米,长轴与障壁岛垂直;沉积物从细砂到砾石,一般以中细粒砂为多。冲溢扇的主要沉积构造为平行层理,但在其边缘部分可出现向陆倾斜的中型前积层,在潮湿的情况下可以遭受生物扰动。其中最易保存下来的部分是与潮坪、沼泽和潟湖沉积物呈指状交错的远端部分。在现代沉积中,单个冲溢扇的沉积单元自下而上有如下序列:冲刷面—含混合生物介壳的基底层—具平行层理、沙纹层理或逆行沙丘纹层的砂。

(四)潮坪

潮坪又称潮滩,发育在具有明显潮汐周期(潮差一般大于 2m)而无强烈风浪作用的平缓倾斜的海岸地区,如在障壁岛内侧潟湖沿岸,具备以上条件的沙坝内侧、河口湾及海湾地带亦可发育潮坪环境。潮坪同海湾、潟湖、河口湾以及受潮汐影响的三角洲环境伴生。

潮坪按潮汐水动力条件可分潮上带、潮间带和潮下带,分别称为高潮坪、潮间坪及潮下坪,其中潮间带是其主要部分,因此狭义的潮坪是指潮间坪。潮坪上潮汐水位升降的幅度(即潮差)一般为 2~3m,最大可达 10~15m,因此,在平面上可出现相当宽阔的潮间带,如德国北海潮坪的潮差为 2.4~4m,其潮间带可达 7km。在涨潮期,潮水进入潮汐水道,然后漫过堤岸,淹没邻近的潮坪;平潮期之后,潮水又经过潮汐水道外泄,潮坪又重新出露(视频 42)。

潮坪上由于潮汐水位的升降而形成潮流。潮流的运动和冲刷使潮坪出现大量的潮渠和潮沟,它们向陆地出现分叉,形若树枝状。潮流的流速一般为 30~50cm/s。在潮渠或潮汐水道内流速可达 1.5m/s,这是潮坪环境中能量最高的地区。潮流的运动和冲刷作用是潮坪上层理、波痕等各种沉积构造形成的重要原因,潮坪沉积可分浑水与清水两类沉积类型,前者以陆源碎屑沉积为主,后者以碳酸盐沉积为主,两者虽均受潮流控制,但碳酸盐潮坪沉积受气候条件影响较为明显。

视频 42 现代潮坪沉积环境

1. 陆源碎屑岩潮坪亚相

1)沙坪沉积

沙坪沉积主要为具小型流水沙纹交错层理的砂岩,有时也有羽状交错层理及再作用面。

2) 混合坪沉积

混合坪沉积主要为砂岩与泥岩的薄互层。典型的沉积构造为压扁层理、波状层理和透镜状层理以及砂/泥薄互层状的潮汐韵律层理等复合层理。它们是潮流活动期的砂质沉积与憩流期的泥质沉积交替出现的结果。

在沙坪及混合坪沉积中有丰富多样的流水与浪成波痕，它们可以相互叠加，也可因出露水面被改造为圆脊尖谷波痕或平脊波痕。

3) 泥坪沉积

泥坪沉积主要为厚的泥质沉积，常夹有薄的砂质层，发育水平纹层或水平波状纹层层理。在干燥气候条件下，泥坪由于强烈的蒸发形成石膏和石盐晶体，可使原始层理破坏。泥坪上生物较多，扰动现象强烈，藻类生物较发育，如藻叠层及藻席等；干裂、雨痕、冰雹痕、鸟眼、泥皮、足迹、爬痕、虫孔等常见，并可被流水破碎，改造为泥屑透镜体。

4) 潮上盐沼或沼泽沉积

盐沼和沼泽主要分布于潮上带。由于它们长期处于暴露状态，水动力条件最弱，所以沉积物很细。在温湿气候区，潮上带长满植物，而在干旱气候区则发育盐沼，具不规则波纹状层理，干裂发育，还可见石膏和石盐晶体及动物足迹。

5) 潮道（潮沟）沉积

潮道（潮沟）是涨潮和退潮的通道，水流较急。大的潮道主要为砂质沉积，并富含介壳和泥砾等滞留沉积。砂体在剖面上呈水道状透镜体，发育双向水流成因的羽状交错层理和再作用面。再作用面是指两个倾斜相同的交错层系间向下游倾斜的侵蚀间断面。它们是次要潮流期的潮流对主要潮流期形成的沙纹或沙丘表面冲刷改造而成的一种波状起伏面，反映双向流水的特征。

2. 碳酸盐潮坪亚相

碳酸盐潮坪处于间歇性暴露环境，对气候变化反应极为敏感，气候通过气温、降雨量和气象流的变化控制着海水温度、盐度，并进而决定着潮坪环境中沉积物的组分和分布，影响着生物的组成和生态特点。因此，不同气候条件下形成不同的潮坪类型。碳酸盐潮坪按湿度和盐度条件可分成两类：一类以巴哈马群岛为代表，属正常盐度、湿度潮坪；另一类以波斯湾地区为代表，为干旱盐化潮坪。这两种类型反映在潮上带和潮间带沉积也有明显差别。

1) 潮湿带正常海的潮坪环境

潮湿带正常海的潮坪一般有较多的降雨量，气候比较湿润，但由于地处热带和亚热带，气温较高，蒸发量仍然很大。潮坪上海水盐度一般比正常海要高，在干旱季节则可为超咸水，只是在邻近有地表径流注入的地带或暴雨过后的低洼地区才出现局部或暂时性的半咸水。

这类潮坪多数都为受保护的环境，很少受到来自开阔大洋的强大波浪和涌浪的直接冲击，但潮汐和风暴活动则是经常发生的。

潮坪范围的变化很大，可从几米宽至几千米宽，甚至延伸至几十千米。它们主要发育的部位是在潟湖的周围、略高出水面的障壁岛、沙坝的顶部和背风侧；有时在某些礁坪上或复合礁群的礁间也可出现。

如同陆源碎屑型潮坪环境一样，碳酸盐潮坪也可划分出潮上带和潮间带，但其内部亚环境及沉积特点则截然不同。

(1) 潮上带位于平均高潮水位以上，除非在发生风暴潮或风暴浪时有偶然的洪水淹没外，基本上处于水面以上的暴露环境。潮湿区的潮上带的特征性沉积标志主要是藻纹层、"鸟眼"及窗孔构造、多角形干裂、扁平砾屑层和白云岩化,有时可见有潜穴、植物根痕和腹足类化石。

(2)潮间带位于平均高潮水位与平均低潮水位之间,处于间歇性暴露环境。往返流动的潮汐流与间歇性的风暴作用是影响这个环境的主要动力因素。在这些因素的作用下,潮间带要比潮上带具有更为复杂多样的地貌和沉积特点。

根据潮间带的地貌特点及水动力状况的分布,可以区分出两类潮坪:一类是被略高出平均高潮水位的滩脊与潮下浅海隔开的宽阔低地上发育的潮坪,其上没有或仅有极少而短浅的潮溪;另一类是被许多潮溪切割的潮坪。托克(Tucker,1985)将前者称作被动或无活动能力的潮坪,将后者称为活动潮坪。两类潮坪的具体沉积条件有所差异,各有不同的潮间带沉积层序。在活动潮坪上潮汐的侧向迁移非常频繁,潮间坪和藻席常被侵蚀切割,主要沉积层为缺乏生物扰动的交错层骨骸—球粒灰岩。在未被潮汐影响的地方是潮池和藻沼沉积;(灰泥岩、具鸟眼构造的藻纹层球粒灰泥岩)夹明显的风暴层(薄层泥粒灰岩—颗粒灰岩)。被动潮坪的层序主要是由大量细粒的潮池沉积和藻沼沉积层组成,几乎没有风暴夹层,也没有潮溪沉积,但可以出现较粗粒的滩脊沉积层(颗粒灰岩)。白云岩结壳在两类潮坪中均有发育,但由于在活动潮坪上常遭受潮汐迁移的改造形成竹叶状或角砾状砾屑灰岩。被动潮坪上的潮脊由于经常遭受淡水渗滤而发育有宽阔的混合带白云岩。

2)干旱带超咸水潮坪环境

干旱带超咸水潮坪与潮湿带潮坪有很大区别。干旱带超咸水潮坪出现在干旱炎热的气候区,降雨量很少,缺少或完全没有地表淡水径流注入,而蒸发量非常大,以致该地区常年都保持着超咸度状态,滨岸海水的盐度甚至可高达70‰。这类潮坪一般多为被动潮坪,地势平坦,潮汐不发育,规模较宽广,宽几千米至几十千米。这类潮坪多与沙漠平原邻接。季节性的风暴以及由海陆热力差引起的海陆风对海水的升降有很大影响,大潮时如再有暴风的推波助澜,在低缓的起伏不大的地形上可以形成大面积的泛滥。干旱的潮坪多具极为宽阔的潮上带。强烈的蒸发作用使干旱的潮上带发育了很厚的盐壳,成为非常荒凉而贫瘠的不毛之地。这种荒芜的潮上盐坪在阿拉伯沿海分布很广,阿拉伯语称它们为"萨布哈"。所以,干旱超咸水潮坪环境以具有"萨布哈"潮上带为特征,故可称为"萨布哈型潮坪"。

(1)潮上带即萨布哈,或称"海岸萨布哈"。它们以沿海岸发育、与海相地层相联系、具有潮汐作用而与干旱带内陆盆地中发育的盐坪(大陆萨布哈)相区别。

海岸萨布哈位于平均高潮水位之上,只有当发生洪泛时才被海水暂时性地淹没。海岸萨布哈上的沉积物主要是被这些洪泛(尤其是在发生风暴时)从滨外搬运来的灰泥和灰砂,此外还有少量来自大陆内部的风成陆源碎屑(石英等)的混入物。

(2)潮间带是潮汐泛滥和暴露交替出现的地带。虽然地处干旱带,但由于潮汐泛滥频率很高,地面仍然比较潮湿。藻席的发育是潮间带最突出的特点。

潮间环境除了藻席发育以外,还有一些耐盐度生物存在,主要是腹足类、小型有孔虫、介形类等。这些生物有的可以产生粪球粒,有的可以扰乱沉积物形成潜穴构造和生物扰动构造。周期性的干旱可以使藻席发生干裂。鸟眼构造、窗孔构造也很常见。白云岩化也是相当普遍的,尤其是在上部潮间带。在藻席中也可有石膏的沉淀,它们常呈细小的晶体分散在沉积物中。

(五)沉积相组合

障壁海岸相发育于海陆过渡地带,平面上向海方向以障壁岛与滨岸相衔接,向陆方向以潟湖或潮坪与大陆沉积相组的沼泽相或冲积相毗邻。因此,横向上,在海陆过渡地带构成了障壁岛—潟湖—潮坪组成的障壁海岸沉积体系或沉积相组合。

在海退或岸进的情况下,上述沉积体系在垂向剖面上可出现下列进积型层序或相组合:

(1) 冲积相;

(2) 沼泽相(泥炭和煤),在干旱条件下为"海岸萨布哈"或盐沼沉积;

(3) 潟湖和潮坪相;

(4) 障壁岛相;

(5) 滨岸相;

(6) 浅海陆棚相。

当海平面上升时,海岸线向大陆推进的海侵相序中,该沉积体系在垂向剖面上的相序递变与上述情况相反,障壁岛则上覆于潟湖、潮坪和沼泽之上。在海岸线相对稳定、沉积速度和沉降速度相补偿的情况下,潟湖、障壁岛与滨岸相在垂向上呈指状交错。

三、河口湾相

河口湾主要由一套变化明显的、复杂的亚环境组成(视频43)。由于河口湾具有复杂的水动力特征和沉积特征,不同的学者也有着不同的划分方案。从沉积学的角度来讲,河口湾发育由潮汐、波浪和河流作用形成的沉积体,根据1992年Dalrymple等的河口湾划分方案,河口湾分为:(1)浪控河口湾,以波浪作用为主,岩相三分性明显,水体能量反映两个最大值,即以波浪作用为主的河口处和以河流作用为主的河口湾头;(2)潮控河口湾,以潮汐作用为主,岩相三分性不明显;(3)浪控河口湾和潮控河口湾的过渡带。相较而言,潮控河口湾多发育于下切谷,潮汐作用绝大部分为大潮,地质记录中较为普遍。潮控河口湾相包括外河口湾、中河口湾、内河口湾三种亚相。

视频43 河口湾沉积环境

(一) 外河口湾亚相

外河口湾亚相轴部主要发育潮汐沙坝、沙坪微相;外河口湾两侧主要为泥质潮坪微相。

潮汐沙坝微相由中、细砂岩构成,分选好,往往富含油,常常发育槽状交错层理、板状交错层理和能够反映潮汐流作用的双向交错层理。潮控河口湾河口处由于遭受潮汐和波浪的双重改造作用,因此泥岩很难保存下来,缺乏泥披沉积。

沙坪微相由含泥披的细砂岩组成,主要以平行层理和板状交错层理为主,分选中等—较好,富含油,细砂岩中有大量泥披,其泥质含量约为15%,可见少量炭屑,难见生物扰动现象。

泥质潮坪发育在外河口湾的滨岸环境,面向广海,属于开阔潮坪沉积,包括细—中砂岩、泥岩以及煤层,砂岩颗粒的分选和磨圆好,成分成熟度较高,具有波状、脉状和透镜状层理及韵律层等,在沙坪中存在较多波痕构造,生物遗迹含量少。泥质潮坪垂向上依次发育潮下泥坪、混合坪、沙坪,再到潮间带混合坪、泥坪沉积,顶部发育煤层。测井曲线上呈锯齿状。

(二) 中河口湾亚相

中河口湾受潮汐和河流作用的共同影响,其发育的沉积微相包括潮汐河道以及两侧的潮坪沉积,岩相类型主要为交错层理中—粗砂岩、波状层理细砂—泥互层以及碳质页岩和煤层,

— 233 —

第十章 浅海

浅海环境(图10-1)包括临滨外侧至坡折之间部分,也常称为陆架或陆棚。上限位于浪基面附近,下限水深一般在200m左右,宽度由数千米至数百千米不等。如北冰洋的欧亚沿海、澳大利亚的外阿拉弗加海、北美的白令海等浅海带宽达1000多米;我国的东海大陆架(图10-2)是世界上最著名的宽阔陆架之一,宽度100~500km不等,水深一般在50m,最大的深约180m;而日本群岛的大陆架只有4~8km宽。

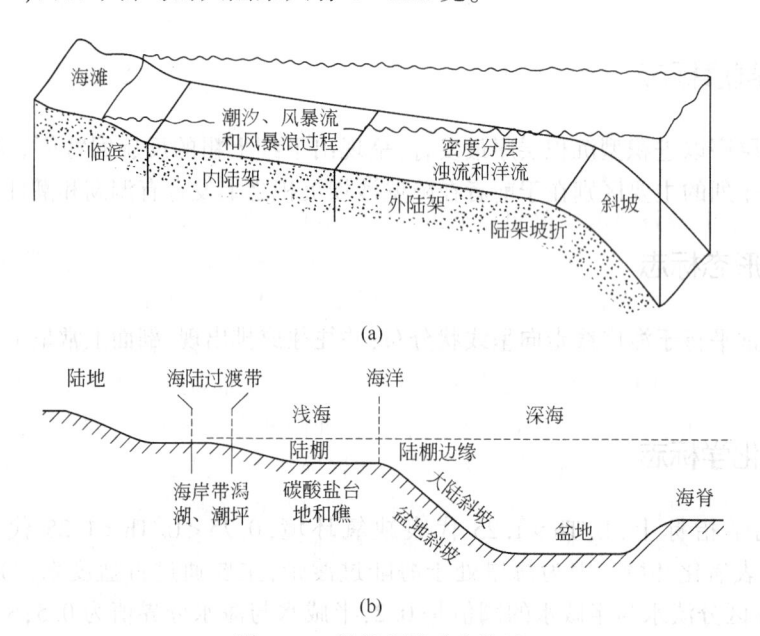

图10-1 浅海环境分布特征

(a)陆源碎屑沉积环境(据Galloway等,1996);(b)碳酸盐陆棚沉积环境(据Flügel,2004)

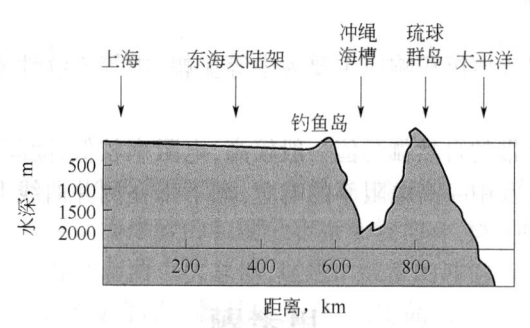

图10-2 东海大陆架地形地貌图

浅海环境是陆源碎屑发育和碳酸盐建隆的重要场所。为区分两种沉积物类型,本章将以碎屑沉积物为主的浅海称为陆源碎屑陆架,将以碳酸盐沉积物为主的浅海称为碳酸盐陆棚。

外陆架泥岩生物丰富,富含有机质,具有生烃潜力;内陆架上的各种砂体是良好的储层。

因此,陆架沉积构成有力的生储盖组合。例如塔里木盆地志留系中下部的沥青含油砂岩部分属于浅海陆架相。

第一节 浅海的沉积环境

浅海陆架的水动力条件复杂多样,其中包括有海流、正常的和由风暴引起的波浪、潮汐流等,它们可以单独或共同作用来控制和影响浅海陆架沉积物的搬运与沉积,但一般来讲,这种影响有随深度加大而减弱的趋势(视频44)。

陆架浅水区(内陆架)阳光较充足,水扰动可使底层水中氧气充分,底栖生物大量繁盛;而深水区(外陆架)则因阳光和氧气不足,底栖生物大为减少,藻类生物几乎绝迹。

视频44 浅海沉积环境

Curray(1964,1965)和Swift(1969,1971)研究了与现代沉积过程有关的陆架沉积物的分布形式,提出了一个陆架沉积作用的动力模式,将现代陆架沉积划分为三个主要陆架相:(1)陆架残留沙毯——由全新世前的沉积物组成,与现代沉积过程仍处于不平衡状态;(2)近滨现代砂体——由滨浅海滩、障壁、临滨带沉积物组成,还包括一个向海变薄的近滨砂带;(3)现代陆架泥毯——由越过近滨带而沉积在陆架各部分的细粒沉积物组成。Swift(1971)按照陆架上的水动力条件,将浅海陆架划分为三类:潮控浅海陆架(占世界陆架的17%)、风暴浪控浅海陆架(占世界陆架的80%)和海流控浅海陆架(占世界陆架的3%)(图10-3)。

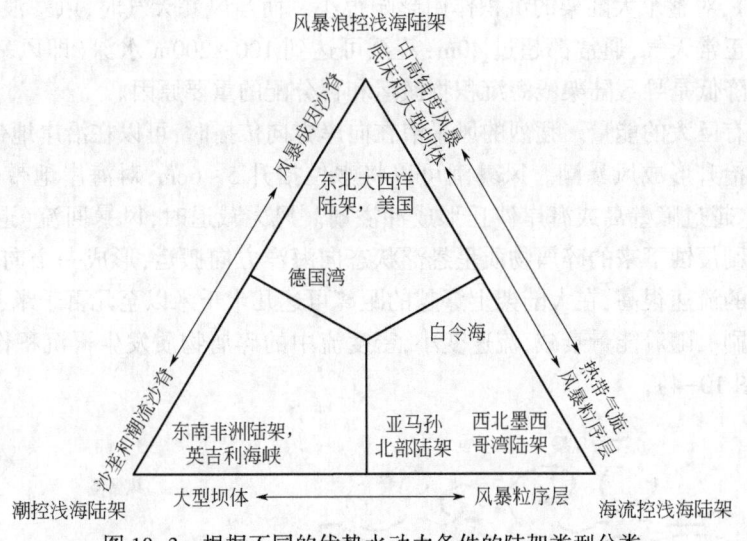

图10-3 根据不同的优势水动力条件的陆架类型分类

一、潮控浅海陆架

关于潮控浅海陆架沉积的认识主要是通过对西北欧陆架的研究获得的。在陆架浅海中的潮汐作用与近岸地带不同。在浅海中,潮汐涨落(即使具有4m以上的大潮差)对海底沉积物的影响不明显,而由潮波引起的潮流则是搬运沉积物的主要动力。陆架上的潮流来自深洋盆中的潮波传播。潮汐大小取决于洋盆中潮波的自然振动周期,而自然振动周期与大洋盆地的自然地理状况和平均水深有关。当自然振动周期与主要引潮力的周期一致时,潮汐最大。另外,在开阔的陆架海中,由于地球自转而产生的科里奥利效应可使潮流经常改变方向,水质点在水平面上总是沿着椭圆形路线前进。所以,开阔海的潮波大多是高潮线围绕某一无潮点(潮差=0)运动的旋转潮波系统。旋转潮波在北半球多为逆时针方向旋转,在南半球则多为顺时针旋转。所以,陆架浅海中的潮流方向是多向的,因地而不同。但由于潮流的涨落速度在最大强度和持续时间上常常是不等的,且涨潮流和落潮流可沿着相互不同的各自流动路线前进,以及伴随着旋转潮的滞后效应延迟了沉积物的搬运和单潮流方向可能被风生流所加强,所以,虽然潮流流向是双向的、直线的或旋转的,但它们搬运沉积物的路线基本上是单向的。

在强潮陆架,大潮表层流速可达 60~100cm/s,当潮流穿过狭窄的水域如马六甲海峡、英吉利海峡、琼州海峡时,其速度还会增大。潮流能量的绝大部分消耗于海底的摩擦中。潮流能够有效地搬运大量泥砂沉积物质。由于潮流的涨落速度和持续时间常常不等,在直线型的往复潮流中,流速大的优势潮流决定了沉积物的主要搬运方向;而在回转潮流中,涨潮流和落潮流沿着相互不同的流动路线前进,这都使得潮流搬运沉积物的路线基本是单向的,经其他海流加强的潮流可以加强沉积物搬运的这种方向性。

二、风暴浪控浅海陆架

在正常天气,风浪所能影响海底沉积作用的深度为 1/2 深水波波长,通常为 10~20cm(正常天气波及面),对整个大陆架的沉积作用影响很小。而当风暴天气时,风暴浪波及的深度一般都远远大于正常天气,通常都超过 40m,甚至可达到 100~200m 水深(即风暴浪基面)。风暴浪基面大为降低是导致陆架浅海沉积物搬运和再分配的重要原因。

风暴浪具有巨大的能量。猛烈的风暴浪在向岸方向传播时,可以在沿岸地带形成壅水,使水平面大幅度抬升形成风暴潮。风暴潮可以将水位抬升 5~6cm,对海岸地带进行强烈的冲刷,一部分海水越过障壁岛或海岸沙丘形成冲溢扇。风力减退时,风暴回流(退潮流)携带大量从临滨带冲刷侵蚀下来的碎屑物质呈悬浮状态向海洋方向搬运,形成一个向海流动的密度流。这种流体的流速很高,在大陆架上穿越的距离可达几十千米以至几百千米,对海底有着明显的侵蚀和冲刷。随着能量衰减,流速变小,密度流中的碎屑物质发生再沉积作用,形成浅海风暴流沉积(图 10-4)。

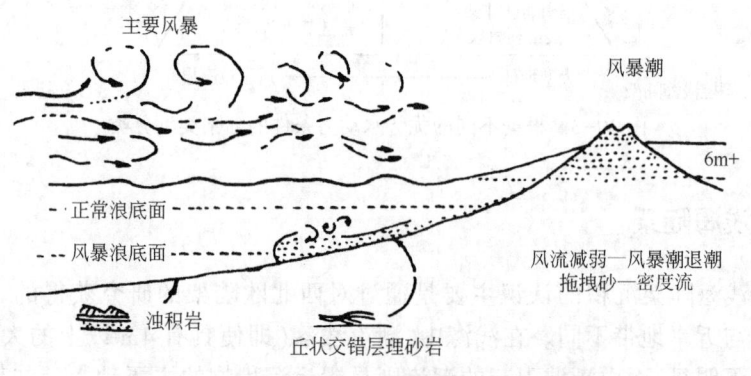

图 10-4 风暴流沉积形成的理想成因图解

三、海流控浅海陆架

海流对大陆碎屑沉积也存在影响。规模较大的海流主要与洋流的入侵有关,洋流的速度可以从几厘米/秒至200cm/s以上。虽然巨大的洋流位于陆架边缘向洋一边,但大洋水和陆架水之间却经常交换,表现为大的涡流旋转离开主流到外陆架上去。一般地,外陆架受强劲海流的影响,中陆架主要受环流控制,内陆架则主要受沿岸流的影响(图10-5)。

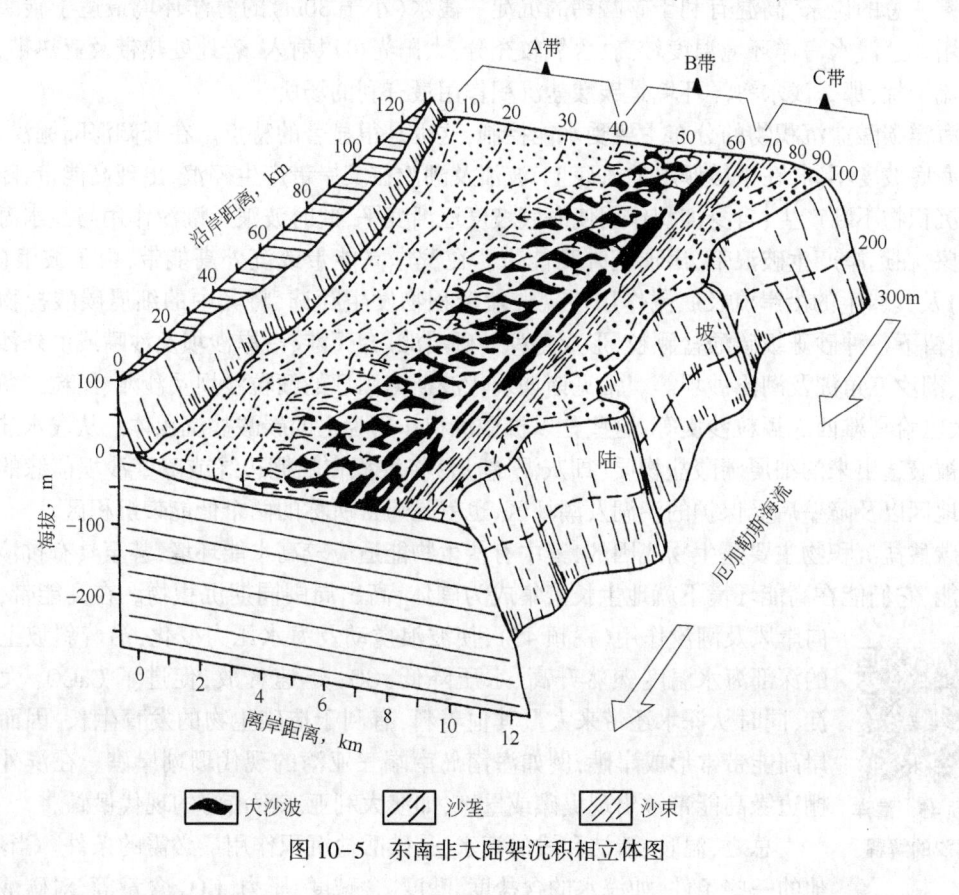

图 10-5 东南非大陆架沉积相立体图

四、碳酸盐浅海陆棚

海洋碳酸盐主要沉积于温暖、清洁、透光的浅水海洋环境,从现代海相碳酸盐沉积分布来看,主要存在于赤道南北纬30°的温暖浅海带,例如加勒比海大巴哈马滩、波斯湾、孟加拉湾,以及我国南海诸岛、印度尼西亚巽他陆棚等。在这些地区,钙藻大量繁殖、珊瑚礁发育,局部正在形成介壳砂、鲕粒砂、葡萄石、球粒灰泥及造礁生物粘结岩堆积。这些现代海相碳酸盐的形成环境,主要是温暖的浅水,而且是清水。如加勒比海的三大碳酸盐滩,远离密西西比河口及自西来的沿岸流,这就避开了大量细碎屑沉积物的注入;由于佛罗里达海峡内为深水,也就杜绝了从古巴岛来的黏土及粉砂的注入;我国广西北海水域的涠洲岛和海南岛南端三亚市的部分滨浅海域,同样远离黏土及粉砂的供给区,而以沉积碳酸盐为主。

近些年来,人们也已经发现了不少现代和古代的非热带碳酸盐。Askelsson 早在1934年和1936年就对法国西海岸和冰岛南部海岸非热带碳酸盐沉积物进行过描述。自 Chave

(1967)对暖水碳酸盐岩概念提出质疑后,许多沉积学者对现代和古代非热带碳酸盐沉积做了大量工作,使得非热带碳酸盐沉积的研究取得了很大进展。非热带浅海碳酸盐岩包括以往所指的温凉水及冷水碳酸盐岩、温带及寒带碳酸盐岩、有孔虫—软体动物组合碳酸盐岩。它们分布于30°以上的中高纬度地区,沉积环境温度在25℃以下。它们在颗粒、灰泥成分、矿物学、地球化学及沉积构造、成岩特征等方面均不同于热带浅海碳酸盐岩。

在现代海洋中,碳酸钙含量基本上是饱和的。因此,海水温度的变化对碳酸盐沉积作用十分关键。总的说来,高温有利于碳酸钙的沉淀。浅水(小于30m)的海洋环境最适于碳酸盐沉积作用。这浅水海洋环境温度较高,含氧较充分,太阳光可以射入,若地处热带及亚热带,又无大河流干扰,那么浅水海洋环境是碳酸盐沉积作用最有利的场所。

海洋碳酸盐沉积物的分布主要受水能控制,这也是很显著的特点。在开阔海陆棚浅水带,由于海底坡度不同,在平缓倾斜的海底上,波浪及潮汐在滨岸带产生碎浪,出现高能带;随着碳酸盐沉积物不断产生,自身加积作用使海底坡度逐渐变平,此时波浪及潮汐作用与浅水海底发生摩擦,在远岸产生破浪带,出现滨外高能带。在滨岸高能带或滨外高能带,由于波浪(包括潮汐)及其伴生的沿岸流及底流作用使碳酸盐沉积物发生筛选,将其中的细屑碳酸盐物质带走,而留下各种砂砾级碳酸盐颗粒,形成各种砂砾屑滩、介壳滩、沿岸沙坝及沙嘴或滨外沙堤及沙洲、潮汐三角洲及潮汐沙坝等。常见诸如现代波斯湾潮坪的鲕粒沙坝及沙滩、鲕粒三角洲沉积、大巴哈马滩西缘鲕粒沙堤等,这些是以机械沉积作用为主的碳酸盐沉积体。从浅水陆棚高能带被簸选出来的细屑碳酸盐物质(即灰泥、粉屑)将堆积在陆棚边缘或障壁沙坝前缘的较深水盆地区以及障壁后受保护的潟湖及潮坪区,也就是通常所称的两个低能带沉积区。

碳酸盐沉积物主要是生物成因的,其中有些生物能适应较高水能环境,甚至具有抗浪的生态本能,它们能在高能环境下就地生长聚集成为礁体,高出周围同期沉积物。在高能带,由于向岸风及潮汐作用(视频45),使波浪搅动及海水压力变化,沿着斜坡上升来的深部海水温度骤然升高、水压降低,CO_2迅速释放,促进了$CaCO_3$大量沉淀,同时从深水还带来大量其他养料,有利于造礁生物的发育生长,因而在沿岸高能带常形成岸礁,例如海南岛南端三亚湾的现代珊瑚岸礁。在滨外或陆棚边缘高能带常出现堤礁或堡礁,如澳大利亚东部沿海的现代堡礁。

视频45 海洋潮汐的解释

总之,温暖、清洁和浅的海水,是碳酸盐沉积作用最必需的条件。当然,其他的一些条件,如海水的含盐度、酸度、含碱度、压力、CO_2含量等,对碳酸盐的沉积作用也都有一定的影响,都应当重视和注意。但是上述的温度、清洁度及深度这三个环境条件,尤其是深度这个条件,则是最重要的。关于碳酸盐沉积作用的主要控制因素,也有人归结于大地构造背景、全球海平面变化、气候水体性质(温度、盐度、浑浊度、水流状况)等因素。

碳酸盐沉积物的有机来源、盆内成因、大面积均衡沉积,以及浅水区高速率与深水区低速率的明显差异,往往使碳酸盐沉积有不同于陆源碎屑沉积物堆积的形态。由于诸多环境因素(生物的、水文的、气象的、地理的与构造的)变化,碳酸盐陆棚内部组成结构、外部形态都有很大不同,有各种类型的陆棚类型,主要包括碳酸盐缓坡和碳酸盐台地和台地边缘礁相。

碳酸盐缓坡是指从正地形向外建造起来的巨大碳酸盐沉积体,它具有一个从滨岸向海盆底缓慢倾斜的斜坡,斜坡上没有明显的坡折,最高能量的波浪带在靠近海岸地带,如现在的波斯湾南岸陆棚。碳酸盐台地是狭义的台地或镶边陆棚。这种台地通常具有近水平的和范围宽广的顶,称为陆棚(或碳酸盐陆棚),还有一个具有较高地形和向海坡度明显加大的陆棚边缘。从边缘向下直到盆地底为台地斜坡,如佛罗里达陆棚。台地边缘礁相一般沿碳酸盐岩台地或陆架边缘分布,往往个体较大,具有较大的厚度和长度,受区域古地理和区域构造控制。中国滇黔桂一带的古生代生物礁和南海的生物礁多属于此类型。

第二节 浅海沉积特征

一、潮控浅海陆架

从几个现代潮控陆架上潮流情况的研究可知,陆架浅海中多为具有大潮差的半日潮,最大表层流速(平均大潮)可达 60~100cm/s,甚至更高,足以搬运砂级沉积物形成各种波痕底形。所有潮控浅海陆架潮汐流的典型产物是一些大型线状沙脊和巨型沙波构成的海底地貌形态。这些巨大的底形在沿潮流搬运路线的不同部位具有不同特征。Stride(1963)和 Johnson 等(1982)证实了从英吉利海峡至南部北海陆架上沿潮流搬运路线上潮汐砂体形态的变化依次为:具有滞留砾石的裸露岩带、沙垄带、散布的沙丘带、主潮汐沙波带或具有沙丘的潮流脊,最后在潮流搬运路线的末端为具有小波痕或平滑底床的泥带。

潮控陆架沉积物有砾、砂、泥。顺优势潮流方向上游为砾石区,中游为砂区,泥区常位于潮流搬运路线的末端,由于波浪干扰大部分泥区水深>30m,按砂砾体形状、规模、内部构造,可以分为大型纵向沉积底形的沙垄、潮流沙脊,以及中小型横向沉积底形的沙波和沙纹及沙斑等,其中以前三者最为重要(图 10-6)。

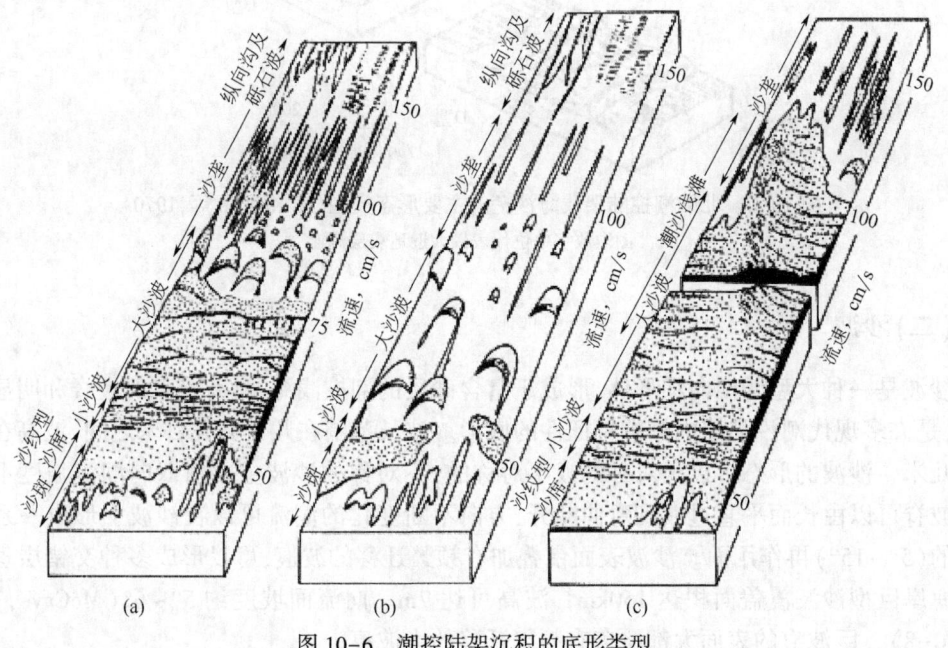

图 10-6 潮控陆架沉积的底形类型

(一)沙垄

沙垄主要发育在砂级沉积物供应不足、潮流流速大的海区,为主要的变余沉积物。沙垄表现为平行于潮流方向的纵向砂体,常由长达 15km、宽 200m、厚度不超过 1m 的沙垅和沙带组成,其间为砾石条带。沙垄的发育水深一般在 20~100m 之间,常出现在潮流上游地带。Keayon(1970)根据外部形态及形成时的表层流速将沙垄区分为四种类型(图 10-7):

A 型——沙垄似带状,由横向排列在石质海底上短而直的脊组成,表层流速达 125cm/s。

B 型——最常见的一类沙垄,为伸长的较薄的砂层。偶尔在沙垄上覆盖有不对称的波痕,波长大于 1m,波高为几厘米。形成 B 型沙垄的表层流速低于形成 A 型的流速,一般为 100cm/s。

C 型——一系列脊线弯曲的波状体或类波痕似带状排列而成的长形砂体。类波痕波状体长 150m,高度小于 1m,形成的表层流速约为 85cm/s。

D 型——形成于巨波痕的波谷中。它们沿长轴方向比较连续,只有几米厚,宽度分布似乎与共生的巨波痕长度有关。

A、B、C、D 型沙垄的分布一般限于紧邻侵蚀带的下游地段。

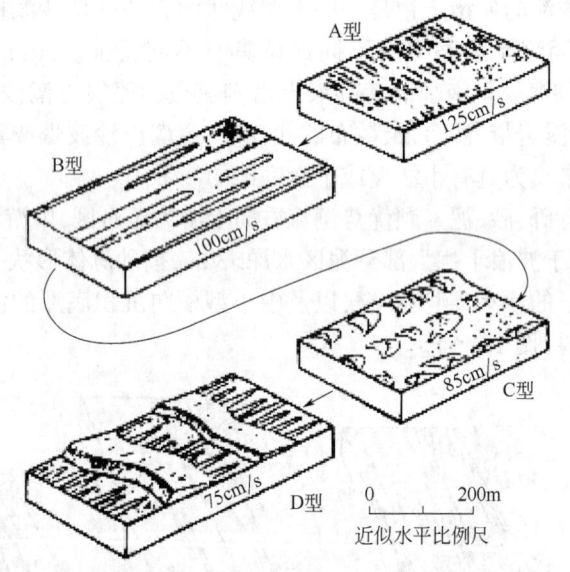

图 10-7 北欧潮控陆架浅海沙垄的主要形态类型(据 Kenyon 等,1970)
图内数字单位代表最大近地表层流速

(二)沙波

沙波是一种大型的横向坝形体,形成于富含砂质的潮控浅海,具有平直的波脊和明显的崩落面,是许多现代潮汐陆架中具有特征性的底形。波长范围在几十到几百米之间,波高在几米至十几米。沙波的形态可以是对称的或不对称的,不对称的沙波主要由双向潮流强度不等造成。波脊可以由长而平直过渡到弯曲断开,方向不断变化的潮流可以在沙波上形成一系列低角度的(5°~15°)再作用面。沙波表面带叠加有频繁迁移的波痕,可以形成多种交错层理。在荷兰海岸巨型沙波覆盖面积达 150km^2,波高可达 7m。向流面坡度约 5°~6°(McCave,1971)(图 10-8)。巨波痕的表面大都覆盖有频繁迁移的大波痕。

(三)潮汐沙脊

潮汐沙脊是平行于或近平行于最大潮流方向的水下凸起沙坝,也是现代潮汐陆架上最具特征、分布最普遍的一种底形。潮汐沙脊一般高 10~15m,最高可达 40~50m,宽约几百米,长

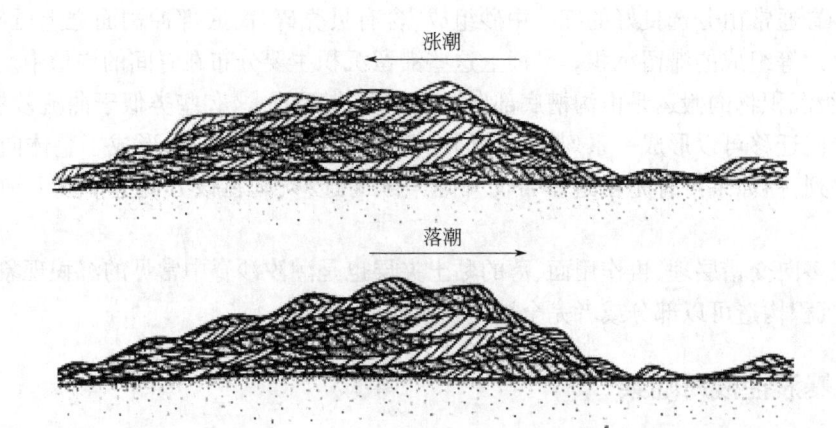

图 10-8 对荷兰北海陆架上一个巨型潮汐沙波内部构造解释图(据 Walker,1984)

则达几千米至几十千米,长宽比通常大于 40∶1,脊线平直或弯曲。潮汐沙脊常成群出现,脊间距离一般几千米,水深数十米,而脊峰处水深一般几米至十几米。

潮汐沙脊一般形成在沙源充足的地带,表层潮流速度要超过 50cm/s。按分布特征,潮汐沙脊可以分为四类:(1)平行于海岸的潮汐沙脊,如西欧北海南部;(2)岸外放射状潮汐沙脊,如我国南黄海的辐射沙脊群(图 10-9);(3)河口湾潮汐沙脊;(4)海峡潮汐沙脊。

潮汐沙脊两侧的潮流一般为反方向的双向流,沙脊沿较弱水流的方向侧向迁移,沙脊的形态在横剖面上不对称,一侧具有较陡的坡面朝向沙脊的迁移方向。

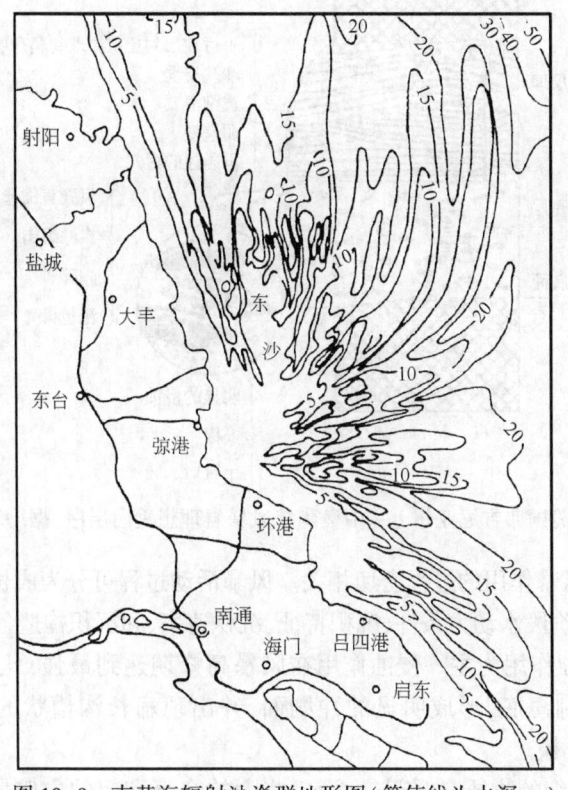

图 10-9 南黄海辐射沙脊群地形图(等值线为水深,m)

潮汐沙脊通常由分选良好的细—中砂组成，含有贝壳碎片，底部冲刷面之上可出现砾石、粗的贝壳碎片等组成的滞留沉积。平面上这些滞留沉积主要分布在脊间的沟槽中。在潮流的作用下，砂级沉积物的搬运是由沟槽底部向沙脊顶部进行的，这有些类似于曲流沙坝的形成。潮汐沙脊侧向迁移可以形成一系列倾向相同或不同的交错层理，同时形成了整体向上变细的垂向沉积序列，但如果沙脊是由近岸带向外陆架纵向迁移，则在该方向上形成下细上粗的逆旋回。

双向或多向交错层理、再作用面、薄的黏土夹层也是潮汐沙脊中常见的沉积现象。但需注意，主要的沉积构造可以部分或者完全被生物扰动所破坏。

二、风暴浪控浅海陆架

现代风暴浪控浅海陆架多为陆缘海及面向盛行西风的陆架，如白令海陆架、华盛顿—俄勒冈陆架，以及我国东海、南海陆架。而半封闭和背风陆架，风暴作用不强烈，如美国东部陆架、我国黄海陆架等。

一次风暴形成的风暴层厚度约几厘米至几十厘米，向上粒度变细。底部为由粒屑灰岩组成的滞留沉积，与下伏正常半深海沉积之间界面清晰，其上为灰屑岩、粉砂岩和极细砂岩的纹层状单位，二者构成风暴流沉积的层序。纹层状单位中发育有指向性的平行层理和丘状交错层理（图10-10）。

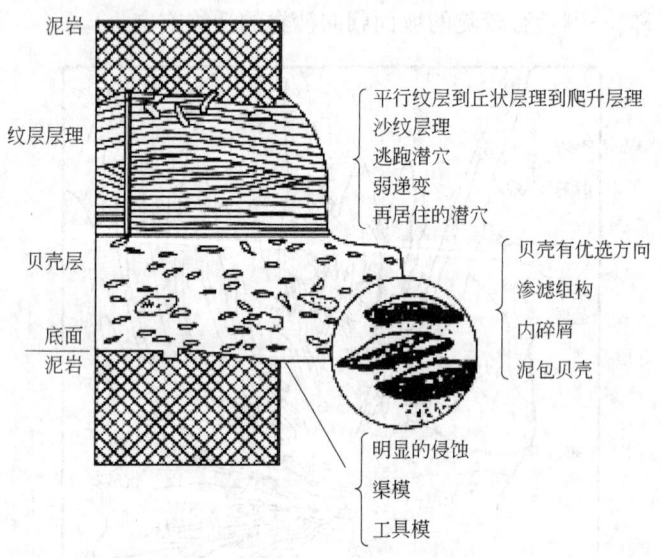

图10-10　美国弗吉尼亚州上—中奥陶统风暴岩理想垂向层序（据冯增昭，1993）

上述垂向层序与风暴作用的过程密切相关。风暴活动过程可分为成长期、高峰期、衰减期和停息期几个阶段，不同阶段水动力条件、沉积特征、沉积速率、和沉积构造各不相同（图10-11）。

风暴成长期以侵蚀作用为主。侵蚀作用在风暴高峰期达到最强，此期风暴浪引起的涡流和风暴回流强烈地冲刷海底，形成明显的冲刷面，并出现扁长沟槽状的侵蚀充填构造（称为"渠模"）以及各种工具模。

经风暴浪搅动，较细的物质悬浮起来，而一些大的介壳和粗的内碎屑、砾石则被风暴簸选并残留下来形成滞留沉积，一般都是经过原地簸选、改造和扰动，常具有一定的优选方位，多数

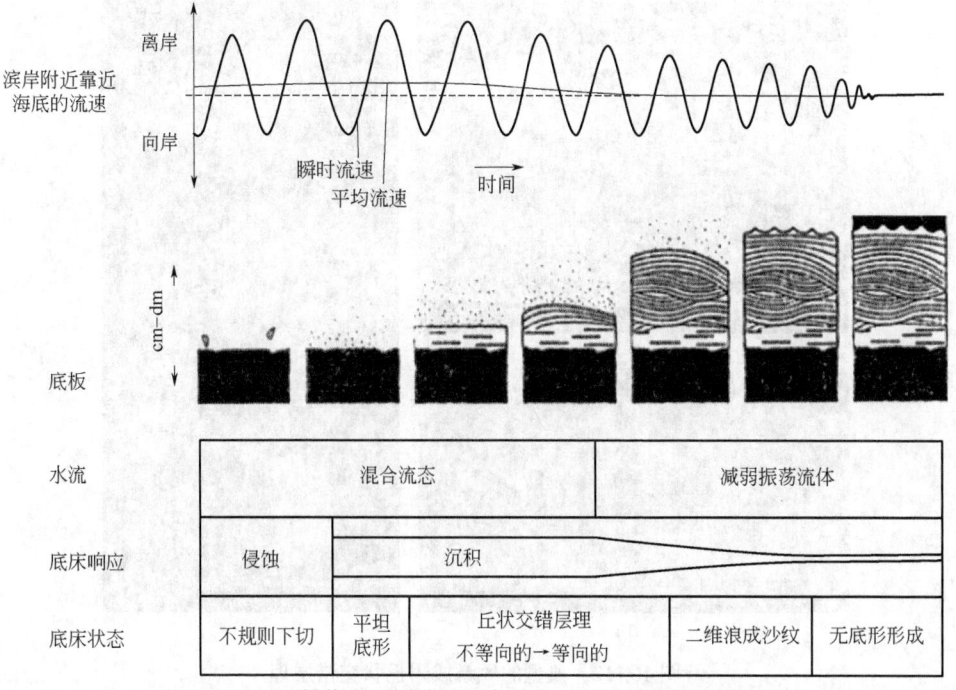

图 10-11　风暴作用不同阶段的水动力、地形、沉积构造示意图

呈凸面向上。在风暴衰减期,由于细粒物质的沉积,在贝壳层中可以形成渗滤组构,如遮蔽孔隙、遮蔽沉积等。

当风暴稍减弱或风暴密度流流速开始降低时,沉积物按粒度大小依次沉积,形成向上变细的粒序层。这种粒序层在风暴浪基面以下的浅海地带最容易保存。

在风暴衰减期,风暴流的能量减弱,回流的流速开始减小,细粒碎屑物质迅速从悬浮状态沉积下来,形成细砂与粉砂组成的纹层段。底部强烈的剪切水流可以形成平行层理,随后风暴流进一步减弱为浪生振荡水流,则形成丘状交错层理和浪成沙纹层理,并向上逐渐过渡为爬升层理。

在风暴停息期,水流更为缓慢,风暴流携带的悬浮物质最终沉积下来,形成了细粉砂和泥或以泥为主的泥岩段,以及正常天气条件下所形成的页岩段,常发育生物潜穴和生物逃逸痕迹。

丘状交错层理(图 10-12)和浪成砂纹层理是风暴浪沉积的最好证据。

风暴沉积层序总体是一个向上变细的旋回,但在一个沉积剖面上往往发育不全。

风暴流和浊流都是密度流,都具有类似向上变细的垂向层序,故风暴岩和浊积岩容易混淆,但二者在成因、形成环境、沉积构造等许多方面都有明显不同。二者的区别见表 10-1。

风暴岩和浊积岩在垂向相序上可以共生。浊积岩位于风暴岩之上,表示为海进层序;浊积岩位于风暴岩之下,表示为海退层序。如贵州南部中三叠统新苑组地层剖面层序的下部出现风暴流沉积,中部出现浊流沉积,上部出现等深流沉积,属于陆架-斜坡的海进层序。加拿大艾伯塔侏罗系费尔尼组风暴流沉积剖面下部为浊积岩,向上变为具丘状交错层理砂岩的风暴流沉积,顶部为海滩沉积,是一个典型的海退相序。

图 10-12 典型的风暴成因丘状交错层理

(a)丘状交错层理,加拿大安蒂科斯蒂岛;(b)丘状交错层理,加拿大安蒂科斯蒂岛;(c)丘状交错层理,河44井,胜利油田

表 10-1　风暴岩和浊积岩的区别

特征	风暴岩	浊积岩
形成作用	风暴浪作用及风暴退潮流作用形成	密度流的流动作用形成
形成环境	主要出现在正常浪基面以下至风暴浪基面以上的陆架环境	主要出现于深水环境
层理特征	主要有波浪作用及流动成因形成的层理,如丘状交错层理、平行层理、浪成上攀沙纹层理等	只有具流动成因的层理,缺少波浪作用形成的层理
其他沉积构造	具侵蚀充填构造,如渠模及工具模(工具模的方向是变化的甚至是相反的),并具有渗滤组构及逃逸潜穴	主要发育印模及各种工具模
垂向层序	粒序层厚度不均匀,可变薄、变厚或呈透镜状,粒序层与纹层段间的粒度是突变的	粒序层厚度均匀,侧向延伸远,粒序层与平行层段间粒度是递变的

三、海流控浅海陆架

总体上讲,对海流控浅海陆架沉积的研究还比较少。不同的海流所形成的沉积物会有一定的差别。

受强劲海流影响的外陆架可以东南非洲大陆架为例(图10-5)。东南非洲大陆架外缘水深约100m,直接朝向广阔的印度洋。大陆架下部的大陆坡较陡(12°)使厄加勒斯海流能量影响外陆架。在大陆架外缘海流表层流带可达150~250cm/g。在海流的影响下,东南非洲大陆架沉积物具有明显的分带性:A带(水深<40m)为近岸浪控沉积带;B带(水深40~60m)为骨屑砂沉积,形成一系列纵向展布的大沙波;C带(水深60~100m)内侧为骨屑砂,形成一系列平

行海流方向的沙垄,外侧则为残留沉积的砾石层。

在北黄海中部、南黄海中部以及东海东北部发育有三个小型环流。环流中心流速较小,表面流速一般为 5~15cm/s,越向下流速越小(刘敏厚等,1987),流速值沿半径向外逐渐增大,达到最大后因外围阻力而逐渐减小。由于受流速值的分布控制,环流中心沉积物主要为泥,向外粉砂的含量逐渐增多,使海流控浅海陆架泥质沉积呈补丁状分布。环流沉积多发育在波浪、潮汐作用不强的外陆架(沈锡昌等,1993)。

四、碳酸盐浅海陆棚

不同类型的浅海陆棚的发育主要取决于大地构造背景与海平面的变化。构造背景及海平面变化对碳酸盐沉积产生巨大的影响,造成浅海陆棚类型的变化。普遍的浅海陆棚演化状态为:由于生物礁的发育,碳酸盐缓坡可以演化为镶嵌陆棚型台地;沿着铰合线的差异构造沉降,可使镶嵌陆棚型台地演变成碳酸盐缓坡。

(一)碳酸盐岩台地

这种类型的台地边缘以发育生物礁及碳酸盐沙滩为特征(视频46)。陆架边缘是一个动荡的高能带,在此处上翻洋流、风成波浪、潮汐波浪及潮汐流均直接冲击海底。在这种清澈动荡的水体条件下,特别是上翻洋流作用频繁时,有机成因碳酸盐的生产速率最高。碳酸钙沉淀作用以鲕粒或胶结物等多种形式沿陆架边缘产生。在陆棚边缘障壁之后常具有一个陆棚潟湖,该潟湖的局限程度取决于陆架边缘作为沉积障壁的生物礁和(或)碳酸盐沙滩的大小。当陆架边缘障壁隆起的沉积速率很高时,它阻隔了陆架内海水与大洋相连通,在障壁之后就可能形成一个高盐度潟湖,该潟湖只是在大风浪时才能灌入海水。如果边缘障壁较小,则陆架潟湖与大洋海水相连通,此时在陆架内还存在连续的风浪及潮汐流等正常沉积作用。

视频46 碳酸盐岩台地沉积环境

碳酸盐台地至陆架内部的滨岸带总是以潮坪为特征。镶嵌陆棚型台地大致由以下沉积体构成:远源和近源碎屑构成的礁前斜坡、礁本身(礁核)、礁体之后的礁后相、礁后沙滩、滨岸潮坪(视频47)。

视频47 浅海碳酸盐岩台地

(二)碳酸盐缓坡

与较陡的碳酸盐陆棚斜坡相反,缓坡型台地的斜坡是一个缓倾斜的面,其坡度约为 1m/km。在缓坡上,浅水碳酸盐可逐渐远离滨岸而进入深水乃至盆地中。它没有像镶嵌陆棚型台地内接的坡折,而是一个逐渐变深的缓斜坡,以海平面、正常浪基面、风暴浪基面为界可以分为内缓坡、中缓坡和外缓坡三部分。

内缓坡以形成在潮下至潮间下部的高能激浪带的碳酸盐砂为特征。在缓坡中,波浪能量不如在镶嵌陆棚边缘那么强烈,波浪在传输过程中与海底逐渐相触而耗损能量,不像在陆架型边缘那样波浪从大洋中产生面传输到较陡的斜坡上直接与陆架边缘突然相碰。但是在缓坡上会形成能量相对较高的滨岸相—潮间带,而且将形成岸线碳酸盐砂体。

浅海碳酸盐缓坡主要沉积物以来自外缓坡及上斜坡的再沉积作用产物为特征,以砂和泥及少量碎屑为主,而不像碳酸盐台地那样,其斜坡相沉积物在与陆棚边缘相邻地带总是包含由浅水碳酸盐组成的碎屑、角砾及岩块等。

(三) 台地边缘生物礁

台地边缘生物礁往往由礁核、前礁、后礁三部分组成。

1. 礁核

礁核是礁的主体,因造礁生物的种类不同而具有不同的造礁格架。礁核主要由原地堆积的生物岩或粘结岩组成。其中生物含量很高,主要为造礁生物,还有一些附礁生物。造礁生物有时保存有原地的生长骨架,骨架间常有礁的破碎物充填。

礁核在大礁体上又可分为礁核内核和礁核边缘指状体两部分。礁核内核的主要特征是:(1)化学成分很纯,碳酸钙和碳酸镁的总和几乎接近100%;(2)不含陆源碎屑;(3)具有明显的造礁格架;(4)亮晶结壳结构。与此相反,礁核边缘指状体的化学成分不是很纯,常含有陆源碎屑。南海31126礁边缘指状体礁岩中还见有4mm直径的砾石,礁岩多层,厚度小,也不完全是亮晶结构,薄片中还见有泥晶。

2. 前礁

前礁是礁面向开阔海部分,这里是常年迎风带,波浪能量最大。礁岩和造礁生物常被波浪打成碎块滚落在礁脚下,形成粗细混杂夹有许多正常浅海生物残壳的前礁堆积,常具有明显的角砾结构。

3. 后礁

后礁指的是礁体向陆的一侧,它和陆地之间常存在一个封闭或半封闭潟湖。后礁和前礁相反,这里是常年背风区,是一个低能量区,沉积了一套岩性稳定、微层理发育的潟湖相沉积。后礁沉积多由分选较好的砂屑石灰岩组成,胶结物多为亮晶方解石。背风的地方含有较多的灰泥基质。碎屑物质主要为来自礁核的生物碎屑。

第三节 古代浅海沉积的识别标志

一、岩性标志

浅海沉积以暗色粉砂质泥岩和泥质粉砂岩为主,夹有因潮汐流、风暴流和密度流所形成的砂岩和粗粉砂岩。砂岩的成分成熟度较高,其成分以石英和长石为主,很少含泥质碎屑及其他不稳定矿物。岩石类型多为石英砂岩,并含有海相自生矿物,如海绿石、胶磷矿、缅绿泥石等,胶结物多为化学沉积物。砂岩结构成熟度高,分选和磨圆度均好,粒基比高。样品间的结构参数变化较小。

二、沉积构造标志

砂岩中具对称或不对称波痕,交错层理也较为常见,其纹层倾向变化较大,但也有双向量者,其中发育的丘状交错层理典型地反映了风暴流沉积特征。

三、古生物标志

在粉砂质泥岩和页岩中常含有正常海洋生物化石组合,如有孔虫、放射虫、棘皮动物、珊瑚等及其有关生物碎屑。其中遗迹化石和生物扰动构造也较丰富,多为倾斜潜穴和复杂的水平潜穴,以及动物爬迹、停留迹等。

四、沉积层序标志

浅海沉积的层序主要为多个向上变浅的层序相互叠置且多次重复。

五、分布形态标志

大部分浅海沉积的砂体为长形、线形和弯曲状沙脊,或呈不连续的透镜状和广阔的席状砂分布。其中长形和线形砂体的方向与沉积走向可以是平行的、垂直的或任意的。

六、地球化学标志

海洋环境中自生铀含量$<5.0×10^{-6}$代表富氧环境,$5.0×10^{-6}<$自生铀含量$<12.0×10^{-6}$代表次富氧环境,自生铀含量$>12.0×10^{-6}$代表贫氧和缺氧环境。Ga含量在淡水成因的岩石中较海洋条件下形成的岩石高。通常用B与Ga的比值即B/Ga所反映的盐度来鉴别海相地层,B/Ga<1.5为淡水相,B/Ga介于$1.5~4$之间为半咸水,B/Ga介于$5~6$之间为近岸相,B/Ga>7为海相。浅海氧化程度较高,沉积物中Cu、Ni、Co、Pb、Zn、Mn等元素相对含量低,发育富含Co、Pb、Ti且Mn/Fe值低的钠水锰矿。

七、地球物理标志

浅海相中不同的沉积相类型有着不同的地球物理标志,难以用统一的标志去识别,需结合实际类型来进行区分。例如浅海砂质碎屑流的测井相主要为齿化严重的漏斗形,地震相为中振幅平行席状反射。

思考题

1. 浅海的沉积物类型(碎屑型,碳酸盐型)由什么决定?
2. 简述潮控浅海陆架沙垄的主要类型及特征。
3. 简述浅海陆架和"油气"的关系。

第十一章 半深海—深海

全球71%的面积被海底扩张形成的海洋盆地所占据,这些盆地的底部是玄武岩海洋地壳。洋中脊的扩展中心一般在海洋的2000~2500m深度。随着熔岩凝固,地壳从下方注入基性岩浆形成岩堤,玄武岩熔岩在地表以枕状挤压形成岩堤。地壳内的火成岩活动使之相对炎热。随着岩浆进一步注入,新外壳形成,先前形成的物质逐渐远离扩张中心,在此过程中,它冷却、收缩、密度增加。相对于扩张中心较年轻、较热的地壳,较古老、较致密的海洋地壳下沉,远离大洋中脊的水深增加,剖面下降到4000~5000m,地壳的年龄超过几千万年。

海洋科学和油气钻井深海科学考察颠覆了对半深海和深海沉积的传统认识。现已证实深水沉积类型丰富,既有静水悬浮细粒沉积,也有沿着大陆坡向下流向深海的重力流沉积,还有深水牵引流(如等深流、潮汐、风驱水流等)沉积(图11-1)。其中蕴藏着丰富的传统油气资源,还有储量巨大的页岩油气、天然气水合物(可燃冰)资源,是人类开发利用化石燃料最大和最后的领域。

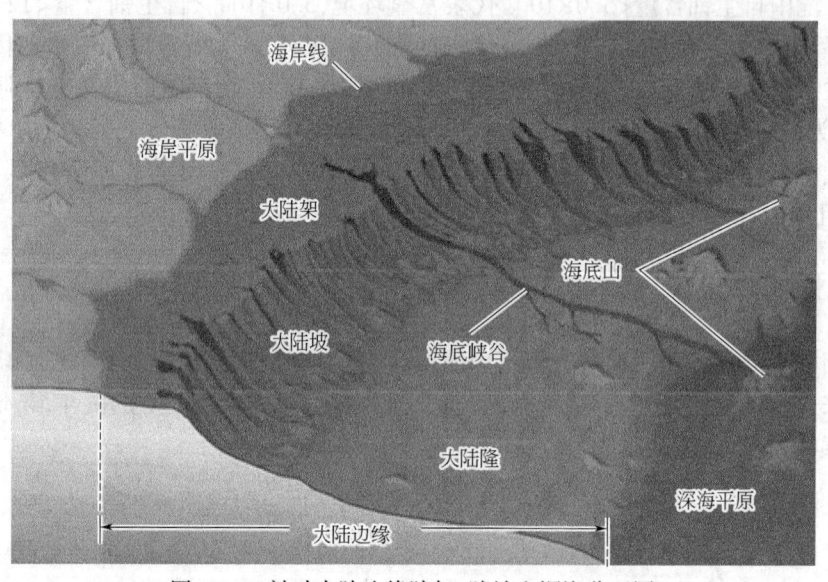

图11-1 被动大陆边缘陆架、陆坡和深海分区图

第一节 半深海—深海沉积环境

一、半深海环境特点

半深海又称次深海,位置和深度相当于大陆坡,是浅海陆架与深海环境的过渡区,平均坡度为4°,最大倾角可达20°。大多数情况下,大陆坡具有界限清楚的洼地、山脊、阶梯状地形或孤立

的山,有时被许多海底峡谷所切割。大陆架上的海底峡谷横截面呈"V"字形,可以从陆架一直延伸到大陆坡。海底峡谷是陆源沉积物搬运的主要通道。海底峡谷的前端经常发育海底扇。

半深海相沉积主要由泥质、浮游生物和碎屑三部分沉积物组成,其来源主要是陆源物质和海洋浮游生物,其次为冰川和海底火山喷发物。

在半深海相中,泥质沉积物所占比重最大。洋流是半深海沉积中搬运陆源泥质物的主要因素。风暴流对海底的扰动或重力流可使沉积于陆架上的陆源粉砂沿海底以低密度流的形式搬运,并沉积于半深海而成为半深海相碎屑沉积物。海底洋流或顺陆坡等深线流动的等深流也可搬运粉砂物质并在陆坡或陆隆上堆积成透镜状粉砂质体。此外,深水的内波、内潮汐流对半深海沉积也有重要影响。

半深海环境中无植物发育,生物群以腹足类为主,还可见双壳类、腕足类、放射虫、有孔虫等。

二、深海环境特点

深海分布于深海平原或远洋盆地中,通常是一些较平坦的地区,水深超过2000m,平均深度为4000m。在有些地区,深海由于火山的发育而形成海山(可高出海底1km)、平顶海山(被海水夷平的海山,一般被淹没于水下)、海丘(其突出程度较海山小)。大洋盆地中有一些比较开阔的隆起地区,其高差不大,无火山活动,是海底构造活动比较宁静的地区,称海底高地或海底高原,无地震活动的长条形隆起区称为海岭(视频48)。

视频48 深海沉积环境

深海底阳光已不能到达,氧气不足,底栖生物稀少,种类单调。现代深海沉积物主要为各种软泥,其中大部分为远洋沉积物,即主要由繁殖于大洋表层水体中微小浮游生物的钙质骨骼和硅质骨骼沉降堆积而成的软泥。另一部分是由底流活动、冰川搬运、浊流、滑坡作用等形成的陆源沉积物,以及局部地区各种矿物的化学和生物化学沉淀作用形成的锰、铁、磷等沉积物,此外,尚有少量风吹尘、宇宙物质等。对深海沉积有影响的主要因素是表层水域的密度、碳酸钙的补偿深度、大洋底流、沿大陆坡峡谷向下流动的重力流以及与大陆的距离。

第二节 半深海—深海沉积特征

深水沉积的沉积环境通常是复杂的,因此人们没有建立具体的沉积模型,而是在过程沉积学的基本原理背景下讨论这些沉积。

Galloway 等(1996)总结了半深海及深海的主要岩石类型(图11-2):(1)重力重新活动作用和先前沉积物滑向斜坡的惯性流体减速所产生的块体流,形成滑塌沉积[图11-2(a)];(2)重力驱动的各种底流,如密度流、浊流、冷流或咸水流,形成碎屑流沉积[图11-2(b)]、高密度(粗粒)流浊积岩[图11-2(c)]、典型浊积岩[图11-2(d)]、低密度(细粒)流浊积岩[图11-2(e)];(3)洋盆内或洋盆间水体温度或盐度不同而产生的稳定斜坡等深流[图11-2(f)],形成等深积岩;(4)深海或半深海沉积物的悬浮沉降;(5)由长周期潮汐或风暴浪、内波和周期性上升流或下降流产生的流体,又叫牵引岩[图11-2(g)]。相应的沉积相类型有浊流水道充填相、浊积朵体相、席状浊积相、块体沉积复合体相、低密度浊积充填及岩席、等深流相和半深海披覆和充填相等。其中前五种与重力流沉积有关,因此本节重点介绍等深流沉积物和重力流沉积物。

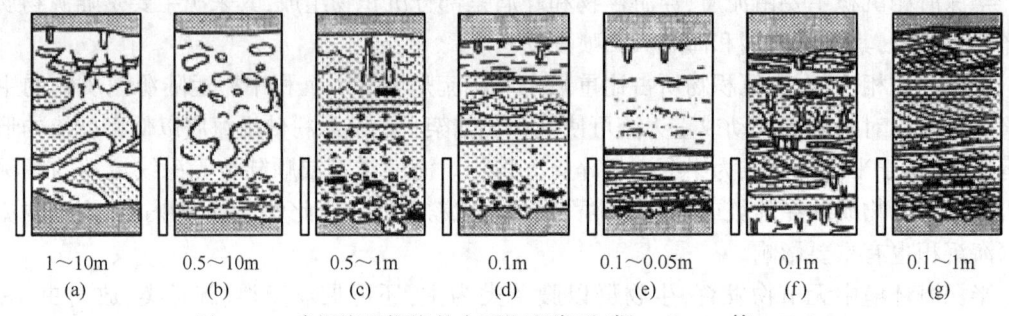

图 11-2 半深海及深海的主要沉积类型(据 Galloway 等,1996)

也有学者(Rebesco 等,2014)根据水动力条件,将深海沉积物分为重力流、等深流和半深海—深海悬浮沉积三大类(图 11-3)。

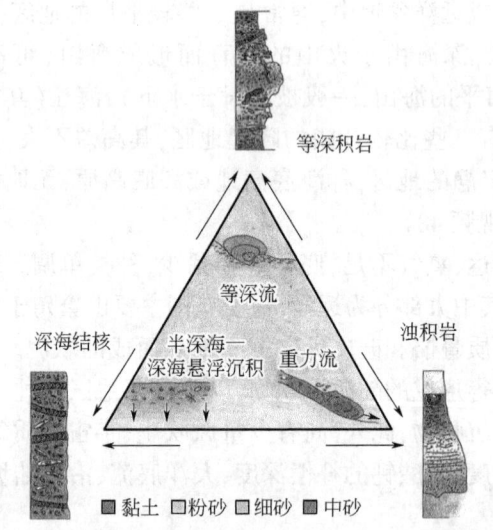

图 11-3 深海沉积物的分类方案(据 Rebesco 等,2014)

随着深海钻探、大洋调查和油气勘探的进展,人们发现深海里还存在大量的碳酸盐岩沉积。这些深水碳酸盐岩多位于碳酸盐台地斜坡带外侧水深大于200m 的半深海和深海环境,岩性一般由泥灰岩与页岩、粉砂岩,或细颗粒状灰岩相间薄互层组成。自近斜坡重力流带来的粗粒的颗粒灰岩是这些深水碳酸盐岩的重要来源。除此以外,深海中的沉积物还存在多种类型的沉积物,如深海黏土、硅质软泥、钙质软泥、冰川沉积物等(图 11-4、视频 49)。

视频 49 深海沉积体系

一、等深流沉积物

等深流又叫地转流,是发生在半深海地区沿大陆坡等深线流动的远洋底流,这个概念是Heezen(1966)在对北大西洋陆隆沉积物研究之后首先提出来的。现代深海调查表明,起因于深水地转流的等深流是最常见的底流类型之一。从水深超过 5000m 的深海平原到水深 500~700m 的较深水台地都存在这类等深流沉积。Faugeres 等(1993)将这种在相对较深水环境中由地球旋转而产生的温盐环流称之为狭义的等深流,他们认为,只有这种意义的等深流才是真正的等深流。等深流一般都沿大陆坡等深线流动,其规模甚至与某些海底扇相当,可以搬运大量细粒沉积物形成沉积物漂流。

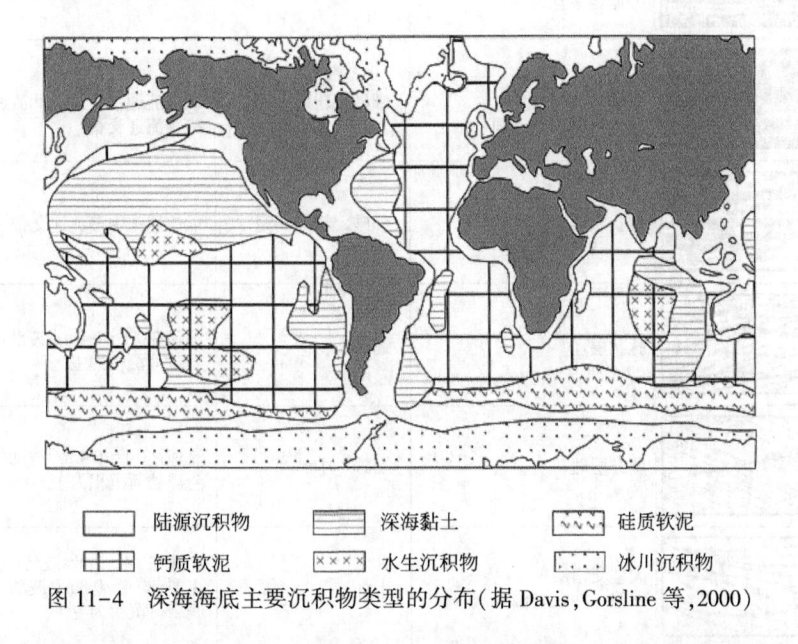

图 11-4 深海海底主要沉积物类型的分布(据 Davis,Gorsline 等,2000)

图例：陆源沉积物、深海黏土、硅质软泥、钙质软泥、水生沉积物、冰川沉积物

现代海洋中等深流的流速一般为 5~20cm/s,有的可达 50cm/s 甚至更高。一般来讲,等深流在深海水道、深海海沟、海槽、洋脊和斜坡等地区流速较高,而在深海盆地及平原内流速则较缓慢。流速较快的等深流具有较强的侵蚀作用,可以形成一系列平行于水流方向几千米长、几米至十米宽、深度小于 20m 的深水海渠(沈锡昌,1993)。因此等深流是海底中一种非常重要而又十分特殊的地质营力,它不仅可以对海底产生侵蚀作用,而且还可以搬运沉积物,形成一类特殊的沉积,称等深流沉积或等深积岩。

在等深流的沉积作用方面,其沉积物质来源包括陆缘碎屑、生物碎屑、侵蚀下来的海底早期沉积物、火山碎屑物质等,颗粒大小一般为泥—细砂,在流速较高的水道和海底峡谷中可以出现砂级乃至细砾级的等深流沉积物。分选性一般中等到较好,这与等深流的强度、持续时间、物源及生物活动等因素有关(高振中等,1996)。常见的沉积构造有小型交错层理、透镜状层理、波状层理,以及由生物碎屑、颗粒组成的定向排列、刻蚀痕、障积痕、叠瓦状的砾石等所表现出的定向构造。另外,在等深流沉积的底部和岩层内部常见侵蚀面和冲刷充填构造,生物潜穴和生物扰动构造也相当发育(图 11-5)。

Stow(1985)曾区分出两类等深岩相:泥质等深岩相和砂质等深岩相。下面着重介绍两个主要的岩相类型:泥质等深岩相和粉砂质—砂质等深岩相。

(一)泥质等深岩相

泥质等深岩相是深海中主要的等深岩相,它们占等深流漂流沉积物的 75%以上。

泥质等深岩相的主要特点是整个层序单调、均质或无构造,但仔细检查仍可发现某些构造特征;一般没有明显的分层,但在泥质较多和粉砂—砂质之间可以有正递变和逆递变的特点,厚约几至几十厘米。富泥部分和富砂部分之间多为渐变的关系,很少有冲刷和突变,不论是粉砂还是黏土,其中很少见有原始纹层,如果有,则可以是比较清晰的平面状或不清晰的波状。

基本样式	沉积构造	主要粒级	成因	丰度
0–1cm 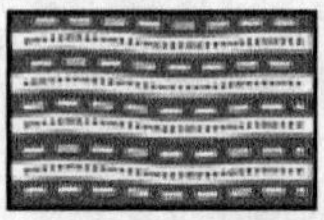	缓波纹层理 砂泥岩薄互层	细砂、粉砂、泥	低流速,主要为悬浮载荷沉积	极为常见
0–1cm 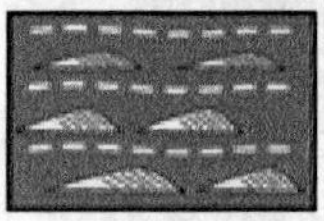	透镜状层理 泥岩具缓波纹层理	细砂、粉砂、泥	以低流速占优势,低流速与中等流速交替	极为常见
0–1cm 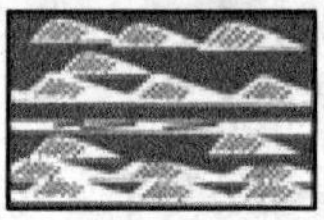	波状层理	细砂、粉砂、泥	低流速与中等流速交替	极为常见
1~5cm 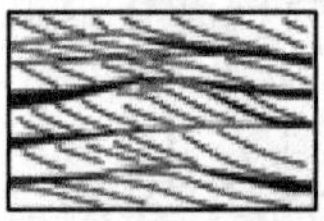	脉状层理	细砂、粉砂	流速在0.1~0.4m/s波动,底载荷沉积为主	极为常见
1~5cm 	爬升层理	细砂、中砂	流速在0.1~0.4m/s波动,悬浮载荷沉积为主	常见
10~50cm 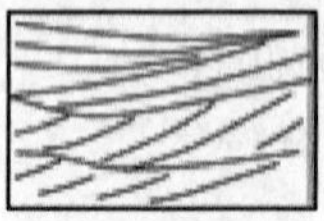	大型交错层理 沙浪、沙丘底形	中砂	流速在0.4~2m/s波动,主要在0.4~0.8m/s波动 底载荷沉积为主	常见
0–1cm 	低角度交错层理	细砂、中砂	流速在0.6~2m/s波动,底载荷沉积为主	少见
0–1cm 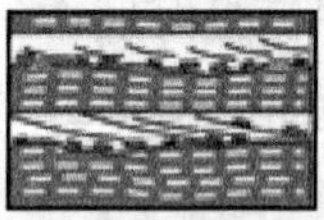	砂泥互层,砂岩底为冲刷面、撕裂泥砾	砂、粉砂、泥	低流速间歇性突变为中等流速	常见
1~5cm 	侵蚀冲槽及槽模	砂、粉砂、泥	低流速突变为高流速	少见
1~10cm 	生物扰动构造	砂、粉砂、泥	低流速,生物活动强,低—中等沉积速率	极为常见
3~20cm 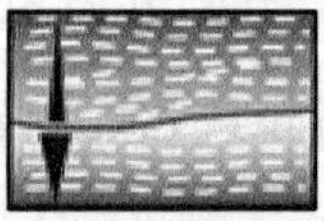	正递变、反递变粒序	粗砂→泥,主要为细砂、粉砂、泥	流速逐渐变化	极为常见
0.1~2cm 	滞留定向砾石	粗砂、细砾	流速大于2m/s	少见

图 11-5 等深流的主要沉积构造(据 Rebesco 等,2014)

没有纹层的泥整个都被生物扰动。粉砂部分常集中成不规则的束状和透镜状。在结构方面,泥质等深岩主要是由粉砂质黏土组成,仅含有 10%~15% 的砂。平均粒径 5~40pm

（1pm=10⁻¹²m），整体分选不好。物质组成多为生物成因和陆源物质的混合物，二者混合的比率随到陆源的距离而有变化。生物成因物质主要是硅质和钙质浮游生物和底栖生物碎屑的混合，底栖生物为深水种属而非来自浅水的种属。陆源碎屑部分主要是细的石英和黏土。有些泥质等深岩的组分可能具有或多或少的远洋组分和来自大洋中脊的火山物质。泥质等深岩相模式见图11-6。

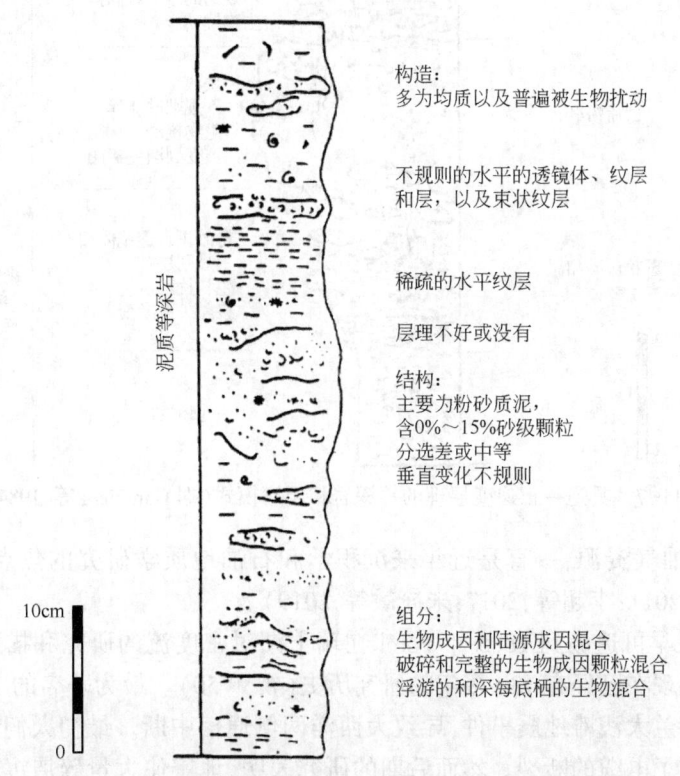

图 11-6 泥质等深岩沉积相模式示意图（据 Stow, 1985）

（二）粉砂质—砂质等深岩相

在现代深海中，明显的粉砂质和砂质等深岩层不算太丰富，通常为 1~20cm 厚的不规则层；其顶底界面可以是突变的和较平的，也可以是侵蚀的或完全渐变的，除了较粗物质不规则的富集或显示微弱的正递变或逆递变，多数不具原始构造，最常见的是整个层都具有生物扰动构造，有大的潜穴，也有小的不规则斑块。

粉砂质—砂质等深岩主要是含有 40% 砂和小于 10% 黏土的中—粗粒粉砂岩，但也有细砂质等深岩；一般颗粒分选良好，粒度曲线常显示一个细尾；颗粒的物质组成与泥质等深岩相似，主要为生物成因和陆源物质混合组成，较大的生物颗粒常为碎屑并多被铁染，其中黏土物质非常少；有时还可发现有比较纯的有孔虫砂等深岩相（图 11-7）。

二、重力流沉积物

重力流沉积是重力流将碎屑沉积物从浅海搬运到半深海—深海的产物，不仅记录着沉积当时的构造背景、气候条件、海平面变化等关键信息，同时这些碎屑沉积物也是非常好的储集

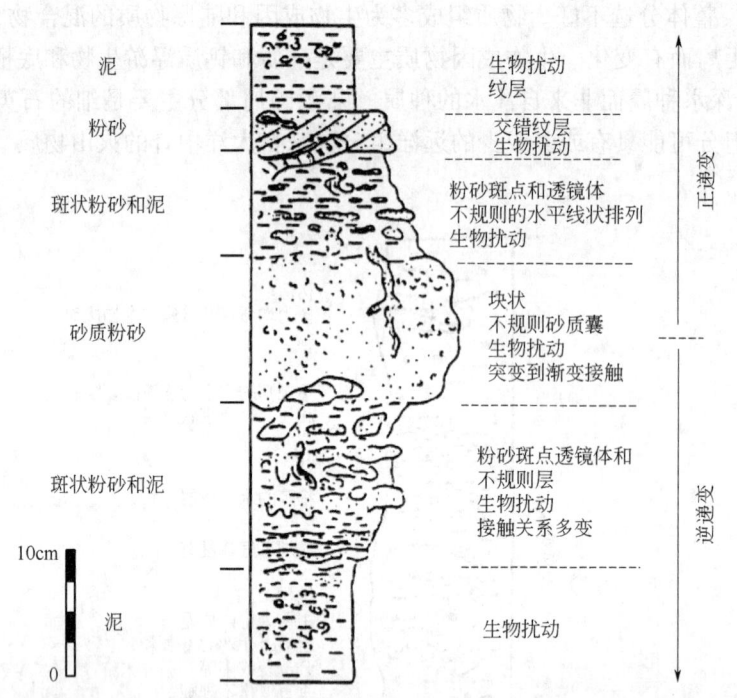

图 11-7 具逆—正递变层理的等深岩相层序模式(据 Gonthiers 等,1984)

岩,蕴含着丰富的油气资源,一直是近年来沉积学和石油地质学研究的焦点(例如 Pickering 等,1989;Gong 等,2011;李超等,2017;朱筱敏等,2019)。

重力流研究最早可追溯到 1885 年 Forel 在瑞士湖对密度流的研究和描述(Forel,1885),到现在已经有 130 多年的研究历史(视频 50)。最为著名的 1929 年加拿大纽芬兰大浅滩地震事件,导致大西洋两侧通信中断。最初人们认为地震本身导致了电缆的断裂。然而后期的研究表明,地震使大量碎屑沉积物沿着大陆架和大陆斜坡向下滚动,泥土和海水的混合物以极高速度沿着海底流动,所到之处,电缆纷纷断开。根据海底线缆布局之间的空间距离和当时不同电缆信号断开的时间记录,可以计算和反推出当时这股海底高速流体(浊流)的速度达到了 20m/s(72km/h),从起始的大陆斜坡上部沿着大陆斜坡向前搬运 1000km 之远。该事件也让人们广泛意识到重力流的破坏作用。2021 年汤加火山盆地引发的海底滑塌和重力流导致海底电缆被切断,该国电话和网络线路中断,岛上约 10.5 万居民无法与外界取得联系。可见重力流的研究对于地质灾害的预测和防护也非常有意义。

视频 50 重力流演示

(一) 形成机理

1. 足够的水深

足够的水深是重力流沉积物形成后不再被冲刷破坏的必要条件。一般认为,重力流沉积的水深是 1500~1800m,最小水深是 100m;最深的是美国加利福尼亚海岸外蒙特里深海扇,深达 8000m。Galloway 等(1996)认为,以重力流沉积为重要特征的大陆斜坡及坡底沉积体系主要形成于陆架坡折以下的相对深水区,在现代大陆边缘,陆架坡折通常深 90~180m;在大陆和大洋拉分盆地中,这个深度可能会更小些。因此,足够的水深是相对而言的,海洋与湖泊也有较大差异。但无论何种沉积环境，其形成深度必须在风暴浪基面以下。

2. 足够的坡度角和密度差

在水体中，含有大量弥散沉积物的重力流也是一种密度流。有效的密度差与重力结合，引起侧向流动。流体运动又反过来在流体中产生紊流，支持沉积物呈悬浮状，不至沉淀下来而使浊流消散。

为保持持续的紊流，要求有稳定的补给能量——适当的坡度。足够的坡度角是造成沉积物不稳定和易受触发而作块体运动的必要条件。一般认为，这个最小坡度角为 $3°\sim5°$，而典型的陆源碎屑斜坡坡度一般在 $2°\sim5°$ 之间。

3. 充沛的物源

充沛的物源也是形成沉积物重力流的必要条件。洪水注入的碎屑物质和火山喷发—喷溢物质、浅水的碎屑物质和碳酸盐物质发生滑坡、垮落以及风暴浪作用等，都可为沉积物重力流提供物质来源。

物源的成分决定重力流沉积物类型。随着物源成分的变化，重力流沉积物类型也呈现规律变化。陕西洛南上张湾罗圈组重力流沉积物由下部的碎屑流和颗粒流演化到上部的浊流，相应的碳酸盐物质成分减少，陆源碎屑物质成分增多，表现出渐变的演化过程。

4. 一定的触发机制

重力流沉积物的形成多属于事件性沉积作用，其起因于一定的触发机制，诸如在洪水、地震、海啸巨浪、风暴潮和火山喷发等阵发性因素直接和间接诱导下，会导致块体流和高密度流的形成。除洪水密度流直接入海或入湖外，大多数斜坡带沉积物必须达到一定的厚度和重量，再经滑动—滑塌等触发机制，才能形成大规模沉积物重力流。其过程是，当重力剪切力超过沉积物抗剪强度时，引起斜坡沉积物重新启动；当重力剪切力超过摩擦能量损失时，已经运动起来的沉积物发生重力加速运动。只要重力仍作为流动的主动力，搬运作用就会继续，并可能会将沉积物搬运到盆地底部。

一些研究者认为，在大陆边缘斜坡处的沉积物通常不稳定，地震、海啸、风暴浪、滑坡等种种原因会造成大规模水下滑坡，使沉积物在滑动和流动过程中不断与水体混合，并在重力作用推动下不断加速，同时掀起和裹挟周围的水底沉积物增大自身体积，逐渐形成高密度的浊流。

(二) 重力流的分类

根据不同分类标准，重力流有以下不同的分类体系(赵澄林等,1998)。

(1) 按物质来源，可分为陆源碎屑型、碳酸盐碎屑型、火山碎屑型。

(2) 按触发机制，可分为洪水型、滑塌型、火山喷发型。

(3) 按颗粒支撑机制，可分为泥石流、碎屑流、颗粒流、液化沉积物流、浊流。

(4) 按照形成环境，可分为海洋重力流、湖泊重力流、陆地重力流。

Kruit(1975)和 Nardin 等(1979)认为，无论陆源碎屑型还是内源碳酸盐型沉积物重力流，从岩崩、滑坡、块体流到流体流，在力学性质上均可构成弹性、塑性、黏性块体运动过程的连续统一体(表 11-1)。

别包括了所有在 20 世纪 50 年代和 60 年代最初被认为是浊积岩的岩石,这些岩层在今天几乎没有引起争议。该相包括厚而单调的交替砂岩和泥岩序列(图 11-9)。

图 11-9　南澳大利亚泥盆纪砂岩与泥岩交替层

　　Bouma(1962)发现浊流沉积形成的浊积岩具有特征的层序,即鲍马序列(或鲍马层序)。一个鲍马序列是一次浊流事件的记录,Middleton 和 Hampton(1973)对鲍马序列沉积时的水动力学状态进行了解释,对其进行了完善(图 11-10)。一个完整的鲍马层序分为五段,自下而上为:

　　A 段——底部递变层段:主要由砂组成,近底部含砾石,厚度常较其他段大,是递变悬浮沉积物快速沉积的结果。粒度递变清晰,一般为正粒序,反映浊流能量衰减过程。底面上有冲刷—充填构造和多种印模构造,如槽模、沟模等。实验证明,A 段是经直接悬浮沉积作用由高密度浊流堆积的。

　　B 段——下平行纹层段:与 A 段粒级递变过渡,常由中、细砂组成,具平行层理,同时也具不大明显的正粒序。纹层除粒度变化显现外,更多是由片状炭屑和长形碎屑定向分布所致,沿层面揭开时可见剥离线理。

　　C 段——流水波纹层段:与 B 段连续过渡,厚度较薄,常由粉砂组成,可含细砂和泥;发育小型流水型波纹层理和上攀波纹层理,并常出现包卷纹层、泥岩撕裂屑和滑塌变形层理,表明在 A 和 B 段沉积后,高密度浊流转变为低密度浊流,出现了牵引流水流机制和重力滑动的复合作用。C 段与 B 段为连续过渡关系。根据 B、C 段的牵引沉积构造,可知质点沉落床面的同时,伴随有底形沿流向上的运动。

　　D 段——上平行纹层段:由泥质粉砂和粉砂质泥组成,具断续平行纹层。此段反映更为直接的悬浮沉积作用,即主要是垂向沉落,但质点在堆积时或堆积前,也因牵引流作用而产生微细纹层和结构分选。D 段若叠于 C 段之上,二者连续过渡;若 D 段单独出现,则与下伏鲍马分层间有一清楚界面。它是由薄的边界层流(一种低密度浊流)造成的,厚度不大。

　　E 段——泥岩段:下部为块状泥岩,具显微粒序递变层理,和 D 段均属细粒浊流沉积,为最细粒物质在深水中直接沉降的结果;上部泥页岩段,为正常的远洋深水沉积的泥页岩或泥灰岩、生物灰岩层,含浮游生物及深海、半深海生物化石。此段显微细水平层理,与上覆层为突变或渐变接触。

粒度		鲍马(1962)分层	解释
泥	E	浊流间沉积(页岩)	深水沉积或细粒密度浊积
砂粉砂	D	水平纹层	?
	C	波痕、波状或包卷纹层	低流态下部
	B	平行纹层	高流态
砂(底部细砾)	A	块状,递变	高流态(?)快速堆积

图 11-10 鲍马层序及解释(转引自冯增昭,1993)

2) 非典型浊积岩

非典型浊积岩包括块状砂岩、卵石质砂岩、颗粒支撑砾岩、叠复冲刷粗砂岩、杂基支撑岩层、滑塌岩和滑动岩等类型(Walker,1984)。

(1) 块状砂岩是指层内结构均一的砂岩或含砾砂岩,指示重力流水道沉积环境。块状砂岩中出现泄水和碟状构造,反映其最有可能成因于液化流沉积作用。

典型浊积岩与块状砂岩在相上有一定的联系。单个无结构砂岩层往往比经典浊积岩中的砂岩厚(几十厘米到几米),层与层之间的泥岩分隔往往很薄(几厘米)或没有。多种流体的沉积物可能合并在一起,合并面表现为颗粒尺寸的突变、被撕裂的泥岩碎屑层、薄泥岩夹层的消失。在更大的尺度上,在该相中经常观察到米级的冲刷(图 11-11)。由此可见,典型浊积岩的砂岩和泥岩的单调互层在块状砂岩中并不发生。

图 11-11 德国泥盆纪浊积岩

(2) 卵石质砂岩实际上是一种厚度较大的叠覆递变的砾质砂岩层,每个递变层的下部含砾多,向上逐渐减少。由于砾石多是再沉积组分,故有一定磨圆度。在以砂为主的部分有时也见交错层理和泄水构造。故这类岩石指示高密度浊流向牵引流和液化流转化的特征。卵石质砂岩也指示重力流水道沉积环境。

随着流体中粗粒含量的逐渐增加,块状砂岩相由颗粒砂岩向卵石质砂岩相分级。分级层理是常见的(图 11-12),而且很容易观察到,因为它们的尺寸范围很广。在内部,地层可能表现为粗糙的水平分层,在极少数情况下,可能存在平面板状和槽状交错层理。在加拿大魁北克省的 Caprage 地层中,槽组厚度可达 50cm,平面视图中看到的槽宽度至少可达 2m。除了块状砂岩外,鲍马层序的元素并不存在于含砾砂岩中,因此鲍马层序不能作为该相的描述物。

(3)颗粒支撑砾岩不像上面描述的那样常见,但它们确实是深水沉积记录中的重要组成部分。Walker(1984)识别了四种不同的相,但这种分类是基于相对较小的样本,不具有经典浊积岩鲍马序列的权威性。用来定义岩相的特征是分级样式(正序或反序)、分层类型、构造。他综合这些特征确定了紊乱砾岩层、反—正递变砾岩层、递变砾岩层、递变—显层理砾岩层等四种微相(图 11-13)。四种再沉积砾岩厚度大而不稳

图 11-12 法国南部约 1m 厚卵石质砂岩,整体显示分级层理

定,底面清晰;主要分布在内扇主水道或非扇深水重力流水道环境中。

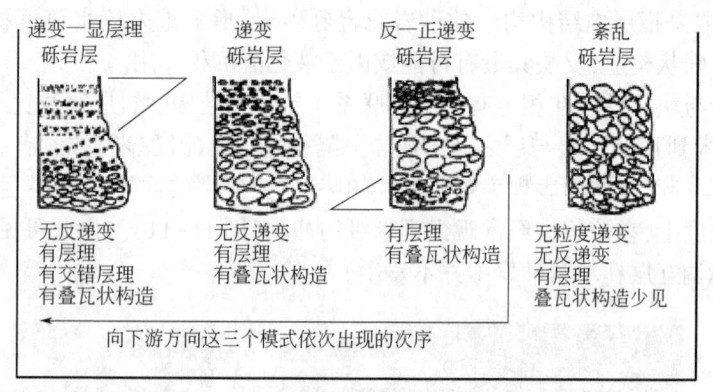

图 11-13 颗粒支撑砾岩层及再沉积砾岩的四种类型(转引自冯增昭,1993)

(4)叠复冲刷粗砂岩是砂砾质高密度浊流沉积作用的产物,常表现为"A、A、A"序(简化为"AAA",此处"A"是指一个递变层或一次重力流事件),有时演变为"ABAB"序,每一个递变层之上均连续沉积有厚薄不等的平行层理砂岩。

(5)杂基支撑岩层:杂基含量一般为 25%~50%,可细分为杂基支撑砾岩、杂基支撑砂砾岩和杂基支撑砂岩等三种类型,有时显递变现象。这种岩层是水下泥石流沉积作用所致,反映内扇重力流水道环境。

(6)滑塌岩是指泥砂混杂并具有明显同生变形构造的岩层,随着砂的减少可过渡为变形层理的页岩。滑塌岩是未完全固结的软沉积物,因重力滑动—滑塌沉积所致,广泛见于重力流沉积体系,在大陆斜坡脚部的补给水道末端及主水道的重力流沉积物中普遍可见。

(7)滑动岩也叫滑动体或滑移体,是块体搬运的一种,属于黏性块体。滑移是指块体在做内部不变形的平移运动,更多时候滑移只作为过程存在,在沉积记录中保存相对其他重力流沉

积岩相较少。滑动岩一般集中发生在陆架坡折带，它是重力失稳的沉积物沿滑动面从陆架坡折带，经大陆坡滑动到深海盆地当中，是沉积物从浅海搬运到深海的主要地质作用之一（Hampton 等，1996；Shanmugam，1997；Imbo 等，2003）。视频 54 对比了碎屑流与滑坡。

（三）钙质重力流沉积

在深水斜坡及远洋深水碳酸盐沉积物中，还常见有钙质重力流沉积。深水钙质重力流沉积物的物源之一是大陆架的浅水碳酸盐沉积物。这种重力流沉积物可能包括滑塌、滑动、碎屑流、颗粒流及浊流沉积物，一般具有再搬运、再沉积特征等。深水钙质重力流沉积物的物源之二是滨外或海底隆起区的沉积物，缺乏不稳定的碳酸盐组分，其成分与远洋深水碳酸盐沉积物相似，但在粒级、分选、化石等特征也有所差异。由于再搬运作用，这种重力流沉积物中可能混杂陆源碎屑或火山碎屑沉积物。

视频 54　碎屑流与滑坡对比演示

三、半深海—深海沉积的主要识别标志

因为半深海—深海主要沉积物为等深流沉积物和重力流沉积物，故识别标志主要从两种类型沉积物来分析。

（一）岩性标志

等深流沉积物主要包括泥质等深岩和砂质等深岩两种岩相。其中泥质等深岩层序单调、均质；砂质等深岩一般分选良好，颗粒成分主要为生物成因和陆源的物质混合组分。

重力流沉积物主要为颗粒支撑的砂砾质沉积和砂质沉积。

（二）沉积构造标志

等深流沉积常见的沉积构造有小型交错层理、透镜状层理、波状层理，以及由生物碎屑、颗粒组成的定向排列和刻蚀痕、障积痕、叠瓦状砾石等所表现出的定向构造。

重力流沉积物的多样性，导致其构造特征的复杂性。但无论哪种重力流沉积物，都是以递变层理或叠覆递变层理为其主要的鉴别标志，其次还有平行层理、波状层理、包卷层理、滑塌变形层理等，有时可伴有少量反映牵引流水流机制的交错层理和斜状层理。

（三）古生物标志

深海沉积物除了有指示深水环境的实体化石如有孔虫、放射虫、钙质超微化石外，还有深水的遗迹化石如觅食迹、进食迹、耕作迹等。

（四）沉积层序标志

重力流沉积物中层序最典型的特征是浊积岩中的鲍马层序。等深岩沉积的层序没有像浊积岩那样的规则层序，其最突出的特点是具有一个向上变粗的反递变和一个向上变细的正递变序列。

（五）分布形态标志

等深岩相的形态主要为流线型、拉长状的几何形态，沿陆坡等深线分布。

重力流沉积物在平面上形态主要为朵状、席状和舌状；另外水道充填模式的水道平面形态主要为拉长状或带状体。

(六) 地球化学标志

在现代海洋条件下，介质的酸碱度(pH)明显控制元素的分布，进而指示沉积环境的变化。表层海水的pH通常稳定在8±0.2，中、深层海水的pH一般在7.8~7.5之间变动。半深海—深海相沉积层中B、Sr/Ba、Fe(黄铁矿)/C(有机)、$^{13}C/^{12}C$、$^{18}O/^{16}O$、精氨酸、姥鲛烷等均相对高。深海处于弱氧化或还原条件，沉积物以富Fe、Mn、Cu、Co、Ni、Ca、Zn、Y、Pb、Ba等为特征，发育富含Ni、Cu且Mn/Fe值在2以上的钡镁锰矿。

(七) 地球物理标志

等深流沉积物在地震资料上呈爬升的、正弦式的到规则的、丘状起伏的反射模式。

重力流沉积物中碎屑流和滑塌沉积物在测井曲线上的识别标志是结构和成分混杂、上部和下部界线突变、厚度大；颗粒水道充填的测井响应一般是块状的，或可能向上变薄；席状浊积岩在地震上的表现形式一般为平行、低到高振幅反射。

思考题

1. "鲍马序列"是否完整由什么来决定？
2. 简述等深流沉积物和浊流沉积物的异同。

第十二章 碎屑岩沉积模式

随着现代、古代沉积研究的大规模开展和资料积累,人们开始对沉积环境及其沉积作用有了更为全面的了解,并对沉积环境进行了全面的概括。在此基础上,有关沉积模式的研究不断深入。到目前为止,在整个地层学和沉积学领域中,最活跃的领域之一仍然是为各种沉积环境建立沉积模式,如曲流河沉积模式、三角洲沉积模式、海底扇沉积模式等。所谓的沉积模式,就是以现代环境和古代沉积以及室内模拟实验的综合研究为依据,对某种沉积环境的沉积特征、发展演化及其空间组合形式进行全面概括。沉积模式不仅有具广泛概括性和代表性的模式,也有只代表区域性特征的地方性模式。建立和掌握不同环境的沉积模式,不仅有助于对各种古代沉积进行成因解释,而且在油气和其他沉积矿床的勘探和开发中也有很大的实用价值(视频55)。

沉积模式的建立,首先取决于对沉积相的有效划分。目前最常见的碎屑岩沉积相是根据自然地理条件进行划分的,如表12-1所示,主要划分为陆相组、过渡相组和海相组,各个相组内部根据自然地理条件或地貌单元的不同又可划分为不同相。如陆相组包括冰川相、风成(沙漠)相、冲积扇相、河流相、湖泊相;过渡相组又可分为三角洲相、海岸相;海相组则包括浅海相、半深海—深海相。每个相的内部,根据沉积过程和沉积特征的不同,可进一步划分出若干亚相和微相。不同的相模式主要是指亚相、微相划分以及各级沉积相单元的组合、叠置方式。

视频55 沉积模式

表12-1 典型沉积相分类表

相组	相	亚相	微相
陆相组	冰川	冰前沉积(冰水平原、冰湖和冰海沉积)	
		冰界层状沉积(蛇丘、冰碛岩)	
	风成(沙漠)	岩漠	
		石漠	
		风成沙(沙丘、沙丘间、沙席等)	
		旱谷	
		沙漠湖和内陆盐碱滩	
	冲积扇	扇根	泥石流
			河床充填
		扇中	辫状河道
			漫流沉积
		扇端	漫流沉积
	河流	河道	辫状河道
			网状河道
			曲流河道

续表

相组	相		亚相	微相
陆相组	河流		河道边缘	天然堤
				决口扇
			泛滥盆地	泛滥平原
	湖泊	碎屑型湖泊	湖岸沙丘	湖岸沙丘
			滨湖	滨湖泥
				滨湖滩坝
			浅湖	浅湖泥
				浅湖滩坝
			半深湖	半深湖泥
				风暴流
			深湖	深湖泥
				重力流
		碳酸盐型湖泊	滨湖	泥坪—潮坪
				岸滩
			浅湖	湖湾
				浅滩—生物礁
			半深湖	泥晶灰(云)岩
			深湖	泥晶灰(云)岩
				泥灰(云)岩
过渡相组	三角洲	正常三角洲	三角洲平原	分流河道
				陆上天然堤
				决口扇
				沼泽
				潮坪
				淡水湖泊
			三角洲前缘	水下分流河道
				水下天然堤
				分流间湾
				河口沙坝
				远沙坝
				前缘席状砂
			前三角洲	前三角洲泥
		辫状河、扇三角洲	辫状河、扇三角洲平原	泥石流
				辫状河道、砾质辫状河道
				冲积(泛滥)平原
			辫状河、扇三角洲前缘	水下辫状河道
				分流间湾

续表

相组	相	亚相	微相
过渡相组	三角洲	辫状河、扇三角洲前缘	河口坝
	辫状河、扇三角洲		远沙坝
			席状砂
		前辫状河、扇三角洲	前辫状河、扇三角洲泥
	海岸	无障壁海岸	海岸沙丘
		海岸沙丘	海滩脊
			沙岗
		后滨	细砂
		前滨	中砂
		临滨	下临滨
			中临滨
			上临滨
		障壁海岸	海滩
		障壁岛	障壁坪
			沙丘
		潟湖	潟湖泥、潟湖砂
		潮汐通道和潮汐三角洲	潮汐通道
			潮汐三角洲
			冲溢(越)扇
		陆源碎屑岩潮坪	沙坪
			混合坪
			泥坪
			潮上盐沼或沼泽
			潮汐水道和潮沟
		碳酸盐潮坪	潮上带
			潮间带
	河口湾	外河口湾	潮汐沙坝
			砂坪
			泥质潮坪
		中河口湾	潮汐河道
			潮坪
		内河口湾	点坝相
			河道底部滞留沉积
			废弃河道
海相组	浅海	碎屑型浅海陆架	沙垄
			潮流沙脊
			沙波

— 267 —

续表

相组	相	亚相	微相
海相组	浅海	碎屑型浅海陆架	沙纹
			沙斑
		碳酸盐浅海陆棚	碳酸盐台地
			碳酸盐缓坡
			台地边缘生物礁
	半深海—深海	等深流	泥质等深岩相
			粉砂质—砂质等深岩相
		重力流	泥石(碎屑)流
			颗粒流
			液化流
			浊流

第一节 陆相碎屑岩沉积模式

与海洋环境相比,大陆环境要复杂得多,这是由于陆地上气候和地形等条件差异性大,使得陆地上的沉积环境更为多样化。主要的陆相沉积环境包括冰川环境、风成(沙漠)环境、冲积扇环境、河流环境、湖泊环境等。

一、冰川相

冰川是陆地上的降雪经过堆积和变质而成的一种流动的冰体体系,主要搬运碎屑物质。沉积作用主要发生在冰川后退或暂时停顿期。随着冰川的消融,冰水产生,冰碛物遭到流水的改造即成为冰水沉积物。Edwards(1978)将冰川沉积物归纳为五种岩相:(1)块状冰碛岩;(2)层状砾岩和砂岩;(3)纹层岩,其中含或者不含坠落石;(4)块状冰海冰碛岩;(5)带状冰碛岩。详细说明见本书第四章第三节。

二、风成(沙漠)相

风成(沙漠)相的主要动力来自空气的搬运和沉积作用。碎屑在空气中的搬运方式主要是跳跃,其次是悬浮和滚动(在风成搬运中常称为蠕动)。随着风速的变化,三种搬运方式可相互转化。风成沉积的典型沉积相模式以沙漠地区为代表,包括岩漠沉积、石漠沉积、风成砂沉积、旱谷沉积、沙漠湖和内陆盐碱滩沉积。而在其他沉积环境中,风成沉积通常形成风成砂,主要包括海岸沙丘、湖岸沙丘(如我国鄱阳湖、青海湖地区)。此外,风力作用还可以向水体传输能量和动量,营造波浪和风生水流,成为水盆地滨岸带沉积物搬运的动力,控制滨岸、浅水地带以及半深水地带沉积作用的发生。详见本书第四章第四节。

三、冲积扇相

冲积扇主要发育在山谷出口处,是主要由暂时性的洪水水流形成的山麓堆积物。根据现代冲积扇地貌及沉积物的分布特征,陆上冲积扇可进一步划分为扇根、扇中和扇端三个亚环境。

扇根分布在临近冲积扇顶部地带的断崖处,其特点是沉积坡角最大,并发育有单一或 2~3 个直而深的主河道。扇根沉积物由分选极差的混杂砾岩或具叠瓦状的砾岩、砂砾岩组成,一般呈块状,偶见不明显的平行层理、大型单组板状交错层理及流速衰减形成的递变层理。也就是说,扇根沉积物主要为泥石流和河道充填沉积。

扇中位于冲积扇的中部,并为其主要组成部分。它以具有中到较低的沉积坡角和发育的辫状河道为特征。砾石碎屑多呈叠瓦状排列,在砂和含砾砂岩中则出现主要由辫状河流作用形成的不明显的平行层理和交错层理,甚至局部可见逆行沙丘交错层理。河道冲刷—充填构造发育。沉积物的分选性相对扇根来说有所变好,但仍然较差。

扇端出现在冲积扇的趾部,其地貌特征是具有最低的沉积坡角和较平缓的地形。沉积物通常由砂岩和含砾砂岩组成,中部夹粉砂岩和黏土岩,局部见膏盐层。除在砂岩和含砾砂岩中仍可见不明显的平行层理、交错层理和冲刷—充填构造外,泥岩则可显示块状层理、水平纹理以及变形构造和暴露构造(如干裂、雨痕)。

在冲积扇形成和发育过程中,由于沉积物堆积速度和盆地沉降速度不同,可以使冲积扇砂体发生进积和退积或侧向转移过程,这种过程明显地反映在冲积扇的沉积层序中。当沉积物的堆积速度大于盆地的沉降速度时,冲积扇砂体逐渐向盆地方向推进,使扇根沉积置于扇中沉积之上,而扇中沉积又置于扇端沉积之上,形成自下而上由细变粗的进积型反旋回沉积层序;相反,当沉积物的堆积速度小于盆地沉降速度时,冲积扇砂体则向源区方向退积,或者侧向转移,形成下粗上细的退积型正旋回沉积层序。

冲积扇环境沉积模式内容详见本书第五章。

四、河流相

在大陆环境中,河流作用是很重要的地质营力之一。它不仅是侵蚀和搬运的营力,而且也是一种沉积营力。在适宜的构造条件下,有时甚至可以发育上千米厚的河流沉积。河流沉积广泛分布于现代沉积和古代地层中,是研究得较详细的一种沉积环境。随着生产勘探实践的发展,已陆续在河流砂岩体中发现了油气藏。

河流可以按照不同的原则进行分类,不同类型的河流,在河道的几何形态、横截面特征、坡度大小、流量、沉积负载、地理位置、发育阶段等方面都存在着差别。如按照地形及坡降,可以将河流分为山区河流和平原河流;根据河道分叉参数和弯曲度可以将河流分为辫状河、曲流河和网状河三种类型,这也是目前沿用较多的类型划分方式。在河流沉积过程中,沉积物主要受河道流、越岸流及河道废弃的作用,最终发生沉积。因此,河流的沉积模式也围绕三种沉积作用进行分类,可划分为河道亚相、河道边缘亚相及泛滥盆地亚相。

(一)河道亚相

岩石类型以砂岩为主,其次为砾岩。碎屑粒度是河流相中最粗的,层理发育,缺少动植物化石,仅见破碎的植物枝干等残体。岩体具有透镜状,底部具有明显的冲刷界面,是河流体系的骨架沉积,包括垂向加积和侧向加积两个沉积单元。内部充填结构主要取决于河道几何形态。按照河道弯度可划分为低弯度河道和高弯度河道两种。

低弯度河道在富砂和富泥的河流体系中均可出现,并可以细分为富砂低弯度河道和富泥低弯度河道。其中富砂低弯度河道是辫状河的典型特征,富泥低弯度河道是网状河的典型特征。

高弯度河道是曲流河的典型特征,包含河床、点坝、流槽及流槽坝和废弃河道等微相。详述内容见本书第六章。

(二) 河道边缘亚相

在河流洪水期,河水漫过堤岸或者沿决口倾泻,一些底负载和较多的悬浮质沉积物沿河道边缘进行沉积,其微相包括天然堤和决口扇。

天然堤分布于曲流河河道两岸,是河流中的洪水漫出堤岸时,由悬浮负载中较粗部分的粉砂和细砂在河道两岸沉积而成。随着远离河道,其粒度相应减小。天然堤在平面上的形态随河道弯曲呈条带状弯曲体,在横剖面上为不对称的三角形状。天然堤向河道一侧较陡,向泛滥平原一侧平缓,并逐渐向后者过渡。在泥岩层表面常见干裂和雨痕;同时,最上部泥岩可见植物造成的生物扰动构造。因此,在天然堤中常含有大量的植物碎屑及有机质混入物。

在大洪水期间水流速度很大时,大量洪水和沉积物冲开主河道形成决口水道。决口水道穿过天然堤,发育着自己的水道体系,最后伸入相邻的洪泛盆地中去。由于流速突然降低,沉积物在河岸决口附近开始堆积下来,形成扇形体展布,故称为决口扇。它呈舌状向洪泛盆地方向尖灭,岩性由砂质沉积物组成,粒度比天然堤粗一些,内部见小型交错层理、爬升沙纹层理及水平层理,偶见由河道切割和充填形成的大型槽状交错层理。详见本书第六章。

(三) 泛滥盆地

泛滥盆地是指河流洪泛平面中的最低部分,其地形平坦,排水性差。洪水期,越岸的水流经过天然堤和决口扇沉积了较粗的物质,悬浮的细粒物质主要在泛滥盆地中沉积下来,但其沉积速度较慢,一次洪水期的沉积厚度约 1~2cm。泛滥盆地的范围和发育受河道形式的控制,其沉积物是整个冲积物中最细的部分。详细内容见本书第六章。

五、湖泊相

湖泊是陆地上封闭的大型水体,是沉积物和某些沉积矿产堆积的主要场所。因此,湖泊沉积在大陆沉积中也是分布最为广泛的沉积物之一。我国自中、新生代以来形成了许多内陆湖盆和近海湖盆,湖泊沉积广泛发育,这为湖泊环境的研究提供了有利条件。根据水深并结合砂岩特征,可将湖泊环境进一步划分为湖泊三角洲、滨湖、浅湖、半深湖和深湖亚相,其中湖泊三角洲部分将在过渡相碎屑岩沉积模式章节进行描述。

滨湖位于湖岸线附近,一般介于洪水期湖岸线和枯水期湖岸线之间的地带。它是经常受湖水进退影响、时而为湖水淹没、时而出露水面的地区,其沉积环境复杂,沉积物类型多样,更充分地表现出地形变化、物源岩性和气候等因素的影响。在碎屑物质供应充足的开阔湖岸可形成砂质湖滩;如果湖岸较陡,也可形成砾石质湖滩。在滨湖砂砾滩中常见到异地搬运而来的螺、蚌的壳体及其碎片,又可富集形成生物滩。砂质湖滩中可见到倾角较缓的楔状或板状交错层理。若供应物质以泥质物为主,则形成泥滩。详见本书第七章。

浅湖位于枯水时的湖面以下、浪基面以上的浅水地带。该地带的湖底经常浸没在水面之下,但水较浅,其上部有时可能极短暂地出露水面。浅湖区由于波浪能触及湖底,水体氧气充足,又因靠近湖岸,河水带来的养料充分,故各种生物都很繁盛。沉积物主要为粉砂或细粉砂,或与灰绿色、浅灰色粉砂质泥岩的互层,有时夹鲕状灰岩和生物灰岩薄层。层理类型较多,波状层理、脉状层理、透镜状层理、波状交错层理、水平层理、砂泥互层水平层理都可能出现,还可见波痕、小型垂直或倾斜潜穴和生物扰动构造。地形平缓的湖泊,浅湖区比较宽,当砂质供应充分时,在浅湖区可形成浅滩和沙坝。详见本书第七章。

半深湖—深湖位于湖泊内浪基面以下的深水地区。湖底基本不受波浪影响,一般较平静甚至处于停滞状态,地球化学上属于还原环境,不适于底栖生物生活,但水体表层及上层的浮游生物和游泳生物丰富。深湖区层理类型简单,为水平层理、季节性韵律层理或块状层理,在平面分布或垂向剖面中岩性和厚度都较稳定。详见本书第七章。

第二节　过渡相碎屑岩沉积模式

海陆过渡环境组位于海、陆之间的过渡地带。这个地带宽窄不一,从几千米到几十千米不等,甚至局部可宽达几百千米。过渡环境的最大特征是,含盐度往往不正常,以及同时受到大陆上河流及海洋的波浪和潮汐作用的影响,这在生物和沉积特征上均有明显的表现。

首先是大陆和海洋的生物群混杂交生,同时生物群的数量和种属也大大减少,只有那些广盐度的生物种属才能得以生存;在沉积物岩性上,除大量发育有河流携带的陆源碎屑沉积物外,有时也因水体咸化而形成一些化学沉积,水流作用和波浪作用形成的沉积构造共生。由于过渡环境往往处于地壳活动的地带,因此其沉积厚度较大,堆积速度较快,而且在时间和空间上与大陆和海洋沉积彼此互相过渡、犬牙交错。

海陆过渡环境主要包括三角洲、海岸相等沉积环境。

一、三角洲相

三角洲是地质学中最老的概念之一,实际上可追溯到公元前约400年。当时古希腊历史学家希罗多德看到尼罗河口的冲积平原同希腊字母Δ相似,于是诞生了三角洲一词。一般认为,三角洲是指河流流入海洋或湖泊时在河口附近的陆上和浅水环境中形成的碎屑沉积体,其平面形状为尖顶朝向陆地的三角形或者朵状,故名曰三角洲,其规模大小主要取决于河流的大小。

多数学者主张根据河流、波浪和潮汐作用的相对强弱来划分三角洲的成因类型。Galloway(1975)根据上述三种作用的相对关系,对世界各大河的三角洲类型进行了分类,提出了三端元分类方案。其中有三种极端类型的三角洲,即以河流作用为主的三角洲(河控三角洲)、以波浪作用为主的三角洲(浪控三角洲)和以潮汐作用为主的三角洲(潮控三角洲)。

以河控三角洲为例,其沉积模式在平面上由陆向海依次发育三角洲平原、三角洲前缘和前三角洲。

三角洲平原是三角洲的陆上沉积部分,它与河流体系的分界是从河流大量分叉处开始。三角洲平原沉积的亚环境多种多样,以分流河道为格架,分流河道两侧有陆上天然堤、决口扇,而分流河道间地区常发育有沼泽、淡水湖泊和分流间湾。其中最主要的是分流河道砂岩沉积与沼泽的泥岩或褐煤沉积。二者的共生是三角洲平原的典型特征。综合来看,三角洲平原沉积物微相包括分流河道、陆上天然堤、决口扇、沼泽、淡水湖泊等。详见本书第八章。

三角洲前缘是三角洲的水下部分，呈环带状分布于三角洲平原向海洋一侧边缘，即分流河道的前端。三角洲前缘是三角洲最活跃的沉积中心，从河流带来的砂、泥沉积物，一旦离开河口注入海洋，就迅速堆积在这里。由于受到河流、波浪和潮汐的反复作用，砂泥经冲刷、簸扬和再分布，形成分选较好、质较纯的砂质沉积集中带。这种砂体可构成良好的储集层。三角洲前缘可分为水下分流河道、水下天然堤、分流间湾、河口沙坝、远沙坝、前缘席状砂等沉积微相。详见本书第八章。

前三角洲位于三角洲前缘的前方。它是三角洲体系中分布最广、沉积最厚的地区。前三角洲的海底地貌为一平缓的斜坡，其沉积物完全在海面以下而且大部分是在海水波浪所不能及的深度下沉积的。岩性以暗色黏土和粉砂质黏土为主。前三角洲沉积物中沉积构造不发育，主要为水平纹理和块状层理，偶见透镜状层理。其中发育有生物扰动构造和潜穴。详见本书第八章。

二、海岸相

(一) 无障壁海岸

无障壁的砂质海岸环境通常以发育海滩地貌为特征。根据海岸地貌、水动力状况和沉积物特征，一个典型的无障壁砂质海岸可以划分为海岸沙丘、后滨、前滨和临滨四个亚相。

海岸沙丘的下界，大致位于最大风暴涨潮位附近。后滨系沙丘下界与平均高潮线之间的地带，即相当于潮上带。在该带内可发育海滩脊及滩肩等地貌特征。在有潮汐海内，平均高潮线和平均低潮线之间的地区称为前滨，即相当于潮间带。在无潮汐海的地区，前滨通常不发育，后滨可直接过渡为临滨。临滨位于平均低潮线与最高浪基面之间的地区，属潮下带。前滨与临滨地区常发育有沿岸沙坝。临滨与过渡带的分界，通常以临滨陡坡往下变得比较平缓斜坡的转折点为界，但在一些海岸剖面中，这种坡度变化完全不存在。如果在砂和泥组成的海岸地带，临滨与过渡带的界限是按沉积物的粒度变化来确定的，即临滨是由纯砂组成，而过渡带因处于浪基面以下，主要由粉砂质沉积物组成。一个海滩环境从海岸沙丘向下到临滨，乃至过渡带和陆架区，其能量条件表现出有规律的变化。详见本书第九章。

(二) 障壁海岸

如前所述，如果沿海岸地区存在着一种障壁性地形，如障壁岛、障壁沙坝、生物礁等，而使近岸的海与广海隔绝或部分隔绝，以致海水处于局部流通的状况，则形成障壁海岸。在障壁面临广海的一侧，如同海滩一样，主要受波浪作用的影响；在障壁向大陆一侧，即障壁的背后则以受潮汐作用为主。据统计，现代世界的海岸中约有13%为障壁海岸。

障壁海岸的沉积环境主要包括障壁岛、潟湖、潮汐通道和潮汐三角洲三个亚相。

障壁岛在近岸地区平行于海岸线分布，可以是笔直的，也可稍有弯曲或具微弱分支。通常，许多个障壁砂体断续相连，形成一排障壁岛，有些地区甚至可以发育两排或几排障壁岛，它们彼此之间也大致平行。障壁岛砂体一般厚10~20m，宽几百米至几千米，长几千米到几十千米。其高度取决于海浪高度，其宽度则与波浪作用的时间和方向有关。障壁岛向海一侧较平直整齐，向陆一侧则凸凹不平。在横剖面上，障壁岛呈大的透镜体状，一般与下伏层逐渐过渡，而与上覆层突变接触。详见本书第九章。

潟湖主要因障壁岛或障壁沙坝所造成的封闭或半封闭作用而形成,同时,还要求陆地河流的水流注入量不太大以及湖水的蒸发量不能太强,否则潟湖将进一步发展为三角洲沉积体系或滨海沼泽,也可形成盐湖。潟湖的侧向延伸一般较长,并且潮汐水道为潟湖的一个重要地貌特征。潟湖中沉积物和沉积构造主要受水动力条件和沉积物供应情况控制,在流速相当快的潟湖水道中,以砂质沉积为主,而且普遍发育流水波痕;在流速较低的水道中,沉积物主要为粉砂质至泥质。详见本书第九章。

潮汐通道和潮汐三角洲密切共生,因为它们都是由与障壁岛垂直或斜交的潮流作用形成的。在障壁岛背后潮汐通道向陆一侧由涨潮流形成涨潮三角洲,而向海一侧由退潮流形成退潮三角洲。但在波浪比潮流占优势的海岸上,退潮三角洲不发育,而往往形成滨外浅滩或席状砂。详见本书第九章。

(三) 河口湾相

河口湾位于潮汐作用强烈的海岸河口地区。河口湾的外形一般呈漏斗状,其漏斗顶部对着受潮汐影响的曲流河道,而向海方向逐渐变宽。潮汐作用使大多数河口湾内部形成一系列的潮汐水道和潮坪。潮汐水道受潮汐流控制,它们可以从最低潮位置以下延伸到潮坪的顶部,并形成潮溪。在河口湾入口附近,其沉积物主要为砂、沙坝和潮汐沙脊。潮汐水道是经常迁移的。在河口湾内,潮汐水道发育有纵向沙坝或斜向沙坝。在河口湾上段,其沉积物主要为泥;潮汐水道在横剖面中呈明显的不对称状,并可发育简单的曲流沙坝。在砂质潮间坪上,这种水道较直,并很少有支流发育,其横剖面形态大致呈对称状。在泥质潮间坪上,水道呈树枝状,并发育曲流沙坝。但在潮坪上,潮流作用相对较弱,而波浪作用影响则较大。详见本书第九章。

第三节 海相碎屑岩沉积模式

现代海洋约占地球表面积的71%左右,而且在地质历史中时代越老,海洋所占面积也越大。在现代地区的总水量中,海水约占97%,淡水只占3%。因此,海洋环境在地质历史中占有极其重要的地位。我国在中、新生代以后内陆地区以湖盆沉积为主,海洋环境不太发育,但在中生代以前海洋沉积却广泛分布。

海洋是沉积作用的重要场所。海洋沉积岩层的规模较大,而且其分布较稳定。根据海水深度,并结合海底地形和生物群分布,可将海洋划分为浅海、半深海和深海带几个亚相。

一、浅海

浅海环境一般是指平均最大浪基面与水深200m之间较平坦的浅水海域。如果陆棚区的下界同样为200m,则浅海环境相当于陆棚区或大陆架。但在一般情况下,浅海环境只是陆棚区的一部分。浅海环境的水动力作用是复杂而多样的,其中包括入侵洋流、正常的和风暴引起的波浪、潮汐流以及密度流等。它们使浅海环境的海流系统在性质、强度和流向上变化都较大。根据其水动力特点,浅海环境包括潮控类浅海陆架、风暴浪控浅海陆架和海流控浅海陆架三种亚环境。详见本书第十章。

二、半深海—深海相

半深海沉积分布于大陆斜坡地带,深海沉积产出在远洋盆地中。它们占据了地球表面的65.5%左右。就地形特征而论,半深海分布在大陆斜坡地带,习惯上把水深200m处的坡折点作为大陆坡和陆棚的分界。大陆坡并不平坦,仅在罕见的情况下才是一个平坦的倾斜面。在大多数情况下,它具有界限清楚的洼地、山脊、阶梯状地形或孤立的山;有时被许多海底峡谷所切割。海底峡谷也称海底谷地,横断面呈"V"字形,平面为直的或曲线形。它们可以从陆棚一直延伸到大陆坡,上游可以分叉。海底峡谷可作为陆源沉积物搬运的主要通道,同时也是重力流或浊流的主要搬运通道。在海底峡谷的前端经常存在海底扇,其上分布有许多放射状水道。海底扇可一直伸入到大洋盆地内。海底扇的沉积物大部分是由重力流沉积物组成,规模大小不一。

半深海相当于大陆坡,是陆棚和深海远洋盆地之间的过渡地带。其表面向海倾斜,由于地形受到切割,而使其沉积条件迅速发生变化。在这里波浪作用已不能涉及海底,但海流或底流却起到了一定的作用,可作为搬运和沉积的营力。大量陆源泥以悬浮方式进行搬运,并在平静环境中沉淀下来。另外,滑动和滑塌以及重力流再沉积作用也是形成半深海沉积物的一个因素。详见本书第十一章。

深海分布于深海平原或远洋盆地内,通常是一些较平坦的地区,其平均深度为4000m左右。但在有些地区,由于火山锥的发育而形成海山、海丘及平顶海山。后者为被海面夷平的山,淹没于水下。有的平顶海山被夷平的上表面已沉没于2000m水深处。海底平顶山在太平洋中最为发育。

深海沉积物在性质上是很不均匀的,它们涉及许多不同沉积作用。一般来说,在深海远洋环境中,洋流呈缓慢流动,海底温度接近于0℃,物理风化作用微弱,化学作用缓和,沉积速度较低。因此,深海富集着从大洋沉淀下来的细粒悬浮物质和胶体物质。底流、冰山等介质也可将陆源沉积物带到深海中并沉积下来,它们比深海软泥或黏土要粗得多。在重力作用影响下带入并沉积在深海中的重力流沉积物也占有一定的比例,包括岩崩沉积物、滑动滑塌沉积物、滑塌浊积岩和浊积岩。详见本书第十一章。

第四节　重力流沉积模式

在前面章节所阐述的各种浅水环境中,沉积物的搬运均是由流体的运动所引起,即由于水流或波浪带动泥、砂进行搬运和沉积。而运动着的流体中,其质点之间的相互作用不太重要,甚至颗粒的跳跃运动也主要是由水流的抬升力作用产生的,至今跳跃带中颗粒的相互碰撞仍是相当罕见的,或是不重要的。

但是,在深水环境如深湖和深海中,沉积物向斜坡下面的运动并不总是由流体运动产生的力的作用所引起的。深水沉积物的搬运可以是以沉积物与水混合的形式形成一种高密度流,在重力直接作用下沿斜坡呈块体搬运,与液体流带动沉积颗粒运动相反,这种块体重力搬运可以说是由沉积物带着液体向前运动。总之,这种沉积物与水的混合物在重力直接作用下发生的顺斜坡的块体运动统称为沉积物重力流,简称为重力流。

沉积物和水混合的块体在重力作用下沿斜坡进行搬运,在其搬运过程中颗粒的支撑机理是不同的。赵澄林等(1998)根据颗粒支撑机制将重力流划分为泥石流、碎屑流、颗粒流、液化沉积物流和浊流等类型,详见本书第十一章。

重力流在海相及陆相沉积中均有发育,按照其发育模式的不同可划分为扇相沉积模式和非扇相沉积模式。

一、湖相扇沉积模式

(一)近岸水下扇

近岸水下扇是指发育在断陷湖盆中断层的下降盘,呈楔形体插入深水湖相沉积中,且是分布于陡坡带的重要含油气储层的扇形体。近岸水下扇沉积以高密度浊流和低密度浊流沉积为主,在搬运机制和沉积作用上有别于分布在湖盆浅水区的水下冲积扇或扇三角洲(张金亮等,2008)。近岸水下扇平面为扇形,倾向剖面上扇体呈楔状,根部紧贴基岩,由近源至远源可细分为内扇、中扇和外扇。

现以陆西凹陷包日温都上侏罗统近岸水下扇体为例阐述近岸水下扇特征。该扇体形成于陆西凹陷南侧西绍根断层下降盘,起伏不平的断面控制了扇体的分布,扇体面积 $6\sim25km^2$,自下而上依次分布以混杂组构砂砾岩为特征的内扇沉积、以递变和块状层理为特征的中扇沉积及以暗色质纯泥岩夹薄层粉细砂岩为特征的外扇沉积,从而在垂向上总体构成向上粒度变细、砂岩沉积厚度变薄的正旋回(图 12-1)。

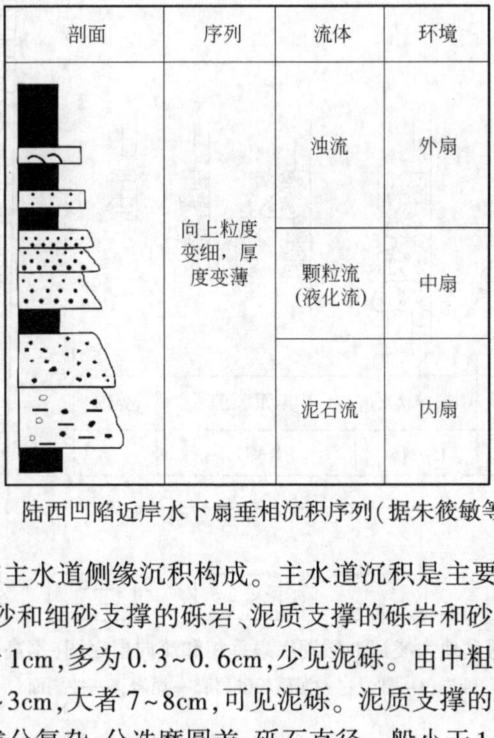

剖面	序列	流体	环境
		浊流	外扇
	向上粒度变细,厚度变薄	颗粒流(液化流)	中扇
		泥石流	内扇

图 12-1 陆西凹陷近岸水下扇垂相沉积序列(据朱筱敏等,1995)

内扇由主水道沉积和主水道侧缘沉积构成。主水道沉积是主要的微相类型,由高密度洪水冲蚀而成,岩性包括粉砂和细砂支撑的砾岩、泥质支撑的砾岩和砂质泥砾岩。由粉细砂支撑的砾岩中的砾石直径小于 1cm,多为 0.3~0.6cm,少见泥砾。由中粗砂支撑的砾岩中砾石直径一般大于 1~2cm,多为 2~3cm,大者 7~8cm,可见泥砾。泥质支撑的砾岩和砂质泥砾岩的沉积厚度为 0.3~1.2m,砾石成分复杂、分选磨圆差,砾石直径一般小于 1.5cm。内扇主水道侧缘沉积系高密度洪水溢出内扇主水道,在其侧缘沉积形成的粒度较细、岩性垂向组合可用鲍马序列描述的浊流沉积,岩性为互层的灰绿色泥岩、灰色质纯泥岩和浅灰色粉细砂岩及细砾岩,在垂向上构成鲍马序列的 AE 组合。

中扇由辫状水道沉积、前缘和辫状水道间沉积构成。中扇辫状水道沉积主要包括碎屑支撑的混杂组构砂砾岩、递变层理砂岩和含砾砂岩、块状层理砂岩和平行层理砂岩四种岩相类型,在垂向上构成正韵律或间断正韵律的岩相组合。在自然电位上,中扇水道沉积响应具较为明显的正韵律特征。中扇前缘和辫状水道间沉积均系中扇辫状水道水流流出和溢出水道后沉积而成,岩性为浅灰色粉细砂岩及泥质粉砂岩、灰黑色及灰绿色泥岩,在垂向上构成众多的鲍马序列 AE 段及少量 BE、CE 段。

外扇沉积岩性为灰色、灰黑色质纯泥岩夹薄层粉砂质泥岩和泥质粉砂岩。泥岩多为块状,有时显水平层理,可见植物化石和虫孔,厚 0.3~1.4m。粉砂岩多显块状或递变层状,厚度小于 2cm,反映了水动力能量较低、水体较安静的沉积环境。

(二) 湖底扇

湖底扇这一概念是由海底扇引申来的,在湖泊中一般指带有较长供给水道的重力流沉积扇,因此,有人也称为远岸浊积扇。在湖滨斜坡上,若有与岸垂直的断槽,岸上洪水携带的大量泥沙通过断槽进行搬运,直达深湖区发生沉积,形成离岸较远的重力流沉积扇。湖底扇实际上是由一条供给水道和舌形体组成的重力流扇体系,可与 Walker(1984) 的海底扇相模式相对比。典型的例子有辽河盆地大凌河油层湖底扇(图 12-2)。湖底扇也可进一步划分为供给水道、内扇、中扇和外扇几个相带。

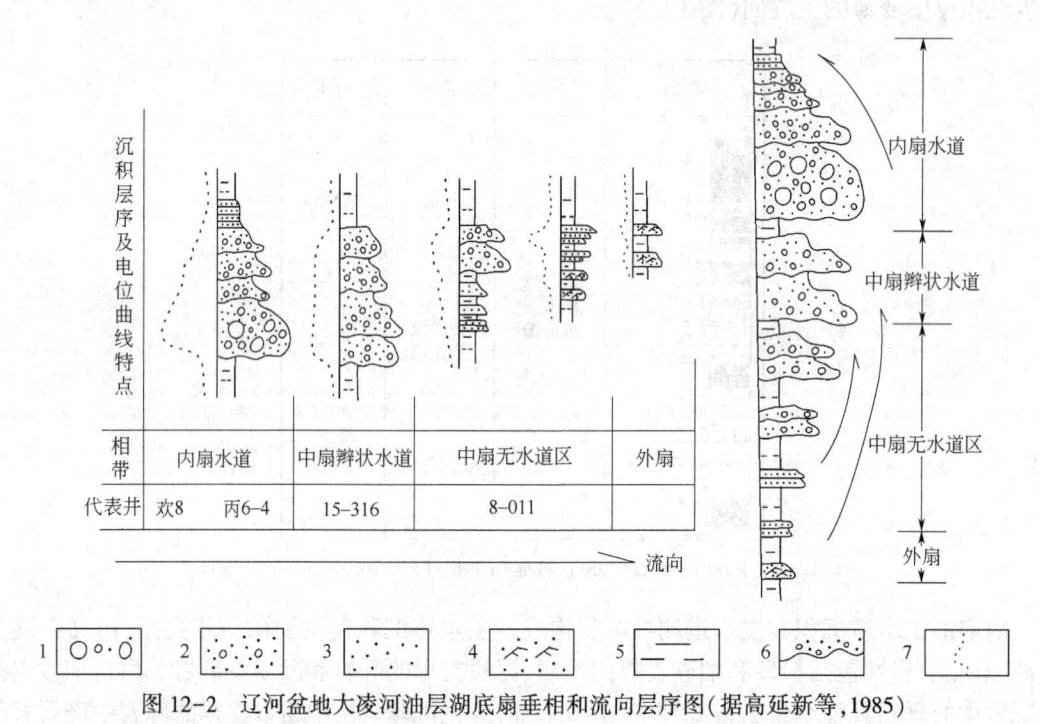

图 12-2 辽河盆地大凌河油层湖底扇垂相和流向层序图(据高延新等,1985)
1—粗砾岩;2—砂砾岩;3—砂岩;4—泥质粉砂岩;5—泥岩;6—冲刷面;7—自然电位曲线

供给水道沉积物较复杂,可以是充填水道的粗碎屑物质,如碎屑支架的砾岩和紊乱砾岩、砾状泥岩和滑塌层等,也可以完全由泥质沉积物组成。

内扇亚相发育具天然堤的水道。内扇水道发育粗砾岩、中砾岩、细砾岩、砂砾岩和砂岩,常夹薄层泥质粉砂岩。其中砾岩为其主要特征,泥质含量高达20%。沉积层序为向上变薄变细的正旋回。天然堤发育粗砂岩、中砂岩、细砂岩和粉砂岩。其中细砂岩和粉砂岩最发育,与泥岩互层;发育递变层理、平行层理、波状和波状交错层理;发育典型的浊积岩相,近水道区以AD、BC组合为主,远离水道区以CD组合为主。

中扇辫状水道发育砂砾岩、细砾岩和砾岩,几乎无泥岩。最典型的沉积构造为反递变和粗尾递变层理,细砾岩中常见平行层理和块状构造,少见斜层理。中扇前端无水道区以发育近源典型浊积岩相为其主要特征,以ABC和AD组合为主。岩石类型为粗砂岩、中砂岩、细砂岩和深水泥岩,常呈砂、泥岩互层。砂岩单层厚度5~25cm,含植物碎片,发育递变层理、平行层理、不规则波状层理和爬升纹理。泥岩呈黑色、质纯性脆,含深水生物,具水平层理。电位曲线为指状。

外扇亚相分布在盆地中央的平坦区,以低密度浊流沉积为主,发育粉砂岩和泥岩及少量细砂岩;单层厚度最大不超过5cm,一般1~3cm;具波状交错层理,垂向剖面上为粉砂岩和泥岩等厚薄互层,电位曲线为齿形。

二、海相扇沉积模式

20世纪50—60年代,在沉积物理模拟和现代沉积研究的基础上建立并完善了颗粒流、碎屑流等沉积物重力流基本概念。之后,随着现代海洋探测技术的进步,人们发现浊流沿海底峡谷流动,穿过大陆斜坡流入深海盆地时,常在谷口—深海平原处形成海底扇(视频56、视频57)。

海底扇主要是由重力流和部分滑塌作用在海底峡谷出口处形成的水下扇形沉积体。现代深海沉积和古代浊流沉积研究表明,具鲍马序列的浊积岩往往只是构成海底扇的一部分。海底扇属于浊流沉积,而且大多是低密度浊流沉积,但与此相伴生的有许多粗粒碎屑重力流沉积物。

Normark(1970)在现代海底地貌调研的基础上,引入叠置扇(suprafan)以描述重力流水道末端形成的多期叠置发育的朵叶状重力流砂岩,提出现代扇模式(modern-fan model)。随后,Mutti和Ricci(1972)通过对野外露头资料的研究,第一次应用"沉积朵叶体"的概念,建立了包括上扇、中扇和下扇的古代扇模式。目前,在石油工业界应用最广泛的是Walker(1984)结合现代扇和古代扇特征建立的海底扇综合沉积模式(generalised depositional model for a submarine fan)。海底扇综合沉积模式由补给水道(feeder channel)、上扇(upper fan)、中扇(middle fan)、下扇(lower fan)等单元组成(图12-3)。

视频56 海底峡谷和海底扇沉积模拟

视频57 海底扇形成过程

(一)补给水道

海底峡谷称为海底扇的补给水道,其作用类似于三角洲体系的河道,将陆源碎屑物质输送到深水区,常被粗粒碎屑物质(滑塌块、碎屑流及其他粗粒物)或细碎屑物质(泥岩)充填。细粒沉积的充填通常是由海平面相对升高,原有物源被切断造成的。一个很好的例子是密西西比补给水道,它已废弃并由泥质充填。

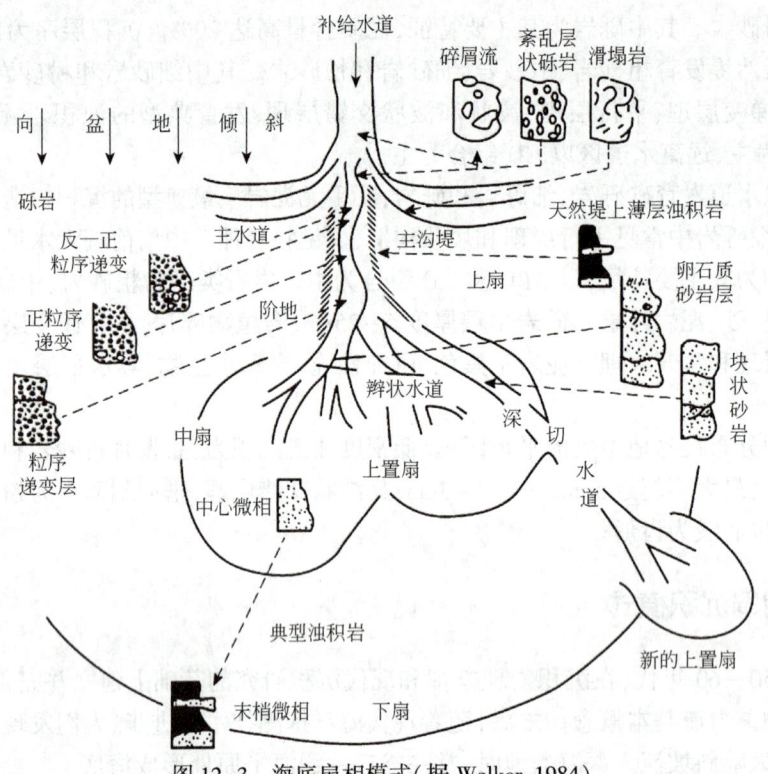

图 12-3　海底扇相模式(据 Walker,1984)

(二) 上扇亚相

上扇包括斜坡脚、有天然堤的主水道及主水道两侧的低平地区。在地貌单元上,这个亚相位于大陆斜坡脚的峡谷出口处。在斜坡脚地带,沉积物较粗,主要有滑塌层、基质支撑的砾岩(泥石流沉积)及其他类型的砾岩。在主水道向下的延伸方向上,依次出现紊乱砾岩层、反粒序至正粒序砾岩、有层理砾岩等水道充填物,是内扇的主体,浊流间歇期的细粒沉积物被后来发生的浊流侵蚀掉而不能保存下来。在天然堤、天然堤外或阶地外缘,漫出水道的细粒薄层浊流沉积与浊流间歇期的深海、半深海沉积层形成间互层,构成流水波纹层段—泥岩段序列的浊积岩。该亚相沉积物的分布严格受地形控制,砾岩更是严格地受水道的限制。水道深度和宽度因地而异,其深度可达 100~150m,宽度有 2~3km。水道的迁移和加积作用,可使砂砾岩分布的宽度变得更大。在水道里,特别在内扇主水道的末端,也可有颗粒流和浊流沉积。

(三) 中扇亚相

中扇位于内扇以外、外扇以内,常形成叠覆扇叶状体(叠覆扇舌)。

每个扇舌分为上部或近源的辫状水道部分和下部或远源的无水道部分。叠覆扇上部的辫状分流水道设有天然堤,常发生淤塞和侧向迁移;但细粒沉积物常被冲刷掉,以沉积卵石质砂岩(或含砾砂岩)和块状砂岩为主,有时见颗粒流和液化流沉积,不含或很少含有泥岩夹层。在沟间以 A-E 和 B-E 序列典型浊积岩为主。

辫状水道一般宽 300~400m,深一般在 10m 以内。扇表面辫状水道的迁移和加积作用,可使颗粒流沉积的卵石质砂岩和块状砂岩连续出现,从而形成孔隙度和渗透率都非常好的优质厚层油气储集层。

中扇下部水道逐渐消失，在无水道部分以漫溢沉积的 B-E、C-E 序列典型浊积岩为特征。

（四）下扇亚相

中扇之外比较低平的部分是下扇。下扇亚相基本无水道，沉积物分布宽阔而层薄，主要是 C-E 序列和 D-E 序列的末端型浊积岩。浊流间歇期沉积的泥质沉积物保存较好，所占比例也较高。下扇向外逐渐过渡到深海盆地，这时的重力流沉积有低密度底流的特点，除局部地区因填平有所加厚外，在深海平原广阔面积上以远积典型浊积岩为特征。浊积岩厚度很稳定，呈薄层状夹于深海沉积的泥质岩中，有的薄粉砂层可以侧向追踪几十至数百千米。

（五）深切扇

粗碎屑扇上深切水道在外扇亚相或以外形成的新的上置扇，即深切扇。深切扇以水道（深切水道）为主，其"扇叶"可达深水平原区，具有很大的含油气潜力。

（六）海底扇沉积相序特征

推进的海底扇形成一个类似三角洲的向上变厚、变粗的沉积层序（图12-4）。层序中的砂层都是具正粒级递变层理和各种浊流成因砂岩，它们与深海沉积的泥质岩呈互层状。

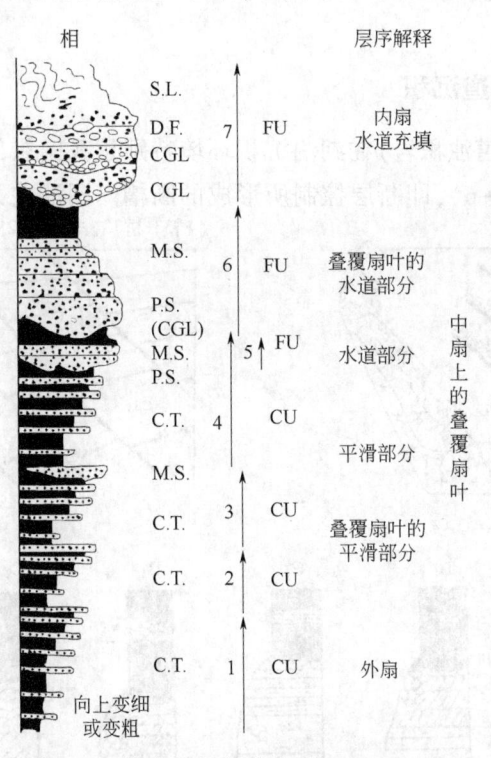

图 12-4 海底扇相序模型（据 Walker，1984）
CU 代表向上变厚和变粗的层序；FU 代表向上变薄变细的层序；C.T. 为典型浊积岩；
M.S. 为块状砂岩；P.S. 为含砾砂岩；CGL 为砾岩；D.F. 为碎屑流；S.L. 为滑塌

下部是下扇沉积，砂层为远源浊积岩，砂层较薄且间距较大，常构成向上变粗、变厚的次级旋回。层序的中部为中扇沉积。中扇向上变粗、变厚的层序由几个叠覆扇叶状体向上变粗、变厚的小旋回组成。每个朵叶体旋回下部的砂层都是典型的浊积岩及近源浊积岩层，上部变为分流水道块状浊流砂岩。越靠上部的旋回，水道沉积物占的比例越大。靠近上扇部位，水道构成厚层向上变细、变薄的次级层序。最上部为上扇沉积，由块状砾岩、含砾砂岩及滑塌沉积物构成，是整个扇体沉积物中最粗的部分。海底扇沉积规律及沉积特征受到地形、沉积物供给的巨大影响，按扇体与物源关系划分出四种重力流沉积样式：点物源（峡谷）型[图 12-5(a)]、弧线物源（三角洲前缘）型[图 12-5(b)]、线物源（陆架边缘）型[图 12-5(c)]和线物源（陆坡块体崩塌）型[图 12-5(d)]重力流沉积（Galloway 等,1996）。

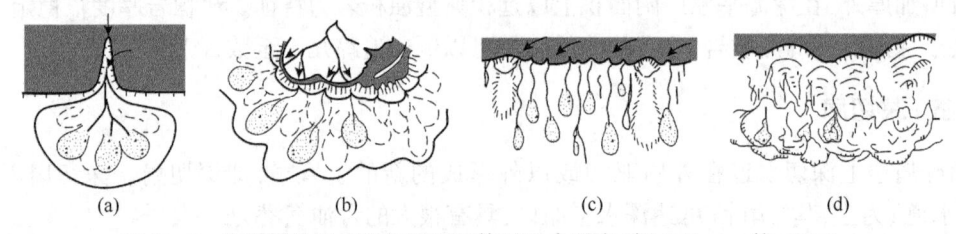

图 12-5　物源供给样式和斜坡沉积体系组合形态（据 Galloway 等,1996）
(a)点物源（峡谷）型；(b)弧线物源（三角洲前缘）型；(c)线物源（陆架边缘）型；(d)线物源（陆坡块体崩塌）型

三、湖相非扇沉积模式

（一）深水重力流水道沉积

重力流水道砂体（沟道浊积岩）在湖泊沉积环境特别是我国东部断陷湖盆中以断槽型重力流沉积最为典型（图 12-6），即断层控制所形成的断槽。湖泊重力流水道砂体在湖盆的陡

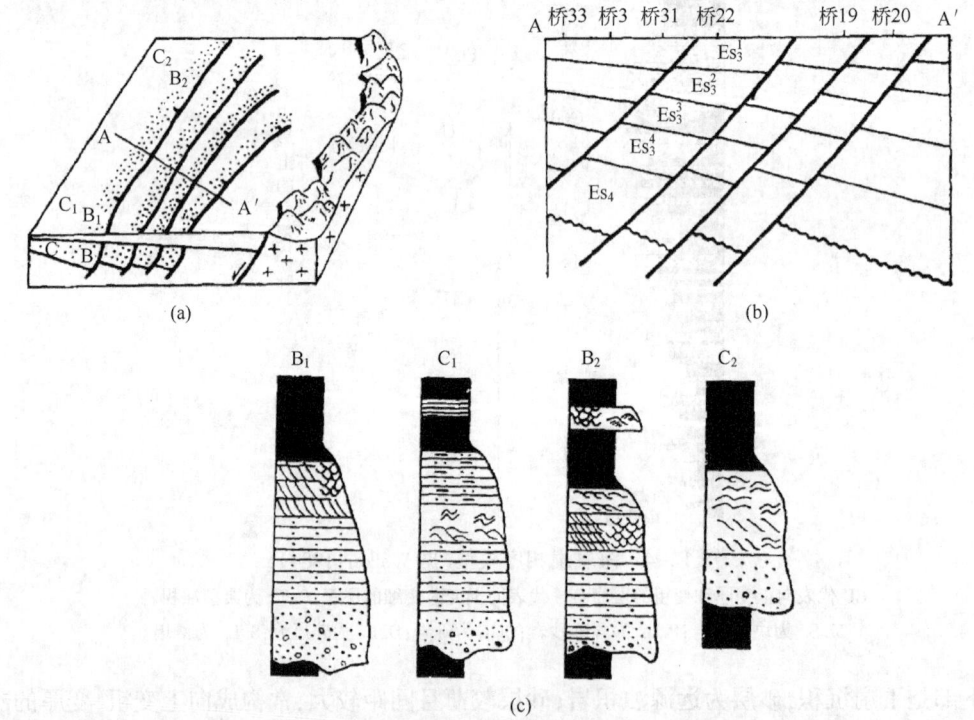

图 12-6　东濮凹陷桥口地区沙三段轴向重力流水道沉积综合模式（据朱筱敏等,1991）
A—A′：桥口地区沙三段末期构造横剖面图；B_1 和 B_2：近源和远源水道沉积；C_1 和 C_2：近源和远源水道侧缘沉积

岸、中央隆起带、斜坡带均有分布,可以分为水道亚相和漫溢亚相。滑塌变形构造十分发育,按来源方向分为拐弯型和直流型;按物质来源分为洪水型和滑塌型。重力流水道砂体多分布于半深湖、深湖的暗色泥岩中,具有良好的成藏条件,并易形成岩性油气藏,是半深湖、深湖沉积区有利的含油气储集砂体。

(二)滑塌浊积岩

滑塌浊积岩大多是由浅水区的各类砂体,如三角洲、扇三角洲和浅水滩坝等,在外力作用下沿斜坡发生滑动、再搬运形成的浊积岩体。无触发机制的天然滑塌及地震、波浪等外界触发机制作用下均可形成滑塌浊积岩。不同机制形成的三角洲前缘浊积体,其沉积特征、发育规模、分布规律等也都不一样,不同机制可以同时存在、共同作用,形成混合成因浊积体。

滑塌浊积岩体的岩性变化大,与浅水砂体的岩性密切相关。东营凹陷 135 及 110 井区沙三段滑塌浊积岩可分为沟道化浊积岩与非沟道化浊积岩两种类型(图 12-7)。沟道化浊积岩的沟道微相规模一般较大,以中—细砂岩为主,发育块状层理和粒序层理,整体上呈向上变细的正粒序或粒序不明显;末梢沟道微相规模一般较小,以细砂岩为主,发育粒序层理、沙纹层理,整体上呈向上变细的正粒序;堤岸漫溢微相由粉砂岩、粉砂质泥岩等组成,多为正粒序;滩微相是在沟道内由于受古地貌的影响而沉积的局部厚砂体,多位于沟道转弯部位,整体上呈正粒序。非沟道化浊积岩扇微相以细砂岩和粉砂岩为主,其层理和粒序大多继承滑塌前砂体的特征,发育块状层理、递变层理,局部可见斜层理、交错层理、冲刷现象、重荷模,以向上变细序列和块状为主;扇缘微相以泥质粉砂岩、粉砂质泥岩、泥岩为主,具有水平层理、变形层理、生物扰动构造,为向上变细序列,富含各类微体生物化石。

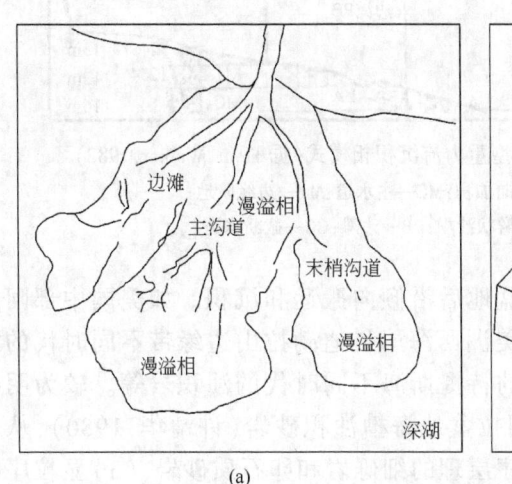

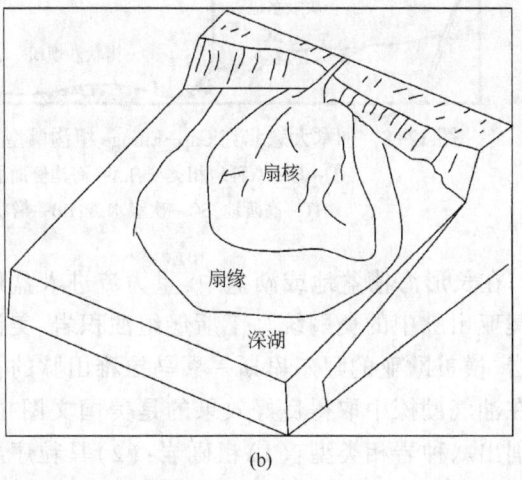

图 12-7 滑塌浊积岩沉积相模式(据尹太举等,2006)
(a)沟道化浊积岩;(b)非沟道化浊积岩

四、海相非扇沉积模式

(一)沟槽沉积模式

20 世纪 40 年代,人们首次在北美大陆边缘发现深水水道,从此以后深水水道逐渐成为海洋地质学界关注的热点。深水水道作为重要的深海地貌单元,在海底延伸可达数千千米。它一方面可以作为深水重力流输送沉积物的通道,另一方面也可以作为重力流沉积的场所。最令人信服的实例是 Hein 和 Walker(1982)所确定的加拿大魁北克寒武系—奥陶系 Cap-Enrage 组中具有阶地的辫状海底水道砾质沉积。它由厚约 270m 的卵石砂岩和块状砂岩组成,恢复后的水道深约 300m,宽约 10km,水道沿平行于大陆斜坡脚的凹槽方向延伸(图 12-8)。

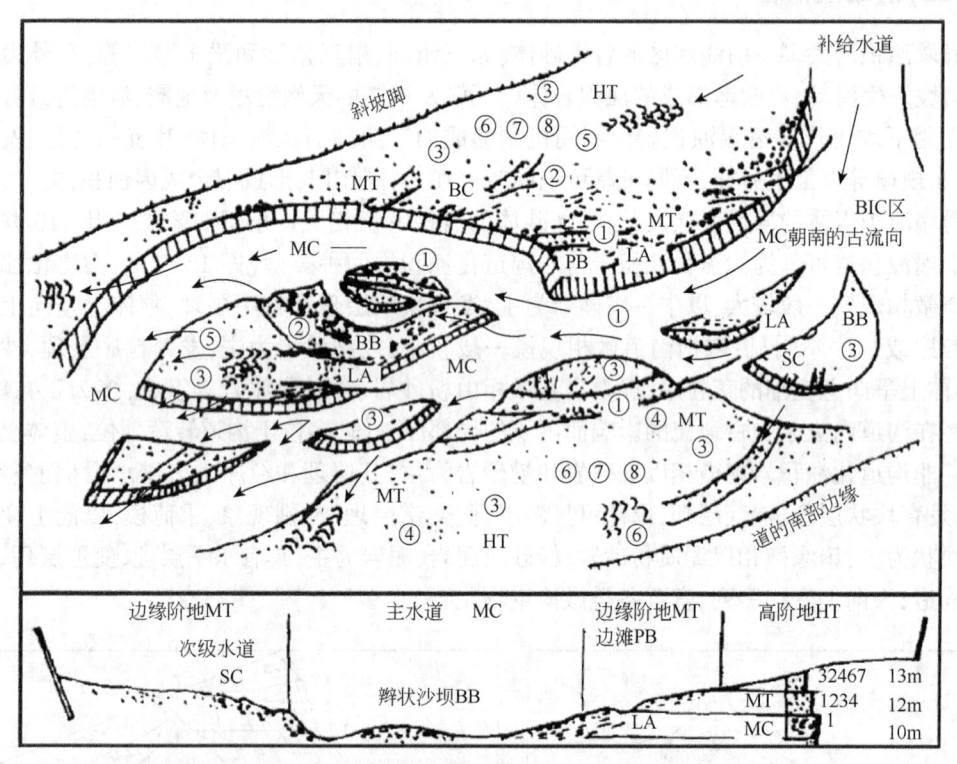

图 12-8 加拿大魁北克 Cap-Enrage 组沟槽型重力流沉积相模式(据 Hein,Walker,1982)
①~⑧—八种岩相类型;LA—海沟侧向加积;MC—主水道;MT—边缘阶地;
HT—高阶地;SC—次级水道;BB—辫状沙坝;PB—边滩;CC—截断水道

在长形海槽盆地或湖盆中,重力流进入盆地后沿倾向搬运和沉积。如美国中部阿巴拉契亚山脉中的奥陶统马丁斯堡组浊积岩、美洲西海岸科迪勒拉山边缘带不同时代的浊积岩、横贯欧亚的阿尔卑斯—喜马拉雅山脉的特提斯海不同时代的浊积岩等。较为明确并在油气勘探中取得良好效果的是美国文图拉盆地海槽浊积砂岩(许靖华,1980),从中识别出八种岩相类型:(1)粗砾岩;(2)具粒序层理的细砾岩和卵石质砂岩;(3)显粒序的细砾岩和卵石质砂岩;(4)粒序细砾岩、卵石质砂岩和具有液体溢出的砂岩;(5)非粒序交错层细砾岩、卵石质砂岩和砂岩;(6)缺少构造的卵石质砂岩和砂岩;(7)砂和粉砂质浊积岩;(8)深水页岩。这八种岩相类型归纳为粗粒沟道、叠覆冲刷粗砂岩和非沟道沉积三种相组合。

图 12-9(a)指示由于水道侧向加积形成主沟道和次要沟道的叠加作用,以向上变薄、变细层序为主;图 12-9(b)指示了水道迁移到阶地上,形成向上变厚、变粗的层序。以此类推,构造因素导致水道迁移、充填乃至废弃,从而分别形成变厚、变粗和变薄、变细等复杂层序类型。

(a) 向上变薄变细沉积　　　　(b) 向上变厚变粗沉积

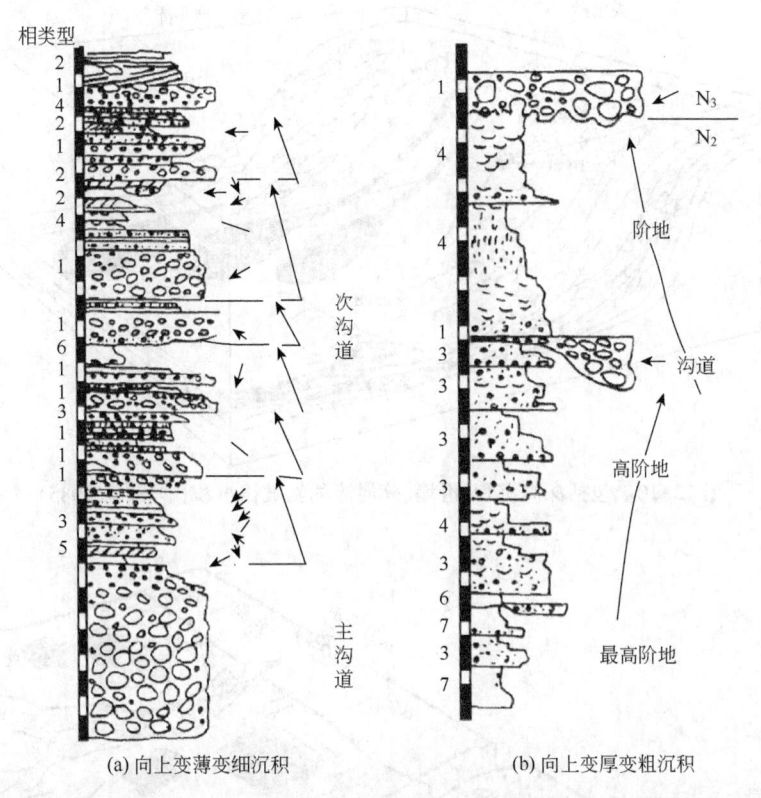

图 12-9　加拿大魁北克 Cap-Enrage 组沟槽型重力流沉积相层序特征(据 Hein,Walker,1982)
1—粗砾岩相;2—递变层理/交错层理细砾岩和含砾砂岩相;3—递变层理—分散结构细砾岩和含砾砂岩相;
4—递变层理细砾岩、含砾砂岩和具有流体逃逸特征的砂岩相;5—未递变/粒度分级的交错层理细砾岩、
含砾砂岩和砂岩相;6—无定形砂岩和砂岩相;7—砂岩和粉砂岩浊积相

(二) 斜坡裙沉积模式

斜坡裙是发育在陆坡或三角洲前缘斜坡上由线状物源而非离散点状物源供给形成的沉积体系,其沉积过程包括海底滑动、滑塌到碎屑流等多种块体流(图 12-10)(Stow,1985)。在斜坡上,较粗的、数米到数十米宽的岩块倾向于以岩崩和碎屑流的方式搬运。

来自陆架边缘的改造型砂体以高密度流方式向坡下搬运(Stow,1985)。沉积物中的泥和杂基以浊流方式搬运至更远的海底平原。坡上的细粒沉积物常被碎屑流及更黏滞的滑动块、滑塌体改造、破坏。

坡上搬运的砾、砂、泥的组成取决于陆架边缘或三角洲前缘的沉积物供给条件和搬运路径所在斜坡上的深水沉积类型。尽管块体流沉积物时有再次活化及变形,但也必然常常与坡上深水泥岩呈互层状发育。由于坡上块体搬运产物规模较大、内部成层性差,因此斜坡裙沉积常具非均质性而呈现杂乱反射。在碳酸盐岩台地的边缘,碳酸盐岩斜坡的角度更大,从几度到几十度(Wright 和 Burchette 1996)。这种大角度斜坡更易于发生滑塌而形成碎屑物质的碎屑流搬运,在斜坡脚再沉积形成碳酸盐岩坡裙。

考虑到斜坡块体搬运、沉积的规模巨大,Shanmugam(2000)建议将深水沉积分为水道体系和非水道体系(图 12-11),强调斜坡上滑动、滑塌及碎屑流等块体搬运为主的非水道体系的独立性和重要性。

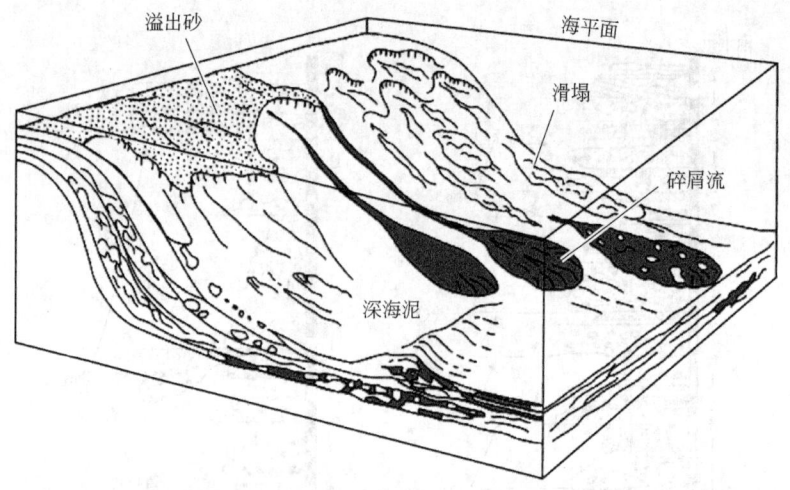

图 12-10 包括深海沉积、滑塌、碎屑流的斜坡裙沉积（据 Stow，1985）

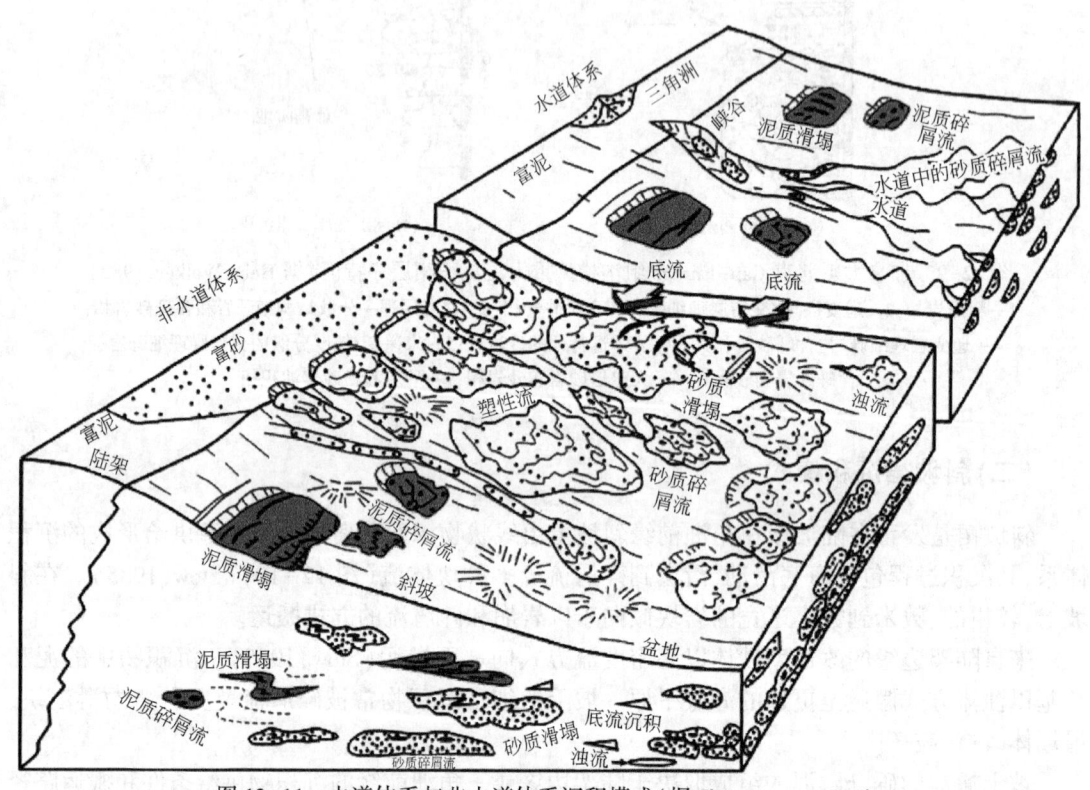

图 12-11 水道体系与非水道体系沉积模式（据 Shanmugam，2000）

思考题

1. 试述陆相碎屑岩沉积模式。
2. 试述重力流沉积模式分类。
3. 试述湖相扇与海相扇沉积模式的异同。

第十三章 碳酸盐岩沉积模式

　　碳酸盐岩是一种常见且分布广泛的沉积岩。碳酸盐岩和碳酸盐沉积物从前寒武纪到现在均有产出，分布极广，约占沉积岩总量的 1/5~1/4。碳酸盐沉积物和碳酸盐岩主要形成于海洋和湖泊环境中。根据碳酸盐岩的形成环境，可将其分为海相碳酸盐岩和非海相碳酸盐岩两大类，如图 13-1 所示。其中，非海相碳酸盐岩主要以湖相为主，其规模与海相相差很大。

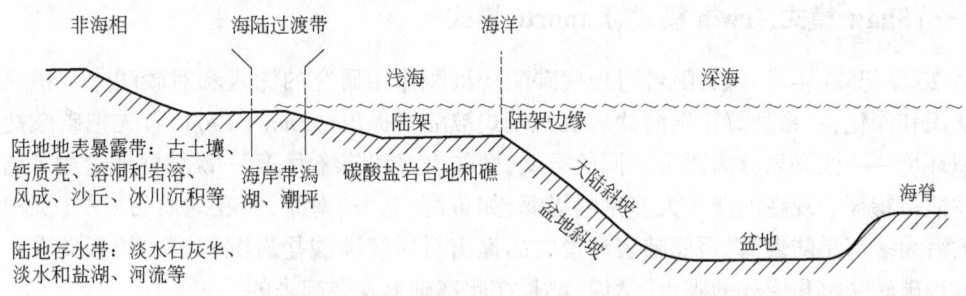

图 13-1　碳酸盐岩沉积环境（据 Flügel，2004）

　　海相碳酸盐岩主要分布在浅海和海陆过渡带，在半深海、深海也有发育。温暖、清洁、透光的浅海是碳酸盐岩沉积最为有利的环境。海相碳酸盐岩所需的碳酸钙大多来自生物碎屑，包括软体动物等无脊椎动物的坚硬壳状部分以及由藻类形成的非常细的方解石和文石颗粒。碳酸盐岩的沉积作用主要发生在热带浅水陆棚和浅滩，沉积物主要沉积在海岸、浅水陆棚以及深水盆地。潮坪或海滩受潮汐流或风暴流搬运作用影响，形成碳酸盐岩砂和灰泥沉积；深水环境则主要受风暴流及风暴回流影响，使得碳酸盐沉积物与细粒悬浮沉积物一同沉积；而浅海陆棚碳酸盐沉积物则主要在高能带形成颗粒滩或生物礁。海相碳酸盐岩油气是世界油气资源的重要组成部分，世界上石油产量、储量最大的中东地区大多数含油层均属碳酸盐岩，中国的海相碳酸盐岩地层同样油气资源丰富，具有分布面积广、烃源岩层系多的特点。20 世纪 60 年代开始，随着海相碳酸盐岩油气勘探开发不断深入，国内外众多学者对古代海相碳酸盐岩环境进行解释，并建立了一系列相应的沉积模式。

　　湖相碳酸盐岩指在内陆湖泊盆地中形成的碳酸盐沉积物（岩）。与海相碳酸盐岩相比，湖相碳酸盐岩在沉积的规模、沉积过程、沉积环境等方面均存在较大差异；在沉积规模上，湖泊作为一个相对封闭的系统，其规模要远小于海洋，湖泊的大小和规模会受到湖盆自身的沉降、形态、局部构造运动的影响；沉积过程中，海洋的潮汐会使海水大规模运动并产生数米甚至更高的潮汐流，对河口海岸进行强烈的冲刷，湖泊的潮汐规模很小，产生的潮汐流往往只有几厘米甚至更小；在沉积环境上，湖泊对环境波动的响应更敏感，局部环境和气候变化可导致湖泊水化学性质迅速改变。湖相碳酸盐岩的研究工作起初主要侧重于对其岩石学特征的研究，当时碳酸盐岩还被认为是单纯的化学沉积物，这种观点一直持续到 20 世纪初。20 世纪 50 年代，加拿大、美国、中国等国家陆续在不同时代的湖相碳酸盐岩中发现大量的石油，对湖相碳酸盐岩的认识有了突破性的进展。与海相碳酸盐岩相比，目前针对湖相碳酸盐岩沉积模式的研究较为薄弱，研究者主要根据湖泊发育阶段、构造背景和在湖盆中的构造位置、湖泊的水文状况、水深和水动力条件等因素建立湖相碳酸盐岩沉积模式。

海洋和湖泊作为碳酸盐沉积物和碳酸盐岩的主要形成环境，在前述章节已有介绍，本章主要阐述碳酸盐岩的典型沉积模式。

第一节 海相碳酸盐岩沉积模式

一、海相碳酸盐岩沉积模式的研究历程和分类

(一) Shaw 模式、Irwin 模式、Laporte 模式

从20世纪60年代开始，随着对现代碳酸盐沉积作用研究的深入和对碳酸盐沉积原理的逐渐认识和深化，一系列海相碳酸盐岩沉积模式被陆续提出。Shaw(1964)首先把碳酸盐的主要沉积环境——浅海划分为两个不同的类型，即陆表海和陆缘海，第一次精辟地论述了陆表海的水体能量特征。现在的浅海大多是陆缘海，如黄海、东海、南海，但在地质历史中，沉积碳酸盐岩的海大多都是陆表海，因此陆表海模式的提出对后续碳酸盐岩沉积模式的意义重大。其后的各种碳酸盐沉积模式的观点、学说，都是在此基础上发展起来的。

陆表海也可称为内陆海、陆内海、大陆海等，是位于大陆内部或陆棚内部的、低坡度的、范围广阔的(延伸可达几百到几千英里)、很浅的(水深一般只有几十米)浅海。在显生宇，陆表海覆盖了克拉通的广大地区。这些水体很浅的、能量很低的、延伸成百上千千米的海就是陆表海。陆表海首先淹没边缘区域，然后淹没构造稳定的克拉通内部区域。现在的陆表海很少见。陆缘海也可称为大陆边缘海，是位于大陆边缘或陆棚边缘或大洋边缘、坡度较大的、范围较小的、深度较大的浅海。陆表海和陆缘海是性质大不相同的两种浅海。

Shaw(1964)在能量的基础上，对陆表海的沉积物分布进行了相应的划分(图13-2)。

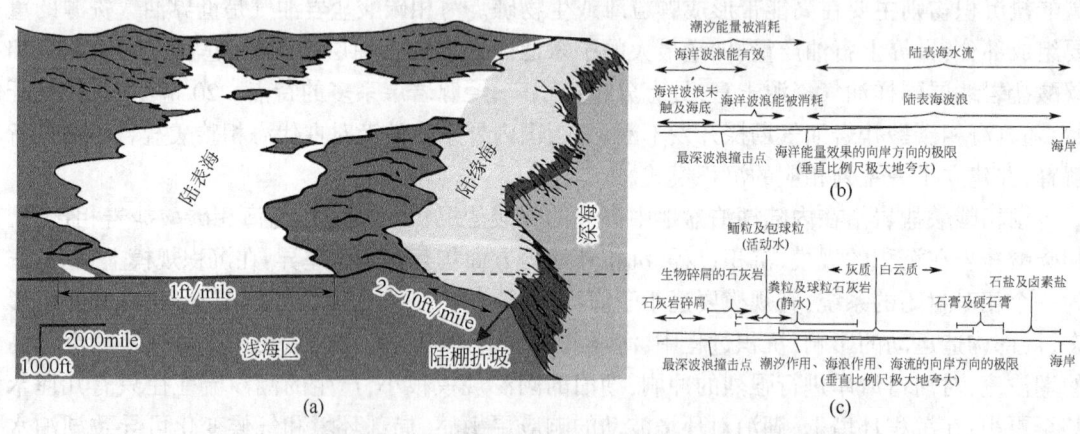

图 13-2 陆表海水能量及沉积相分布(据 Shaw,1964,有修改)
(a)陆表海、陆缘海位置示意图；(b)陆表海的水能量分布图；(c)陆表海的沉积相分布图

随后 Irwin(1965)根据水动力条件将陆表海划分为三个能量带，即远离海岸的 X 带(低能带)、稍近海岸的 Y 带(高能带)和靠近海岸的 Z 带(低能带)。Laporte(1967)继承了 Shaw 和 Irwin 的观点，根据潮汐作用，划分出了潮上带、潮间带和潮下带，陆表海模式得到了进一步完善。

Laporte(1967)认为纽约州下泥盆统曼留斯组的碳酸盐岩是在一个非常接近海平面的环境中形成的,根据岩性及古生物特征,划分出了潮上带、潮间带和潮下带等3个相带(图13-3)。

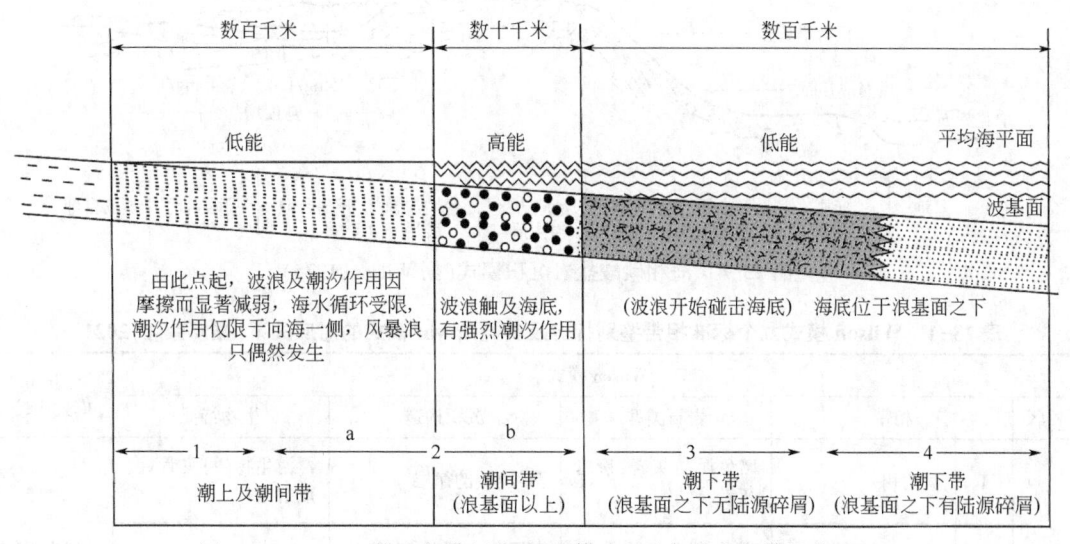

图 13-3 Laporte 模式相带划分、沉积模式以及与欧文相带划分对比
1—潮上带;2—潮间带[a-潮间带(低能);b—潮间带(高能)];3—潮下带(无陆源碎屑);4—潮下带(有陆源碎屑)

潮上带是指平均高潮面以上几厘米到几米的地带。该带平时都在水面以上,只有在特大潮水或特大风暴时才被海水淹没;岩类主要是泥—粉晶白云岩、白云质石灰岩、球粒泥晶石灰岩等。潮间带位于平均高潮面与平均低潮面之间的地带,岩类主要是薄层不含化石的球粒泥晶石灰岩、生物碎屑石灰岩,砾石级的内碎屑、鲕粒、藻叠层石及藻灰结核也常见。潮下带在平均低潮面以下的地带,岩类主要是厚层至块状的球粒泥晶石灰岩、含各种生物碎屑的石灰岩,以及富含层孔虫生物格架的礁状石灰岩层。

Laporte 模式的潮上带及部分潮间带相当于 Irwin 模式的 Z 带,而潮间带主要相当于 Irwin 模式的 Y 带,潮下带相当于 Irwin 模式的 X 带。Laporte 模式和 Irwin 模式,只是划分的侧重点和形式有所不同,实质上是一致的。

(二) Wilson 模式、Tucker 模式、关士聪模式

20世纪70年代之后,随着对海底地形、海水能量和气候因素的研究,碳酸盐岩台地概念得到了进一步完善。在此基础上,一些综合性的海相碳酸盐岩沉积模式被提出。Wilson(1975)在 Laporte、Armstrong(1974)研究的基础上,提出了三相区、九相带的碳酸盐岩综合沉积模式。Tucker(1985)提出了七相带综合沉积模式。

其中,Wilson 模式以碳酸盐岩台地为核心,提出了海相碳酸盐岩三个相区和九个标准相带,在国内外被广泛引用,见图13-4。该模式三个相区的划分与 Irwin 模式的 X、Y、Z 三个相带有一定的对应关系(表13-1),九个相带包括盆地、陆棚、深陆棚边缘、台地前缘斜坡、台地边缘生物礁、台地边缘浅滩、开阔台地、局限台地、蒸发台地。同时,为了分析三个相区和九个标准相带的沉积与岩性组合特征,Wilson 还总结出了24个标准微相类型。Wilson 模式是对前人碳酸盐沉积模式重要的补充和发展,是一个高度综合的理想化模式,使碳酸盐沉积模式的研究趋于完善。

图 13-4 海相碳酸盐岩沉积模式(据 Wilson,1975)

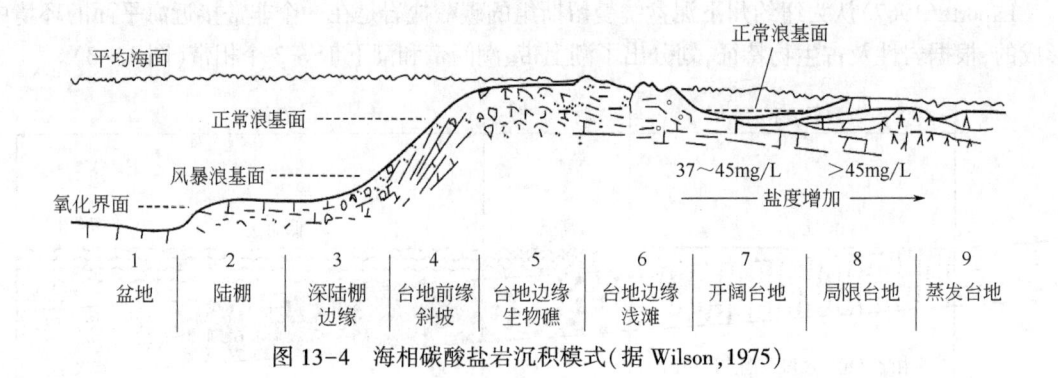

表 13-1 Wilson 模式九个标准相带鉴别标志及其与 Irwin 模式的对应关系(据郑荣才,2021)

相区	相带		岩石类型	沉积构造	生物特征	与 Irwin 模式比较
盆地	1	盆地相	暗色泥晶灰岩、粉屑灰岩、页岩	薄纹层、韵律层	浮游生物(可见骨针、放射虫)	(相当于)X 带
	2	陆棚相	生物灰岩、泥晶灰岩、粉屑灰岩	薄层—中层状、生物扰动构造	正常海相生物	
	3	深陆棚边缘相	泥晶灰岩、微角砾灰岩	韵律层、粒序层	正常海相生物、来自斜坡的生屑	
台缘	4	台地前缘斜坡相	塌积岩、礁屑灰岩、生屑灰岩	滑塌构造、角砾构造	来自斜坡上部的生屑	(相当于)Y 带
	5	台地边缘生物礁相	骨架岩、障积岩、粘结岩	块状层、向上凸起的纹层	造礁生物(珊瑚、层孔虫)	
	6	台地边缘浅滩	亮晶颗粒灰岩	交错层理	受磨蚀的生物介壳	
台地	7	开阔台地	微晶颗粒灰岩、泥晶灰岩	中层、薄层状、水平虫孔	正常海相生物	(相当于)Z 带
	8	局限台地	球粒灰岩、混晶灰岩	纹层、鸟眼、斜交虫孔	广盐生物(介形虫、腹足类)	
	9	蒸发台地	白云岩、膏岩	泥裂、结核、膏岩假晶	蓝绿藻、介形虫	

(1)盆地相是指远海深水盆地相,又可分为如下几种类型:①石灰岩浊积岩相;②深水欠补偿地槽相;③克拉通盆地(非补偿的和停滞缺氧的)碳酸盐岩相。

(2)陆棚相(或广海陆棚相),是典型的较深的浅海沉积环境。

(3)深陆棚边缘相(或盆地边缘相),位于碳酸盐台地的斜坡末端。

(4)台地前缘斜坡相,位于深水陆棚与浅水碳酸盐台地的过渡带。

(5)台地边缘生物礁相,可分三种类型:①碳酸盐泥和生物碎屑的下斜坡堆积;②带有生物碎屑的圆丘礁缓坡;③生物骨架建筑的礁环。

(6)台地边缘浅滩相。碳酸盐砂主要是沙洲、海滩、扇状或带状的滨外坝,经潮汐水流和岸流的簸选。

(7)开阔台地相,位于台地边缘内前海峡、潟湖以及海湾中,因此也时以用陆棚潟湖或台地潟湖来命名。

(8)局限台地相,是一种真正的潟湖相。从地理上看,潟湖可分堤礁(堡礁)之间或之后的潟湖、沿岸沙嘴之后的潟湖、环礁之中的潟湖等。

(9)蒸发台地相,即潮上相带,干热地区的潮上盐沼地或萨布哈沉积是此相带的典型代表。

我国学者关士聪等(1980)根据中国古海域发育的特点,在综合了大量地层研究成果和编制1:1000万全国范围古海域沉积相图的基础上,结合Wilson模式与中国新元古代晚期至三叠纪古海域总体特征,提出了中国古海域的海相碳酸盐岩沉积模式(图13-5)。

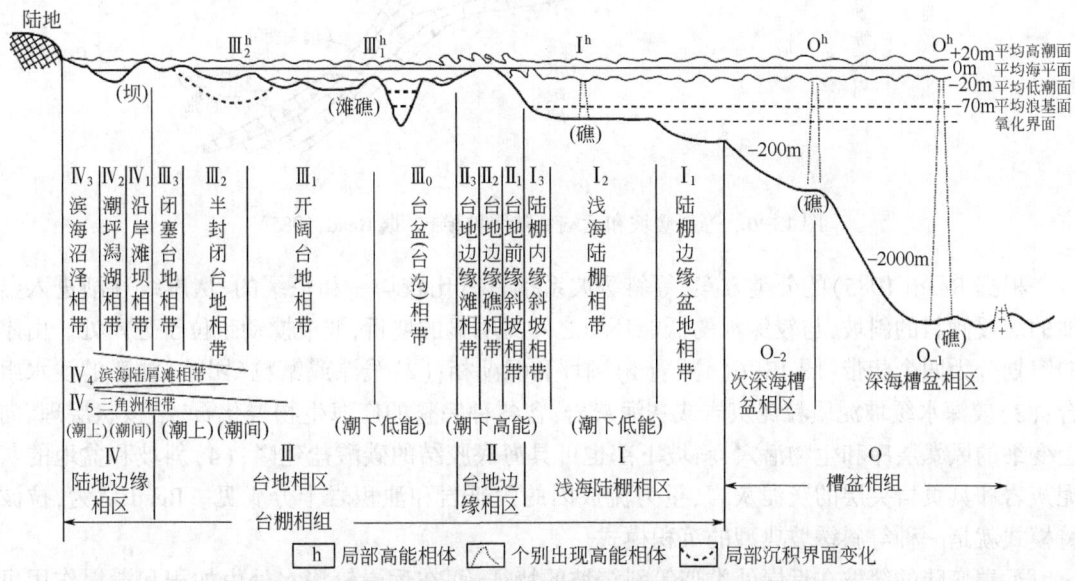

图13-5 中国古海域和海相碳酸盐岩沉积模式(据关士聪,1980)

该模式不仅考虑了各种构造背景条件下的沉积盆地类型、沉积特征及其环境组合规律,而且将陆源沉积模式与清水碳酸盐沉积模式统一起来,按海底地形、海水深度、潮汐作用及海水能量、沉积物类型及生物组合特征等,分为2个相组、5个相区、17个相带。其中台盆(台沟)相带的提出,非常符合我国南方晚古生代和早三叠世常出现的碳酸盐台地与台内槽盆错综复杂的交错格局,具有重要的理论创新和实践意义。

(三)Read模式、顾家裕模式

进入20世纪80年代后,碳酸盐岩缓坡的重要性得到了学者们的高度重视。学者对碳酸盐沉积相模式的研究也不再拘泥于对浅水台地内部相带特征的分析,而是更加强调不同构造背景、不同纬度、不同气候和不同海侵规模的地质条件下会产生什么样的碳酸盐沉积作用、相模式和演化历史,由此而建立了一系列浅水碳酸盐沉积相类型的端元类型。这一认识在Read(1985)的"等斜缓坡模式—远端变陡缓坡模式—镶边陆棚(台地)动态发展演化模式"中得到充分体现。此模式显著的特点是强调了沉积模式的形成、发展和演化的阶段性,将碳酸盐台地的形成演化过程划分为早期等斜缓坡、中期远端变陡缓坡、晚期镶边陆棚三种。Read认为,缓坡有等斜缓坡和远端变陡的缓坡两种类型,发育有两种缓坡沉积模式,如图13-6所示。

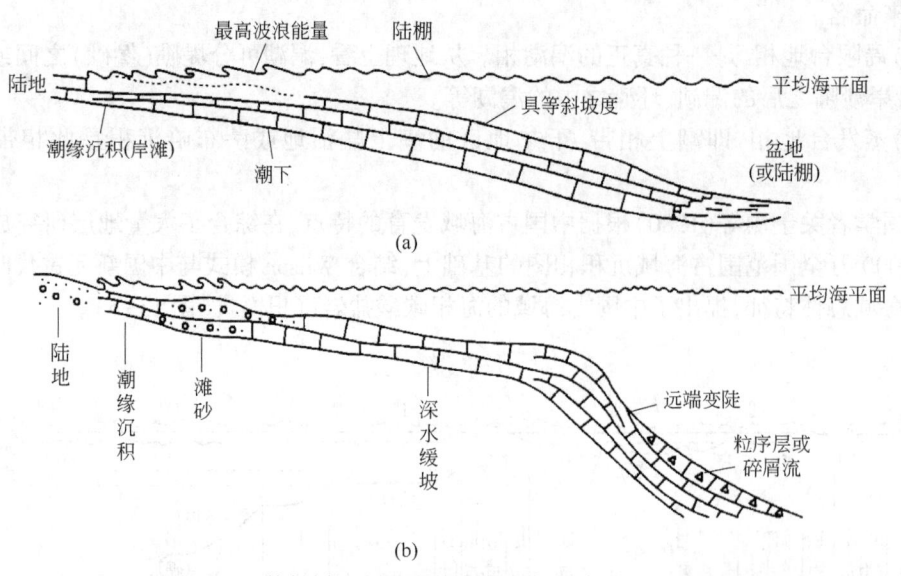

图 13-6 等斜缓坡和远端变陡缓坡模式(据 Read,1985)

根据 Read(1985)的分类方案,等斜缓坡系指具有比较均一和平缓的、从岸线逐渐进入盆地的缓慢倾斜的斜坡,与较深水的低能环境之间无明显的坡折,波浪搅动带位于近岸处。由岸向海划分为四个相带[图 13-6(a)]:(1)潮坪和潟湖相;(2)浅滩或鲕粒(团粒)沙滩的浅水组合;(3)较深水缓坡泥质粒泥灰岩或灰泥灰岩,含各种完整的广海生物群化石、结核状层理、向上变细的风暴层序和生物潜穴,斜坡下部也可具海底胶结的碳酸盐建隆;(4)斜坡和盆地的灰泥灰岩和具页岩夹层的灰泥灰岩,重力流成因的角砾岩和浊积岩十分少见。Read 认为,拉波特模式就是一种等斜缓坡典型的沉积模式。

远端变陡的缓坡在近岸处类似等斜缓坡的特征,而在远岸较深水处由加积和滑塌作用可形成较明显的坡折,并以具有某些台地的性质为显著特征[图 13-6(b)]。然而,远端变陡的缓坡不同于镶边陆棚或孤立台地,后两者的坡折带与陆棚边缘高能带重合,而前者高能带则位于近岸处,不仅坡折带不与高能带重合,而且为处于水下较深处的低能带,因而此类缓坡的坡折带与浅水高能带之间有较远的距离,堆积在远端变陡的缓坡末端或盆地边缘的深水角砾状灰岩主要来自浪基面之下的深水缓坡或斜坡滑塌的碎屑物,并以缺乏浅水礁或滩的碎屑为前后两者的主要区别。

远端变陡缓坡的沉积相划分与等斜缓坡类似,一般也分为四个相带,前三个相带沉积特征与等斜缓坡一致,在斜坡和盆地边缘相带的沉积物类型则不同于等斜缓坡,岩层内不含有大量层内截切面构造,夹有斜坡相碎屑的角砾状灰岩,浅水相的碎屑罕见。角砾状灰岩呈槽状或席状,同时还有一些互层状的浊流和等深流成因的异地颗粒灰岩。这些特征均反映了进入斜坡的坡度较陡。

21 世纪以来,海相碳酸盐岩模式的研究仍在不断深化,如顾家裕等(2009)对碳酸盐岩台地进行了分类,划分出 10 类碳酸盐岩台地类型。随着研究的不断深入,碳酸盐沉积的复杂性不断呈现,不同碳酸盐岩沉积模式也存在着相互演变的关系。很难用一种模型或模式概括所有的海相碳酸盐岩沉积特征,成为一种广泛共识,至今还没有形成统一、完善的海相碳酸盐岩沉积模式。

(四) 海相碳酸盐岩沉积模式的分类

随着现代碳酸盐沉积作用和相模式研究的深入，目前普遍认为不同时代地层中广泛发育的碳酸盐岩，成因上基本都属于与生物和生物化学作用有关的浅水沉积，并主要在两种相互过渡和连续演化的环境中形成，即碳酸盐缓坡和碳酸盐台地。

纵览海相碳酸盐岩沉积模式的研究历程，Wilson(1975)对碳酸盐岩缓坡和台地给出了明确定义，Wilson模式也是以碳酸盐岩台地为核心。Read(1985)的模式分类将碳酸盐沉积划分为缓坡、台地和孤立台地2种模式。Carozzi(1989)的碳酸盐沉积相模式也强调存在缓坡和台地两种端元类型。顾家裕(2009)详细划分了10类碳酸盐岩台地类型。

综上，海相碳酸盐岩的台地模式和缓坡模式已经得到了大部分学者的认同。

二、海相碳酸盐岩台地模式

碳酸盐岩台地主要指具有水平的顶和陡峻的陆架边缘的碳酸盐岩沉积海域(Read, 1989)。碳酸盐岩台地是随时间和空间变化的动态系统。台地可以随着它们的边缘向外生长而扩张；随着它们边缘在原地静止而自身向上生长，或者随着边缘的向后生长而缩小自身的范围。影响台地演化的主要因素有构造背景、海平面升降、碳酸盐岩生产率和沉积物搬运、台地边缘的沉积物的性质、造礁生物随时间的演化以及成岩作用过程的变化。

台地可以分为镶边碳酸盐岩台地和无镶边碳酸盐岩台地。镶边台地的顶部一般近乎水平，靠陆方向有低能潟湖，向海一侧有以波浪作用为主的边缘。

(一) 镶边碳酸盐岩台地模式

镶边碳酸盐岩台地(视频58)指的是碳酸盐岩台地定义中的浅水台地，与深水盆地之间具有坡度较陡(达60°以上)的斜坡，斜坡边缘发育生物礁和浅滩，礁滩体系对海浪的阻挡会引起靠陆水体循环受阻，从而在斜坡向岸一侧形成了低能潟湖。

视频58 镶边碳酸盐岩台地简介

镶边碳酸盐岩台地有如下特征：(1)台地顶部近乎水平；(2)靠陆方向有低能潟湖；(3)向海一侧有以波浪作用为主沉积的、过路(渡)或侵蚀的边缘，标志为礁滩沉积和斜坡角的明显增加(斜坡角达60°以上)；(4)具有丰富的块体流(如碎屑流、巨砾角砾岩、浊积岩、滑塌岩)沉积。

基于热带镶边碳酸盐岩台地上的主要相带序列，Wilson(1975)建立了标准相模式。该模式自海向陆包含十个相带(图13-7)，分别为：(1)深海或克拉通深水盆地；(2)深水陆架；(3)斜坡脚；(4)斜坡；(5)台地边缘礁；(6)台地边缘颗粒滩；(7)开阔台地；(8)局限台地；(9)蒸发或半咸水台地；(10)受大气影响的碳酸盐岩。

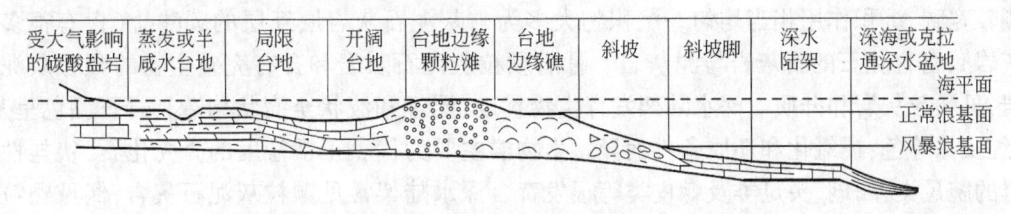

图13-7 镶边碳酸盐岩台地相带分布(据Wilson, 1975)

1. 深海或克拉通深水盆地

远洋碳酸盐沉积是由垂直沉降作用形成的碳酸盐沉积物,主要来源为栖息在上覆水层中的微体-超微体浮游生物骨骼物质。现代远洋碳酸盐主要由翼足类(文石质)、颗石藻和有孔虫(低镁方解石质)组成,分布在外陆架、陆坡及陆源黏土补偿不足的海底,以及覆盖在海底隆起、沉没的礁、海山及海岭之上。所以远洋碳酸盐是一个表示沉积作用或沉积物的术语,而不是一个环境术语。

控制远洋碳酸盐沉积作用的主要条件有两个:方解石补偿深度(CCD)和表层水的生物产率(Reading 等,1994)。在扩张中脊附近,洋底位于 CCD 面以上,沉积钙质软泥;当洋壳向两边扩张并冷却产生沉降时,下降的洋底位于 CCD 面以下,这时只可能沉积放射虫软泥;当板块漂移至赤道附近时,由于生物的高生产率,CCD 面影响深度下移并低于海底的沉积界面,于是重新堆积钙质软泥。

深海盆地位于波基面和氧化界面以下,水深几十到几百米,为静水还原环境,位于透光带以下,因水深光线暗淡,不适于底栖生物生长。沉积物主要是从外带入的细粒泥质和硅质及浮游生物。停滞缺氧和过咸化条件均可出现。

按沉积特征可将该相带分为石灰岩浊积相、深海窄地槽相和克拉通盆地相三类。

石灰岩浊积岩相沉积物主要是来自陆棚或陆棚斜坡带的碳酸盐角砾、微角砾及砂屑等内碎屑(异化颗粒),也常含外来岩块或漂砾,夹有深海结核和泥质岩层,厚度较大,但常有变化。因强烈坳陷及沉积物不稳定性,形成具复理石结构和构造的巨厚深海沉积。

深海窄地槽相以深海沉积物为主,无大量异地石灰岩堆积。当黏土注入量很少且水深超过碳酸盐补偿深度时,常聚集硅质沉积;常见放射虫岩、红色泥晶石灰岩及红色结核石灰岩、浅色远洋泥晶石灰岩、暗色盆地泥晶石灰岩、骨针石灰岩,以及含有菊石、放射虫、管状有孔虫、远洋瓣鳃类和棘皮类的微球粒泥晶石灰岩等。红色是因细粒物质缓慢沉积,且缺乏有机物质,高价铁未能还原所致。

克拉通盆地相(欠补偿和停滞缺氧的)位于氧化界面以下的静水沉积环境。水深>30m,多为几百米,透光带以下,缺少底栖生物生长。底部水体停滞缺氧,来自周围陆棚的底流可为超盐度、较大密度,不易上流所致。陆源碎屑呈薄层,石英粉砂岩、页岩与石灰岩互层出现,粒度普遍较细,纹层发育,也有波状交错层理,燧石也较常见。岩石颜色多样,多为暗色。生物主要为自游及浮游生物,大型生物化石有笔石、浮游瓣鳃类、菊石、海绵骨针等,微体化石有钟纤虫、钙球、硅质放射虫、硅藻等。克拉通盆地相常见石灰岩、页岩或粉砂岩及一些薄层石膏。

2. 深水陆架

深水陆架处于晴天浪基面与风暴浪基面之间,在透光层之内或之下,水深几十米至100m,一般为氧化环境;盐度正常,水体循环良好;一般在波基面以下,但大风暴可影响底部沉积物。陆棚较宽阔,沉积作用相当均匀。沉积物大多为与灰泥石灰岩层互层的碳酸盐(含有很多生物灰岩),富含化石的石灰岩与泥灰岩。骨屑颗粒灰泥石灰岩和含有完整生物的颗粒灰泥石灰岩,见颗粒灰岩和硅质。深水陆架发育生物扰动、层理和波状至瘤状构造。岩石颜色呈灰、绿、红及棕等色,视氧化和还原条件而异。生物群主要为代表正常盐度的介壳化石,狭盐性动物群的腕足类、珊瑚、头足类及棘皮类等很发育。深水陆架常见颗粒灰泥石灰岩,偶见颗粒灰岩、泥灰岩和页岩。

3. 斜坡脚

斜坡脚与开阔陆棚相相似,一般位于波基面以下,但高于氧化界面。海底坡度中等(大于1.5°),为台地斜坡向海的延伸。水深200~300m,窄相带。沉积物由远洋浮游生物及来自相邻的碳酸盐岩台地的细碎屑组成;为薄层、层理完好的碳酸盐岩,夹少量黏土质及硅质夹层。此岩石与盆地相沉积物类似,但含泥质较少,厚度较大。岩石颜色深浅兼有。生物群大多为再沉积浅水底栖生物;有时为深水底栖生物或浮游生物。此处常见灰泥石灰岩、异地灰泥颗粒石灰岩和颗粒灰岩、页岩碎片。

4. 台地斜坡

1)一般特征

台地斜坡是指陆架与深海盆地之间的陆坡地带,作为一种碳酸盐斜坡环境,主要是指迅速产生碳酸钙沉积的浅海与缓慢沉积远洋灰泥的深海之间的过渡地带。在台地边缘向海方向明显地向海底倾斜(常为5°至几乎垂直)。相带极窄。沉积物最主要的是改造的台地物质和远洋沉积的混合物。颗粒粒度变化范围很大。岩石颜色深至浅色。生物群多为再沉积的浅水底栖生物、包壳陆坡底栖生物和一些深水底栖生物以及浮游生物。台地斜坡常见灰泥石灰岩、异地灰泥颗粒石灰岩和颗粒灰岩、砾屑碳酸盐岩和漂浮岩、角砾岩。

台地斜坡主要由两类沉积物组成:(1)未被破坏的远洋与半远洋沉积物;(2)块状搬运的重力流沉积物。换言之,在台地斜坡环境中,短期的由重力流引起的崩塌作用与长期的比较宁静的远洋沉积相互交替出现。

2)沉积模式

(1)远洋与半远洋灰泥沉积:由来自上覆水层中的浮游生物遗体和毗邻的浅水碳酸盐陆架或台地再搬运沉积的灰泥和灰砂组成,矿物组分具有类同碳酸盐陆架或台地的、以文石和高镁方解石为主的特征,明显不同于盆地内以低镁方解石为主的远洋灰泥沉积。岩性以深灰色泥晶灰岩为主,产状上呈"千篇一律"的薄层状、相互平行的平坦接触面、内部具有毫米级的微细纹层。同时,它们往往间夹泥灰岩或灰质页岩,形成具有特色的韵律层,或呈"缎带状"。由于差异压实和重结晶调整作用,这种均匀层状又常常转变成结核状或瘤状,在盆地边缘形成广泛发育的"瘤状灰岩"。

(2)块状重力流沉积。碳酸盐重力流沉积是深水大陆架斜坡带及海盆边缘的十分复杂的堆积体,它一般由巨大的、夹有庞大石灰岩块体的异地角砾石灰岩层构成。碳酸盐重力搬运作用的沉积系列包括岩崩、滑动—滑塌沉积、碎屑流、颗粒流及浊流等沉积类型(图13-8)。

孤立岩块和岩崩碎屑堆积[图13-8(e)]是指包含于原地深水沉积物中的,来自浅水台地的大型碳酸盐岩块体。它是碳酸盐重力流沉积体系的重要特征,包括岩崩碎屑堆积岩、滑塌碳酸盐岩、碎屑流碳酸盐岩、颗粒流碳酸盐岩、浊积碳酸盐岩等几种主要类型。

岩崩碎屑堆积岩是大陆边缘碳酸盐岩台地斜坡岩崩的产物。岩崩产生的原因与地形坡度、同生断裂和地震等有关。在断裂陡崖的碳酸盐岩台地的下坡可以形成深水岩崩堆积角砾岩裙。

滑塌碳酸盐岩发育在较陡的碳酸盐大陆斜坡带,它是在同生或准同生作用阶段,由地震、断裂和重力作用等引起碳酸盐沉积物发生滑动变形(呈塑性和半固结状态)形成的重力滑塌沉积[图13-8(a)]。滑塌碳酸盐沉积中常发育滑塌褶皱,其多见于薄层状碳酸盐沉积中,以塑性变形为主,也可伴生一定程度的错断,直滑构造和旋滑构造是其鉴别标志。

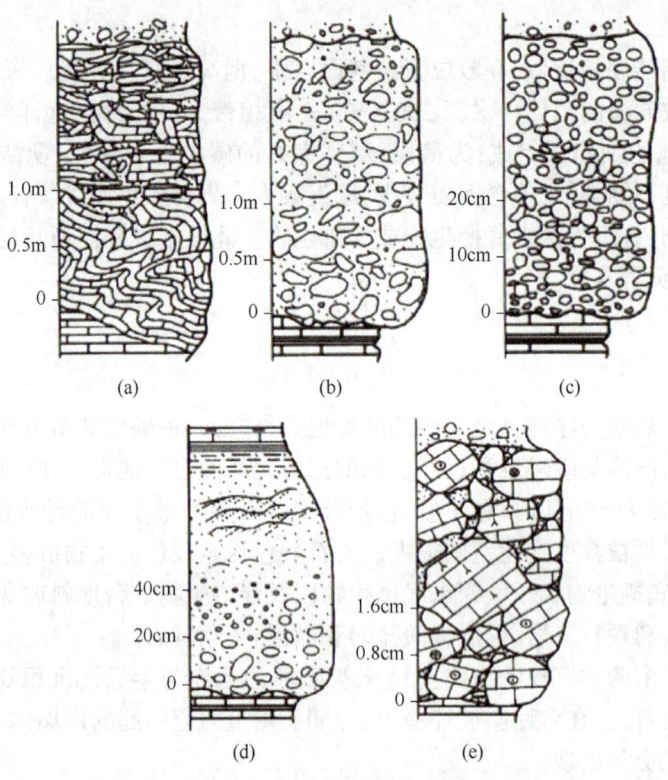

图 13-8　重力流灰岩的基本类型(据鲍志东,1998)
(a)滑动流灰岩;(b)碎屑流灰岩;(c)颗粒流灰岩;(d)浊流灰岩;(e)岩崩堆积

碎屑流碳酸盐岩是碳酸盐深水重力流沉积中最重要的类型之一,由碳酸盐砾屑(包括碳酸盐岩块、粗砾屑及砂屑)和泥晶基质组成,通常呈块状,无分选,缺乏粒序结构,但是其顶部有时可呈正粒序[图13-8(b)]。近源相碎屑流沉积以块状层理和无递变性为特点,远源相碎屑流沉积以层序性递变结构为特征。席状碎屑流呈浅色的连续的或不连续的席状层,或不连续的扁豆状体,或长条带状的槽形体,产于深海原地暗色泥晶石灰岩、泥晶砂屑石灰岩和深海远洋页岩层系中。

颗粒流碳酸盐岩沉积组构与颗粒流碎屑岩类似,常呈透镜状、薄层或中层颗粒碳酸盐岩夹于其他类型的重力流碳酸盐岩或深水沉积碳酸盐岩中。碳酸盐颗粒一般分选磨圆较好,亮晶或亮泥晶胶结,主要发育在较陡的斜坡中下部。黔南中三叠统发育颗粒流灰岩,其赋存于碎屑流灰岩和浊流灰岩之间[图13-8(c)]。

浊积碳酸盐岩是一种具有特殊碎屑结构的粒序岩层。其底部的颗粒通常为中砾或更大一些,比较常见的是颗粒(如岩屑、生屑和鲕粒)碳酸盐岩砾屑,标志着浊积岩的来源是浅水环境,其顶部单元常含翼足类、海绵骨针、放射虫等远洋沉积物[图13-8(d)]。底面构造一般较发育,可见长条脊状构造、舌状冲刷槽、不规则水流构造纹等,包括低密度的浊积灰岩和高密度的浊积灰岩两种类型。

5. 台地边缘礁

台地边缘礁包括陡坡上部的生物成分稳定的灰泥丘或生物碎屑丘、具有圆丘状礁和砂质浅滩的缓坡以及围绕在台地边缘的阻波障积礁。水深一般为几米,但是泥质丘的水深可达数百米,相带极窄。沉积物几乎为纯净的碳酸盐颗粒,但是粒度变化很大,主要由块状灰岩和白云石组成,含各种类型的生物粘结岩的块体或碎片。礁的孔穴中充填有内沉积物或者碳酸盐胶结物。生物礁由多个时代的建造作用、包壳作用、钻孔作用和破坏作用重叠在一起形成。岩石颜色淡。生物群几乎只有底栖生物,沿着巨大面积分布着松散骨屑碎石和包含有底栖微生物(如有孔虫和藻类)的砂的格架建造生物、包壳生物以及障积生物的集群。常见骨架灰岩、障积灰岩、粘结灰岩、颗粒灰泥石灰岩和漂浮岩、颗粒灰岩以及砾屑碳酸盐岩。

6. 台地边缘颗粒滩

台地边缘颗粒滩沉积背景为延伸的浅滩、浪成沙坝和海滩,有时具有风蚀岛。在晴天浪基面以上并且在透光层之内,受浪潮影响很大,相带很窄。沉积物主要为纯钙质的、常为磨圆较好的、有包壳和分选良好的颗粒,有时含有石英。砂粒为骨屑颗粒,或鲕粒及球粒。部分具有保存较好的交错层理,有时经过生物扰动。易受陆上暴露的影响。岩石颜色为浅色。生物群主要包括从礁和相关的环境中搬运至此的破碎和受磨损的生物群,低分异度的适应于活动底质的内生动物,常见的动物为大的双壳类和腹足动物以及有孔虫的特殊类型。常见颗粒灰岩、灰泥颗粒石灰岩。

7. 开阔台地

开阔台地处于透光层之内,常高于晴天浪基面。开阔台地被浅滩、岛或台地边缘的礁遮挡时即称为潟湖。它与开阔海连通良好以保持其盐度和温度与之相邻海洋的盐度、温度相接近。水循环状况中等。水深从几米到几十米之间变化,相带宽。沉积物主要包括灰泥、泥砂和颗粒,大中型层理,局部有补丁礁,陆源的砂和泥可以在与之相连的台地上常见,但是在与之分离的台地如环礁上则没有。岩石颜色浅或深。生物群具有藻类、有孔虫以及双壳类的浅水底栖生物,尤其常见腹足动物,具有海草和补丁礁。常见灰泥石灰岩、颗粒灰泥石灰岩和漂浮岩、灰泥颗粒石灰岩、颗粒灰岩。

8. 局限台地

局限台地与开阔海的连通状况稍差,在盐度和温度上有较大的分异,处于透光带内。比较典型的是潮汐作用带淡水、咸水、超咸水条件以及陆上暴露区,具有局限性水循环和超咸水的浅的孤立的水洼以及潟湖。潟湖处于障壁礁之后、环礁之间或者海岸沙嘴之后,水深小于 1m,但是有时处于几米到几十米之间。沉积物大多数为灰泥和泥质砂颗粒,含有一些净砂,陆源沉积物的注入常见,早期成岩胶结物普遍。岩石颜色较浅。生物群为分异性降低的浅水生物群,但是常见其有很多个体,典型的是栗空虫、介形虫、腹足动物、藻类和蓝藻细菌、海洋植物和淡水植物。常见灰泥石灰岩和白云石灰泥石灰岩、颗粒灰泥石灰岩、颗粒灰岩、粘结岩和沉积角砾岩。

9. 内部台地

内部台地包括干旱内部台地—蒸发型与潮湿内部台地—略咸(潮湿)两种类型。干旱内部台地—蒸发型仅有正常海水的偶然性注入,并且由于干旱的气候,所以石膏、硬石膏或石盐与碳酸盐共生;位于潮上带,具有萨布哈、盐沼泽、盐水坑的性质,宽相带。沉积物具瘤状、波状层理,或含有粗晶体及硬石膏的钙质或白云质泥或砂。与陆地相连接的台地内红层与陆源风成岩互层。岩石颜色差别很大,有浅、黄、棕、红色的特点。生物群除蓝藻细菌外少有原生生

— 295 —

物,见介形虫、软体动物、适应高盐度环境的盐水虾。常见层状的石灰岩、白云质灰泥石灰岩以及与石膏层及硬石膏层相互层的粘结岩(图13-9)。

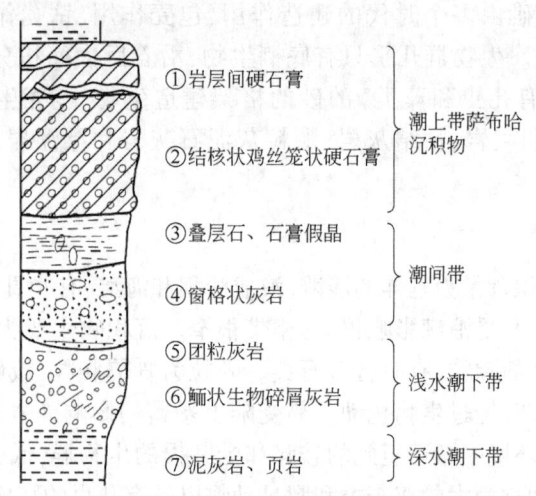

图13-9 干旱内部台地(萨布哈)沉积相序(据Tucker,1985,有修改)
如发生淡水溶滤,层序中①和②则成为塌陷角砾岩

潮湿内部台地—略咸(潮湿)与开阔海连通差,但是由于潮湿气候,所以流动的水冲淡了小坑内的海水,并且在潮上带平地上分布有沼泽植物,窄相带。沉积物含有少量淡水灰泥和泥炭层的钙质海生泥或砂。岩石颜色为灰色、浅色、棕色、深色。生物群包括浅水海生生物体(由于风暴浪冲刷而来)加上适应了微咸水及淡水的生物(介形虫、淡水螺、藻)。常见内碎屑的灰质砂岩、砾岩、泥质灰岩和生物扰动的灰质泥岩等(图13-10)。

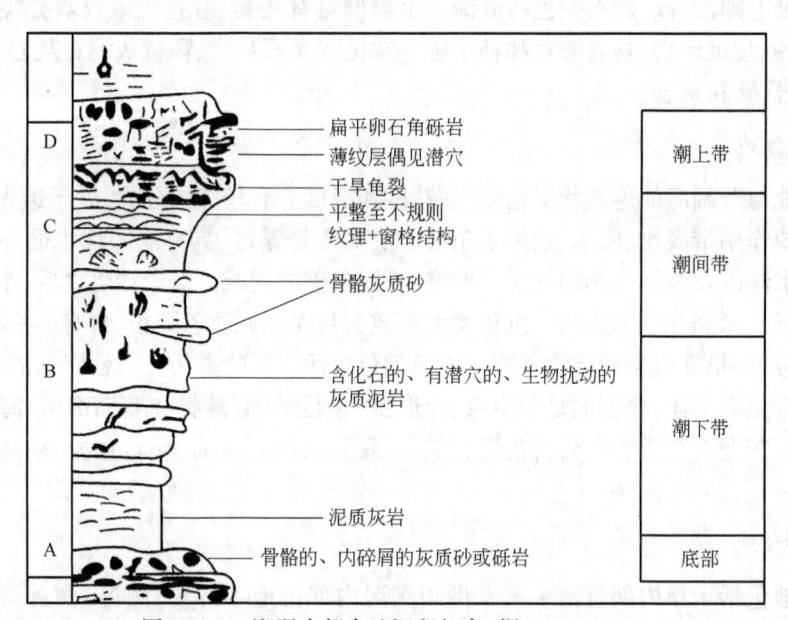

图13-10 潮湿内部台地沉积相序(据James,1983)

10. 受大气影响的碳酸盐岩

沉积背景为陆上暴露或者水下,形成于大气—渗流以及海水—渗流条件下。在喀斯特环

境、成土碳酸盐岩(大陆的和近海岸地区)环境以及潮上带和潮间带环境中很丰富。沉积物主要为受早期成岩大气溶解作用(主要在地表暴露阶段如古喀斯特)影响的石灰岩。常见于钙结壳中。生物群包括除蓝细菌和微生物外原地生物群。

(二)无镶边碳酸盐岩台地(陆架)模式

无镶边陆架或开阔台地以缺少在陆架间断处的障壁为特征。无镶边碳酸盐岩台地和缓坡的相似之处是在陆架边缘缺少镶边。在两个系统中,沉积物既向岸也向斜坡下搬运沉积。不同之处是缓坡坡脚十分平缓,它与无镶边碳酸盐岩台地相比较产生了不同的相带分布模式和相带规模。无镶边陆架出现在大的热带滩的背风边,并且在所有的冷水环境中也很丰富。图 13-11 展示了一个无镶边碳酸盐岩冷水陆架的沉积模式。

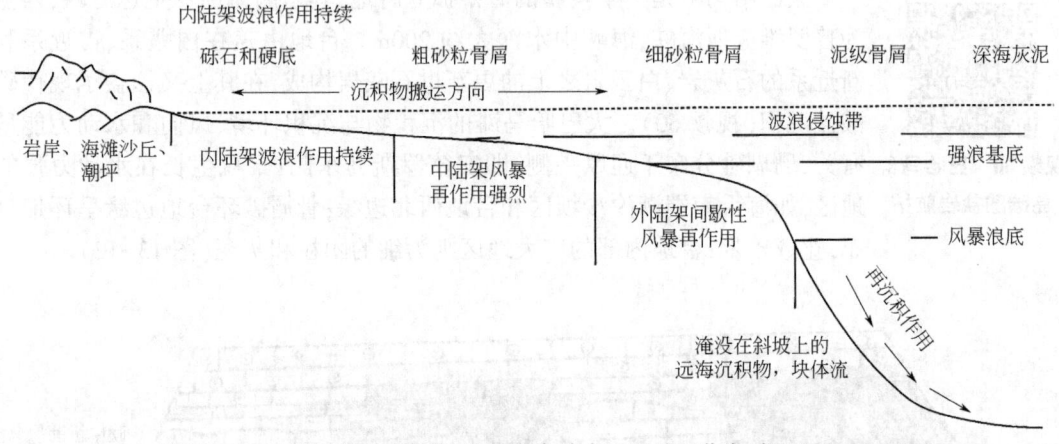

图 13-11 无镶边冷水(温带)陆架的水动力区以及亚分类(据 Flugel,2004)

1. 内陆架

沉积过程为连续的波浪搅动,碎粒磨蚀和生物侵蚀、簸洗。沉积物主要为砾、岩屑砂粒和硬质底质、水下沙丘。生物群主要包括珊瑚红藻、底栖有孔虫、苔藓虫、海绵、双壳类、腹足动物、龙介虫和棘皮动物,还包括来自高能量海藻丛和低能量海草的海生生物沉积物。

2. 中陆架

沉积过程为频繁的风暴改造,碎粒磨蚀,沉积物搬运至外部和内部陆架区而最终到达自由沉积区,生物侵蚀和生物掘穴作用普遍。沉积物主要在活动沉积区,见薄层沉积物覆盖于石化的基岩之上,包括粗粒生屑砂、波状砂体和水下沙丘。生物群主要为珊瑚红藻、软体动物、底栖生物和浮游有孔虫、苔藓虫、腕足动物、海绵和棘皮动物。

3. 外陆架

沉积过程为海底受偶发性风暴改造,处于悬浮环境,生物侵蚀和生物掘穴作用常见。沉积物主要在碳酸盐产生和聚集的区域,主要为细粒生屑砂,更深处为泥(由方解石质的浮游生物和骨屑碎片、硅质海绵骨针和黏土组成的混合物)以及经过生物掘穴作用的沉积物和风暴层。生物群主要包括苔藓虫、海绵、软体动物、腕足动物、底栖生物和浮游有孔虫。

(三) 孤立台地模式

孤立台地是指被深水包围的浅水碳酸盐岩堆积物。虽然不明确尺寸限制,但如果台地非常大,那么可以依照台地斜坡、台地边缘礁等模式进行研究。较小的孤立台地确实具有独特的相模式,因为台地的不同边缘将受到不同的波浪和风暴状态的影响,这取决于它们相对于盛行风和大风暴的方向。大多数孤立台地都有陡峭的边缘和深或非常深的斜坡。在稳定的沉积环境下,孤立台地的边缘将有珊瑚礁和砂体,台地内部有水、砂质泥,周围也可能有砂质岛屿。如果在稳定下沉的背景下,边缘附近有很高的碳酸盐产量,那么可能会形成一个边缘的孤立台地,在中心有一个深潟湖,这种沉积体可以被称为环礁(视频59)。

视频59 环礁形成过程

大巴哈马滩是一个典型的海中孤立台地,其东侧为佛罗里达海峡,西侧为普罗维登斯海峡,海峡中水深大约200m。台地由盖在白垩系、古近系和新近系的石灰岩、白云岩之上的更新世石灰岩构成,在其上又覆盖了现代碳酸盐沉积(视频60)。大巴哈马滩的沉积物与沉积环境、风向和水动力能量有关,珊瑚礁分布于迎风一侧,即安德罗斯岛东侧,鲕粒生长在水动力强的地区,如海舌南端潮汐沙坝区和台地西北边缘;骨屑砂环台地边缘呈环带分布,宽数千米;台地内部的广大地区则为细的团粒和灰泥(图13-12)。

视频60 巴哈马群岛碳酸盐岩航拍

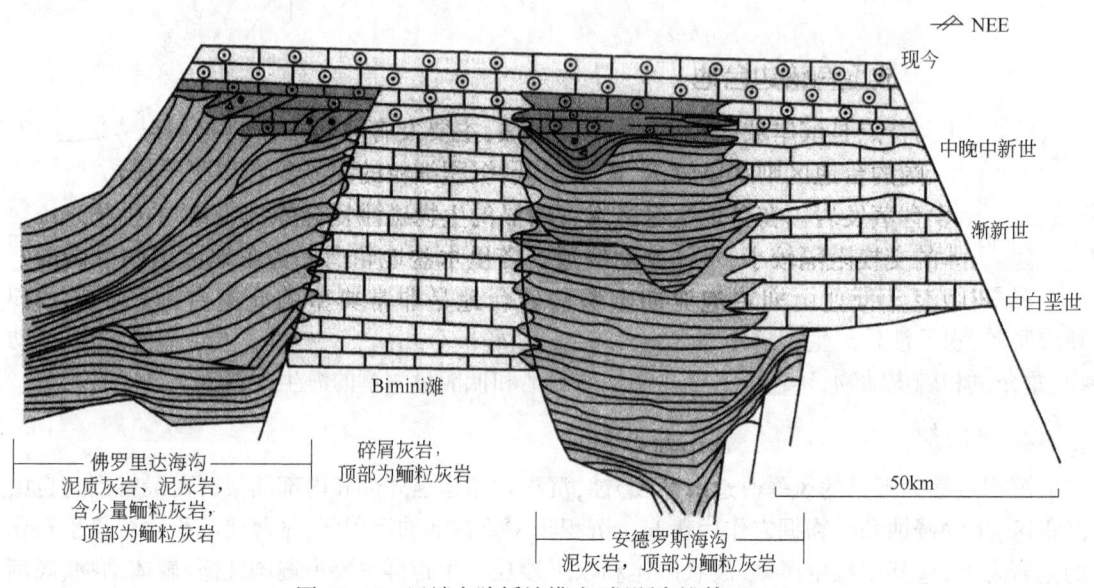

图13-12 远端变陡缓坡模式(据顾家裕等,2009)

三、海相碳酸盐岩缓坡模式

碳酸盐岩缓坡(视频61)是指从岸线向盆内具有缓慢倾斜坡度的碳酸盐岩陆棚(通常坡度不足10°),其与深水盆地环境之间无或仅有不明显的坡折,波浪搅动带(或最高能量带)位于近岸处。在总结归纳已有海相碳酸盐沉积模式的基础上,Read(1985)提出了碳酸盐岩缓坡模式。Read认为不同时代地层中广泛发育的碳酸盐岩,基本上都是属于与生物

视频61 碳酸盐岩缓坡环境与岩相

和生物化学作用有关的浅水沉积成因,并主要在两种相互过渡和连续演化的环境中形成,即碳酸盐岩缓坡和台地。根据 Read 的研究,碳酸盐岩缓坡又可进一步分为等斜缓坡和远端变陡缓坡两种类型,详见 Read 模式。

此外,基于陆架—近岸海洋水动力分带驱动的沉积作用分异(分带)作用,Tucker 和 Wright(1990)把碳酸盐岩缓坡沉积域由浅至深分为后缓坡相、浅缓坡相、深缓坡相及盆地相(图13-13),其中的后缓坡、浅缓坡对应于 Burchette 和 Wright(1992)的内缓坡,深缓坡相当于后者的中缓坡,盆地在后者的方案中进一步分为外缓坡及盆地(Jones 等,2014)。在 Burchette 和 Wright(1992)的划分方案中,外缓坡系指位于风暴浪基面与海水密(度)跃面(pycnocline)之间、偶尔受到风暴影响的区域,以泥质灰泥岩、灰泥岩偶夹风暴沉积为特征。海水密跃面之下的盆地相只有海啸等极端事件才会波及,所以沉积以悬浮沉积(如页岩或黑色页岩)为主。

目前,随着沉积学工作者对碳酸盐岩缓坡沉积的重视,越来越多的古代缓坡沉积被识别出来。在我国也有一些这方面的研究实例的报道,如张继庆等(1990)所建立的四川盆地吴家坪期陆缘碳酸盐岩缓坡、塔里木盆地的寒武系(Zhang 等,2015)和奥陶系碳酸盐岩(Guo 等,2018)中发育的碳酸盐岩缓坡体系。

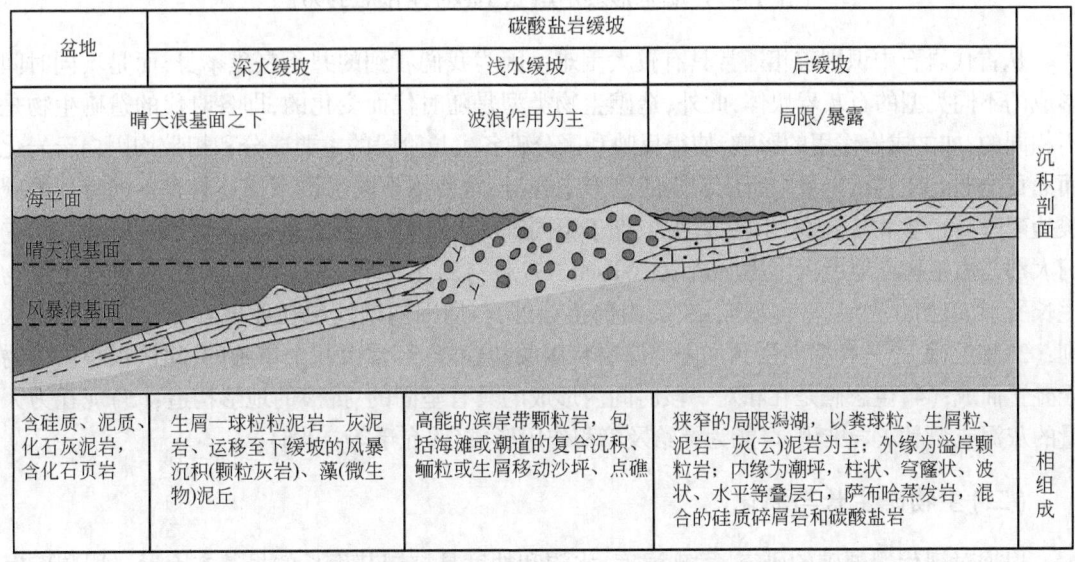

图 13-13 碳酸盐岩缓坡沉积模式(据 Tucker,Wright,1990,有修改)

四、生物礁模式

生物礁是由造礁生物组成的坚固的碳酸盐构造。造礁生物在海底固着生长,这些生物具有抗浪作用,从而在波浪带筑起垂直幅度显著大于同期沉积的凸起构造。常见的造礁生物有珊瑚、层孔虫、苔藓虫、海绵、钙藻类,还会有一些附生生物,如腕足类、软体动物、棘皮动物等。生物礁是与碳酸盐沉积有关的一种特殊环境,它主要出现于浅海碳酸盐沉积环境中。生物礁灰岩多孔洞,渗透性好,对于油气储集十分有利。

(一)生物礁分类

一般所指的生物礁是指狭义的生物礁或生物骨架礁,即限于具有生物建造的抗浪骨架的碳酸盐建隆(曾允孚等,1986)。按礁的产出位置和形态特征对礁相沉积进行分类(图13-14),礁类型主要有如下几种:(1)斑礁(点礁或补丁礁),是孤立的小而圆的礁体,主要形成于广海陆架;(2)宝塔礁(尖礁),呈锥状的孤立礁体;(3)环礁,是礁体中心为潟湖沉积的礁,与宝塔礁一样都为孤立的碳酸盐建隆,常形成于较深水盆地或大洋火山上;(4)岸礁(裙礁),是指直接与海岸相接的礁体,如我国海南岛三亚小东海礁体;(5)堡礁(堤礁、障壁礁),实际上是由一系列礁体组成的礁带,多平行于海岸线分布,与岸之间隔有潟湖,在澳大利亚东北岸的大堡礁延长达1200km,是现代最大的堡礁。

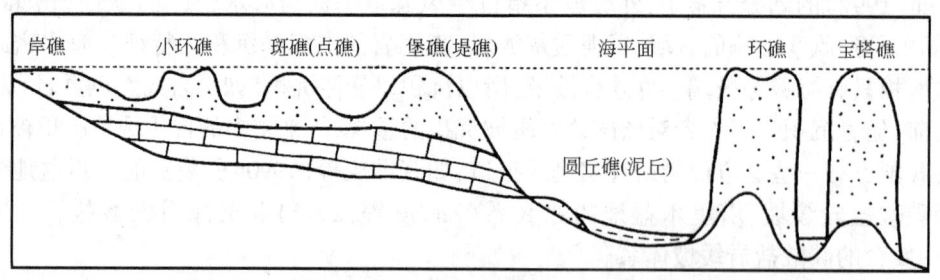

图 13-14　礁的形态分类(据 Tucker,Wright,1990)

从古代岩石中识别礁相通常具有较大困难。因为我们看到的并不是礁本身,而是不同时间形成的不同类型的石灰岩块体,此外,造礁生物类型是随时代而变化的,即各时代的造礁生物是不相同的,加之成岩作用的影响,使得反映和区分礁各生长阶段的主要成分和相带均因白云岩化而面目全非。在岩石记录中所能识别的礁形态各异,常使用不同术语来描述具有不同特征的碳酸盐建隆:(1)生物丘,表示生物成因的、夹于不同石灰岩之间的、形态呈透镜状的碳酸盐建隆,它们大都是由生物原地堆积作用所造成(Wilson,1975);(2)生物层,是一种真正的层状体,由生物生长所形成,如介壳层、富含珊瑚层,除内部组分外,与周围同期地层在厚度等方面几乎没有区别;(3)地层礁,是一种横向受到局限的厚层状碳酸盐建隆,经常由几个单独的、起伏很小的生物丘叠置而成;(4)生态礁是在相对一段时间内形成的具有坚固的、抗浪的地形构造;(5)泥丘为大量的灰泥或泥晶灰岩堆积,可能为补给及障积作用形成(曾允孚等,1985)。

(二)生物礁生长与演化

根据对现代珊瑚礁的研究,发现温度、水深和盐度是控制其生长的最基本因素。珊瑚礁生长的理想温度范围是23~27℃,延伸范围可从18℃至30℃。在更高或更低的温度下,造礁珊瑚虫将失去捕获食物的能力。为了迅速钙化,造礁珊瑚要依赖共生的虫黄藻,后者繁衍因受光合作用限制,只能在水深30~40m以内的浅水透光区生长。珊瑚正常生长的盐度范围在27‰~40‰之间。另外,强烈的波浪作用可为珊瑚虫提供丰富的浮游生物养料和充足的氧气,因此,多数生物礁沿陆架边缘或碳酸盐台地边缘的搅动带产生。在一般情况下,生物礁的发育演化大致经历定殖、拓殖、泛殖、统殖四个阶段(图13-15)。

1. 定殖阶段

由柄亚门或棘皮动物的碎屑(新生代主要是绿藻的碎片),以及鲕粒或内碎屑组成一系列浅滩或骨骼灰质沙的堆移体。藻类、海草以及具类似形态的底栖固着造钙动物(或珊瑚、层孔虫、海绵、厚壳蛤等)在其上繁殖并扎下根基,使松散可移动的底质相互连接并固定下来。然后,星星散散的点礁生物群开始在定殖的生物之间快速生长和繁衍,形成礁基座。

阶段	石灰岩的类型	种的多样性	造礁生物的形状
统殖	粘结灰岩到骨架灰岩	低到中	层状结壳状
泛殖	骨架灰岩(粘结灰岩) 泥状灰岩到粒泥灰岩基质	高	穹状 块状 层状 分枝状 结壳状
拓殖	具有泥状灰岩到粒泥、 灰岩基质的障积灰岩 到漂砾灰岩(粘结灰岩)	低	分枝状 层状 结壳状
定殖	粒状灰岩到碎块灰岩 (泥粒灰岩到粒泥灰岩)	低	骨骼碎屑

图 13-15 生物礁礁核相四个发展演化阶段示意图(据 James 等,1983)

2. 拓殖阶段

造礁生物初期繁殖,属种较为单一,多以适宜较低能环境的、呈丛状枝形生态特征的生物为主,其间生活有藻类和结壳生物,对灰泥和灰砂有强烈的降积作用,因而有较高的生长堆积速率。

3. 泛殖阶段

这个阶段通常构成了礁体的大部分,也是礁体朝海面往上生长速度最快、最显著的时期。造礁生物属种增多,生态各异,礁组合相带分异明显,能量高,波蚀作用强烈,由此导致了礁体的各种洞、孔发育,生物碎屑多样化明显增高。

4. 统殖阶段

因受环境和生物竞争生存的影响,造礁生物突然演变成为只具有一种生长习性的生物(一般是结壳状或纹层状的)。岩性也主要为单一生物的礁灰岩,拍岸浪在这个阶段的影响较大,礁坪上的灰砂主要形成于该阶段。

以上四个阶段是针对同一生长发育旋回而言,但在岩石记录中更常见到的是一种原地向上重叠的叠置礁,反映了多个生长旋回的叠置。如广西大厂龙头山马蹄形礁就是由五个生长旋回组成的叠置礁,每个生长旋回中大都可识别出 3~4 个发育阶段(曾允孚等,1985)。

在显生宙的各造礁期中,往往缺乏多门类的造礁生物组合,因而在礁生长旋回中,不可能都出现上述四个发展阶段,这表明地质历史长河中不仅存在有或无礁生成的时期,而且在造礁的广泛发育期,造礁生物的门类往往也是较单一的(图 13-16)。需指出的是,地质历史中无礁时期通常很短,一般是不宜造礁生物生存的气候或区域构造转折期。不过,在显生宙的大部分时期,存在另一种构成物,有人称为礁或滩,更多的人则称为泥丘或礁丘。它们缺少属于礁的许多特征,但含有丰富的骨骼生物,并且地势高出海底。James 等(1983,2016)认为,礁丘只发育了礁核演化的前两个阶段,这是因为环境对粗大抗浪的造礁生物生长不利,或根本没有较大的造礁生物。

礁丘是扁平的透镜体或陡峭的圆锥形的丘,坡度可达 40°,由分选很差的生物碎屑灰质软泥组成,并含有少量生物粘结灰岩。它们显然是在静水条件下形成的,主要出现在以下三种环境或特定的位置:(1)倾斜平缓的台地边缘前斜坡上部;(2)深的海盆;(3)宁静的礁潟湖中或

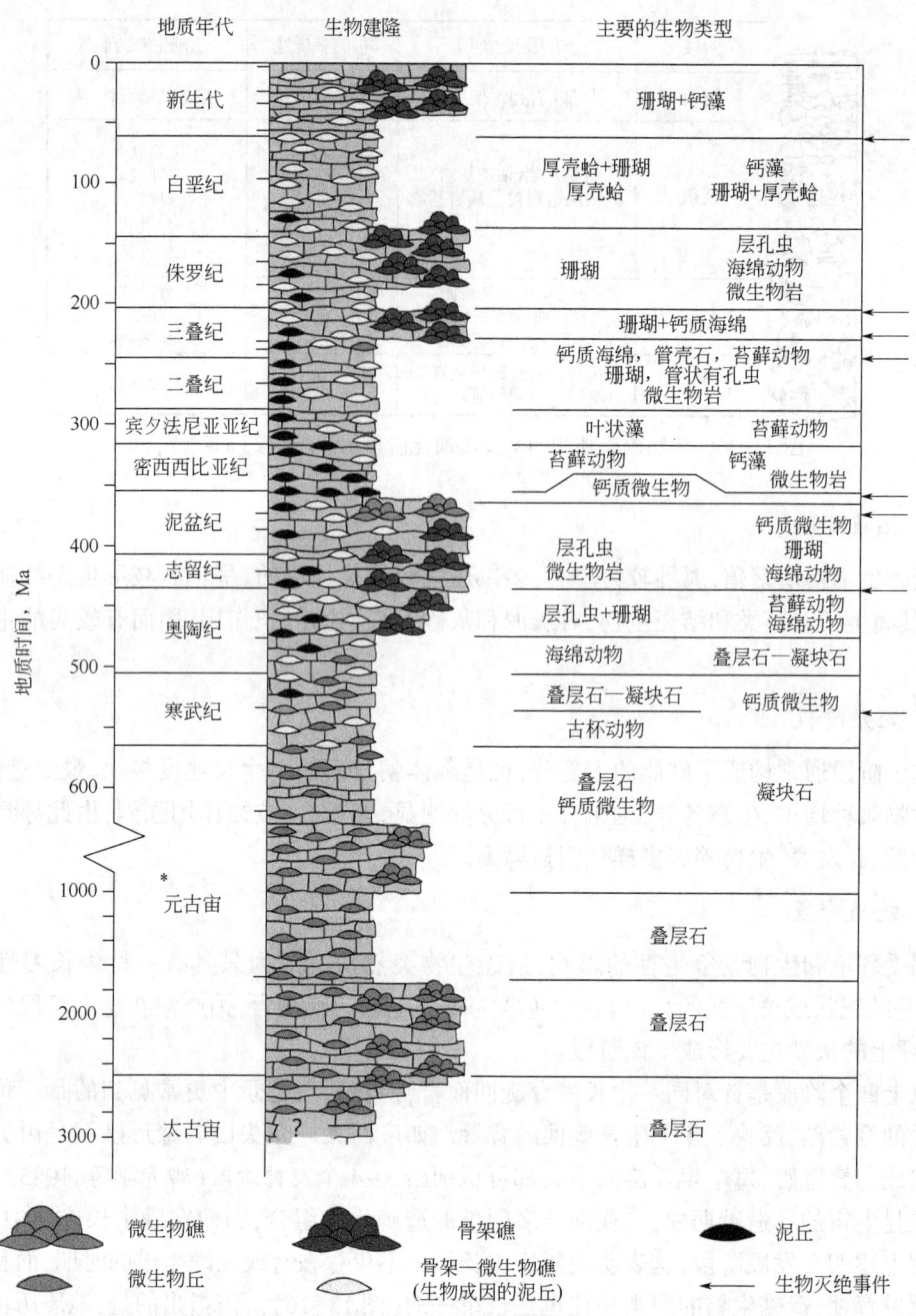

图 13-16 地质历史时期生物礁的演化趋势（据 James，2016，修改）

广阔的大陆架上。从剖面上看，礁丘显示出相似的三个发育阶段，其中第 1、2 两阶段与礁发育的定殖和拓殖阶段类似，第 3 阶段堆积物是由结壳或纹层状的生物构成的薄层礁丘帽，偶尔是穹状或半球状生物构成的薄层。

（三）生物礁发育的主控因素

作为生物礁形成、发育关键的生物体主要受气候、养分供给、水体能量水平和循环情况、海底地形、地形构造高点、生物礁生长速率与盆地沉降速率之间的相互关系和陆原碎屑物输入量

— 302 —

等控制。其中,海底地形、地形构造高点、生物礁生长速率与盆地沉降速率之间的相互关系、陆源碎屑物输入量是控制生物礁形成发育的主控因素。

1. 海底地形

海底地形是控制生物礁生长发育的最关键因素之一。总的来说,有利于生物礁形成发育的场所有:陆棚边缘、坡折带和盆地内或盆地边缘。

2. 地形构造高点

对古今生物礁的研究发现,陆棚边缘、坡折带和盆地内或盆地边缘是其最有利的发育环境。而对上述4个有利发育环境而言,生物礁主要发育在每一环境内部的地形构造高点上。

3. 生物礁生长速率与盆地沉降速率之间的相互关系

生物礁生长速率等于盆地沉降速率,盆地基底沉降速率(相对海平面升高)与生物礁的向上生长堆积速率平衡(即速率相等)时,水深条件和生物礁发育位置保持不变,生物礁持续发育。生物礁形成速率和盆地沉降速率之间的平衡期持续时间的长短决定了生物礁异常体厚度的大小,持续时间越长,生物礁厚度越大。

如果生物礁的生长速率大于盆地沉降速率,生物礁发育部位的水深逐渐变浅,当水深小于生物礁适合发育水深时,生物礁垂向生长停止。这种情况下,生物礁将向盆地方向逐渐迁移,越过其形成的岩屑堆,在盆地方向适合生物礁生长的水深和地形条件下形成新的生物礁。

生物礁的生长速率小于盆地沉降速率时,海平面逐渐上升,水深逐渐增大。当水深增大到不适合生物礁生长时,生物礁的垂向生长停止,任何发育在盆地中和陆棚边缘的生物礁将死亡。

4. 陆源碎屑物输入量

在没有大量陆源碎屑物输入的情况下,陆棚边缘是有利的碳酸盐岩堆积场所。陆源碎屑和碳酸盐岩沉积两者互不相容,在出现大量陆源碎屑物质输入的地区,任何类型的碳酸盐岩沉积都是不可能的。

(四)生物礁相带的划分及其特征

无论任何类型的礁,都可按其平面上的形态分为线状(或带状)和点状(或面状)两类。前者又可分成礁前、礁坪及礁后三部分(图13-17)。礁前是一个陡坡(有时直立),造礁生物在其上部造礁,并出现生态分带,为生物礁生长和原地堆积作用最活跃的部位。三种类型的礁灰岩(骨架岩、障积岩和粘结岩)也随着礁的分带性而呈规律的变化。往下渐变成粗礁屑塌积的斜坡,主要为回浪造成的沟槽系统,使礁前出现沟脊相间的地貌景观,并可延伸到斜坡底。礁坪上的水深不过1~2m,沉积物主要来自前方被波浪打碎的礁屑,但可含有丰富的原地固着生长的造礁生物。礁后区沉积物由来自附近礁坪更细的礁屑组成,向岸方向进入潟湖。无论是平面上还是剖面上,较大规模的线状礁(堤礁或堡礁)主要出现在碳酸盐台地的边缘,由礁相类型的差异,形成各种不同的礁相镶边碳酸盐岩台地沉积模式(图13-18)。

对于点状(或面状)礁体,也同样可以明显地划分出礁核、礁侧和礁间三个相带(图13-19):礁核相为块状的、非层状的,通常是结核状和扁豆状碳酸盐块体,由原始礁灰岩组成。礁侧(翼)相为由来自礁核的物质组成的层状灰质砾岩和灰质砂,自礁核向外倾斜变薄。礁间相与礁的形成无关,为正常浅水的潮下灰岩和页岩。与线状礁类似,点状礁体上的岩石类型和生物

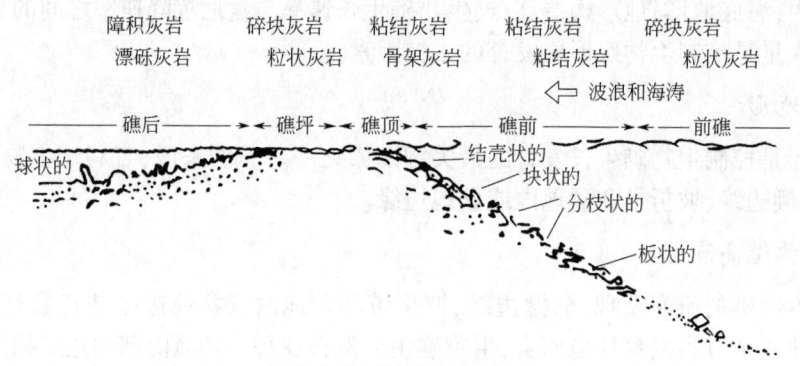

图 13-17　线状礁的理想横剖面（据 James,2016）

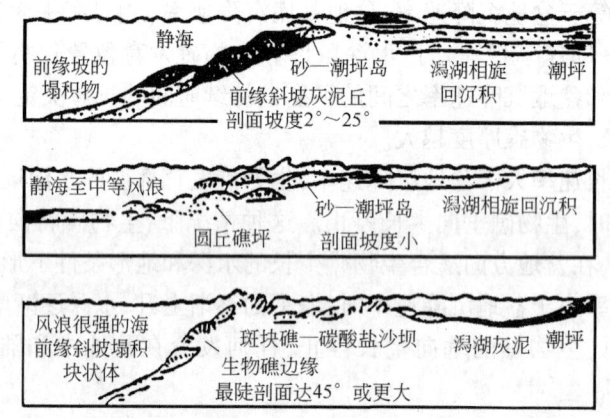

图 13-18　礁相镶边的碳酸盐台地边缘剖面三种模式（据 Wilson,1975）

形态也会随着水深出现有序的分带。在环境能量较弱的情况下,点状礁体分带是对称性的。如果风浪强烈,分带就是不对称的,而会出现类似线状礁体的特征。

图 13-19　点状礁的理想剖面（据 James,2016）

线状礁体多出现在陆架（或台地）边缘,如堡礁,一侧面向外海,另一侧面向陆地,出现特征的三分,礁体间发育有沟通礁前和礁后的潮道（礁间潮道）,其延伸方向与线状礁展布方向相垂直。点状礁多见于较低能的环境,如在陆架内（或开阔台地内）发育的斑礁。

第二节　湖相碳酸盐岩的典型沉积模式

湖相碳酸盐岩形成于湖盆特定的发展阶段,对气候、陆源输入、构造运动、湖平面变化等参数十分敏感,各个因素共同控制了碳酸盐岩的类型、展布规律、沉积模式,国际上并没有建立一个较为广泛的碳酸盐岩型湖泊沉积模式。

目前,湖相碳酸盐岩沉积模式的研究思路有两种。一种是以盆地为例,研究盆地不同时期的碳酸盐岩沉积并建立相模式。管守锐等(1985)以山东平邑盆地为例,总结碳酸盐岩沉积模式。在湖盆发育的初期阶段,以内源/外源混合沉积类型的碳酸盐岩相为主,此时湖盆周缘地形起伏,有一定的陆源碎屑物质供应,湖滨发育陆源碎屑沉积,湖底地形呈向心倾斜,沉积物具有明显的分带性,由边缘向中心依次出现碎屑岩、碳酸盐岩沉积;湖浪涉及的范围较窄,高能带宽度不大,水体的搅动在浅湖高能环境中堆积各种藻包粒灰岩、藻凝块灰岩、藻屑灰岩,半深湖至深湖区形成泥晶灰岩、泥灰岩。在湖盆发育的中期,湖盆水域广阔,碳酸盐岩广泛发育,可形成具遮挡作用的藻滩或藻礁,此时的碳酸盐岩沉积相以藻滩型为主。盆地周缘滨湖区可有少量陆源碎屑物质堆积,在滨湖泥坪和湖湾地区常发育藻叠层、藻斑点等石灰岩及泥灰岩,藻滩前后出现藻凝块灰岩、藻屑灰岩,半深湖至深湖区发育泥晶灰岩、泥灰岩。在湖盆收缩期,湖盆逐渐抬升,湖底地形平缓,水体较浅,气候干旱,蒸发作用强烈。此时的碳酸盐岩沉积以浅水蒸发台地型为主,泥晶灰岩、泥灰岩、膏盐沉积为主,颗粒灰岩少见,藻灰岩也不发育,湖盆边缘至滨湖区发育砂岩、粉砂岩透镜体。

主流的湖相碳酸盐岩沉积模式的研究思路是考虑湖泊的整体特征,参考湖泊的发育阶段、构造背景、水文条件等综合情况,将碳酸盐统一在某个框架之下,选取典型的湖盆并划分为多个沉积亚相及微相,建立对应的湖相碳酸盐岩沉积模式。下面介绍湖相碳酸盐岩台地和湖相碳酸盐岩阶地—斜坡模式这两种比较有代表性的湖相碳酸盐岩沉积模式。

一、湖相碳酸盐岩台地模式

姜在兴等(2010)研究了东营凹陷沙四上亚段湖相碳酸盐岩,建立了半孤立碳酸盐岩台地模式,进一步在其中识别出台缘礁滩、台内礁滩、浅滩、滩间、台内缓坡、台内洼地、斜坡及半深湖—深湖8个微相(图13-20)。

(一) 台缘礁滩

台缘礁滩是发育在碳酸盐岩台地边缘、毗邻深水且开阔平坦的地带,此处湖水流通性好,风浪作用强,风驱水流作用强。该相带主要发育枝管藻灰(云)岩、藻粘结灰(云)岩,由于枝管藻本身抗浪作用一般,易受到强风浪的改造破坏,礁体规模通常不大,往往形成点礁,零星散布。在风浪作用下,藻礁或者早期固结、半固结的沉积物被重新改造,通常与点礁共生形成藻屑滩、砂屑滩等,垂向上相互叠置构成礁滩复合沉积。

该相带岩石多为块状,孔洞发育,物性和含油性好,疏松多孔,岩心通常比较破碎。在该相带中可见枝管藻格架灰(云)岩或藻粘结灰(云)岩与砂屑、介形虫和螺等生物碎片共生,完整的生物壳体也很常见,反映生物礁在原地建造的过程中捕捉、粘结颗粒的特征。

(二) 台内礁滩

台内礁滩是发育在碳酸盐岩台地内部、开阔的平坦地带,此处湖水流通性较好,风浪作用较强,与台缘礁滩相比,其湖水开阔程度较小,总体上礁体发育的规模较小,沉积环境整体能量相对于台缘礁滩也弱一些。台内礁滩主要产出形式也为点礁和颗粒滩的复合沉积,规模上相对较小一些。该相带也是高能的地带,岩石多为块状,内部杂乱,见粘结构造,孔洞发育,胶结作用也相对较强。

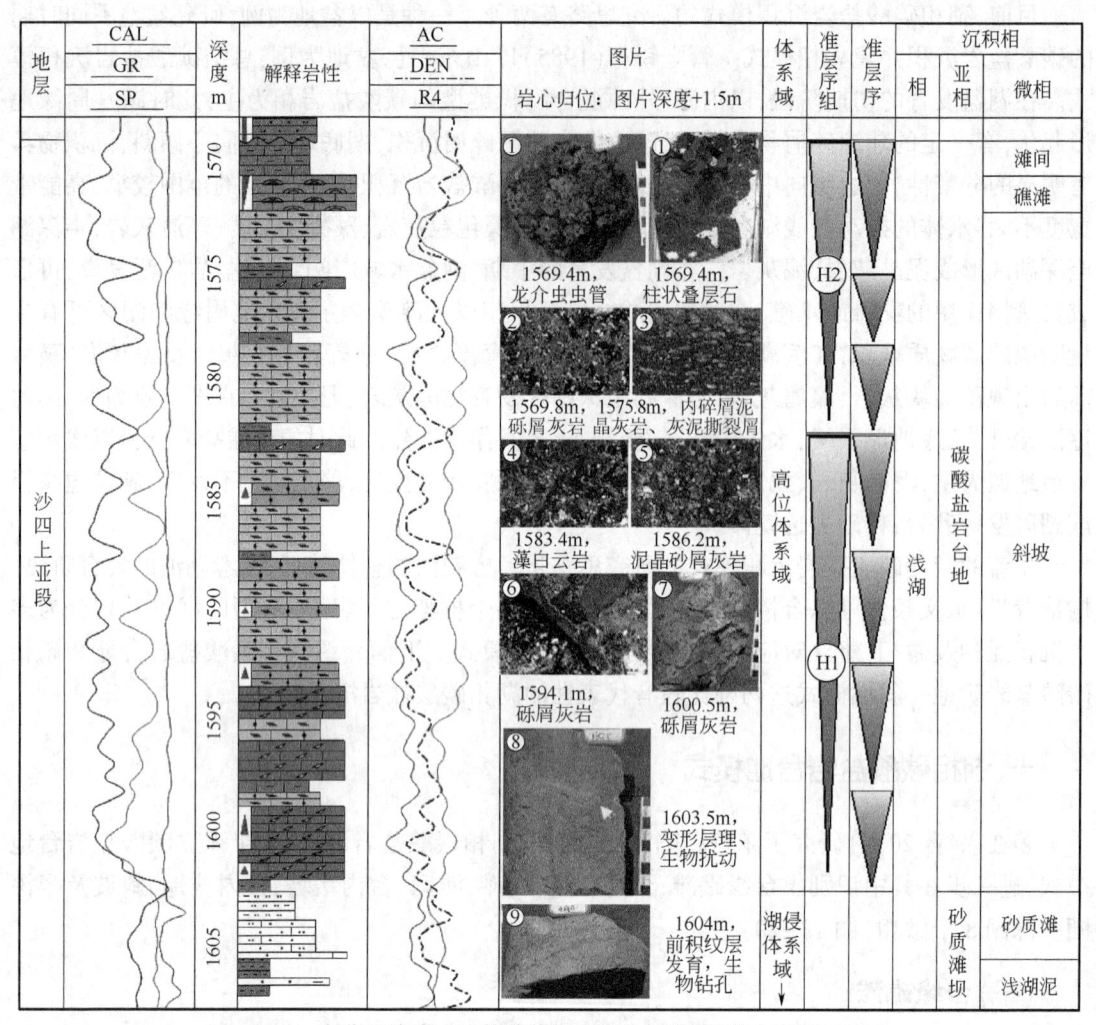

图 13-20 东营凹陷滨 197 井单井沉积相分析图（据姜在兴等，2010）

在该相带中，岩心和薄片观察结果与台缘礁滩中相差不大，常见枝管藻格架或藻粘结砂屑、介形虫和螺等生物碎片，内部夹层相对台缘礁滩明显。此外，局部还见到叠层石礁（或礁丘），规模很小，系蓝细菌作用粘结泥晶方解石形成。偶尔可见多毛类龙介虫栖管，属于山东龙介虫属 Serpula shandongensis，是一种广盐性的居礁生物。

（三）浅滩

浅滩多发育在台地顶部水体较浅的水域，一般位于正常浪基面之上，发育在礁滩微相的外围，颗粒成分上也和礁滩密切相关，水体整体能量较强，受风浪、风驱水流的搬运和改造，一般颗粒分选、磨圆都相对较好，平面上呈面状展布，分布范围较大。

岩心呈块状，基本不显层理，致密岩心保存相对完整，疏松岩心大多较为破碎。浅滩主要由生屑灰岩、砂屑灰（云）岩、鲕粒灰岩及复合颗粒灰（云）岩组成，颗粒支撑，杂基含量很低，是判断强水动力较为可靠的相标志。颗粒的成分主要为砂屑，为风浪改造的藻砂屑或内碎屑，其次比较常见的还包括球粒、鲕粒、生屑如介形虫碎片、腹足类碎片等。内部结构通常为块状，也可见到冲刷构造。

(四)滩间

滩间微相的发育范围和浅滩范围基本是一致的,处于滩体之间的相对低能部位沉积,较大程度上受礁滩、滩对波浪作用的障壁作用,类似于台地边缘内带的中—低能粒屑滩。滩间微相成分上和浅滩一致,主要由生屑泥晶灰(云)岩、砂屑泥晶灰(云)岩、泥晶砂屑灰(云)岩等组成,然而簸选作用较浅滩弱,泥晶含量也相对较高,可见较完整的介壳或完整的生物化石。岩心块状致密,基本不显层理,偶见冲刷构造。此外,可见泥灰岩中混有少量砾屑,磨圆分选较差,局部见砾屑灰岩,为风浪改造的内碎屑就近堆积的产物。

(五)台内缓坡

台内缓坡是发育于台地内部的,是浅水向深水缓慢过渡的地带,坡度缓,相对台地顶部的礁滩相带水深稍大,平面上与台内洼地相毗邻,或者远端变陡过渡为深洼区。该相带受正常风浪作用影响较小,水体能量较弱,风暴作用形成的沉积较容易保留。岩心主要为深灰色泥灰岩,水平层理,薄片观察岩性组合主要为泥晶生屑灰(云)岩、生屑泥晶灰(云)岩、泥晶灰(云)岩及泥质灰(云)岩等,生屑通常为介形虫碎片、鱼骨碎片等,砂屑等颗粒沉积物少见。

(六)台内洼地

台内洼地发育于台地内部,是由台地内部次级断层活动形成的地貌洼地,水体相对较深。台内洼地位置上处于台地内部,尚未达到半深湖环境;平面上与台内斜坡、台内缓坡毗邻,接受来自斜坡或者缓坡的沉积物,也可以接受风暴流改造的来自浅水的事件沉积物的堆积。该相带总体水体能量弱,岩石类型主要为颗粒泥晶灰(云)岩、泥质灰(云)岩、灰质泥岩及泥岩组合,颜色深灰色为主,发育块状层理、水平层理。

(七)斜坡

斜坡发育于台地内部或边缘的断裂带附近,相带窄,受控于具有同沉积性质持续作用的断层,断层下盘快速持续下降,导致地形坡度较大,水深很快即达到浪基面以下。该相带沉积物堆积速率较高,以颗粒泥晶灰(云)岩、泥晶灰(云)岩为主,并且容易受事件作用如风暴回流产生的重力流影响,形成泥晶砾屑灰(云)岩等快速堆积。岩心块状致密,基本不显层理。"漂浮状"灰砾常见,在岩心上形成正序或反序的粗尾粒序层。其中,正序居多,底部对下伏地层强烈冲刷,上部常含较多灰泥撕裂屑。

(八)半深湖—深湖

半深湖—深湖主要是指位于正常浪基面及风暴浪基面以下的水体环境。该相带一般情况下很少受到波浪作用,主要沉积泥晶灰岩、泥岩及油页岩,水平层理发育。此外,与斜坡相邻的半深湖—深湖区域,常受到浊流作用影响。

垂向上,碳酸盐岩发育于水深较大的高位体系域时期(图13-20)。平面上,迎风侧发育礁滩沉积,而背风侧发育浅滩沉积(图13-21)。

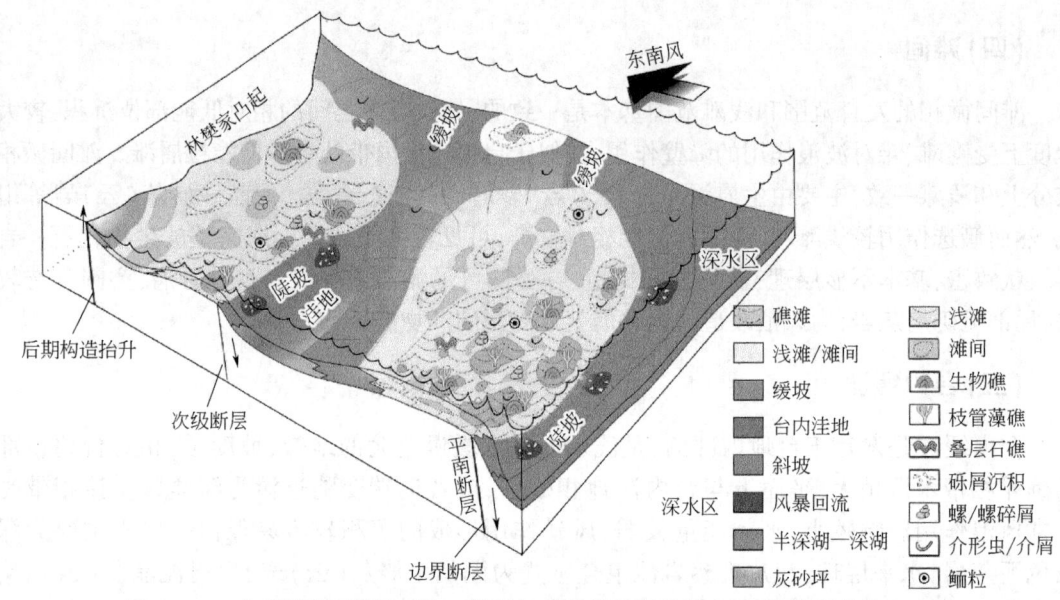

图 13-21 东营凹陷西部沙四上亚段湖相碳酸盐岩沉积模式图(据姜在兴等,2010)

二、湖相碳酸盐岩阶地—斜坡模式

湖相碳酸盐岩主要为生物成因或生物诱导沉淀。在低能环境下的湖泊边缘,主要发育生物扰动的泥晶灰岩;在高能环境下的湖泊边缘,主要发育透镜状碳酸盐岩。在不同的构造环境中,特别是在汇水区以碳酸盐岩或钙基岩为主的地区,构造环境决定了下沉的速度,从而影响沉积速度。高能阶地形湖泊通常出现在快速下沉的裂谷盆地的断层边界上,且下沉超过了沉积;在沉降较慢的裂谷边界、较大的走滑盆地、前陆环境和凹陷盆地中,低能斜坡型湖泊边缘占主导地位。基于以上情况,Renaut 和 Gierlowski Kordesch(2010)根据湖底地貌形态及水动力条件划分出四种模式,分别为低能阶地、高能阶地、低能缓坡、高能缓坡四种碳酸盐岩沉积模式(图 13-22)。

(一)低能阶地相

低能阶地湖泊边缘的碳酸盐沉积物通常是细粒沉积,且含有低镁方解石矿物。浅水区底栖动植物通常会在湖岸带产生大量碳酸盐岩沉淀,导致湖岸带向湖泊深部推进。在较深水区域,低能阶地相可能表现出再沉积和向深处运移的证据。

美国的利特尔菲尔德湖就是一个典型的低能阶地相沉积模式(图 13-23)。该湖泊由 1.5m 深的缓坡(2°)阶梯式平台和倾斜(30°)的阶梯式斜坡组成,沉积物从泥晶灰岩(深水和亚滨海带)向上逐渐变粗到生物碎屑砂和砾石(滨海带),倾斜(30°)的阶梯式斜坡的深部沉积主要是层状的泥晶灰岩、少量的薄层浊积岩或颗粒流沉积,局部含有黄铁矿和底栖动物化石,出现底栖生物化石表明成岩过程中发生了氧化作用。斜坡的底部有薄层的含腹足类、介形虫和双壳类泥晶灰岩,岩心中有明显的坍落现象;缓坡(2°)阶梯式平台区域内沉积的石灰岩中普遍发育有生物扰动痕迹和藻类、植物茎类碎片;顶部被砾石覆盖,湖的边缘是一个很大的地下泥炭沼泽。类似的向上粒度变粗、向前推进的湖岸沉积模式在现代密歇根州的 Sucker 湖、爱达荷州的下白垩统 Peterson 石灰岩中也有出现。

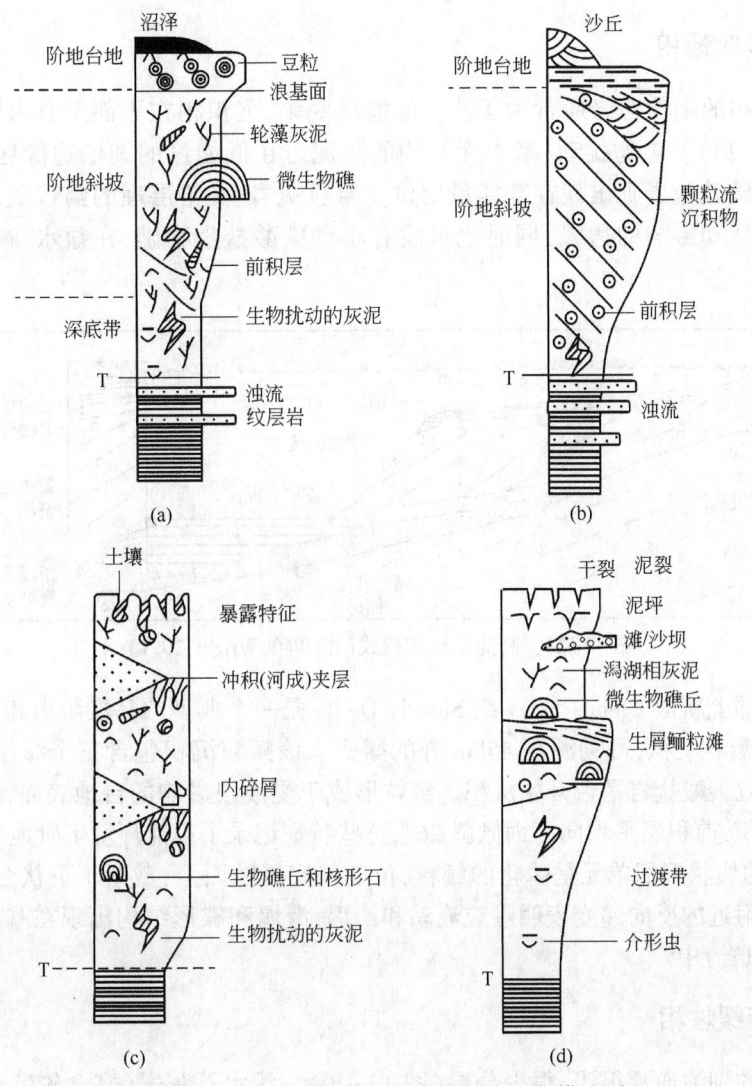

图 13-22 基于水文状况和水动力的湖盆边缘相碳酸盐岩沉积模式(据 Platt,Wright,1991)
(a)低能阶地相模式;(b)高能阶地相模式;(c)低能缓坡模式;(d)高能缓坡模式

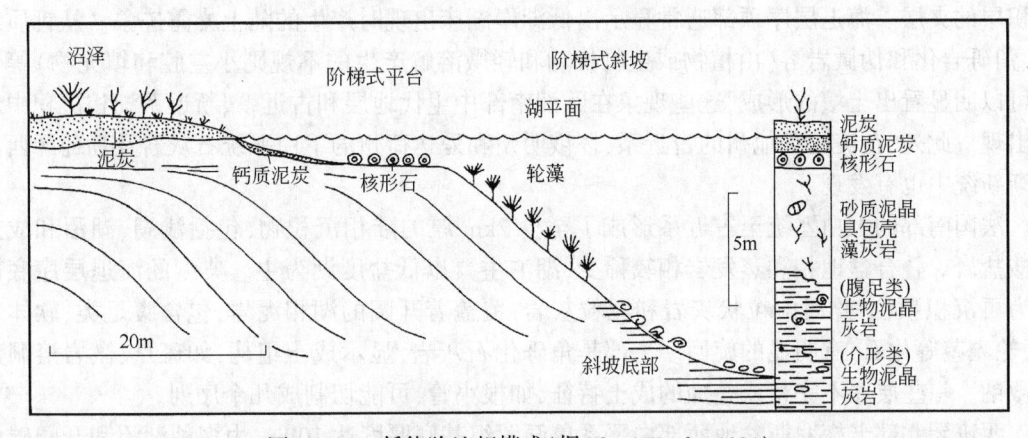

图 13-23 低能阶地相模式(据 Platt,Wright,1991)

（二）高能阶地相

高能阶地相的湖泊边缘通常由于波动的能量变化，沉积相在平面上具有明显的不对称性特征（图13-24）。生物扰动、基本无结构的灰泥岩在低能量的湖泊边缘区占主导地位，而砾岩和颗粒碳酸盐岩则出现在高能量层位。粗粒灰岩、交错层理的鲕粒灰岩和壳质层出现在易受波浪活动影响的边缘，同时也可发育小型碳酸盐生物礁，在盐水/碱性湖泊中，会出现文石。

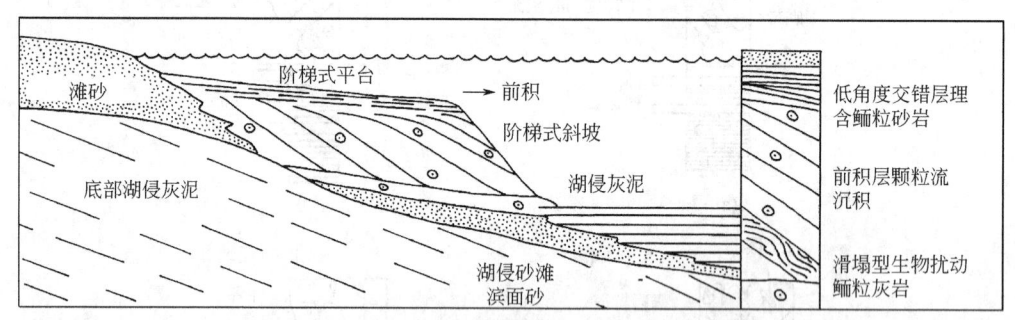

图 13-24　高能阶地相模式（据 Platt, Wright, 1991）

美国东北部上新世 Glenns Ferry 组 Shoofly Oolite 是一个典型的高能阶地相。该地层含有一个35m厚的鲕粒沉积，可溯源至45km外的露头。该鲕粒沉积包含三个海侵序列，从厚达12m的中粒鲕粒碳酸盐岩平台开始沉积。鲕粒形成于受波浪影响的台地表面，但在大规模前积层中重新沉积，前积层平均向湖面倾斜26°，这些特征记录了高能环境下阶地的进积。

厚达1m的块状沉积单元是磷化的鲕粒，位于基底侵蚀面上，截断了下伏台地相的顶部。块状沉积单元附近的反向递变表明颗粒流动和崩塌，滑塌和碟形结构出现在基底附近的正常级别薄层（浊积岩）中。

（三）低能缓坡相

低能缓坡的湖泊通常很浅，很少分层（图13-20）。浅水石灰岩（富含轮藻，包括茎）的碎屑含量较低，反映了碎屑物质在湖边沼泽地带的阻碍和滞留。由于坡度低，湖沼相分布广泛，小规模的水位波动也会导致大面积的湖泊波动。低能缓坡沉积中常常发育小型蒸发岩和细粒冲积层的夹层。海退层序顶部通常显示出低湖岸湖床出现时产生的陆上暴露迹象。从钙质结核、角砾岩化和伪微岩溶（由植物或生物扰动和轻微溶解产生的不规则小空腔和填充物）等作用可以明显看出土壤的形成，这些现象在欧洲南部中生代地层和古近系、新近系湖相沉积中广泛出现。此外，在美国犹他州的古近系、怀俄明州和爱达荷州的下白垩统石灰岩及葡萄牙西部的渐新统中也有发现。

法国南部的上白垩统至古近系形成了至少2km厚的陆相沉积物，包括浅湖、湖沼和成土碳酸盐岩。叠合盆地相和蒸发岩相较稀少，湖泊主要以低盐度湖为主。典型的海退层序底部常为再沉积颗粒、碎屑内粒状灰岩和泥粒灰岩，覆盖着开阔的湖相泥岩，包含腹足类、软体动物、轮藻茎等化石，有明显的旋回。上部是角砾化石灰岩，显示成土组构，如斑点、微岩溶洞穴和微钠。一些层序不完整或叠加的成土特征，如根小管，可能切割成几个序列。

西班牙北部卡梅罗斯盆地西部白垩系鲁佩罗组基底厚度达100m，由多种湖沼和开阔碳酸盐湖组成（图13-25）。湖沼相表现出丰富的成土特征，如钙质结核、角砾岩化、微溶洞。开阔湖相中有介形虫、沙藻茎、陀螺纲、腹足纲和蜥脚类动物的骨骼。叠层盆地相很少,表明大部分湖相是较浅的富氧环境。内碎屑灰岩和砾岩的出现表明湖泊在风暴和低水位期间发生了改造。层序顶部附近的硅化蒸发岩层记录了短暂的高盐期。

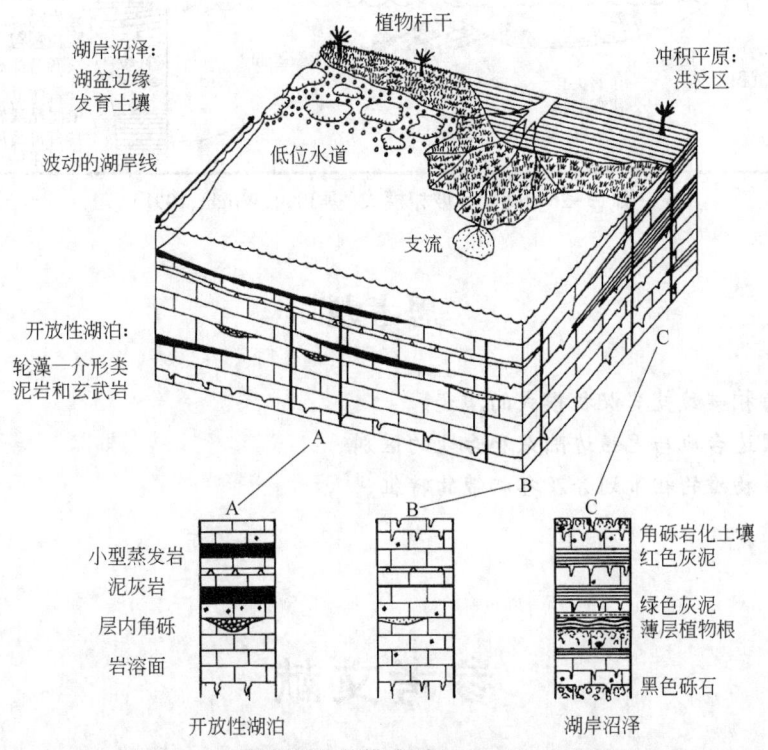

图 13-25 低能缓坡相模式(据 Platt,Wright,1991)

低能缓坡相的另一种沉积模式来自苏格兰中部的 Burdiehouse 石灰岩。该层序以泥岩为主,石灰岩为沙藻或小型蓝藻的生物礁和沿湖岸线发育的不连续的鲕粒状泥粒灰岩。湖泊的深度足以使底部发生缺氧,同时还存在一个主要的油页岩单元。湖相沉积中的滑坡和再沉积现象较少,属于低能缓坡—深湖沉积相。

(四) 高能缓坡相

高能缓坡湖泊的边缘沉积物在强烈的波浪淘洗作用下,以筛分的粒屑灰岩为主,并发育有近岸沙坝。现代的犹他州大盐湖发育有沿湖岸线的鲕粒沉积、近湖的沙坝和广泛的生物礁沉积,是典型的高能缓坡相沉积。

美国犹他州东北部 Uinta 盆地 Watsatch 组 Flagstaff 段地层中有一个典型的高能缓坡相沉积(图 13-26)。沉积相中发育有生物白云岩、石灰岩、砂岩、油页岩、蒸发岩(钙盐岩、盐岩)和叠层石灰岩。厚达 900m 的开阔湖相由深色、富含有机质的层状碳酸盐岩和黏土岩组成(Ryder 等,1976)。低镁方解石纹层可能是光合作用诱导产生的沉淀,与代表微生物软泥的薄干酪根纹层相间。有机物以分散的干酪根形式出现在高能缓坡相沉积的底部,并以藻类腐泥和葡萄球菌类腐泥的形式出现;上部覆盖着灰色水平层状含化石的石灰岩;顶部旋回由含交错层理、生物碎屑、鲕状、豆粒状的石灰岩组成,局部含波状层理。以上沉积旋回是在水下不到 10m 的地层中形成。

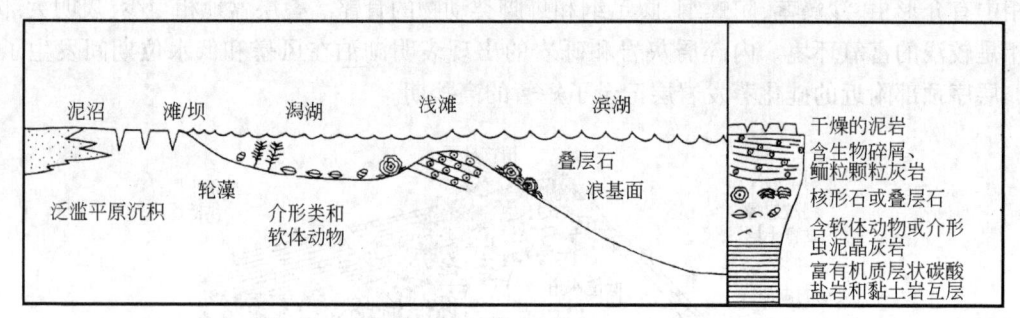

图 13-26　高能缓坡相模式（据 Platt, Wright, 1991）

思考题

1. 试述海相碳酸盐岩沉积模式的演变。
2. 试述镶边台地与无镶边陆架和台地的区别。
3. 试述生物礁的相带划分及各相带的特征。

参考文献